. . . truste wel that alle the conclusiouns that han been founde, or elles possibly mighten be founde in so noble an instrument as an Astrolabie, ben un-knowe perfitly to any mortal man. . .

GEOFFREY CHAUCER
A Treatise on the Astrolabe
circa 1391

射电天文干涉测量与综合孔径（上册）
（原书第三版）

Interferometry and Synthesis in Radio Astronomy
（Third Edition）

〔美〕A. 理查德·汤普森（A. Richard Thompson）

〔美〕詹姆斯·M. 莫兰（James M. Moran） 　著

〔美〕乔治·W. 斯温森 Jr.（George W. Swenson Jr.）

阎敬业　颜毅华　邓　丽　译

科学出版社

北　京

图字：01-2023-0644 号

内 容 简 介

本书分为上、下两册，系统介绍射电天文干涉测量与综合孔径技术的原理和方法。上册（第1~8章）：第1章简要介绍射电天文干涉测量的发展历程；第2章介绍干涉测量和综合孔径的基本原理及傅里叶变换原理；第3章分析干涉仪响应和测量方程，讨论互相关函数和互功率谱的关系；第4章介绍坐标系统和一些重要参数，构建了统一的阵列定标框架；第5章介绍综合孔径阵列的天线构型和观测仪器；第6章介绍接收系统响应；第7章介绍模拟接收机设计及其主要参数对系统的影响；第8章介绍数字信号处理和数字相关器。

本书全面丰富地介绍了干涉测量与综合孔径技术，其分析方法具有一般性，适合作为射电天文、天体测量等相关专业的研究生教学用书，也适合作为射电望远镜设计制造、天体测量和大地测量等专业的研究人员深入理解干涉测量的原理、方法，可靠分析干涉测量数据的参考书。

First published in English under the title
Interferometry and Synthesis in Radio Astronomy(3rd Ed.)
by A. Richard Thompson, James M. Moran and George W. Swenson Jr.
Copyright © A. Richard Thompson, James M. Moran and George W. Swenson Jr., 2017
This edition has been translated and published under licence from
Springer Nature Switzerland AG.

图书在版编目（CIP）数据

射电天文干涉测量与综合孔径：原书第三版. 上册 /（美）A. 理查德·汤普森（A. Richard Thompson），（美）詹姆斯·M. 莫兰（James M. Moran），（美）乔治·W. 斯温森 Jr.（George W. Swenson Jr.）著；阎敬业，颜毅华，邓丽译. —北京：科学出版社，2023.2
书名原文：Interferometry and Synthesis in Radio Astronomy（Third Edition）
ISBN 978-7-03-075077-8

Ⅰ. ①射… Ⅱ. ①A… ②詹… ③乔… ④阎… ⑤颜… ⑥邓… Ⅲ. ①射电天文学–干涉测量法 Ⅳ. ①P164

中国国家版本馆 CIP 数据核字（2023）第 040630 号

责任编辑：周　涵　田轶静 / 责任校对：彭珍珍
责任印制：赵　博 / 封面设计：无极书装

科学出版社 出版
北京东黄城根北街 16 号
邮政编码：100717
http://www.sciencep.com
涿州市般润文化传播有限公司印刷
科学出版社发行　各地新华书店经销
*
2023 年 2 月第 一 版　开本：720×1000　B5
2024 年 9 月第二次印刷　印张：23 1/2
字数：472 000
定价：148.00 元

（如有印装质量问题，我社负责调换）

目　录

（上册）

（下册）

9　甚长基线干涉测量

10　定标与成像

11　高级成像技术

12　天体和大地测量的干涉仪技术

13　传播效应：中性介质

14　传播效应：电离介质

15　范西泰特−策尼克定理、空间相干和散射

16　射频干扰

17　有关的技术

第二版序言

半个世纪以来，射电干涉技术的应用显著推动了科学进步。自 1986 年本书第一版出版以来，甚长基线阵列（Very Long Baseline Array，VLBA）建设完成，这是第一个完全针对甚长基线干涉（Very Long Baseline Interferometry，VLBI）测量特殊设计的观测仪器，全球化 VLBI 网络新增了在轨天线，谱线观测变得越来越重要，工作在电磁波谱高端和低端的观测设备性能都得到了提高。1986 年，高频段观测设备，如伯克利–伊利诺伊–马里兰联合毫米波阵列（Berkeley-Illinois-Maryland Association，BIMA）、法国毫米波射电天文研究所（Institut de Radio Astronomie Millimétrique，IRAM）、野边山射电天文台（Nobeyama Radio Observatory，NRO）以及欧文斯谷射电天文台（Owens Valley Radio Observatory，OVRO）还处于发展初期，至今已经极大地提升了性能。主要的毫米波和亚毫米波国际合作计划亚毫米波阵列（Submillimeter Array，SMA）和阿塔卡马大型毫米波/亚毫米波阵列（Atacama Large Millimeter/Submillimeter Array，ALMA）正在进行建设。低频段存在电离层效应和宽视场成像等特殊问题，甚大阵列（Very Large Array，VLA）频率范围向下扩展至 75MHz，可低至 38MHz 的巨型米波射电望远镜（Giant Meter-Wave Radio Telescope，GMRT）已经开始调试。澳大利亚射电望远镜（Australia Telescope）以及扩展多元无线链路干涉仪网络（Multi-Element Radio Linked Interferometer Network，MERLIN）提高了厘米波段的探测能力。

本版基于上述的科学技术进步进行了修订，不但增加了最新进展，还扩大了涵盖范围，提高了其可理解性和通用性。为了与射电天文通用符号保持一致，修订了第一版采用的一些符号。每一章都加入了新内容，包括新的图和很多新的参考文献。压缩了原版第 3 章的一些未侧重基本概念讨论，并移至后续章节。新版第 3 章主要包含干涉仪系统响应的基本分析。极大扩充了第一版第 4 章中极化的内容。第 5 章中增加了天线理论的初步介绍。第 6 章讨论了多种仪器阵列构型对灵敏度的影响。第 10 章讨论了谱线观测。对第 13 章进行了扩充，以包含大气相位校正、毫米波段台站站址测试数据和技术的描述。新增的第 14 章内容包括范西泰特–策尼克（van Cittert-Zernike）定理的检验、空间相干和散射的讨论，部分内容来自于第一版的第 3 章。

特别感谢修订过程中进行审读及提供其他帮助的专家和学者。他们包括 D. C. Backer，J. W. Benson，M. Birkinshaw，G. A. Blake，R. N. Bracewell，B. F.

Burke，B. Butler，C. L. Carilli，B. G. Clark，J. M. Cordes，T. J. Cornwell，L. R. D'Addario，T. M. J. Dame，J. Davis，J. L. Davis，D. T. Emerson，R. P. Escoffier，E. B. Fomalont，L. J. Greenhill，M. A. Gurwell，C. R. Gwinn，K. I. Kellermann，A. R. Ken，E. R. Keto，S. R. Kulkami，S. Matsushita，D. Morris，R. Narayan，S.-K. Pan，S. J. E. Radford，R. Rao，M. J. Reid，A. Richichi，A. E. E. Rogers，J. E. Salah，F. R. Schwab，S. R. Spangler，E. C. Sutton，B. E. Turner，R. F. C. Vessot，W. J. Welch，M. C. Wiedner，J. H. Zhao。感谢 J. Heidenrich，G. L. Kessler，P. Smiley，S. Watkins，P. Winn 对本书文字和图表的整理和准备。感谢 P. L. Simmons 对本书文字和图表整理、准备以及编辑所做的大量工作。感谢美国国家射电天文台（National Radio Astronomy Observatory，NRAO）台长 P. A. Vanden Bout 以及哈佛−史密松森天体物理中心（Harvard-Smithsonian Center for Astrophysics）主任 I. I. Shapiro 的鼓励和支持。NRAO 由美国国家科学基金会（National Science Foundation）委托联合大学有限公司（Associated Universities Inc.）管理，哈佛−史密松森天体物理中心由美国哈佛大学和史密松森学会管理。

美国弗吉尼亚州夏洛茨维尔 A. Richard Thompson
美国马萨诸塞州剑桥 James M. Moran
美国伊利诺伊州厄巴纳 George W. Swenson Jr.
2000 年 11 月

第一版序言

过去 40 年，射电干涉测量技术在天文学和天体测量学领域得到了极大发展，角度分辨率提升了六个数量级，从度量级提高到毫角秒量级。随着综合孔径成图（Synthesis Mapping）[①]阵列的发展，射电领域的技术已经超越了光学领域，能提供天文图像最精细的角结构。这一发展也为天体测量以及地球极移和板壳运动测量带来新的可能。这些发展的背后是理论和技术的持续进化，当前已达到足够成熟的状态，应该做出详细的阐述。

本书主要适合于天文、电子工程、物理及相关领域的研究生和专业人士，以帮助他们在天文、天体测量和测地学研究中使用干涉或综合孔径成像技术。写作时也考虑射电系统工程师的需求，包含了与观测仪器相关的重要参数和容差。我们的主要目的是解释有关的干涉测量技术背后的原理，但不会深入讨论工程实施细节。每个特定的仪器硬件和软件的实施细节几乎都是特有的，并且随着电子工程和计算机技术的发展，实施细节是持续变化的。领会了涉及的原理，读者应该可以理解大部分天文台提供的使用说明和设备细节。

本书并不是源于任何课程，但书中的材料适合于研究生教学。熟悉本书有关技术的教师应该能够容易地指导天文学、工程学或其他方面的相关内容。

前两章简单回顾天文学的基础知识，介绍射电干涉技术的发展历史，并简单讨论干涉的原理。第 3 章从部分相干理论的视角讨论干涉测量的基本关系，初次阅读可以忽略。第 4 章引入描述综合成像所需的坐标和参数系统，为第 5 章解释多元综合孔径阵列的天线构型打下基础。第 6～8 章介绍接收系统设计和响应的各方面知识，包括数字相关器的量化效应。第 9 章讨论甚长基线干涉（Very Long Baseline Interferometry，VLBI）的特殊要求。前面介绍的内容覆盖了复可见度测量的细节，便于在第 10 章和第 11 章讨论射电图像的反演。前几章给出了基本的傅里叶变换方法，后几章介绍了更有效的定标和变换算法。第 12 章的主题是天体测量和测地学的精密观测。后续第 13 章讨论导致系统性能恶化的各种因子，包括大气、行星际介质和星际介质的传播效应。第 14 章讨论射频干扰。用相当长的篇幅讨论传播效应是由于涉及了广泛的复杂效应，从根本上限制了测量精度。最后一章介绍了有关的技术，包括强度干涉、斑点干涉和月掩观测。

参考文献包括与本书内容相关的会议论文、其他文献和综述。为了便于理

---

① 我们将综合孔径成图定义为：测量亮温分布的傅里叶变换并重建图像。本书中，图（Map）、像（Image）和亮温（强度）分布这几个术语基本是可以互换的。

解，还参考了大量设备和观测结果。在有助于阐述原理、说明现有技术的起源或者本身就很有趣的情况下，也会介绍一些早期发展的细节。由于介绍的现象非常多样，有时候需要用同样的数学符号描述不同的参数。最后一章之后给出了主要符号使用表。

本书只有部分内容引自公开文献，大量内容源自多年积累的讨论、会议、未发表的报告以及各个天文台的记录。因此，要感谢的同行很多，无法一一提及。我们特别感谢一些为本书部分内容做出重要综述或提供支持的同行。包括 D. C. Backer，D. S. Bagri，R. H. T. Bates，M. Birkinshaw，R. N. Bracewell，B. G. Clark，J. M. Cordes，T. J. Cornwell，L. R. D'Addario，J. L. Davis，R. D. Ekers，J. V. Evans，M. Faucherre，S. J. Franke，J. Granlund，L. J. Greenhill，C. R. Gwinn，T. A. Herring，R. J. Hill，W. A. Jeffrey，K. I. Kellermann，J. A. Klobuchar，R. S. Lawrence，J. M. Marcaide，N. C. Mathur，L. A. Molnar，P. C. Myers，P. J. Napier，P. Nisenson，H. V. Poor，M. J. Reid，J. T. Roberts，L. F. Rodriguez，A. E. E. Rogers，A. H. Rots，J. E. Salah，F. R. Schwab，I. I. Shapiro，R. A. Sramek，R. Stachnik，J. L. Turner，R. F. C. Vessot，N. Wax 和 W. J. Welch。引自其他文献的图表在题注中致谢，感谢原作者和出版社允许我们使用这些材料。我们感谢对本书出版做出重要贡献的人，包括 C. C. Barrett，C. F. Burgess，N. J. Diamond，J. M. Gillberg，J. G. Hamwey，E. L. Haynes，G. L. Kessler，K. I. Maldonis，A. Patrick，V. J. Peterson，S. K. Rosenthal，A. W. Shepherd，J. F. Singarella，M. B. Weems 和 C. H. Williams。我们感谢美国国家射电天文台（National Radio Astronomy Observatory，NRAO）的前主任 M. S. Roberts 和现主任 P. A. Vanden Bout，哈佛–史密松森天体物理中心（Harvard-Smithsonian Center for Astrophysics）的前主任 G. B. Field 和现主任 I. I. Shapiro 提供了鼓励和支持。J. M. Moran 对本书的大部分贡献是在伯克利的加利福尼亚大学射电天文实验室（Radio Astronomy Laboratory of the University of California）公休假期间完成的，他感谢 W. J. Welch 在此期间的关照。G. W. Swenson Jr. 感谢 Guggenheim 基金在 1984～1985 年的经费支持。最后，我们感谢任职单位的支持，包括美国国家科学基金会（National Science Foundation）委托联合大学有限公司（Associated Universities Inc.）管理的国家射电天文台，哈佛大学和史密松森学会运行的哈佛–史密松森天体物理中心，以及伊利诺伊大学。

美国弗吉尼亚州夏洛茨维尔 A. Richard Thompson
美国马萨诸塞州剑桥 James M. Moran
美国伊利诺伊州厄巴纳 George W. Swenson Jr.
1986 年 1 月

缩写和缩略词

缩写	英文全称	中文全称
3C	Third Cambridge Catalog of Radio Sources	第三剑桥射电源表
3CR	Revised Cambridge Catalog of Radio Sources	修订的剑桥射电源表
AGN	Active Galactic Nuclei	活动星系核
AIPS	Astronomical Image Processing System	天文图像处理系统
ALC	Automatic Level Control	自动电平控制
ALMA	Atacama Large Millimeter/Submillimeter Array	阿塔卡马大型毫米波/亚毫米波阵列
AM	Atmospheric Model（Atmospheric Modeling Code）	大气模型（大气模拟程序）
APERTIF	Aperture Tile in Focus	焦平面孔径阵列
ASKAP	Australian Square Kilometer Array Pathfinder	澳大利亚平方千米阵列探路者
ATM	Atmospheric Transmission of Microwaves（Atmospheric Modeling Code）	大气微波传输（大气模拟程序）
AU	Astronomical Unit	天文单位
AUI	Associated Universities Inc.	联合大学有限公司
B	Besselian	贝塞尔
BLH	Bureau International de L'Heure	国际时间局
bpi	bits per inch	比特/英寸
CARMA	Combined Array for Research in Millimeter-Wave Astronomy	毫米波天文研究联合阵列
CBI	Cosmic Background Imager	宇宙背景成像仪
CCIR	International Radio Consultative Committee	国际无线电咨询委员会
CIO	Conventional International Origin	国际协议原点

缩写	英文全称	中文全称
CLEAN	Imaging Algorithm for Removal of Unwanted Responses Due to Point Spread Function	去除点扩散函数无用响应的成像算法
CMB	Cosmic Microwave Background	宇宙微波背景
COBE	Cosmic Background Explorer	宇宙背景探测器
COESA	Committee on the Extension of the Standard Atmosphere	标准大气扩展委员会
CSIRO	Commonwealth Scientific and Industrial Research Organization	澳大利亚联邦科学与工业研究组织
CS	Compressed Sensing	压缩感知
CSO	Caltech Submillimeter Observatory	加州理工学院亚毫米波天文台
CVN	Chinese VLBI Network	中国 VLBI 网络
CW	Continuous Wave	连续波
DASI	Degree Angular Scale Interferometer	度角尺度干涉仪
dB	Decibel（formally，one-tenth of a bel）	分贝（十分之一贝尔的正式表示）
DD	Direction-Dependent	方向依赖的
DFT	Discrete Fourier Transform	离散傅里叶变换
DM	Dispersion Measure	色散度
DSB	Double Sideband	双边带
EHT	Event Horizon Telescope	事件视界望远镜
EOR	Epoch of Reionization	再电离时期
EVN	European VLBI Network	欧洲 VLBI 网络
FFT	Fast Fourier Transform	快速傅里叶变换
FIFO	First-In-First-Out	先入先出
FIR	Finite Impulse Response	有限脉冲响应
FK	Fundamental Catalog（Stellar Position）	基本星表（恒星的位置）
FWHM	Full Width at Half-Maximum	半高全宽
FX	Fourier Transform Before Cross Multiplication of Data	数据傅里叶变换后再互乘
FXF	Correlator Architecture	相关器的一种结构

缩写	英文全称	中文全称
GBT	Green Bank Telescope	绿岸望远镜
GLONASS	Global Navigation Satellite System	全球导航卫星系统
GMRT	Giant Meterwave Radio Telescope	巨型米波射电望远镜
GMSK	Gaussian-Filtered Minimum Shift Keying	高斯滤波的最小频移键控
GPS	Global Positioning System	全球定位系统
GR	General Relativity	广义相对论
HALCA	Highly Advanced Laboratory for Communications and Astronomy（a VLBI satellite of Japan）	高新通信和天文实验室（一颗日本的 VLBI 卫星）
IAT	International Atomic Time	国际原子时
IAU	International Astronomical Union	国际天文联合会
ICRF	International Celestial Reference Frame	国际天球参考框架
ICRS	International Celestial Reference System	国际天球参考系统
IEEE	Institute of Electrical and Electronics Engineers	电气和电子工程师学会
IF	Intermediate Frequency	中频
IPAC	Infrared Processing and Analysis Center（NASA/Caltech）	红外处理与分析中心（NASA/Caltech）
IRI	International Reference Ionosphere	国际参考电离层
ITU	International Telecommunication Union	国际电信联盟
IVS	International VLBI Service	国际 VLBI 服务
J	Julian	儒略
JPL	Jet Propulsion Laboratory	喷气推进实验室
JVN	Japanese VLBI Network	日本 VLBI 网络
LASSO	Least Absolute Shrinkage and Selection Operator	最小绝对收敛和选择算子
LBA	Long-Baseline Array	长基线阵列
LO	Local Oscillator	本地振荡器（本振）
LOD	Length of Day	日长度
LOFAR	Low Frequency Array	低频阵列
LMSF	Least-Mean-Square Fit	最小二乘拟合
LSR	Local Standard of Rest	本地静止标准

缩写	英文全称	中文全称
LWA	Long Wavelength Array	长波阵列
MCMC	Markov Chain Monte Carlo	马尔可夫链蒙特卡罗
MeerKAT	Meer and Karoo Array Telescope	米尔和卡鲁阵列望远镜
MEM	Maximum Entropy Method	最大熵法
MERLIN	Multi-Element Radio Linked Interferometer Network	多元无线链路干涉仪网络
MERRA	Modern-Era Retrospective Analysis for Research and Application（NASA program）	现代研究与应用的回顾分析（NASA 的项目）
MIT	Massachusetts Institute of Technology	麻省理工学院
MKS	Meter Kilogram Second	米–千克–秒
MMA	Millimeter Array（precursor to ALMA）	毫米波阵列（ALMA 的前身）
MSTID	Midscale Traveling Ionospheric Disturbance	电离层中尺度行扰
NASA	National Aeronautics and Space Administration（USA）	国家航空航天局（美国）
NGC	New General Catalog	新总表
NGS	National Geodetic Survey（USA）	国家大地测量局（美国）
NNLS	Nonnegative Least-Squares（Algorithm）	非负最小二乘（算法）
NRAO	National Radio Astronomical Observatory（USA）	国家射电天文台（美国）
NRO	Nobeyama Radio Observatory（USA）	野边山射电天文台（美国）
NVSS	NRAO VLA Sky Survey（USA）	国家射电天文台甚大阵巡天（美国）
OVLBI	Orbiting VLBI	空间 VLBI
OVRO	Owens Valley Radio Observatory	欧文斯谷射电天文台
PAF	Phased-Array Feed	相位阵馈源
PFB	Polyphase Filter Bank	多相滤波器组
PIM	Parametrized Ionosphere Model	参数化电离层模型
PPN	Parametrized Post-Newtonian（Formalism of General Relativity）	参数化后牛顿（广义相对论形式）

缩写	英文全称	中文全称
Q-factor	Center Frequency Divided by Bandwidth	中心频率除以带宽
QPSK	Quadri-Phase-Shift Keying	四相相移键控
RA	Right Ascension	赤经
RAM	Random Access Memory	随机存取存储器
RF	Radio Frequency	射频
RFI	Radio Frequency Interference	射频干扰
RM	Rotation Measure	旋转度
RMS	Root Mean Square	均方根
SAO	Smithsonian Astrophysical Observatory	史密松天体物理台
SEFD	System Equivalent Flux Density	系统等效流量密度
SI	System International（Rationlized MKS Unit）	国际单位系统（有理化米–千克–秒单位）
SIM	Space Interferometry Mission	空间干涉测量任务
SIS	Superconductor-Insulator-Superconductor	超导–绝缘–超导
SKA	Square Kilometre Array	平方千米阵列
SMA	Submillimeter Array	亚毫米波阵列
SMOS	Soil Moisture and Ocean Salinity Mission	土壤湿度与海水盐度任务
SNR	Signal-to-Noise Ratio	信噪比
SSB	Single Sideband	单边带
STI	Satellite Tracking Interferometer	卫星跟踪干涉仪
TDRSS	Tracking and Data Relay Satellite System	跟踪与数据中继卫星系统
TEC	Total Electron Content	电子总量
TID	Traveling Ionospheric Disturbance	行进电离层扰动
TV	Total Variation	总扰动
USNO	United States Naval Observatory	美国海军天文台
USSR	Union of Soviet Socialist Republics	苏维埃社会主义共和国联盟
UT	Universal Time	世界时
UT0，UT1，UT2	Modified UT	修正世界时
UTC	Coordinated Universal Time	协调世界时

缩写	英文全称	中文全称
UTR-2	Ukrainian Academy of Sciences T-Shaped Array	乌克兰科学院 T 形阵列
VCR	Video Cassette Recorder	录像机
VERA	VLBI Exploration of Radio Astronomy（Japanese-Led Project）	射电天文 VLBI 探索计划（日本主导的计划）
VLA	Very Large Array	甚大阵列
VLBA	Very Long Baseline Array	甚长基线阵列
VLBI	Very Long Baseline Interferometry	甚长基线干涉
VLSI	Very Large Scale Integrated（Circuit）	超大规模集成（电路）
VSA	Very Small Array	甚小阵列
VSOP	VLBI Space Observatory Programme	VLBI 空间天文台计划
WIDAR	Wideband Interferometric Digital Architecture	宽带干涉数字架构
WMAP	Wilkinson Microwave Anisotropy Probe	威尔金森微波各向异性探测器
WVR	Water Vapor Radiometer	水汽辐射计
XF	Cross-Correlation Before Fourier Transformation	先互相关再傅里叶变换
Y-factor	Ratio of Receiver Power Outputs with Hot and Cold Input Load	热负载和冷负载的接收机输出功率比

主 要 符 号

下面为本书所使用的主要符号，包括一些限于局部使用的符号。

a	模型尺寸，尺度尺寸，大气模型常数（13.1 节），电离层不规则体的尺度尺寸（13.4 节）
A	天线接收面积（接收方向图）
$\boldsymbol{A}$	天线极化矩阵（第 4 章）
A_1	一维接收方向图
A_0	天线法向接收面积
A_N	归一化接收方向图
$\mathcal{A}$	镜像接收方向图，方位角
b	银纬（13.6 节）
b_0	合成波束方向图，点源响应
b_N	归一化合成波束方向图
B	磁场强度
$\boldsymbol{B}$	磁场矢量
c	光速
C	相关函数（第 9 章），卷积（第 10 章）
$C_n{}^2$	折射指数的湍流强度参数（第 13 章）
$C_{ne}{}^2$	湍流强度，电子密度（第 14 章）
$\mathcal{C}$	复信号的幅度（附录 3.1）
d	距离，天线直径，基线倾斜，基线投影（第 13 章）
d_f	弗雷德长度（第 13，17 章）
d_{in}	湍流的内尺度
d_{out}	湍流的外尺度
d_r	衍射极限
d_{tc}	目标源和定标源在湍流区射线路径之间的距离
d_0	均方根相位差 1 弧度的距离（第 13 章）
D_2	二维到三维湍流的过渡
D	基线（天线间距），极化泄漏（第 4 章）
$\boldsymbol{D}$	基线矢量

D_λ, $\boldsymbol{D}_\lambda$	以波长为量纲的基线
D_a, $\boldsymbol{D}_a$	天线安装座的轴间距
D_E	基线的赤道面分量
DM	色散度（第 13 章）
D_n	折射指数的（空间）结构函数（第 13 章）
D_R	延迟分辨函数（式（9.181））
D_τ	（时域）相位结构函数（第 13 章）
D_ϕ	（空间）相位结构函数（第 12，13 章）
$\mathscr{D}$	光纤中的色散（7.1 节，附录 7.2）
e	电子电荷的大小（第 14 章），发射率
E, $\boldsymbol{E}$	电场（通常指测量平面内的），电场的谱分量，能量
E_x, E_y	电场的分量
$\mathscr{E}$	源或孔径上的电场（第 3，15，17 章），高度角
f	功率谱傅里叶分量的频率（第 9，13 章）
f_i	振荡器 i 次谐波的强度（第 13 章）
f_m, f_n	相位切换波形（第 7 章）
F	功率流量密度（$W \cdot m^{-2}$），条纹函数
F_h	有害干扰门限（$W \cdot m^{-2}$）（第 16 章）
$F(\beta)$	法拉第色散函数（第 13 章）
F_1, F_2	见式（9.17）
F_1, F_2, F_3	熵的测度（第 11 章）
F_B	带宽方向图（第 2 章）
$\mathscr{F}$	灵敏度恶化因子（第 7 章）
$\mathscr{F}_R$, $\mathscr{F}_I$	量化条纹旋转函数（第 9 章）
g	天线的电压增益常数，重力加速度（第 13 章）
G	引力常数
G_i	单天线接收机的功率增益（第 7 章）
G_{mn}	相关天线对的增益因子
G_0	增益因子（第 7 章）
$\mathscr{G}$	遮掩响应函数（第 17 章）
h	普朗克常量，滤波器冲击响应（3.3 节），基线的时角、高度、地表高度
h_0	大气标高（第 13 章）
H	时角，电压-频率响应，阿塔卡马矩阵（7.5 节）
H_0	增益常数

i	电流
$\boldsymbol{i}$	极轴或方位轴方向的单位矢量（第 4 章），电流矢量（第 14 章）
I	强度，斯托克斯参数
I^2	相对频差的方差（第 9 章）
I_s	斑点强度（第 17 章）
I_v	斯托克斯可见度
I_0	点源峰值强度，反演的（综合）强度分布，修正的零阶贝塞尔函数（第 6，9 章）
I_1	一维强度函数，修正的一阶贝塞尔函数（第 9 章）
Im	虚部
j	$\sqrt{-1}$
$\boldsymbol{J}$	琼斯矩阵（第 4 章）
j_v	源的体辐射率（第 13 章）
J	互强度（第 15 章）
J_0	第一类零阶贝塞尔函数
J_1	第一类一阶贝塞尔函数
k	玻尔兹曼常量，传播常数 $2\pi/\lambda$（第 13 章）
$\boldsymbol{k}$	幅度为 $2\pi/\lambda$ 的传播矢量（第 9 章）
l	关于基线分量 u 的方向余弦，递减率（第 13 章）
L	传输线长度，传输线损失因子（第 7 章），概率积分［式（8.109）］，路径长度，似然函数（第 12 章），大气湍流层或屏的厚度（第 13 章）
L_{inner}，L_{outer}	湍流尺度（第 13 章）
ℓ	多极矩（第 10 章），长度，银河经度（第 13 章）
ℓ_λ	栅阵的单位间距（量纲为波长）（第 1，5 章）
$\mathcal{L}$	纬度，增量路径长度（第 13 章）
$\mathcal{L}_D$，$\mathcal{L}_V$	干大气、水汽的增量路径长度
m	关于基线分量 v 的方向余弦，调制指数（附录 7.2），测定量（附录 12.1），电子质量（第 13 章）
m_l，m_c，m_t	线极化度，圆极化度，总极化度
M	频率乘性因子（第 9 章），模型函数（第 10 章），质量，复线极化度（第 13 章）
$\mathcal{M}$，$\mathcal{M}_D$，$\mathcal{M}_V$	分子总重量，干大气分子重量，水汽分子重量
n	关于基线分量 w 的方向余弦，量化的加权因子（第 8 章），噪声分量，折射指数（第 13 章）

$n=n_R+jn_I$	复折射指数
n_a	天线数量
n_d	数据点数
n_e, n_i, n_n, n_m	电子密度，离子密度，中性粒子密度，分子密度（第 13 章）
n_p	天线对的数量
n_s	源的数量
n_r	矩形阵列的点数（网格点数量）
n_0	地表的折射指数（第 13 章）
N	样本数量（第 8 章），总折射率（第 13 章）
N_b	采样位数（第 8 章）
N_D, N_V	干大气折射率，水汽折射率（第 13 章）
N_N	奈奎斯特采样的样本数（第 8 章）
$\mathcal{N}$	$2\mathcal{N}$ 和 $2\mathcal{N}+1$ 分别是奇数和偶数个量化电平（第 8 章）
p	概率密度或概率分布[即 $p(x)dx$ 是随机变量落在 x 和 $x+dx$ 之间的概率，二维正态概率函数（第 8 章），模型参数的数量（第 10 章），分压（13.1 节），影响因子（12.6 节，14.3 节）
p_D	干大气分压（第 13 章）
p_V	水汽分压（第 13 章）
P	功率，累计概率，总气压（第 13 章）
P_0	地表大气压力（第 13 章）
$\boldsymbol{P}$	单位体积的偶极矩
P_3	三重积（双谱）
P_{mnp}	设备极化因子
P_{ne}	电子密度波动谱
$\mathcal{P}$	月亮边缘的点源响应（17.2 节），斑点的点扩散函数（17.6.4 节）
q	(u,v) 域上的距离
q'	(u',v') 域上的距离
q_x, q_y	空间频率域分量（周期/米）（第 13 章）
Q	斯托克斯参数，线或腔的品质因数（9.5 节），量化电平数量（8.3 节，9.6 节）
Q_v	斯托克斯可见度
r	相关器输出，(l,m) 域上的距离，径向距离
$\boldsymbol{r}$	相对于地心的天线位置矢量
r_e	经典电子半径（第 14 章）
r_1	下边带的相关器输出

r_p	皮尔森相关系数
r_u	上边带的相关器输出
r_0	地球半径
R	自相关函数，相关器输出，鲁棒性因子（10.2.2.1 节），频率比（12.2.4 节），距离，普适气体常数（第 13 章）
$\boldsymbol{R}$	相关器输出矩阵（第 4 章）
R_a	可见度平均的响应（第 6 章）
R_b	有限带宽响应（第 6 章）
R_e	电子轨道半径（第 14 章）
R_{ff}	远场距离（第 15 章）
RM	旋转度（第 14 章）
R_m	到月亮边缘的距离（第 17 章）
R_n	n 阶量化的自相关（第 8 章）
R_y	相对频偏的自相关函数（第 9 章）
R_0	日地距离
R_ϕ	相位的自相关函数（第 9，13 章）
Re	实部
$\mathscr{R}_{sn}$	信噪比
s	信号分量，平滑测度（第 11 章）
$\boldsymbol{s}$	单位位置矢量（第 3 章）
s_0	视场中心的单位位置矢量（第 3 章）
S	（谱）功率流量密度（$W \cdot m^{-2} \cdot Hz^{-1}$）
S_c	定标源的流量密度
SEFD	系统等效流量密度
S_h	有害干扰门限（$W \cdot m^{-2} \cdot Hz^{-1}$）（第 16 章）
Sq	方波函数（7.5 节）（也被称为拉德马赫函数）
S	互功率谱（第 9 章）
S_I	强度波动功率谱（第 14 章）
$\mathcal{S}_y, \mathcal{S}_y'$	单边带和双边带的相对频偏功率谱（仅 9.4 节用到了单边带功率谱）
$\mathcal{S}_\phi, \mathcal{S}_\phi'$	单边带和双边带的相位波动功率谱（仅 9.4 节用到了单边带功率谱）
$\mathcal{S}_2$	二维相位功率谱（第 13 章）
t	时间
t_e	地球自转周期（第 12 章）

t_{cyc}	目标源和定标源的重复周期
T	温度，时间间隔，传播因子（第 15 章）
T_{at}	大气温度（第 13 章）
T_A	目标源贡献的天线温度分量
T_A'	总天线温度
T_B	亮温
T_C	定标信号的噪声温度
T_g	气体温度（第 9 章）
T_R	接收机温度
T_S	系统温度
$\mathcal{T}$	时间间隔
u	以波长为量纲的天线间距坐标（空间频率）
u'	投影到赤道面的 u 坐标
U	斯托克斯参数
U_v	斯托克斯可见度（第 4 章）
$\mathcal{U}$	无用响应（7.5 节）
v	以波长为量纲的天线间距坐标（空间频率），传输线的相速度（第 8 章）
v'	投影到赤道面的 v 坐标
v_g	群速度（第 14 章）
v_m	月亮边缘的运动角速度（第 16 章）
v_p	相速度（第 13 章）
v_r	径向速度
v_s	散射屏的速度（一些情况下平行于基线）（第 12，13 章）
v_0	量化电平（第 8 章），粒子速度（第 9 章）
V	电压，斯托克斯参数
V_A	天线电压响应
V_v	斯托克斯可见度（第 4 章）
$\mathcal{V},\mathcal{V}$	复可见度，矢量可见度
$\mathcal{V}_m$	测量的复可见度
$\mathcal{V}_M$	迈克耳孙条纹可见度
$\mathcal{V}_N$	归一化复可见度
w	以波长为量纲的天线间距坐标（空间频率），加权函数，可降水量柱高度（第 13 章）
w'	极轴方向测量的 w 坐标

w_a	大气加权函数（第 13 章）
w_{mean}	加权因子的均值（第 6 章）
w_{rms}	加权因子的均方根（第 6 章）
w_t	可见度锥化函数（第 10 章）
w_u	调整可见度幅度实现有效均匀加权的函数（第 10 章）
W	谱灵敏度函数（空间传递函数），传播子（第 15 章）
x	通用位置坐标，天线孔径上的坐标，信号电压
x_λ	以波长为量纲的 x 坐标
X	天线间距的坐标[见式（4.1）]，以均方根幅度为量纲的信号波形（第 8 章），源内或孔径内的坐标（第 3，15 章），信号频谱（8.7 节）
X_λ	以波长为量纲的 X 坐标
y	通用位置坐标，天线孔径内的坐标，信号电压，沿射线路径的距离（第 13 章）
y_k	相对频偏（第 9 章）
y_λ	以波长为量纲的 y 坐标
Y	天线间距的坐标[见式（4.1）]，Y 因子（第 7 章），源内或孔径内的坐标（第 3，15 章），以均方根幅度为量纲的信号波形（8.4 节），信号频谱（8.7 节）
Y_λ	以波长为量纲的 Y 坐标
z	通用位置坐标，信号电压，天顶角（第 13 章），红移
z_λ	以波长为量纲的 z 坐标
Z	天线间距的坐标[见式（4.1）]，相关器输出的可见度函数加噪声（第 6，9 章）
Z_D，Z_V	干大气和水汽的压缩因子（第 13 章）
$\boldsymbol{Z}$	可见度函数加噪声矢量（第 6，9 章）
Z_λ	以波长为量纲的 Z 坐标
α	赤经，功率衰减系数，以 σ 为量纲的量化门限（第 8 章），谱指数（第 11 章），表 13.2 及相关正文中的吸收系数和幂指数（13.1 节），电子密度波动指数（13.4 节）
β	传输线的相对长度变化（第 7 章），过采样因子（第 8 章），均方根相位波动的距离指数[式（13.80a）]（12.2 节，13.1 节），太阳电子密度指数（14.3 节），法拉第深度（14.4 节）

γ	设备极化因子（4.8 节），脉泽弛豫率（第 9 章），CLEAN 的环路增益（第 11 章），后牛顿广义相对论参数（第 12 章），源相干函数（第 15 章）
Γ	阻尼因子（第 13 章），互相干函数（第 15 章），伽马函数
Γ_{12}	互相干函数（第 15 章）
δ	赤纬，增量的前缀，（狄拉克）德尔塔函数，设备极化因子（4.8 节）
$^2\delta$	二维德尔塔函数
Δ	极小长度，增量的前缀
$\Delta\nu$	带宽，多普勒频移（附录 10.2）
$\Delta\nu_{IF}$	中频带宽
$\Delta\nu_{LF}$	低频带宽
$\Delta\nu_{LO}$	本振的频率差
$\Delta\tau$	延迟误差
$\Delta u,\ \Delta v$	$(u,\ v)$ 平面增量
$\Delta l,\ \Delta m$	$(l,\ m)$ 平面增量
ϵ	太阳延伸率（12.6 节）
ϵ	以 σ 为量纲的量化电平宽度（第 8 章），中频信号的噪声分量（第 9 章），介电常数（第 13 章）
ϵ_a	幅度误差（第 11 章）
ϵ_0	自由空间的介电常数（第 13 章）
ε	相关器输出的噪声分量（第 6，9 章），残差，误差分量，介电常数（第 13 章，17.5 节），表面随机偏差（第 17 章）
$\boldsymbol{\varepsilon}$	噪声矢量（第 6 章）
η	损失因子
η_D	离散延迟步长损失因子
η_Q	阶量化效率（损失）因子
η_R	条纹旋转损失因子
η_S	条纹边带抑制损失因子
θ	通用的角度，与基线垂面的相对角度，设备相位角，基线与源方向矢量的夹角（第 12 章）
θ_0	源或视场中心的角位置
θ_b	合成波束宽度，弯曲角（第 13 章）
θ_f	合成场的宽度（视场）

θ_F	第一菲涅耳区的宽度
θ_{LO}	本振相位
θ_m, θ_n	天线 m 和 n 的本振相位
θ_s	大气波动限制的有效波束宽度（第 13 章），源宽度（第 16 章）
Θ	地球转角的变化（UT1-UTC）（第 12 章）
λ	波长
λ_{opt}	光载波波长（附录 7.2）
Λ	传输线反射的幅度（第 7 章）
μ	阿伦方差的幂指数（第 9 章）
ν	频率
ν'	与中心频率或本地振荡器频率的相对频率（第 9 章）
ν_b	比特率
ν_B	回旋频率（第 13 章）
ν_c	碰撞频率（第 13 章）
ν_C	腔体频率（第 9 章）
ν_d	插入延迟的中频
ν_{ds}	延迟步进频率（第 9 章）
ν_f	条纹频率
ν_{in}	条纹频率的设备分量（第 12 章）
ν_{IF}	中频
ν_{LO}	本地振荡器频率
ν_l	一个相关器通道的频率（第 9 章）
ν_m	光载波上的调制频率（第 7 章）
ν_{RF}	射频频率
ν_{opt}	光载波频率（附录 7.2）
ν_p	等离子体频率（第 13 章）
ν_0	中频或射频通带的中心频率，吸收峰频率（第 13 章）
Π	视差角（第 12 章）
ρ	自相关函数，互相关系数，反射系数（第 7 章），气体密度（第 13 章）
ρ_D, ρ_V, ρ_T	干大气密度，水汽密度，总密度（第 13 章）
ρ_{mn}	互相关
ρ_σ	(u,v) 域的面密度（第 10 章）
ρ_m, ρ_n	传输线反射系数（第 7 章）
ρ_w	水密度（第 13 章）

σ		标准差，均方根噪声电平，雷达截面（第 17 章）
$\boldsymbol{\sigma}$		单位球上的位置矢量
σ_y		阿伦标准差（σ_y^2=阿伦方差）
σ_τ		均方根延迟不确定度（第 9 章）
σ_ϕ		均方根相位差
τ		时间间隔
τ_a		平均（积分）时间
τ_{at}		大气延迟误差（第 12 章）
τ_c		相干积分时间（第 9 章）
τ_e		时钟误差
τ_g		几何延迟
τ_i		设备延迟
τ_0		设备延迟的单位增量，一次观测的周期（第 6 章），大气的天顶点光学深度（不透明度）（第 13 章）
τ_s		采样时间间隔
τ_{or}		最小正交周期（第 7 章）
τ_{sw}		开关跳变的间隔（第 7 章）
τ_v		光学深度（不透明度）（第 13 章）
ϕ		相位角
ϕ_m		天线 m 接收信号的相位
ϕ_v		可见度相位
$\phi_G,\ \phi_{im}$		相关天线对的设备相位
ϕ_{pp}		相位误差的峰峰值（第 9 章）
Φ		复信号的相位（附录 3.1），概率积分[式（8.44）]（第 8 章），信号的相位（13.1 节）
χ		极化椭圆轴比的反正切
χ^2		χ^2 统计参数
ψ		位置角，相位角
ψ_p		视差角
ω_e		地球自转角速度
Ω		固体角
Ω_s		源所对的固体角
Ω_0		合成波束主瓣的固体角

常用下标

A	天线
d	延迟，双边带
D	干大气分量（第 13 章）
I	虚部
IF	中频
l	左旋圆极化，下边带
LO	本地振荡器
0	频带或角度场的中心，地球表面（第 13 章）
m, n	指定天线
N	归一化，奈奎斯特率（8.2 节，8.3 节）
r	右旋圆极化
R	实部
S	系统
u	上边带
V	水汽（第 13 章）
λ	以波长为量纲

其他符号

Π	单位矩形函数
Π	乘号
Ⅲ	一维山函数
$^2\text{Ⅲ}$	二维山函数
$\leftrightarrow$	傅里叶变换
*	一维卷积
**	二维卷积
★	一维互相关
★★	二维互相关
⟨ ⟩	期望值（或有限平均近似值）
点（˙）	关于时间的一阶导数
两个点（¨）	关于时间的二阶导数
上划线（¯）	平均（第 1，9 章，14.1 节）；函数的傅里叶变换（第 3，5，8，10，11，13 章，14.2 节）
抑扬符（^）	量化的变量（第 8 章）
抑扬符（^）	频率的函数（第 3 章）

角度符号

(°), (′), (″)　　　度，分，秒
mas　　　　　　　毫角秒
μas　　　　　　　微角秒

函数

具体定义和描述可以参见如 M. Abramowitz 和 I. A. Stegun 所著 *Handbook of Mathematical Functions*，National Bureau of Standards，Washington，DC（1964），reprinted by Dover，New York，（1965）。

erf　　　　　　　误差函数［式（6.63c）］
J_0　　　　　　　第一类零阶贝塞尔函数［式（A2.55）］
J_1　　　　　　　第一类一阶贝塞尔函数
I_0　　　　　　　修正的零阶贝塞尔函数［式（9.46）］
I_1　　　　　　　修正的一阶贝塞尔函数［式（9.52）］
Γ　　　　　　　伽马函数［注意 $\Gamma(x+1)=x\Gamma(x)$］
δ　　　　　　　狄拉克德尔塔函数［式（A2.10）］
Π　　　　　　　单位矩形函数［式（A2.12a）］
Π　　　　　　　修正的单位矩形函数［表10.2］
sinc　　　　　　 $\sin\pi x/(\pi x)$

目　　录

（上册）

（下册）

9　甚长基线干涉测量

10　定标与成像

11　高级成像技术

12　天体和大地测量的干涉仪技术

13　传播效应：中性介质

14　传播效应：电离介质

15　范西泰特−策尼克定理、空间相干和散射

16　射频干扰

17　有关的技术

1 介绍与历史回顾

本书的主要内容大致可以概括为利用射电干涉原理对宇宙辐射源产生的自然射电信号进行测量。这种测量方法主要用于天体物理学、天体测量学和大地测量学等领域。本章主要介绍射电干涉技术的应用、一些基本术语与概念，以及射电干涉设备及其应用的历史回顾等。

本书涉及的基本原理是，辐射源的强度分布或者说亮度图像与其电场分布的二元干涉函数互为傅里叶变换关系，二元干涉函数可以利用干涉仪进行直接测量。电场分布的傅里叶变换就是所谓的条纹可见度函数，通常为复数。这种变换关系的核心理论被称为范西泰特-策尼克（van Cittert-Zernike）定理，该定理在 20 世纪 30 年代从光学应用中推导得出，直到 1959 年 Born 和 Wolf 出版了著名的《光学原理》（*Principles of Optics*），才被射电天文学家广泛采用。迈克耳孙恒星干涉仪在突破一系列射电干涉技术时，也未从理论上认识到范西泰特-策尼克定理。在 X 射线衍射研究中也开发了许多类似的干涉测量技术。

1.1 射电干涉的应用

射电干涉和综合孔径阵列通常集成了多个二元干涉仪，用来测量来自天空的射电辐射源的精细结构。对许多天文目标进行观测时，单一射电天线的角度分辨率是不够的，工程技术的挑战限制了角度分辨率，实际只能达到几十角秒。例如，波长为 7mm 的 100m 直径天线的波束宽度约为 17″。而在光学波段，直径约为 8m 的大型望远镜的衍射极限约为 0.015″。由于对流层湍流的影响，基于传统光学技术的地面望远镜可达到的角度分辨率极限为 0.5″左右（未使用自适应光学技术）。在天文学研究中，精确地测定射电源的位置具有非常重要的意义，这样才可以结合光学观测和其他电磁谱段观测对射电源进行认证（Kellermann，2013）。在射电和光学两个谱段，以可比拟的角度分辨率对目标源的强度、极化和频谱等参数进行测量，也具有重要意义。利用干涉测量技术，在射电频段实现更高的角度分辨率，为此类研究提供了可能。

天体测量学关注的是精确测量星体及其他天文目标的角度坐标，包括研究由于地球轨道运动和天文目标自身运动产生的视差及其导致的天体位置微小变化。这种观测是测量宇宙空间尺度的基本前提。天体测量也为验证广义相对论和建立太阳系动力学参数系统提供了一种手段。天体测量过程中的关键问题是建立天体位置的参考坐标系。较为理想的坐标系统是以遥远的大质量天体作为坐标基准。目前看来，基于射电手段探测的遥远、致密的河外星系是天体坐标系的最佳坐标基准。射电探测技术能实现的目标绝对位置测量精度优于 100μas，邻近天体间的相对位置测量精度优于 10μas。与之相比，需要透过地球大气进行观测的地基光学望远镜测量的精度约为 50mas。当然，在大气层以外进行观测的 Hipparcos（伊巴谷）卫星已经以 1mas 的精度探测到了 10^5 个恒星（Perryman et al.，1997），欧洲航天局 Gaia 卫星有望以 10μas 的精度探测到 10^9 个恒星（de Bruijne et al.，2014）。

在天体测量过程中，需要知道观测仪器相对于天球坐标系的指向，地基观测可以反映地球指向参数的变化。除了众所周知的地球旋转轴的进动和章动外，地轴相对地球表面还存在无规则的移动，这种移动称为极移，归因于太阳和月球的引力导致的地球赤道的隆起，以及地球地幔、地壳、海洋和大气的动力学效应。相同原因还使地球旋转角速度变化，因此需要对世界时系统进行修正。在地球动力学研究中，指向参数的测量非常重要。在 20 世纪 70 年代，人们清楚地认识到射电技术能够对这些效应进行精确测量。在 20 世纪 70 年代后期，美国海军天文台（VSNO）、美国海军研究实验室、美国国家航空航天局（National Aeronautics and Space Administration，NASA）和美国国家大地测量局（NGS）联合实施了第一个世界时和极移监测的射电观测计划。极移也可通过卫星观测进行研究，特别是全球定位系统（Global Positioning System，GPS）卫星，但远距离射电源提供了地球转动测量的最佳基准。

除了揭示地球运动和指向角度的变化外，还能利用干涉技术对已知天体源进行测量，实现对约 100km 甚至更远的天线基线的精密测量，测量精度高于传统测量技术。甚长基线干涉（Very Long Baseline Interferometry，VLBI）的天线间距为几百或几千千米，利用 VLBI 测量技术后，基线测量误差从 1967 年的几米降低到几毫米。位于不同地质板块的天线之间的平均相对位移为每年 1～10cm，可以用 VLBI 干涉网络对板块运动进行持续监测。干涉技术也被用于月球表面月球车的跟踪和航天器的定位。在本书中，我们主要关注来自天体目标的自然辐射信号的测量。

与其他电磁谱段测量相比，射电干涉测量能够获得最高的角度分辨率，其部分原因是可以用电子学方法对射频信号进行精密处理。信号处理方法的底层技术是基于超外差原理，利用本地振荡器和混频器，将接收的射频信号混频至方便处理的基带信号。附录 1.1 所示为理想接收机系统框图（也被称为辐射计）。相对于波长更短的探测系统，射电探测的另一个优点是地球中性大气引起的相位变化较小。虽然在地球大气层以上进行观测的星载望远镜未来将在红外和光学波段实现更高的分辨率，但在天文学研究中，射电频段仍然至关重要。

射电探测能够发现那些只发射射电信号的天体，并能穿透银河尘埃云，尘埃云会导致光学波段的图像模糊。

1.2 基本术语与定义

本节简单回顾一些基本的背景信息，有助于那些不是很熟悉射电天文的读者更好地理解射电干涉测量。

1.2.1 宇宙信号

来自宇宙射电源的辐射传播到达天线后产生的感应电压通常称为信号，尽管在一般工程意义上它不包含信息。这些信号由自然过程所产生，并且几乎普遍表现为高斯随机噪声。也就是说，天线接收端口的电压是时间的函数，电压波形可表征为一系列非常短的随机脉冲，脉冲幅度符合高斯随机分布。在带宽 $\Delta\nu$ 内，射频波形在 $1/\Delta\nu$ 的时间尺度上表现为随机变化。除了脉冲星等特殊天体源，射电天文的典型观测时间为分钟到小时量级，这一时间尺度下，大多数射电源的信号特征不随时间发生变化。这种类型的高斯噪声被假定为与电阻热噪声和放大器产生的噪声特性相同，高斯噪声有时也被称为约翰逊噪声。一般假设这类波形具有平稳遍历性，也就是说，其集合平均与时间平均具有同一收敛值。

大多数射电源辐射具有随频率而缓慢变化的连续辐射功率谱。一些宽带射电探测设备通带内的功率谱也可能出现较大变化。图 1.1 给出了 8 种不同射电源的连续谱。射电星系天鹅座 A（Cygnus A）、超新星遗迹仙后座 A（Cassiopeia A）和类星体 3C48 的射电辐射是同步辐射机制产生的（Rybicki and Lightman，1979；Longair，1992），即磁场中高能电子轨道运动产生的辐射。电子辐射通常具有高度相对论性，这种情况下，每个电子的辐射都集中在其瞬时运动方向上。当电子运动轨道与观测者在同一平面或接近同一平面时，观测者便能够探测到辐射脉冲。观测到的辐射的极化特征为线极化，圆极化分量一般很小。但是，射电源内磁场方向的变化和法拉第旋转导致其极化具有随机性，因此一个射电源的线极化总量通常不是很高。电子产生的电磁脉冲能量集中在轨道频率的各次谐波频率上，由于电子能量连续分布，所以其射电频谱是连续的。由于电子数量太多，难以区分单个电子产生的脉冲，其总电场表现为均值为零的连续随机过程。频谱是频率的函数，其变化与电子的能量分布有关。在低频，自吸收效应使得频谱能量降低，例如，M82 这一星爆星系。在低频，同步辐射起主导作用，但是在高频，尘埃颗粒起主导作用，其温度约 45K，发射率与 $\nu^{1.5}$ 成比例。长蛇座 TW（TW Hydrae）包括恒星和原行星盘，射电辐射主要由尘埃产生，温度约 30K，发射率与 $\nu^{0.5}$ 成比例。

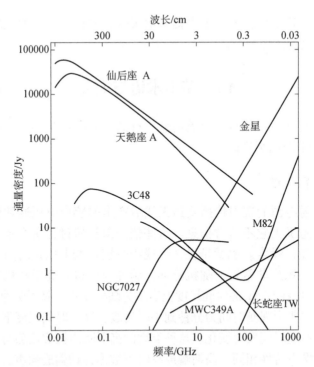

图 1.1　8 种不同类型的连续谱射电源实例：仙后座 A［Cassiopeia A，超新星遗迹（Baars et al., 1977）］，天鹅座 A［Cygnus A，射电星系（Baars et al., 1977）］，3C48［类星体（Kellermann and Pauliny-Toth, 1969）］，M82［星爆星系（Condon, 1992）］，长蛇座 TW［TW Hydrae，原行星盘（Menu et al., 2014）］，NGC7027［行星状星云（Thompson, 1974）］，MWC349A［电离恒星风（Harvey et al., 1979）］，金星［Venus，行星，远端视直径约 9.6″（Gurwell et al., 1995）］。受电离层反射影响，图中频率下限为 10MHz，频率上限受大气吸收影响，约 1000GHz。部分数据来源于 NASA/IPAC（红外处理与分析中心）河外星系数据库（2013）［1Jy（央斯基）=10^{-26}W·m^{-2}·Hz^{-1}］

　　NGC7027 的频谱如图 1.1 所示，它是银河系内的行星状星云，中心恒星的辐射使其中的气体电离。等离子体内未束缚的电子和粒子热运动发生自由-自由碰撞，产生射电辐射。在频谱曲线低频端，星云遮挡了自身辐射并表现为黑体辐射谱。随着频率升高，吸收率和发射率都近似随 ν^{-2} 减小（Rybicki and Lightman, 1979），其中 ν 为频率。此特性抵消了瑞利-金斯定律中的 ν^{-2} 项，因此当星云不能阻挡内部高频辐射时，频谱近似平坦。这种辐射通常是随机极化的。非均匀电离气体，如 MWC349C，以恒定的速度在恒星包层内扩张，这种特性使得其辐射谱随 $\nu^{0.6}$ 增加。

　　在毫米波段，行星这种不透明的热源亮度很高，有时被用作定标源。金星的亮温在低频端为 700K（表面温度），在高频端为 250K（大气温度）。

　　与连续辐射相比，谱线辐射是原子和分子产生的在一些特定频率上的辐射。中性氢原子在 1420.405MHz 的辐射是重要的谱线，它是氢原子两个能级之间跃迁的结果，与电子在原子核磁场中的自旋矢量有关。氢原子谱线的固有宽度可以忽略不计（约为 10^{-15}Hz），但原子热运动和气体云的大尺度运动引起的多普勒效应展宽了谱线辐射。在银河系内，多普勒展宽为几百 kHz。银河系结构就是通过比较多普勒速度与银河系旋转模型计算的速度得出的。

　　银河系以及类似的星系包含一些温度在 10～100K 的大尺度分子云，其中不断形成新星体。这些分子云产生大量的原子和分子能级跃迁，产生射电及远红外频段的辐射。目前已经测量了大约 180 种分子和 4500 多条分子谱线（Herbst and van Dishoeck，2009）。喷气推进实验室（2016）、科隆大学（2016）和 Splatalogue（2016）分别公布了原子和分子谱线列表。Lovas 等（1979）和 Lovas（1992）曾经给出早期的列表。表 1.1 给出了几种重要的谱线。需要注意的是，表 1.1 给出的谱线还不到已知 1THz 频率以下谱线的 1%。图 1.2 给出猎户座星云在 214～246GHz 和 328～360GHz 频段的许多分子谱线的辐射谱。尽管地球大气窗口射电截止频率约 1THz，灵敏的亚毫米波和毫米波阵列（MMA）仍能够在 1.90054THz（158μm）检测到类似 C II 的 $^2P_{2/3} \rightarrow {}^2P_{1/2}$ 谱线，由于红移大于 2，多普勒频移使这些谱线移动到射电窗口。一些分子线，尤其是 OH、H_2O、SiO 和 CH_3OH，在极小的视场角范围内具有强烈的辐射，此辐射是由脉泽过程所产生的（Reid and Moran，1988；Elitzur，1992；Gray，2012）。

表 1.1　一些重要射电谱线

化学名称	化学式	跃迁	频率/GHz
氘	D	$^2S_{\frac{1}{2}}, F = \frac{3}{2} \rightarrow \frac{1}{2}$	0.327
氢	H	$^2S_{\frac{1}{2}}, F = \frac{1}{2} \rightarrow 0$	1.420
羟基	OH	$^2\Pi_{\frac{3}{2}}, J = \frac{3}{2}, F = 1 \rightarrow 2$	1.612[a]
羟基	OH	$^2\Pi_{\frac{3}{2}}, J = \frac{3}{2}, F = 1 \rightarrow 1$	1.665[a]
羟基	OH	$^2\Pi_{\frac{3}{2}}, J = \frac{3}{2}, F = 2 \rightarrow 2$	1.667[a]
羟基	OH	$^2\Pi_{\frac{3}{2}}, J = \frac{3}{2}, F = 2 \rightarrow 1$	1.721[a]
甲基	CH	$^2\Pi_{\frac{1}{2}}, J = \frac{1}{2}, F = 1 \rightarrow 1$	3.335
羟基	OH	$^2\Pi_{\frac{1}{2}}, J = \frac{1}{2}, F = 1 \rightarrow 0$	4.766[a]

续表

化学名称	化学式	跃迁	频率/GHz
甲醛	H_2CO	$1_{10} \to 1_{11}$，6F 能级跃迁	4.830
羟基	OH	$^2\Pi_{\frac{3}{2}}, J=\frac{5}{2}, F=3\to 3$	6.035[a]
甲醇	CH_3OH	$5_1 \to 6_0 A^+$	6.668[a]
氦	$^3He^+$	$^2S_{\frac{1}{2}}, F=1\to 0$	8.665
甲醇	CH_3OH	$2_0 \to 3_{-1}, E$	12.179[a]
甲醛	H_2CO	$2_{11} \to 2_{12}$，4F 能级跃迁	14.488
丙烷	C_3H_2	$1_{01} \to 1_{10}$	18.343
水	H_2O	$6_{16} \to 5_{23}$，5F 能级跃迁	22.235[a]
氨	NH_3	$1,1 \to 1,1$，18F 能级跃迁	23.694
氨	NH_3	$2,2 \to 2,2$，7F 能级跃迁	23.723
氨	NH_3	$3,3 \to 3,3$，7F 能级跃迁	23.870
甲醇	CH_3OH	$6_2 \to 6_1, E$	25.018
一氧化硅	SiO	$v=2, J=1\to 0$	42.821[a]
一氧化硅	SiO	$v=1, J=1\to 0$	43.122[a]
一硫化碳	CS	$J=1\to 0$	48.991
一氧化硅	SiO	$v=1, J=2\to 1$	86.243[a]
氰化氢	HCN	$J=1\to 0$，3F 能级跃迁	88.632
碳酸氢根	HCO^+	$J=1\to 0$	89.189
二氮烯基	N_2H^+	$J=1\to 0$，7F 能级跃迁	93.174
一硫化碳	CS	$J=2\to 1$	97.981
一氧化碳	$^{12}C^{18}O$	$J=1\to 0$	109.782
一氧化碳	$^{13}C^{16}O$	$J=1\to 0$	110.201
一氧化碳	$^{12}C^{17}O$	$J=1\to 0$，3F 能级跃迁	112.359
一氧化碳	$^{12}C^{16}O$	$J=1\to 0$	115.271
一硫化碳	CS	$J=3\to 2$	146.969
水	H_2O	$3_{13} \to 2_{20}$	183.310[a]
一氧化碳	$^{12}C^{16}O$	$J=2\to 1$	230.538
一硫化碳	CS	$J=5\to 4$	244.936
水	H_2O	$5_{15} \to 4_{22}$	325.153[a]
一硫化碳	CS	$J=7\to 6$	342.883
一氧化碳	$^{12}C^{16}O$	$J=3\to 2$	345.796

续表

化学名称	化学式	跃迁	频率/GHz
水	H_2O	$4_{14} \rightarrow 3_{21}$	380.197
一氧化碳	$^{12}C^{16}O$	$J=4 \rightarrow 3$	461.041
重水	HDO	$1_{01} \rightarrow 0_{00}$	464.925
碳	C	$^3P_1 \rightarrow {}^3P_0$	492.162
水	H_2O	$1_{10} \rightarrow 1_{01}$	556.936
氨	NH_3	$1_0 \rightarrow 0_0$	572.498
一氧化碳	$^{12}C^{16}O$	$J=6 \rightarrow 5$	691.473
一氧化碳	$^{12}C^{16}O$	$J=7 \rightarrow 6$	806.652
碳	C	$^3P_2 \rightarrow {}^3P_1$	809.340

a 强脉泽跃迁。

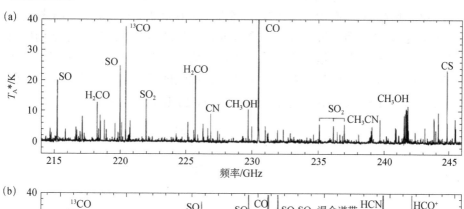

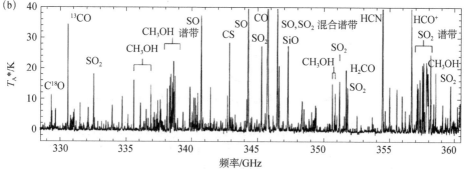

图 1.2　猎户座星云在 214～246GHz 和 328～360GHz 频段内的谱线。纵坐标是校正大气吸收后的天线温度，和接收功率成正比。横轴频率刻度已修正了地球相对于局域静止标准的运动。频谱分辨率为 1MHz，对应的速度分辨率在 230GHz 和 345GHz 分别为 $1.3km \cdot s^{-1}$ 和 $0.87km \cdot s^{-1}$。需注意的是频率越大，谱线的密度越大。图（a）的测量结果来自 Blake 等（1987），图（b）的测量结果来自 Schilke 等（1997）

　　独立射电源信号的强度用流量谱密度或者是功率流量谱密度来表示，即单位频率间隔内、单位面积接收的辐射能量，单位为 $W\cdot m^{-2}\cdot Hz^{-1}$，天文学家通常将其简称为流量密度。流量密度的单位是央斯基（Jy），谱线辐射和连续谱辐射都使用这一定义。在一定带宽内进行频率积分，测得的辐射强度被称为功率流量密度，其单位为 $W\cdot m^{-2}$。在 IEEE（电气和电子工程师学会，1977）标准定义中，功率流量密度等于电磁波的坡印亭矢量的时间平均。在反演射电源图像时，比较便利的定义是单位立体角内辐射的功率流量谱密度，单位为 $W\cdot m^{-2}\cdot Hz^{-1}\cdot sr^{-1}$，有时也称之为强度、比强度，或辐射亮度。在射电天文成像中，我们只能测量到二维天球表面上的强度，测量到的强度是观测者到天球表面的视向分量。

　　在辐射理论中，通常用 I_ν 来表示强度、比强度，是单位面积、单位时间、单位频宽、单位立体角内测量到的功率流量密度。如图 1.3 所示，在 s 方向，立体角 $\mathrm{d}\Omega$、频宽 $\mathrm{d}\nu$、面积 $\mathrm{d}A$ 内的辐射能量为 $I_\nu(s)\mathrm{d}\Omega\mathrm{d}\nu\mathrm{d}A$。可应用于辐射源表面，或辐射信号传播穿过空间的某个表面，或传感器及探测器接收平面的有关计算。最后一种情况是指利用天线接收辐射信号，立体角对应着天球上产生辐射的面积。值得注意的是：在光学天文中，比强度经常定义为单位带宽的强度 I_λ，此处 $I_\lambda = I_\nu \nu^2 / c$，$c$ 为光速（Rybicki and Lightman，1979）。

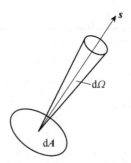

图 1.3　用立体和表面积说明强度的定义，$\mathrm{d}A$ 与 s 垂直

普朗克定律指出，黑体热辐射强度与辐射物体的物理温度有关，即

$$I = \frac{2kT\nu^2}{c^2}\left[\frac{\dfrac{h\nu}{kT}}{\mathrm{e}^{h\nu/kT}-1}\right] \tag{1.1}$$

其中 k 为玻尔兹曼常量；h 为普朗克常量。当 $h\nu \ll kT$ 时，我们可以使用瑞利-金斯近似，此时方括号中的表达式可以用 1 来代替。瑞利-金斯近似需满足 $\nu(\mathrm{GHz}) \ll 20T(\mathrm{K})$。很多令人感兴趣的射电天文现象会出现高频和低温情况，此时不满足瑞利-金斯近似条件。但对于任何辐射机制来讲，亮度温度 T_B 都可

以定义如下：

$$T_B = \frac{c^2 I_\nu}{2k\nu^2} \tag{1.2}$$

在瑞利-金斯近似情况下，亮度温度 T_B 即为黑体的物理温度 T，$T_B = T$。以图 1.1 为例，NGC7027 的亮度温度 T_B 在 10^4K 量级，对应着电子温度。天鹅座 A 和 3C48 的亮度温度 T_B 在 10^8K 量级或更高，是电子和磁场能量密度的测度，不等效于物理温度。作为谱线的例子，分子云中 CO 谱线的亮度温度 T_B 典型值为 $10\sim100$K，此例中的 T_B 正比于跃迁能级产生的激发温度，激发温度与气体的温度、密度以及辐射场的温度有关。

1.2.2 射电源的位置和命名法

射电源的位置是在天体坐标系下进行测量的，用赤经和赤纬来表示。天球上的赤经和赤纬分别类似于地球上的经度和纬度，但是以地球绕太阳运行轨道为基准。在给定纪元，赤经的零点人为设定为太阳自南向北穿过天赤道的点，即"春分"。旋转、岁差和自行引起地轴的进动和章动，因此天体的天球坐标会发生变化。天体坐标通常记录为公元 2000 年标准纪元时刻其所在的位置。过去也使用过 1950 年及 1900 年作为参考纪元。过去几个世纪天体命名方法比较混乱。通常按照升交点顺序利用数字编号对重要的光学星进行编目。例如非恒星的 Messier 星表（Messier，1781；目前包括 110 个河外星系、星云和星团），非恒星天体新总表（Dreyew，1888；起初包括 7840 个目标，大部分是河外星系），Henry Draper 星表（Cannon and Pickering，1924；现在包括 359093 个星体）。早期，根据所在星座来命名射电源，例如，天鹅座 A 表示天鹅座最亮的射电源。随着系统性的射电频段巡天发展，出现了第三剑桥星表（3C），初始星表包括 471 个射电源（Edge et al.，1959；河外星系源，如 3C273），Westerhout 星表包括 81 个银盘射电源（Westerhout，1958；主要是电离星云，如 W3）。

1974 年，国际天文联合会通过决议，基于天体在 1950 年的坐标统一命名天体源，也称为 4+4 系统，前四位符号表示赤经坐标的小时和分钟（RA）；第 5 位为赤纬的正负符号，其余三位是赤纬度数（精确到 0.1°）。例如，RA= $01^h34^m49.83^s$，Dec= $32°54'20.5''$ 标记为 0134+329。需要注意的是，坐标尾数是直接进行截断，而不进行四舍五入。这一命名系统的精度不足以分辨天球上的天体。当前国际天文联合会天文命名工作组［International Astronomical Union（2008），也可参见 NASA/IPAC Extragalactic Database（2013）］，推荐了下面的规则。天体定义由类别首字母缩写开始，然后用一个字母表征坐标系，其后是具有一定精度的坐标位置。例如，类别缩写码包括 QSO（Quasi-Stellar Object，类星体）、PSR（Pulsar，脉冲星）、PKS（Parkes Radio Source，帕克斯射电源）等。坐标系识别符通常限为 2000 纪元坐标系 J，1950 纪元坐标系 B，以及银道坐标系 G。因此，位于 M87 星系（也称为 NGC4486）中心的射电源，中心坐标赤经 RA=12^{h}30^{m}49.42338^s，赤纬 Dec=12°23′28.0439″，包括一个活动星系核（AGN），可以定义为 AGN J 1230494233+122328043。该射电源的其他命名如 Virgo A 或 3C274 也广泛使用。人们已经编制了许多射电源表，在 1.3.8 节给出了其中一部分。1970 年之前，Kesteven 和 Bridle 就已经编制了 50 多个源表的索引，确认了 30000 多个河外射电源。

Condon 等（1998）利用 1.4GHz 的甚大阵列（Very Large Array，VLA）开展的巡天观测包括大约 2×10^6 个射电源（大约每 100 个波束立体角范围内，存在一个射电源）。另一个重要的星表是利用 VLBI 观测的国际天球参考框架（International Celestial Reference Frame，ICRF），包括 295 个位置精度约 40μas 的射电源（Ma et al.，1998；Fey et al.，2015）。

1.2.3　宇宙信号接收

除了工作在米波或更长波长的射电设备，在射电天文中通常用反射面天线接收射电辐射，天线波束可以扫描大部分天空。对于沿主波束中心入射的辐射信号，反射面天线的接收面积 A 等于天线几何面积乘以天线口径效率因子，天线口径效率因子典型值在 0.3～0.8。假设流量密度为 S 的随机极化射电源，射电源立体角远小于天线波束宽度，天线处于理想匹配状态，带宽为 $\Delta\nu$，则天线的接收功率 P_A 为

$$P_\text{A} = \frac{1}{2}SA\Delta\nu \qquad (1.3)$$

需要注意的是，S 是强度为 I_ν 的射电源在其立体角内的积分，系数1/2 是考虑到对于随机极化波来说，天线只能接收到一半功率。通常来说，用有效温度 T 表示随机噪声功率 P 更加方便

$$P = kT\Delta\nu \qquad (1.4)$$

其中 k 为玻尔兹曼常量。按照瑞利-金斯近似，P 等于物理温度为 T 的电阻提供给匹配负载的噪声功率（Nyquist，1928）。一般情况下，如果使用普朗克定律，则 $P = kT_\text{Planck}\Delta\nu$，其中 T_Planck 是物理温度为 T 的负载的有效辐射温度或噪声温度，可以表示为

$$T_{\text{Planck}} = T \left[\frac{\dfrac{h\nu}{kT}}{e^{h\nu/kT} - 1} \right] \qquad (1.5)$$

接收机系统中的噪声功率（参见附录 1.1）可以用系统噪声温度 T_S 来描述，该温度等效于一个理想匹配的纯电阻负载与无噪声理想接收机输入端相连，并产生相同的噪声功率时所对应的电阻温度。T_S 定义为负载产生的功率除以 $k\Delta\nu$。根据普朗克定律，T_S 与物理温度 T 之间的关系类似公式（1.5），只是将其中的 T_{Planck} 换成 T_S。

系统噪声温度包括两部分：一是接收机温度 T_R，代表来自接收机元器件的内部噪声；二是当接收机连接天线以后，不可避免地接收到的由地面辐射、大气辐射、欧姆损耗以及其他辐射源产生的噪声。

我们保留天线温度这一术语，表征天线接收到的来自于我们感兴趣的宇宙辐射源的功率分量。天线接收到的射电源的功率为

$$P_A = kT_A\Delta\nu \qquad (1.6)$$

公式（1.3）和（1.6）使得 T_A 与流量密度联系起来，可以方便地表示为 $T_A(\text{K}) = SA/2k = S(\text{Jy}) \times A(\text{m}^2)/2800$。天文学家有时用央斯基·开尔文$^{-1}$（Jy·K^{-1}）来描述天线的性能，也即点源的亮温增加 1K，对应的流量密度为 $10^{-26}\,\text{W}\cdot\text{m}^{-2}\cdot\text{Hz}^{-1}$。因此，这一关系等效于 $[2800/A(\text{m}^2)]$ Jy·K^{-1}。

涉及的另外一个术语是系统等效流量密度（System Equivalent Flux Density，SEFD）。这一指标描述天线和接收系统这一集合体的灵敏度。等效流量密度是假设天线主波束范围内存在一个点源，使得接收机输出的噪声功率比没有点源时增加一倍（译者注：即主波束内使得接收系统输出功率增加 3dB 的点源的流量密度）。该点源的流量密度即为 SEFD。

将 $P_A = kT_S\Delta\nu$ 代入式（1.3），我们得到

$$\text{SEFD} = \frac{2kT_S}{A} \qquad (1.7)$$

定义来自于射电源的信号功率与接收机放大器本身的噪声功率之比为 T_A/T_S。由于信号和噪声具有随机特性，以 $(2\Delta\nu)^{-1}$ 时间间隔进行测量的功率值可以认为是统计独立的。在时间 τ 内可以获得的独立采样数为 $2\Delta\nu\tau$，接收机输出信噪比（SNR）R_{sn} 和独立采样数的平方根成正比，即

$$R_{\text{sn}} = C\frac{T_A}{T_S}\sqrt{\Delta\nu\tau} \qquad (1.8)$$

其中 C 为大于等于 1 的常数，此结果由 Dicke（1946）基于模拟接收系统首先求出，详见附录 1.1。对于矩形通带平方律检波接收机，$C=1$；对于更复杂的接收

机，系数 C 会变化到约 2。$\Delta\nu$ 和 τ 的典型值分别为 1GHz 和 5 小时，计算得 $\sqrt{\Delta\nu\tau}$ 项的值为 4×10^6。因此，可以检测到功率小于系统噪声 10^{-6} 的信号。宇宙背景探测器（Cosmic Background Explorer，COBE）就有效利用了长时间平均技术，它能够测量到 10^{-7} 系统噪声温度的宇宙微波背景亮温结构（Smoot et al.，1990，1992）。

下面的计算可以帮助我们说明射电天文中需要测量的能量有多低。假设有一个大型射电望远镜，总的接收面积为 10^4m^2，主波束指向通量密度为 1mJy（$=10^{-3}$Jy）的一个射电源，接收信号带宽为 50MHz，那么，该望远镜在 10^3 年内一共接收到的总能量约为 10^{-7}Jy（1erg），相当于一片下落雪花动能的百分之几。对于这样的望远镜和射电源，如果系统温度为 50K，则需要的观测时间为 5 分钟，在此期间接收到的能量为 10^{-15}J。

1.3　射电干涉测量的发展

1.3.1　综合孔径技术的发展

本节简单介绍干涉测量技术在射电天文中的应用历史。作为介绍，下面的清单列出该技术发展历史中的重要事件，从迈克耳孙恒星干涉仪，到多阵元综合孔径成像阵列和 VLBI。

（1）迈克耳孙恒星干涉仪。这是一种光学设备，采用两个分开一定距离的接收孔径，通过测量干涉条纹的强度来测定角宽（1890～1921 年）。

（2）二元射电干涉仪的首次天文观测。Ryle 和 Vonberg 对太阳进行观测（1946 年）。

（3）相位切换干涉仪。第一次采用电压相乘实现相关器，从而对来自两个天线的信号进行合成处理（1952 年）。

（4）天文源定标。在 20 世纪 50 年代和 60 年代逐渐利用光学和其他手段精确定位了一批小尺寸射电源，对这类射电源的观测使得对干涉仪基线和干涉相位进行准确标定成为可能。

（5）射电源角直径的早期测量。使用可变基线干涉仪（大约 1952 年开始）。

（6）太阳观测阵列。多阵元厘米波跟踪天线阵列的发展实现了太阳圆盘细节成像和廓线观测（20 世纪 50 年代中期开始）。

（7）跟踪天线阵。总的趋势是，从米波非跟踪天线发展到厘米波跟踪天线，多阵元阵列中的每个基线配置一个独立相关器（大约 20 世纪 60 年代）。

（8）利用地球自转进行孔径综合。Ryle 基于太阳成像的经验提出。一个重要原因是计算机技术的发展，实现了接收系统控制和基于傅里叶变换的成像（约 1962 年）。

（9）谱线测量。谱线测量引入到射电干涉测量中（约 1962 年）。

（10）图像处理技术的发展。基于相位和幅度闭合原理、非线性反卷积和其他技术，如第 10 章和第 11 章所述（约 1974 年以后）。

（11）甚长基线干涉测量（VLBI）。第一次观测是 1967 年；发现了活动星系核中的超光速运动（1971 年）；测量到地球板块运动（1986 年）；建立了国际天球参考系（1998 年）。

（12）毫米波设备（约 100～300GHz）。自 20 世纪 80 年代中期以后取得主要进展。

（13）空间 VLBI（OVLBI）。美国的跟踪与数据中继卫星系统（TDRSS）试验；VLBI 空间天文台计划（VSOP，1997）；俄罗斯 RadioAstron（2011 年）。

（14）亚毫米波设备（300GHz～1THz）。JCMT-CSO 干涉仪（1992～1996 年），美国的史密松天体物理台（SAO）和中国台湾"中研院"的亚毫米波阵列（2004 年），阿塔卡马大型毫米波/亚毫米波阵列（ALMA，2013）。

1.3.2 迈克耳孙干涉仪

天文学中的干涉测量技术可追溯到迈克耳孙（1890，1920）以及迈克耳孙和皮斯（1921）在光学领域的研究。他们在观测大角星和参宿四等距离较近、直径较大的恒星时，能够（利用干涉测量技术）获得相当好的角度分辨率。射电天文学家最先认识到射电辐射场和光学辐射场在理论上是相似的，光学干涉测量的实践为发展射电干涉测量理论提供了宝贵的经验。

图 1.4 所示为星体发射的光束照射到两个镜片上，并在望远镜中进行合成的原理图。观测到的星体图像的宽度有限，其形状受到大气湍流效应、镜面衍射和辐射带宽的影响。来自于恒星的入射角为 θ 的光到达两个镜面，光束经过两个独立的路径到达像平面进行叠加。当两条光路的光程差 Δ 为光通带的等效中心频率所对应波长的整数倍时，光波同相叠加，形成光强度的极大值。如果恒星的直径小于相邻两个极大值之间的角度 θ，图像就表现为明暗交替的条纹，也就是通常所说的干涉条纹。但是，如果恒星的直径可以与干涉条纹中两个极大值的间距相比拟，我们看到的图像是恒星上各个点源在像平面上独立形成的条纹互相叠加，恒星上不同点源对应的条纹极大值和极小值不再重合，条纹幅度相应地受到抑制（非同相叠加），如图 1.4（b）所示。为了表征条纹相对幅度，迈克耳孙定义了条纹可见度函数 v_M，即

$$v_M = （强度极大值-强度极小值）/（强度极大值+强度极小值） \quad (1.9)$$

根据这一定义，当强度极小值为 0，即当恒星的直径远小于条纹宽度时，可见度函数归一化为 1。如果条纹可见度测量值小于 1，则意味着该恒星可被干涉

仪所分辨。在迈克耳孙和皮斯 1921 年发表的论文中，他们还解释了一个悖论，即干涉仪可以突破地球大气湍流扰动的视宁限制，探测到更小的结构。如图 1.4 所示的条纹模式会在 10～100ms 时间尺度上存在不规律的扰动，通过长时间平均，可得到平滑的条纹。然而，条纹的"抖动"是可以被人眼识别的，人眼的典型响应时间为数十毫秒。

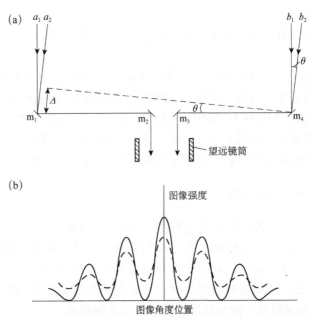

图 1.4　（a）迈克耳孙-皮斯恒星干涉仪原理图。入射光通过反射镜 $m_1 \sim m_4$ 导入望远镜，最外侧的一对反射镜定义了干涉仪孔径大小，光线 a_1 和 b_1 经过相同的距离到达目镜，而入射光 a_2 和 b_2 与干涉仪法线呈 θ 角，传输路径差为 Δ。（b）在平行于干涉仪基线方向上，图像强度是入射角的函数。实线给出了完全不可分辨的星体（ $\nu_{BM} = 1.0$ ）的干涉条纹廓线，虚线给出了部分可分辨星体（ $\nu_{BM} = 0.5$ ）的干涉条纹廓线

假设射电干涉仪观测的恒星或射电源的二维亮度分布为 $I(l,m)$ ，(l,m) 为空间坐标，其中 l 平行于天线基线矢量，m 垂直于天线基线矢量。干涉条纹只提高了平行于天线基线方向的分辨率，在垂直于天线基线方向，接收到的信息仅正比于天线立体角内的亮度积分。因此，干涉仪测量到的是投影到 l 方向的亮度，即一维亮度廓线 $I_1(l)$ ，由下式给出：

$$I_1(l) = \int I(l,m)\,\mathrm{d}m \qquad (1.10)$$

如后续章节所述，条纹可见度正比于 $I_1(l)$ 的傅里叶变换的模值，l 是以波长为单位的天线基线间距。图 1.5 为星体或射电源的三种简化模型的亮度积分廓线 I_1，以及相应的以 u 为自变量的条纹可见度。干涉仪基线长度以波长为单位，上、

中、下三图分别为矩形分布源、圆形分布源和高斯分布源。矩形分布源表示一个边缘平行于 l 和 m 轴的均匀分布矩形亮源，在 l 轴方向上宽度为 a。圆形分布表示直径为 a 的均匀分布圆盘形亮源，当投影到 l 轴上时，一维亮度分布 I_1 为半圆形廓线。高斯型圆对称射电源，其强度在中心处最大，按高斯分布逐渐减小。该强度正比于 $\exp\left[-4\ln 2\left(l^2+m^2\right)/a^2\right]$，形成圆环形亮度廓线，在直径 a 处亮度降低到一半。任何垂直于平面 (l,m) 的面均为具有相同半强度宽度 a 的高斯分布。

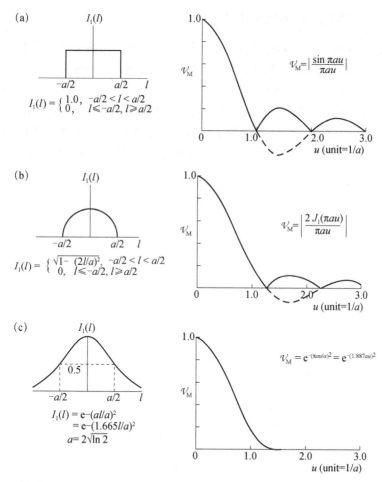

图 1.5 三个简单强度模型的一维强度廓线 $I_1(l)$：（a）左边，均匀矩形源；（b）左边，均匀圆形源；（c）左边，圆高斯分布源。右边为相应的迈克耳孙可见度函数 $\mathcal{V}_M$。l 为天空一维角变量，u 为以波长为单位的接收孔径间距，a 为模型的特征角宽度。$\mathcal{V}_M$ 中的实线代表 $I_1(l)$ 傅里叶变换的模，虚线是傅里叶变换的负值，后面章节会给出解释

Michelson 和 Pease 主要使用圆盘模型来解释其观测结果，并通过改变干涉仪基线长度，测量可见度函数第一极小值的坐标来计算恒星的直径。在电子学仪器得以充分发展之前，由于大气湍流的影响，整个图像内的干涉条纹是随机抖动的，干涉仪这类设备的调试和 v_M 的目测估计需要非常仔细。Pease 用干涉方法测量恒星直径并公开发表的星表（Pease，1931）中的恒星亮度都不小于七等星，更详细的综述见文献（Hanbury Brown，1968）。然而，如在 17.4 节所讨论的，现代光电技术使后来的光学干涉仪具备强大得多的探测能力。

1.3.3　早期的二元射电干涉仪

1946 年 Ryle 和 Vonberg 建造了一个射电干涉仪，用来研究宇宙的射电辐射，这些宇宙射电辐射曾被早期研究者（Jansky，1933；Reber，1940；Appleton，1945；Southworth，1945）所发现和认证。干涉仪使用偶极子天线阵列，工作频率为 175MHz，基线长度在 10～140 个波长之间变化（17～240m）。图 1.6 给出了设备框图及其探测数据。跟大多数 20 世纪 50 年代和 60 年代的米波干涉仪一样，天线波束指向天顶，利用地球自转进行赤经方向扫描。

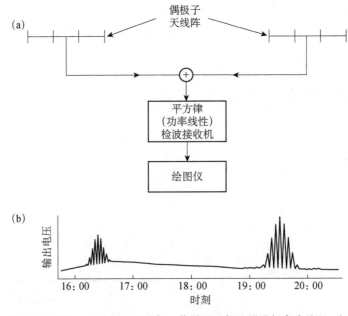

图 1.6　（a）简单的干涉仪，也称加法干涉仪，信号通过加法器进行合成处理；（b）东-西排列阵列干涉仪的探测数据。由于平方律检波器的输出电压正比于功率，纵坐标是接收到的总功率，横坐标是时刻。图（b）左边条纹来自于天鹅座 A，右边条纹来自仙后座 A。银河系的背景辐射造成天鹅座 A 附近的电平抬升，这些背景辐射集中在银河系平面，但干涉仪条纹完全可分辨。数据来自 Ryle（1952），经过英国皇家学会以及剑桥丘吉尔学院同意引用于此

图 1.6 中的接收机通过进行窄带匹配提高灵敏度，可用通带中心频率 ν_0 的单频信号对干涉仪响应进行简单分析。假设信号来自距离足够远的小尺寸射电源，我们可以认为干涉仪的入射波前为平面波。在图 1.6 中，右边天线接收的信号电压为 $V\sin(2\pi\nu_0 t)$，信号到达左边天线经过的路径更长，其路径差导致时间延迟为 $\tau=(D/c)\sin\theta$，D 为天线之间的距离，θ 为射电源的角位置，c 为光速。左边天线的接收信号电压为 $V\sin[2\pi\nu_0(t-\tau)]$。因此，接收机检波器的响应正比于两路信号电压之和的平方：

$$\left\{V\sin(2\pi\nu_0 t)+V\sin[2\pi\nu_0(t-\tau)]\right\}^2 \tag{1.11}$$

对检波器的输出端进行时间平均处理，也就是利用低通滤波器滤除几赫兹或几十赫兹以上的频率分量，因此在展开（1.11）以后，我们可以忽略 $2\pi\nu_0 t$ 的谐波分量。检波器输出仅为直流和差频分量，检波器输出 P 是单元天线输出功率 P_0 的函数：

$$P=P_0\left[1+\cos(2\pi\nu_0\tau)\right] \tag{1.12}$$

由于 τ 随着地球旋转而缓慢变化，检波器不会滤除 $\cos(2\pi\nu_0\tau)$ 代表的空间频率分量。因此，检波器输出电压对应的功率值为射电源角度坐标 θ 的函数：

$$P=P_0\left[1+\cos\left(\frac{2\pi\nu_0 D\sin\theta}{c}\right)\right] \tag{1.13}$$

因此，随着射电源划过天空，输出功率在 0 到 $2P_0$ 之间变化，如图 1.6（b）所示。条纹响应被天线幅度方向图所调制，其最大值指向天顶点。式（1.13）中的余弦项代表干涉仪探测到的射电源亮度分布对应的空间频率。干涉条纹宽度小于单元天线波束宽度，条纹宽度与天线波束宽度之比约等于天线口径与基线 D 之比，此例中约为 1/10。用干涉仪替代单个天线，可以更精确地测量射电源穿过天线波束的时间。公式（1.13）中的条纹函数同样适用于图 1.4 迈克耳孙干涉仪。不同之处在于，工作在射电频段的干涉仪观测到的干涉条纹是随射电源穿越单元天线波束而逐渐形成的，而光学干涉仪观测的是在望远镜像平面上干涉条纹出现的位置。

1.3.4 海面反射干涉仪

干涉技术的另外一种应用是海面反射干涉仪或 Lloyd 镜像干涉仪（Bolton and Slee，1953）。这一试验利用了澳大利亚悉尼附近已有的一些水平观测天线，这些天线在第二次世界大战中用于海岸线警戒，安装位置高于海面 60～120m。射电源出现在东方地平线上时，信号直接照射到接收天线，同时经过海面反射的信号也被天线接收，如图 1.7 所示。观测频率范围在 40～400MHz，观测性能最好的区间在该频段中心频率附近，这是由于在中心频率接收机灵敏度最高，且电离层对较低的观测频率影响更大，粗糙海面对较高的观测频率影响

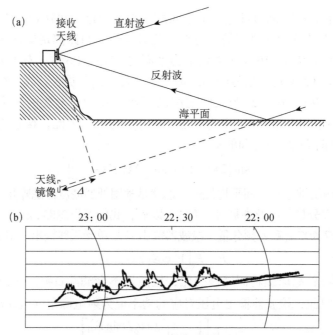

图 1.7　（a）海面反射干涉仪原理图。等效于两个天线分别放置在悬崖位置及其镜像位置，利用这两个天线形成基线测量的干涉条纹。反射波在海洋表面反射时其相位变化 180°，并且到达接收天线需要额外增加Δ距离。（b）Bolton 和 Stanley（1948）利用海面反射干涉仪，测量的天鹅座 A 100MHz 的观测结果。天鹅座 A 大约于 22：17 在海平面上升起，加入虚线以显示观测结果由稳态分量和波动分量组成，后续章节会介绍电离层导致的波动分量。条纹宽度约为 1.0°，目标源不可辨，即射电源的角径小于条纹宽度。图（b）经 *Nature* Vol. 161，No. 4087，p.313 允许后重新打印，1948 年 Macmillan Journals 版权所有

更大。海平面的遮挡使得射电源突然跳出海面，有利于分离单独的辐射源。由于海面反射波的存在，两单元干涉仪测量的干涉条纹峰值功率是单个天线直射接收功率的四倍，是两单元加法型干涉仪（图 1.6（a））接收功率的两倍[①]。McCready 等（1947）使用海面反射干涉仪观测太阳，并首次发布了射电天文领域的干涉条纹数据。他们认为他们测量了射电源亮度分布的傅里叶分量，并使用了"傅里叶综合"这一术语描述多干涉基线测量可见度函数并反演图像的原理。Bolton 和 Stanley（1948）对天鹅座 A 的观测首次证明除了太阳射电辐射以外，宇宙中还存在其他辐射源。因此海面反射干涉仪在早期射电天文领域扮演

---

①　为简化起见，我们在式（1.11）中将信号电压直接相加。实际上，必须用网络合成这些信号，而网络要遵循功率守恒定律。因此，如果用电压源 V 和特征阻抗 R 表示一个天线的信号，信号的功率为 V^2/R。两个信号的串联合成可以用电压 $2V$ 和电阻 $2R$ 表示，可得功率为 $2V^2/R$。反之，自由空间中，两个强度相等的相干电场相加，功率增加到四倍。讨论海面干涉仪时，理解这种差异是非常重要的。

了重要角色。但这种方法导致射电波在大气中的传播距离很大，且粗糙海面会影响射电信号，以及改变悬崖顶部的天线之间的基线长度非常困难等，阻碍了海洋干涉仪的进一步发展。

1.3.5 相位切换干涉仪

图 1.6 和图 1.7 的干涉仪系统存在一个问题，即接收机输出除了包含来自目标源的信号外，还包含了银河背景辐射、天线旁瓣接收到的地面热辐射及接收机放大器本身产生的噪声成分。除少数很强的宇宙射电源外，大部分射电源的功率比接收机的总噪声功率小几个数量级。因此图 1.6（b）和图 1.7（b）中显示的曲线都已经去除了很大的偏置量，此偏置量正比于接收机增益，而接收机增益的波动很难全部消除。输出电平偏置限制了对弱射电源的检测能力，并降低了干涉条纹的测量精度。在 20 世纪 50 年代的技术条件下，接收机输出一般记录在图纸上，当偏置漂移时可能造成记录笔超出打印范围而使记录无效。

相位切换的概念由 Ryle（1952）引入，这种方法去除了接收机的无用输出分量，只保留干涉条纹，是早期射电干涉领域最重大的技术进步。如果 V_1 和 V_2 分别代表来自两个天线的信号电压，简单加法型干涉仪的输出正比于 $(V_1 + V_2)^2$。图 1.8 相位切换系统中，对其中一路信号进行周期性的反相切换，因此检波器输出交替为 $(V_1 + V_2)^2$ 和 $(V_1 - V_2)^2$。开关频率为几十赫兹，同步检波器输出为交替变化的两项之差，正比于 $V_1 V_2$。也就是说，相位切换干涉仪的检波输出是两路输入信号电压乘积的时间平均，也就是正比于两个信号的互相关。现代干涉仪中，实现信号相乘和时间平均的电路称为相关器，一般意义上的相关器定义在后面给出。与图 1.6 系统的输出相比，用相乘处理替代了相加和平方处理，则公式（1.13）方括号内的常数项被去除，只有余弦项被保留。相位切换干涉仪输出只包含干涉条纹部分，如图 1.9 所示。消除接收机输出的常数项显著减小了接收机增益对系统灵敏度的影响，在天线端口安装放大器以减小传输线损耗、提高灵敏度，就具有了实际意义。降低了传输线的影响，就可以使用更长的天线基线和更大的天线阵列。1950 年之后的大多数干涉仪都是采用相位切换技术，相位切换是实现乘法型相关器的早期手段。现代干涉仪已经不再需要利用相位切换来实现信号电压相乘，但经常使用相位切换消除仪器的各种误差，如 7.5 节所述。

1.3.6 光学认证与定标源

Bolton 和 Stanley（1948）、Ryle 和 Smith（1948）、Ryle 等（1950）以及其他科学家都证明了存在大量离散射电源，认证射电源的光学对应体需要对射电源进行精确定位。使用干涉仪进行定位的基本方法是利用东西向基线干涉测量

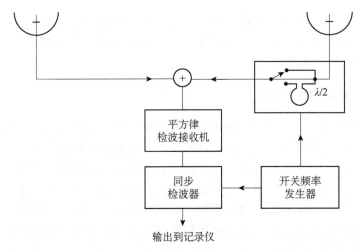

图 1.8　相位切换干涉仪。对其中一个天线的信号进行周期性的反相切换，这里反向切换用半波长传输线来表示

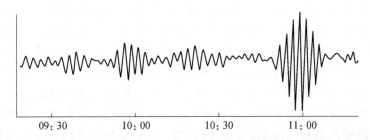

图 1.9　相位切换干涉仪的输出是时间的函数，此处为多个射电源的响应曲线（Ryle，1952）

得到条纹中心主瓣的持续时间，以及与赤纬的余弦成正比的条纹振荡频率（详述见 12.1 节）。位置测量精度取决于干涉仪干涉条纹的宽度，而干涉条纹宽度取决于干涉天线相位中心之间以波长为单位的基线长度。另外，信号从两个天线到相关器之间所经过的放大器、电缆等器部件的相位不一致性会引入设备相位误差项，使得干涉条纹发生偏置。Smith（1952a）测量了四个射电源的位置，并对测量数据进行了详细的精度分析，其均方根误差为赤经±20″，赤纬±40″。Baade 和 Minkowski（1954a，b）观测的天鹅座 A 和仙后座 A 的光学对应体，就是得益于 Smith（1951）和 Mills（1952）改善的射电定位精度。天鹅座 A 被证明是遥远的星系，仙后座 A 是超新星遗迹，但当时并不能完全基于光学观测进行解释。

　　在很多致密射电源的光学对应体被认证以后，射电天线和接收机系统的绝对定标就不再是必须的了。当光学对应体定位精度达到～1″时，就能够用来对射电干涉仪基线参数和条纹相位进行定标。虽然不能假设一个射电源及其光学对应体的位置恰好重合，但是对于不同的源来说，二者的位置偏差是随机分布的。因此随着定标源数量的增加，误差就会减小。20 世纪 60 年代和 70 年代，出现了测量射电源位置的另外一种重要方法，即利用月亮进行掩星观测，如16.2 节所述。

1.3.7 角宽度的早期测量

比较射电观测的角宽度和光学对应体的尺寸有助于确认其对应关系，还对理解辐射过程的物理机制具有重要作用。最简单的步骤就是用如图 1.5 所示的强度分布模型来解译测量的干涉条纹。对于不可分辨的射电源，基线归一化的条纹峰-峰值提供了一种条纹可见度的测量方法，与式（1.9）等效。

Mills（1953）使用 101MHz 干涉仪，利用可移动的小型八木天线阵列最早进行了这种测试，可移动天线阵列与一个大型天线之间的基线长度可达 10km。远端天线信号通过无线链路传回并形成干涉条纹。Smith（1952b，c）在英国剑桥大学也利用干涉仪测量了条纹幅度变化，该干涉仪的基线比 Mills 使用的干涉仪的基线短，精确测量了干涉条纹幅度的微小变化。两位观测者的观测研究获得了一些强射电源的角宽度，如仙后座 A、蟹状星云、NGC4486（处女座 A）和 NGC5128（半人马座 A）。

第三个早期致力于测量角宽度的研究团队是英格兰焦德雷尔班克实验站，他们使用了不同的技术，即强度干涉技术（Jennison and Das Gupta，1953，1956；Jennison，1994）。Hanbury Brown 和 Twiss（1954）证明，对于两个相隔一定距离的天线，接收场强存在高斯波动时，其接收到的信号经平方律检波后，两路输出电平的起伏具有相关性。相关度与常规干涉仪（信号先合成，后检波）测量的可见度成正比。强度干涉仪的优点是不需要在相关处理之前保持射频信号的相位，更容易实现长基线干涉，这次试验使用了 10km 基线，采用 VHF 无线链路将远端天线的检波信号传输到相关器。强度干涉仪的缺点是系统需要较高的信噪比，即使是对天空中流量密度最高的天鹅座 A 和仙后座 A，也需要建造大型偶极子天线阵。强度干涉仪在后面的 17.1 节进一步讨论，由于强度干涉仪灵敏度较低，在射电天文中只进行了有限的应用。

强度干涉仪最重要的贡献是利用东-西向干涉基线对天鹅座 A 进行观测时，发现条纹可见度随着天线间距的增加，逐渐下降至接近 0 值，然后再上升到第二个极大值。两种对称源模型能够给出与观测一致的可见度值，其中的二元模型中，条纹在最小值附近会发生 180°相位变化，但在三元模型中条纹相位不会跳变。由于强度干涉仪不能提供干涉条纹相位信息，因此 Jennison 和 Latham（1959）用传统的干涉仪进行了后续试验。由于设备相位稳定性不足以进行相位定标，Jennison 和 Latham 使用了三个天线，并同时记录了三个天线两两干涉的条纹。如果 ϕ_{mn} 是天线 m 和天线 n 的干涉条纹相位，可以很容易得出在任何时刻：

$$\phi_{123} = \phi_{12} + \phi_{23} + \phi_{31} \qquad (1.14)$$

该相位与设备相位误差及大气对相位的影响无关，只是干涉条纹之间的相位组合（Jennison，1958）。在某一时刻移动其中的一个天线，能够发现在可见度函数最小值附近相位确实变化约 180°，因此图 1.10 中二元模型是合理的。式（1.14）中的瞬时可见度函数组合被称为闭合关系式。20 年后，该式在图像处理技术中变得非常重要。闭合关系式及其应用条件在 10.3 节讨论。在图像反演中，闭合关系是自定标不可缺少的部分（11.3 节）。

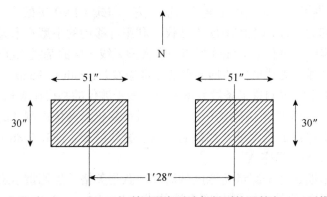

图 1.10　Jennison 和 Das Gupta（1953）利用强度干涉仪得到的天鹅座 A 二元模型。图片发表经 *Nature*（Vol.172，No. 4387，p. 996）许可；1953 年 Macmillan Journals Limited 版权所有

天鹅座 A 的观测结果表明图 1.5 的简单模型一般不能很好地表现射电源结构。即使要确定射电源的最基本结构，也必须在远超可见度函数第一最小值的间距上测量条纹可见度，以检测多个源分量，并且要在一定数量的位置角对源进行这种测量。

Hanbury Brown、Plamer 和 Thompson 于 1995 年在英格兰焦德雷尔班克实验站研制出一台能够在灵敏度较高的前提下获得较高角度分辨率的干涉仪。此干涉仪使用偏置本振技术来代替相位开关，同时降低干涉条纹的频率，使图形记录仪来得及记录，并使用无线链路传输远端天线信号。在 158MHz 观测频率、最长基线 20km 时，发现了三个直径小于 12″的射电源（Morris，1957）。在 20 世纪 60 年代，这台干涉仪基线扩展到 134km，分辨率优于 1″，且灵敏度更高（Elgaroy，1962；Adgie et al.，1965）。此干涉仪后来引领了多阵元无线链路干涉仪的开发，即梅林（MERLIN）阵列（Thomasson，1986）。

1.3.8　早期巡天干涉仪及米尔斯（Mills）十字阵

在 20 世纪 50 年代中期，射电干涉的发展目标是对大量的射电源以足够高的位置精度进行编目，以认证其光学对应体。设备主要工作在米波段，当时这一波段的频谱还不存在大量的人为射频干扰。剑桥大学建造了一个大型干涉仪，四个天线分别位于东西向 580m、南北向 49m 矩形的四个角上（Ryle and Hewish，1955）。这种构型能够在东西和南北两个方向测量干涉条纹，以确定射电源赤经和赤纬坐标。

Mills 等（1958）在悉尼附近的 Fleurs 研制了另外一种构型的巡天设备。该设备包括两个长而窄的天线阵列，形成十字分布，如图 1.11 所示。每个阵列形成一个扇形波束，即每个阵列在长度方向的波束是窄波束，在宽度方向形成宽波束。两个阵列的输出信号在一个相位切换接收机中合成，因此电压相乘得到的功率响应模式等于两个阵列的电压响应之积。合成响应具有很窄的笔形波束。两个阵列具有重合的相位中心，因此合成处理不会产生干涉条纹。十字射电望远镜阵列长 457m，在 85.5MHz 频率的波束宽度为 49″，截面近似圆形，波束指向天顶，通过调整南北方向阵列中的偶极子相位，可以实现子午面扫描。利用这个设备进行巡天测量获取了一份 2200 多个源的星表。

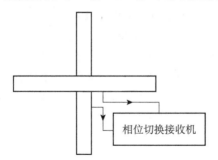

图 1.11　Mills 十字阵射电望远镜的简图，十字形区域分别代表两个天线的孔径

将 Mills 十字阵测量的星表与剑桥大学发布的 81.5MHz 干涉仪测量的星表（Shakeshaft et al.，1955）进行比较，会发现两者观测相同的射电源时，一致性比较差（Mills and Slee，1957）。差异主要来源于剑桥大学 81.5MHz 观测时发生的源混叠。当两个或多个射电源同时出现在天线波束内时，由于这些射电源的赤纬略有不同，它们产生的干涉条纹频率也稍有不同。当不同射电源干涉条纹恰巧同相叠加时，条纹幅度出现最大值，产生混叠效应。由于剑桥干涉仪天线波束太宽，混叠问题很严重。但 Mills 针对定位精度要求设计了具有足够分辨率的笔形波束，因此并不受这一问题影响。剑桥干涉仪后来将工作频率提高到 159MHz，因此将合成波束立体角减小到 1/4，很快编制了包含 471 个射电源的新表（Edge et al.，1959），即 3C 巡天表（源的编号以赤经排序，加上 3C 前缀，表示剑桥大学第三个星表），这次巡天的第三次修订版（Bennett，1962，3C 星表）包含 328 个天体（对旧版本有所增减），在接下来的十年中成为射电天文

的基石。一些天文学家随后建议，为避免射电干涉和单天线测量存在的射电源混叠和流量密度分布误差，每 20 倍仪器角分辨率的天区中，平均编目的射电源数量不应超过 1 个（Pawsey，1958；Hazard and Walsh，1959）。这一判别准则基于射电源数量与射电源流量密度的关系（Scheuer，1957）。现代处理射电源混叠效应的方法见文献（Condon，1974；Condon et al.，2012）。

20 世纪 60 年代，开始出现新一代大型巡天设备。图 1.12 给出剑桥大学研制的两台设备，其中一台由东西方向长阵列和一个独立的南北方向运动天线构成，能够在南北方向延长基线，从而增加基线覆盖；另外一台是大型的 T 形阵列，特性类似于 Mills 十字射电望远镜，将在 5.3 节阐述。这两个设备的南北向天线构型都不是满阵，但是可以通过步进的方式在孔径范围内移动小天线，每 24 小时调整一次天线位置，并进行赤径方面扫描，通过孔径综合达到满阵的效果（Ryle et al.，1959；Ryle and Hewish，1960）。用计算机记录不同位置的测量并进行合成处理后，综合方向图等效于南北向满阵响应。Blythe（1957）对这两台设备进行了分析。大型干涉仪给出的 4C 星表（剑桥大学第四个目录）中包含 4800 个射电源（Gower，Scott and Wills，1967）。在澳大利亚的 Molonglo 建造了一个大型的 Mills 十字干涉仪（Mills et al.，1963），阵列长度为 1 英里（1mi=1.609344km），在 408MHz 的波束宽度为 2.8′。Mills 十字干涉仪的研制在 Mills 和 Little（1953）、Mills（1963）及 Mills 等（1958，1963）的文章中进行了介绍。北半球类似规模的十字阵一个位于意大利 Bologna（Braccesi et al.，1969），另外一个是苏联建于莫斯科附近的 Serpukhov（Viketich and Kalachev，1966）。

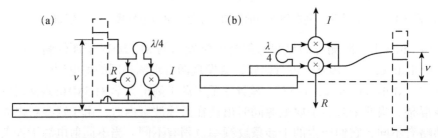

图 1.12　剑桥大学研制的两台设备的框图，每台设备都有一个小天线在连续观测过程中移动到不同位置，其分时观测的综合方向图，等效于使用图中虚线包围的矩形口径阵列同时观测的综合方向图。在 6.1.7 节将解释如何使用乘法型相关器输出干涉信号实部（R）和虚部（I）。这两种干涉仪，（a）T 形阵列干涉仪，（b）二元干涉仪由英国剑桥 Mullard 射电天文台建造

1.3.9　厘米波太阳成像

针对太阳成像需求，科学家专门研制了很多仪器设备。天线一般采用抛物面，可以转动天线面对太阳进行跟踪，但由于太阳是强射电源，因此天线接收

面积不必很大。图 1.13（a）中，当射电源的入射方向与阵列法线的夹角为 θ，且满足 $l_\lambda \sin\theta$ 为整数时，阵列中所有天线接收的信号同相到达接收机输入端口，其中 l_λ 是以波长为单位的单位天线间距。这种阵列有时也称为栅瓣阵列，因为它形成一组扇形波束，在 θ 方向是窄波束，在某种程度上类似于光学衍射光栅的响应。这种阵列只适用于太阳观测，这种应用场景中，除了太阳所在的扇形波束外，其他波束都指向"冷空"。Christiansen 和 Warburton（1955）用 21cm 波长东西向和南北向栅瓣阵列得到宁静太阳的二维图像，阵列由东西向 32 单元和南北向 16 单元均匀分布的抛物面天线组成。当太阳在天空中移动时，不同波束在不同角度对太阳进行了扫描，对扫描廓线进行傅里叶分析，就可以合成二维图像。为了获得足够宽的扫描角度范围，观测时间达 8 个月之久。后来的太阳成像设备一般要在一天时间内获得日面完整图像，以便研究太阳活动区的辐射增强。已有若干设备使用栅瓣阵列，一般包括 16 个或 32 个天线，并采用 Mills 十字阵列构型。十字栅瓣阵列在天空上矩形区域形成波束矩阵，利用地球自转实现充分扫描，每天都能获取太阳活动区图像和其他特征。此类设备包括澳大利亚 Fleurs 地区的 21cm 波长十字干涉仪（Christiansen and Mullaly，1963），美国加利福尼亚州斯坦福的 10cm 波长十字干涉仪（Bracewell and Swarup，1961），法国南希的 1.9m 波长 T 形干涉仪（Blum，Boischot and Ginat，1957；Blum，1961）。这些都是早期的大型成像阵列，由约 16 个或更多的天线单元组成。

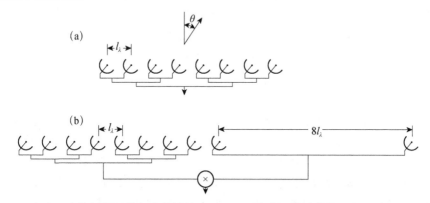

图 1.13 （a）8 个等间距天线组成的线性阵列，通过合成网络连接在一起，从天线到接收机输入端的电长度相等。这种排列有时称为栅阵，在实际应用中天线约为 16 个或更多。（b）一个八单元栅阵与一个两单元阵列组合，用来提高角度分辨率。乘法符号代表相位切换接收机，用来将两个阵列的信号电压进行相乘。接收机输出包括 16 个不同间距的天线对的瞬时响应，一般这种类型的系统称之为复合型干涉仪

图 1.13（b）说明了复合型干涉仪的基本原理（Covington and Broten，

1957）。复合型干涉仪能够增强栅瓣阵列或其他天线阵列的一维角度分辨率。图 1.13（b）中的复合型干涉仪系统是栅瓣阵列和二元阵列的组合。对图 1.13（b）的分析表明，如果从栅瓣阵列中选择一个天线，再从二元阵列中选择一个天线，两个天线形成的基线能够覆盖 1～16 倍的最小基线 l_λ。相比之下，栅瓣阵列本身只能提供 1～7 倍单元基线。因此，仅仅增加两个单元天线，增加的基线数量增加了 2 倍多。对强射电源成像时，这种阵列构型能够提高干涉仪的一维角度分辨率（Picken and Swarup，1964；Thompson and Krishnan，1965）。将栅瓣阵列和一个大口径天线组合，还可以减少天空栅瓣响应的数量（Labrum et al.，1963）。十字栅瓣阵列和复合型干涉仪最初都是利用相位切换接收机对两个子阵列的输出进行合成处理。稍后的类似干涉仪是将每个天线的信号转换成中频（IF）信号，每条基线使用一个独立的电压乘法相关器。正如 5.5 节所讨论，这种改进为优化阵列构型、最大化独立基线数量提供了更多可能。

1.3.10　强度廓线测量

对射电源的结构进行的长期观测表明，一般情况下射电源强度廓线并不对称，因此射电源空间结构的傅里叶变换，也就是可见度函数是非常复杂的，在后面章节将进行详细讲解。但是这里我们需要注意，这就意味着条纹方向图的相位（即相对于某个基准时间的位置）和幅度都会随着天线间距的不同而变化，因此必须对相位进行测量才能重建射电源强度廓线。为了表征干涉条纹的幅度和相位，要用复数来记录可见度函数。在 20 世纪 60 年代和 70 年代，对干涉条纹的相位进行测量成为可能。在那个年代，已经精确定位了大量致密射电源，适用于干涉相位的定标；电子学系统的相位稳定性得到了改善；并开始用计算机记录和处理输出数据。此外，天线和接收机的改进使干涉仪能够利用可扫描天线在厘米波段进行测量（频率大于 1GHz）。

加利福尼亚欧文斯谷射电天文台的一台干涉仪（Read，1961）是最早测量射电源结构的设备之一。它包括两个基于赤道仪座架的 27.5m 直径抛物面天线，天线基座安装在铁轨系统上，使得两个天线在东西向和南北向的间距可以达到 490m。干涉仪主要工作在 960MHz 到几个 GHz。Maltby 和 Moffet（1962）以及 Fomalont（1968）的研究展示了如何使用该设备测量射电源的强度分布，其中一个例子如图 1.14 所示。Lequeux（1962）在法国南希天文台利用可变基线干涉仪研究了约 40 个河外射电星系的结构，工作频率 1400MHz，东西向基线长度达到 1460m，南北向基线长度达到 380m。这些研究是可见度函数模型拟合技术的早期实践。

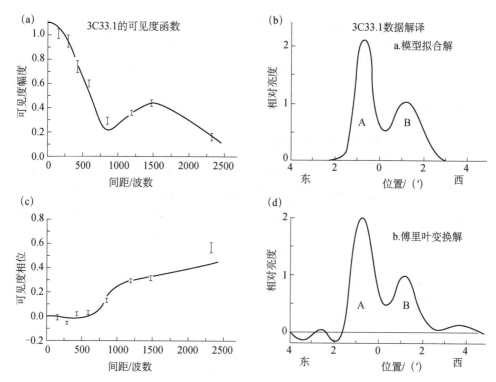

图 1.14 一维强度（亮度）干涉测量实例：射电源 3C33.1 东西向廓线图由 Fomalont（1968）利用欧文斯谷射电天文干涉仪测量，工作频率为 1425MHz。（a），（c）图中的离散点代表可见度函数幅度和相位的测量值；（b）用高斯基函数拟合可见度数据得到一维强度廓线，可见度函数即图（a），（c）中的连续实线；（d）直接对可见度函数测量值进行傅里叶变换得到的一维强度廓线，横轴坐标单位为 2π弧度

1.3.11 谱线干涉测量技术

在 20 世纪 60 年代初期，欧文斯谷干涉仪和其他一些干涉仪安装了谱线接收系统，利用窄带滤波器对射电谱线进行了测量。通常，利用多通道滤波器组在接收机中频将接收信号分割成一定数量的窄带通道，用多个相关器分别处理不同的窄带通道。此后出现的谱线干涉仪中，先对中频信号进行数字采样，然后利用数字滤波分离出多路窄带信号通道，如 8.8 节所述。理想情况下，为了研究谱线的轮廓，通道带宽应小于被观测谱线的谱宽。谱线干涉仪能够测量射电源的谱线辐射分布。Roger 等（1973）介绍了在加拿大专门为观测中性氢1420MHz（21cm 波长）谱线而建造的阵列。

辐射吸收过程也可以表现出谱线特征，特别是中性氢谱线。在吸收频率上，观测路径中间的星际气体吸收了远处射电源发射的连续谱辐射。通过比较中性氢的发射谱和吸收谱，可以得到中性氢的温度和密度信息。可以使用单天线完成吸收谱线的测量，但在这种情况下，天线同时接收了天线波束范围内广泛分布的星际气体产生的辐射，很难区分弱射电源的吸收谱线和辐射谱线。使用干涉仪，几乎可以完全分辨大范围天空的辐射特性，可以对吸收谱线进行直接观测。中性氢吸收谱线的早期观测实例参见 Clark 等（1962）和 Hughes 等（1971）所著文献。

1.3.12　地球自转综合孔径成像

综合孔径成像技术发展中，一个非常重要的进展就是利用地球自转造成的天线基线变化。Ryle（1962）对此成像原理进行了阐述，如图 1.15 所示。对于高赤纬的射电源，随着地球自转 12h，在射电源入射波垂面上的投影基线的位置角会旋转 180°。因此，如果以 12h 跟踪周期对射电源进行观测，并且每个跟踪周期改变一次测量基线长度，则只需要沿经线方向改变干涉基线的长度，就可以利用地球自转获得成像所需的二维可见度数据。当时二维傅里叶变换的计算还是一项艰巨的任务。

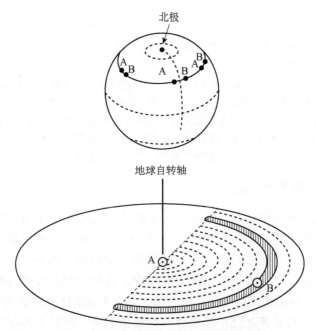

图 1.15　Ryle（1962）解释了利用地球自转进行综合孔径成像的原理。天线 A 和 B 分布在东西方向上，通过每天改变天线之间的距离，且在每个距离持续观测 12h，则能够覆盖下图中从原点到椭圆外边界的所有天线间距。每种距离每天只需观测 12h，因为另外 12h 中两个天线的位置进行了互换，而距离不变，其观测的可见度函数与前 12h 共轭。图片发表经 *Nature*，Vol. 194, No. 4828, p. 517 许可；1962 年 Macmillan Journals Limited 版权所有

剑桥一英里射电望远镜是第一个充分利用地球自转实现二维成像的设备，并进行了大量射电源的观测。利用地球自转成像并不是射电天文研究中的首创，此前已经在太阳研究中应用数年。O'Brien（1953）利用一个可移动单元对金星进行了干涉测量，实现了二维傅里叶综合成像观测。另外，如前面所述，Christiansen 和 Warburton（1955）利用两个栅瓣阵列获得了太阳的二维图像。Rowson（1963）在焦德雷尔班克实验站使用跟踪天线构成的二元干涉仪对太阳以外的强射电源进行了成像。另外，为了验证地球自转综合孔径成像技术，Ryle 和 Neville（1962）利用地球自转对北极天区进行了成像。然而，基于该技术公开发布第一批图像的是剑桥一英里射电望远镜，观测到的强射电源中，仙后座 A 和天鹅座 A（Ryle et al.，1965）所展示的结构细节在早期研究中是史无前例的，引领了综合孔径成像技术的发展。图 1.16 给出了天鹅座 A 的图像。

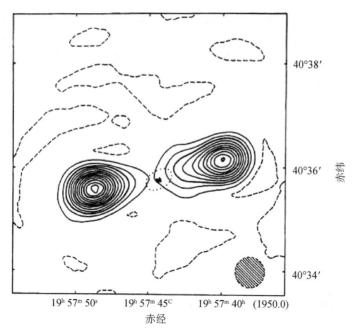

图 1.16 射电源天鹅座 A 强度廓线，是剑桥一英里射电望远镜利用图 1.15 地球自转原理获得的首批观测结果之一（Ryle, Elsmoreand and Neville, 1965）。工作频率为 1.4GHz。图像在赤纬方向进行了尺度调整，使合成波束半功率廓线呈圆形，如图中右下角阴影所示。图中心的虚线椭圆是其光学对应体的外边界以及中心结构。图片发表经 *Nature*，Vol. 205，No. 4978，p. 1260 许可；1965 年 Macmillan Journals Limited 版权所有

1.3.13 综合孔径天线阵的发展

在剑桥一英里射电望远镜取得成功后，西弗吉尼亚的格林班克 NRAO（美

国国家射电天文台）干涉仪很快被改造成综合孔径成像设备（Hogg et al.，1969）。后来出现的一些大型天线阵列针对成像速度、灵敏度和角度分辨率进行优化设计，并于 20 世纪 70 年代投入运行。其中最有代表性的包括英格兰剑桥五千米射电望远镜（Ryle，1972）、荷兰 Westerbork 综合孔径射电望远镜（Baars et al.，1973）、新墨西哥的 VLA（Thompson et al.，1980；Napier et al.，1983）。这些射电望远镜能够在厘米波段以优于 1″的分辨率对射电源成像。使用 n_a 个天线，可以同时获得 $n_a(n_a-1)/2$ 条基线。如果在阵列设计上避免冗余基线，与两单元干涉相比，测量不同基线可见度函数的速度正比于 n_a^2。如图 1.17 和图 1.18 所示的天鹅座 A 图像就是利用上面提到的两个阵列获得的。甚长基线干涉仪（VLBI，参见 1.3.14 节）首次观测到其中心辐射源（Linfield，1981），近期观测的 VLBI 图像见图 1.19。Ryle（1975）在诺贝尔奖演讲中回顾了剑桥综合孔径设备的发展。1998 年在印度普纳附近建成的巨型米波射电望远镜（Giant Meter-Wave Radio Telescope，GMRT），具有很大的接收面积，其工作频率范围为 38～1420MHz（Swarup et al.，1991）。当前宽波段天线技术和大规模集成电路技术的进步使干涉仪的性能大幅度提升。例如，VLA 对电子学系统进行了升级，使观测能力得到极大改进（Perley et al.，2009）。

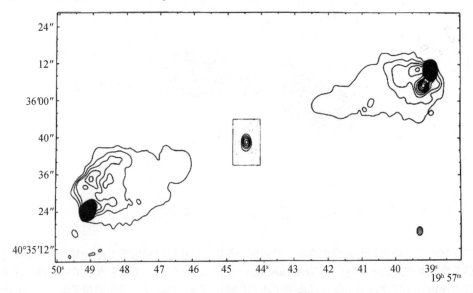

图 1.17　剑桥五千米射电望远镜在 5GHz 频段对天鹅座 A 进行观测获取的强度廓线图像，第一次展现了中心星系的射电核以及高强度射电喷流外轮廓。参见 Hargrave 和 Ryle（1974），图片发表经皇家天文学会许可

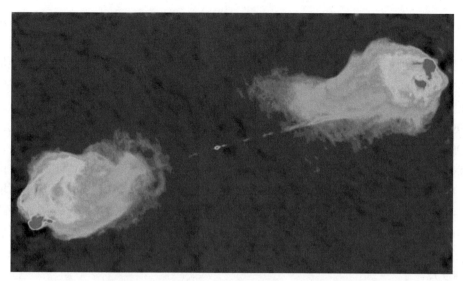

图 1.18　利用 VLA 在 4.9GHz 对天鹅座 A 进行射电成像。观测使用了四种阵列构型，联合反演图像分辨率为 0.4″。此处显示的图像使用了非线性处理来增加图像细节的对比度。图像突出展示了自中心星系向西北方向的喷流（右上）及主瓣中的纤维状结构。和本章中其他设备观测的天鹅座 A 的记录相比，这一结果展现了过去三十年中取得的技术进步。Perley、Dreher 和 Cowan（1984）发表，图片发表经 NRAO/AUI（联合大学有限公司）许可（扫描封底二维码可看彩图）

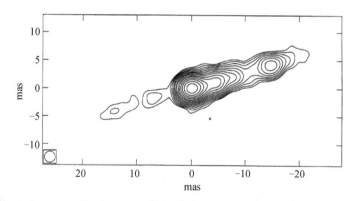

图 1.19　天鹅座 A 中心区域 VLBI 观测图像，利用全球 10 个 VLBI 望远镜进行干涉，频率 5GHz。图像分辨率 2mas，均方根噪声电平 0.4mJy/波束。图像坐标中心为星系核，右侧喷流结构中的核心以约 $0.4\,c$ 的速度扩展，左侧喷流结构的核心也清晰可见。Boccardi 等（2016）在 43GHz 频率对喷射结构进行了更精细的观测，角分辨率约 0.15mas。参见 Carilli 等（1994）。经©AAS. 许可发表

　　在 20 世纪 80 年代到 90 年代，工作在短毫米波段（100GHz 或更高）的综合成像阵列得到发展。在此频段谱线非常丰富（图 1.2）。与厘米波探测相比，

毫米波探测需要重点考虑几个问题：由于波长更短，传播路径上的大气扰动对信号相位产生更大影响；毫米波段中性大气的衰减更加严重；随着波长变短，单元天线的波束宽度变窄，当频率增加时，需要减小单元天线的口径以保持足够大的视场范围。因此，为获得必要的灵敏度，毫米波观测比厘米波观测需要更多的天线数量。已建成的毫米波阵列有加利福尼亚 Hat Creek（Welch，1994），加利福尼亚欧文斯谷（Scoville et al.，1994），日本野边山（Morita et al.，1994），法国布尔高原（Guilloteau，1994），夏威夷 Mauna Kea（Ho et al.，2004）。最大的毫米波阵列是阿塔卡马大型毫米波/亚毫米波阵列（ALMA），由一组 50 个 12m 口径天线和一组 12 个 7m 口径天线构成。ALMA 位于智利阿塔卡马沙漠，海拔约 5000m，空气干燥。工作频率 31～950GHz，天线最大间距 14km。在 345GHz 频率，主阵的观测视场只有 8″，这是由单元天线的波束宽度决定的。这是一台国际合作设备，2013 年开始运行（Wootten and Thompson，2009）。

1.3.14　甚长基线干涉仪

在射电天文早期，对类星体及其他接近点结构的射电源的角直径进行测量，一直存在巨大的挑战。随着技术进步，每个天线都可以使用独立本振和信号记录仪，使得干涉分辨率提升了一个数量级，进而提升几个数量级。通过在每个天线端使用高精度频率基准，可以长时间保持信号的相干性，足以测量干涉条纹。VLBI 发展早期，需要将每个天线的接收信号先变频到足够低的中频，以满足磁带记录对天线中频信号的要求，然后将磁带汇集到一起，再利用相关器进行后续处理。这种技术被称为 VLBI，Broten（1988），Kellermann 和 Cohen（1988），Moran（1998），以及 Kellermann 和 Moran（2001）都对其早期历史进行了综述。苏联 Matveenko 等（1965）也在 20 世纪 60 年代早期讨论了 VLBI 的技术要求。

佛罗里达大学一个课题组于 1967 年 1 月成功进行早期试验，他们在 18MHz 频率探测到木星辐射爆发干涉条纹（Brown et al.，1968）。因为信号很强且频率很低，所需的记录带宽只有 2kHz，频率基准是晶体振荡器。另外三个研究团队开发了通带更宽、使用原子频标的 VLBI 系统，因此灵敏度和精度也更高。加拿大基于视频录像带，开发了一个 1MHz 带宽的模拟信号记录系统（Broten et al.，1967）。1967 年 4 月，利用 183km 和 3074km 基线，在 448MHz 频率获取了几个类星体的干涉条纹。在美国，来自国家射电天文台和康奈尔大学（NARO-Cornell）的另外一组研究人员开发了兼容计算机的数字记录系统，带宽为 360kHz（Bare et al.，1967），于 1967 年 5 月用 610MHz 频率、220km 基线获得了几个类星体的干涉条纹。1967 年初，来自麻省理工学院（MIT）的第三个团队加入 NARO-Cornell 系统的研制，1967 年 6 月利用 845km 基线在 1665MHz 获取了几个 OH 谱线脉泽源的干涉条纹，并进行了光谱分析（Moran et al.，1967）。

早期试验使用的信号带宽小于 1MHz，但在 20 世纪 80 年代，出现了带宽大于 100MHz 的记录系统，因此提高了灵敏度。通过静止轨道通信卫星将远端望远镜信号实时传输到相关器的通信技术，实现了试验验证（Yen et al.，1977）。此外，实施了基于卫星分发本振信号的试验（Knowles et al.，1982）。受限于可实现性和经济可行性，这些基于卫星的技术验证都没有发挥重大作用。最重要的是，随着基于光纤链路的互联网技术发展，VLBI 各台站的数据可以实时传输到相关器。这些技术进步以及更精确的数据分析技术的发展，缩小了 VLBI 与传统射电干涉仪的差别。VLBI 技术更详细的讨论见第 9 章。

Burke 等（1972）展示了用 VLBI 实现极高的角分辨率的实例。Burke 等使用马萨诸塞州 Westford 的天线和克里米亚 Yalta 的天线，工作波长为 1.3cm，获得的分辨率为 200μas。早期的测量结果只使用了少量基线，一般都使用图 1.5 中的简单模型进行解释。产生的重大影响包括发现了类星体的超光速运动（Whitney et al.，1971；Cohen et al.，1971），观测到 H_2O 谱线脉泽源的自行。在 20 世纪 70 年代中期，几个射电天文团队开始利用他们的设施进行合作，同时使用 10 个的基线来观测。参加美国 Network User's Group（稍后更名为美国 VLBI 联盟）的台站包括：马萨诸塞州的海斯塔克天文台（Haystack Observatory in Massachusetts，NEROC）、西弗吉尼亚州的绿岸射电望远镜（Green Bank）、伊利诺伊大学的弗米利恩河天文台（Vermilion River Observatory）、爱荷华州北利伯蒂地区的爱荷华大学天文台、得克萨斯州哈弗大学天文台（Harvard College Observatory）、加利福尼亚州加利福尼亚大学伯克利分校的帽子溪天文台（Hat Creek Observatory）、加利福尼亚州加州理工学院的欧文斯谷射电天文台（Owens Valley Radio Observatory）。欧洲也发展了 VLBI 网络（EVN）。利用 VLBI 网络进行观测也推动了更为复杂的模型的发展。

VLBI 观测存在的问题是非同步本振信号会导致干涉条纹的相位定标很复杂。早在 VLBI 从强度干涉仪发展为理想相干干涉仪（Clark，1968）的过渡时期，这一问题就已经很突出。为克服这一问题，可以先进行相干平均直至相干时间上限，然后再进行非相干平均，这种方法在非常高的频率上依然有效。为了解决相干平均数据的相位定标问题，Rogers 等（1974）第一次使用相位闭合关系式［式（1.14）］处理 VLBI 数据。这种成像技术得到快速发展，被称为混合成像，如图 1.19 和图 1.20 的混合成像实例。这种处理已经被归入更通用的方法，称为自定标（见第 11 章）。对于一些谱线测量，当射电源包含一些空间独立脉泽源时，由于不同脉泽源具有不同的多普勒频移，因此可以使用相参技术分离各个脉泽源的信号（Reid et al.，1980）。

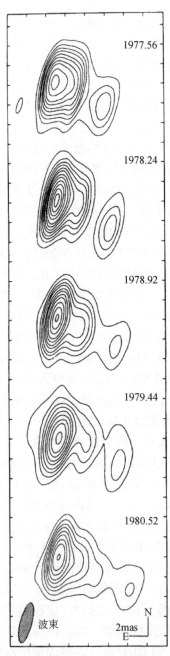

图 1.20　利用 VLBI 在五个不同时间测量类星体 3C273 的图像，显示出两部分之间的相对位置。从根据光学红移推断的距离，两部分之间相对视在速度已超过光速，但是这种现象可用相对论和几何效应解释。观测频率为 10.65GHz。在右下角标出 2mas 的刻度。资料来自 Pearson 等（1981）。再版于 *Nature*，Vol. 290，No. 5805. p. 366；1981 年 Macmillan Journals Limited 版权所有

　　针对 VLBI 天文观测专门设计的第一个天线阵列是美国国家射电天文台的甚长基线阵列（VLBA），于 1994 年投入运行。VLBA 包括 10 部 25m 天线，其中 1 部天线位于美属维京群岛，8 部天线在美国本土，一部天线在夏威夷（Napier et al.，1994）。VLBA 经常与其他天线联合观测，以改善基线覆盖，提高灵敏度。图 1.21 为 VLBA 与 EVN 的联合观测结果。

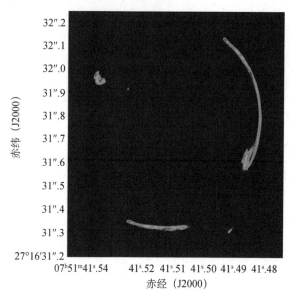

图 1.21　利用 VLBI 阵列的 21 个天线（VLBA，EVN 以及绿岸望远镜），在 1.7GHz 频段探测引力透镜效应对 MG J0751+2716 射电图像的影响。均方根噪声电平 12μJy，角度分辨率 2.2×5.6mas。红移 3.2 的背景展源图像被红移为 0.35、射电不可见的前景星系严重扭曲，拉伸成弧形。承蒙 John McKean 提供图像（扫描封底二维码可看彩图）

　　在 1967 年对 VLBI 进行初次试验之后（Gold，1967），人们很快认识到该技术在天体测量学和大地测量学研究中的巨大潜力。1969 年在马萨诸塞州威廉姆斯城召开了研讨会，明确了 VLBI 技术在地球动力学研究中发挥的作用。在 20 世纪 70 年代和 80 年代，这些方面的应用得到了快速发展，例如 Whitney 等（1976）和 Clark 等（1985）。20 世纪 70 年代中期，美国 NASA 和其他几个联邦机构启动了大地测量合作项目，使用了喷气推进实验室深空通信天线进行 VLBI 观测。在国际 VLBI 服务组织（IVS）和 40 多个天线构成的网络支持下，大地测量已经成为一个庞大的全球性计划。这一计划的一个重大成果是，基于 295 个精度约为 40μas 的已知射电源，建立了国际天球参考坐标系并被国际天文联合会采用（Fey et al.，2015）。VLBI 观测在大地测量中取得的另一个惊人成就是测量到当代大陆板块运动，首次测量到 Westword 与 Onsala 基线的变化速率为（17±2）mm/a（Herring et al.，1986），基于 VLBI 测量的大陆板块运动如图

1.22 所示。达到亚毫角秒定位精度的天体测量学实现了天文学领域的新突破，例如通过测量人马座 A 的自行运动（Backer and Sramek，1999；Reid and Brunthaler，2004）和银河系射电源的年度视差变化（Reid and Honma，2014）来探测太阳围绕银心的运动。天体测量和大地测量方法将在第 12 章介绍。

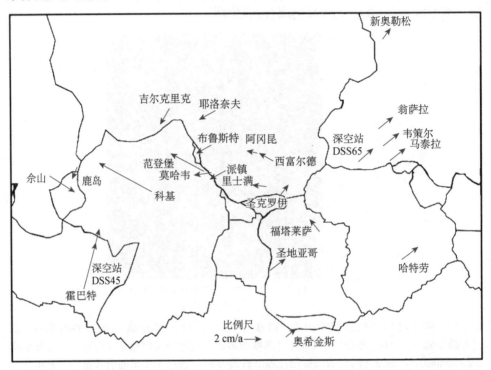

图 1.22　利用 VLBI 测量的板块运动。VLBI 测站位于每个运动矢量的起点，并用台站名称标识。运动矢量之和被限制为 0。运动最快的是夏威夷 Kokee 站，运动速度达到每年 8cm。利用其他技术反演的板块边界，在图中用折线表示。由 Whitney 等（2014）发表，经 MIT 林肯实验室许可重印

　　VLBI 和谱线处理相结合，对天体测量学和天文系统动力学分析问题的研究特别有效。在具有活动星系核的 NGC4258 星系，发现了一些小区域具有很强的水分子 22.235GHz 谱线，这些是脉泽过程辐射。VLBI 观测提供的角度分辨率为 200μas，脉泽源相对定位精度为几个微角秒，多普勒频移径向速度的测量精度为 0.1km/s，如图 1.23 所示。从地球方向，恰好看到 NGC4258 星系的侧面，按照开普勒定律，脉泽源的轨道速度是脉泽源到轨道中心的运动半径的函数，可以进行精确计算。因此，通过比较线速度和角速度可以计算得出脉泽源到轨道中心的距离，NGC4258 的角速度约为每年 30μas。由以上这些结论可以得出 NGC4258 的星系中心质量为 3.9×10^7 倍太阳质量，推测为超大质量黑洞

（Miyoshi et al., 1995；Hermstein et al., 1999），距离为（7.2±0.3）Mpc（Humphreys et al., 2013）。河外天体距离的直接测量误差史无前例地降低到3%。

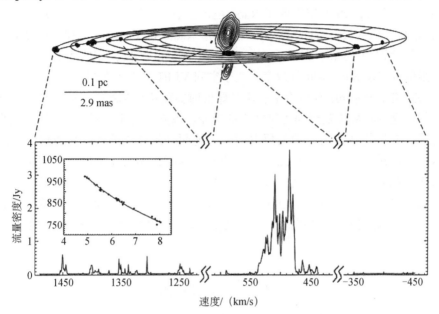

图1.23 用VLBA在1.35cm测量的NGC4258星系核的水汽脉泽盘的图像。用黑点标识不可分辨脉泽源的位置。椭圆网格线标识薄且略有扭曲的脉泽轨迹。黑色方块标志着引力中心的位置。等值线图给出中心活动星系核的连续谱辐射。每个脉泽点对应下面图中的一个频谱特征。位于470km/s的最强特征用作相位参考。内置图给出脉泽径向速度与其到黑洞的径向距离的关系，单位为mas

1.3.15 天基 VLBI

在 VLBI 观测中使用天基天线被称为 OVLBI（空间 VLBI）技术。1986年，第一次 OVLBI 观测使用了美国的跟踪与数据中继卫星系统（TDRSS）。这些卫星位于地球同步轨道，轨道高度约为 36000km，用来为低轨卫星提供对地数据中继服务。卫星携带两个 4.9m 天线，在 2.3GHz 和 15GHz 频段与其他卫星进行通信，此外携带一个小尺寸天线用于星地通信链路。试验时，其中一个 4.9m 天线用于观测射电源，另外一个天线接收地面的氢微波激射器产生的参考信号（Levy et al., 1989）。接收到的信号被传输到地面并记录到 VLBI 磁带系统，用于和其他地基天线接收信号进行相关。在 2.3GHz 和 15GHz 观测的射电源数量分别为 23 个和 11 个（Linfield et al., 1989, 1990）。在 15GHz，条纹宽度为 0.3mas，基于圆高斯模型的数据解译表明，射电源亮温最高可达 $2 \times 10^{12} \mathrm{K}$。

1997 年，专门为空间 VLBI 而研制的 VLBI 空间天文台计划（VSOP，

Hirabayashi et al., 1998）第一次在非静止轨道进行 VLBI 观测。卫星装载一个 8m 口径天线，观测频率为 1.6GHz 和 5GHz，轨道周期约为 6.6h，远地点高度为 21000km。此后，2011 年发射了 RadioAstron 卫星，远地点高度 30 万千米，轨道周期约 8.3 天（Kardashev et al., 2013）。RadioAstron 安装了 10m 口径天线，工作波长分别为 18cm、6cm 和 1.35cm。在 1.35cm 波长，与地面射电望远镜的干涉测量可实现 8μas 空间分辨率。关于空间 VLBI 的更多介绍见 9.10 节。

1990 年，Hagfors 等讨论了利用月球反射实现超长基线的可能。利用月球表面反射可提供的最长基线为月球轨道的半径。该方法使用 100m 以上口径天线跟踪月球，并接收特定射电源的反射信号，地面上用较小的天线接收射电源的直射信号。通过估算，利用月面反射观测射电源能达到的灵敏度，比利用两个天线直接观测射电源的灵敏度提升约三个数量级，但是月球天平动和月表的粗糙度使观测更加复杂。对强射电源超高分辨率观测来说，这种技术非常有用，例如，对木星射电爆发的观测。另一方面，RadioAstron 也能提供长度相当的基线。

1.4 量 子 效 应

VLBI 的发展给干涉测量技术的量子力学描述带来了新的悖论（Burke，1969）。射电干涉仪可以类比于杨氏双缝干涉。众所周知（Louden，1973），单光子也会产生干涉模式，但是任何确定光子进入了哪个狭缝的尝试都会破坏干涉模式，否则将违反不确定性原理。对 VLBI 来说，单光子到达哪个天线是可以测量的，这是由于信号特征被记录在某种介质上，并被传输到相关器，而通过相关器处理，是可以获得干涉条纹的。然而，在射电频率范围，测量设备的接收机输入级包括放大器或混频器，它们的输出端保留了信号相位。这类器件的输出响应必须符合不确定性原理，$\Delta E \Delta t \approx h/2\pi$，其中 ΔE 和 Δt 为信号能量和测量时间的不确定度，此原理可写为用光子数不确定度 ΔN_p 和相位不确定度 $\Delta\phi$ 表达的形式，

$$\Delta N_p \, \Delta\phi \approx 1 \tag{1.15}$$

其中 $\Delta N_p = \Delta E / h\nu$，$\Delta\phi = 2\pi\nu\Delta t$。为了以足够精度保留相位信息，$\Delta\phi$ 必须很小，则 ΔN_p 相应地必须很大，接收机放大器本身在单位带宽、单位时间内的不确定度至少是一个光子。因此在输入单光子限制条件下信噪比小于 1，此时无法确定单光子进入了哪个天线。换句话说，任何接收系统的输出包含的噪声分量必然不会小于单光子输入分量，即单位带宽的能量 $h\nu$。

一定数量的单光子以随机时间到达天线，并构成了射电信号，但平均光子

数正比于信号的强度。这种现象中，在给定时间间隔 τ 内的事件数量符合统计上的泊松分布。当信号功率为 P_{sig}，在时间 τ 内到达的平均光子数 $\overline{N}_p = P_{sig}\tau/h\nu$。根据泊松分布，一系列时间间隔 τ 构成的序列，光子数的均方根偏差为 $\Delta N_p = \sqrt{\overline{N}_p}$。由式（1.15），可得信号相位不确定度为

$$\Delta\phi \approx \frac{1}{\sqrt{\overline{N}_p}} = \sqrt{\frac{h\nu}{P_{sig}\tau}} \tag{1.16}$$

我们也可以用接收机系统噪声来表示信号相位测量的不确定度。最小噪声功率 P_{noise} 约等于物理温度为 $h\nu/k$ 的匹配电阻产生的热噪声，即 $P_{noise} = h\nu\,\Delta\nu$。在积分时间 τ 内的相位不确定度为

$$\Delta\phi = \sqrt{\frac{P_{noise}}{P_{sig}\tau\,\Delta\nu}} \tag{1.17}$$

值得注意的是，$\Delta\phi$ 为天线接收并放大后的信号的相位测量精度，如航天器多普勒跟踪（Cannon，1990）。此处，不应与利用干涉仪测量干涉条纹的相位测量精度互相混淆。当频率 $\nu = 1\,GHz$ 时，有效噪声温度 $h\nu/k$ 等于 0.048K。因此对于几十 GHz 的频率，量子效应噪声对接收机噪声的贡献很小。当频率达到 900GHz 时，该频率通常被认为是地基射电天文观测的频率上限，$h\nu/k = 43K$，量子效应噪声对系统噪声的影响会很严重。在光学波段，当 $\nu \approx 500\,THz$ 时，量子噪声 $h\nu/k \approx 30000K$，如 16.4 节所讨论，超外差系统已不实用。然而，在光学波段是可以制造"直接检测"器件的，即直接检测信号功率，不再需要对相位进行测量，因此式（1.17）中的 $\Delta\phi$ 将趋于无限大，并不会对光子计数精度产生影响。因此，大多数光学干涉仪利用光波干涉直接形成条纹，并通过测量光强分布条纹来得到干涉参数。

有关热噪声和量子噪声的扩展阅读，参见 Oliver（1965），Kerr，Feldman 和 Pan（1997）。Nityananda（1994）对射电和光学波段的量子效应进行了比较，Radhakrishnan（1999）讨论了基本概念。

附录 1.1 射电天文接收机的灵敏度（辐射计方程）

射电天文中广泛使用的基本配置接收机的理想框图如图 A1.1，本附录讨论接收机的功能及其性能。天线接收的信号首先进入放大器，放大器的性能由功率增益因子 G、接收机温度和接收带宽 $\Delta\nu$ 来描述。假设增益因子为常量，如果其增益足够高，则该接收机就决定了整个接收机系统的噪声性能，我们用 T_S 表示接收机噪声水平，其中也包括大气、地面多径散射和欧姆损耗的贡献。假设

接收机具有矩形通带，低端截止频率 ν_0，高端截止频率 $\nu_0 + \Delta\nu$，通带平坦。接收机输出信号进入混频器，信号在混频器与频率为 ν_0 的正弦本振信号相乘，因而信号频率转换到基带，基带频率范围为 $0 \sim \Delta\nu$。此后，信号以奈奎斯特频率转换为数字样本数据流。按照奈奎斯特采样定律，带限信号可以用采样间隔为 $1/2\Delta\nu$ 的样本表征。这里我们假设采样过程不存在量化误差。在这种情况下，将采样样本序列与辛格函数进行卷积，可以精确恢复原始信号。采样信号的统计特征与原始模拟信号相同。接下来，信号进入平方律检波器，对信号样本取幅度平方，然后用平均器对 N 个样本进行滑动平均。上述系统被称为单边带超外差接收机（Armstrong，1921），或者简称为全功率辐射计。早期的干涉仪接收机是这种基本设计的变种（参见图 1.6）：来自两个天线的信号在混频后相加，然后进入平方律检波器，不对信号进行量化。

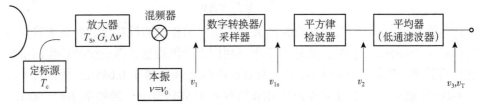

图 A1.1   大部分测量全功率的射电天文系统理想辐射计框图。系统温度 T_S 包括接收机温度 T_R 和所有无用的加性噪声（如欧姆损耗、大气效应、地面反射）。实际上，在频率非常低时（<100MHz），可以省略下变频，而频率很高时（>100GHz），没有可用的低噪声放大器，输入级通常为混频器。这种情况下，混频器插损和后随放大器都会对 T_S 有贡献

可以很容易地对图 A1.1 所示理想系统的统计性能进行评估。根据温度-功率关系［如式（1.4）］，系统中任意一点的功率电平可以用温度 T 表征

$$P = kT\Delta\nu G \tag{A1.1}$$

其中我们用增益因子 G 表示功率放大的影响。用电压 v_1 代表天线输入信号 T_A 和加性系统噪声 T_S 的影响。假设宇宙信号在基带频率范围内具有平坦谱，则 v_1 为具有平坦谱的零均值高斯随机过程，即具有白噪声谱。用 $p(v)$ 代表这一随机过程，因此只有一个参量，即方差 σ^2。v_1 概率分布的奇阶矩为 0，偶阶矩为

$$\langle v^n \rangle = (1 \cdot 3 \cdot 5 \cdot \cdots \cdot n)\sigma^n \tag{A1.2}$$

因此 v_1 和 v_1^2 的期望值分别为

$$\langle v_1 \rangle = 0 \tag{A1.3}$$

$$\langle v_1^2 \rangle = k(T_S + T_A)\Delta\nu G \tag{A1.4}$$

样本信号 v_{1s} 和模拟信号 v_1 的统计特征相同，即 $v_{1s} = v_1$，$v_{1s}^2 = v_1^2$。v_2 的统计特征如下：

$$\langle v_2 \rangle = \langle v_1^2 \rangle \tag{A1.5}$$

$$\langle v_2^2 \rangle = \langle v_1^4 \rangle = 3\langle v_1^2 \rangle^2 \tag{A1.6}$$

$$\sigma^2 = \langle v_2^2 \rangle - \langle v_2 \rangle^2 = 2\langle v_1^2 \rangle^2 \tag{A1.7}$$

平均器将 $N = 2\Delta v \tau$ 个样本累加平均，其中 τ 为积分时间。因此

$$\langle v_3 \rangle = \langle v_1^2 \rangle = k(T_{\text{S}} + T_{\text{A}})\Delta v G \tag{A1.8}$$

$$\sigma_3^2 = \frac{\sigma_2^2}{N} = \frac{2\left[k(T_{\text{S}} + T_{\text{A}})\Delta v G\right]^2}{2\Delta v \tau} \tag{A1.9}$$

由于注入了一个已知温度 T_{c} 的热噪声信号，以便去除或定标 $k\Delta v G$ 项，因此 v_3 的量纲从功率变为温度。最后，对 v_3 进行定标后

$$v_{\text{T}} = \frac{v_3}{\partial v_3 / \partial T_{\text{A}}} \tag{A1.10}$$

其中偏微分表达式 $(\partial v_3 / \partial T_{\text{A}})^{-1}$ 是从功率变为温度的转换因子。接收机输出温度的均值和均方根分别为

$$\langle v_{\text{T}} \rangle = T_{\text{S}} + T_{\text{A}} \tag{A1.11}$$

$$\sigma_{\text{T}} = \frac{T_{\text{S}} + T_{\text{A}}}{\sqrt{\Delta v \tau}} \tag{A1.12}$$

一定要注意式（A1.9）的 σ_3^2 表达式中，分子中的因子 2 抵消了分母中的平均样本数因子 2。因此信噪比（Signal-to-Noise Ratio，SNR）为

$$\mathcal{R}_{\text{sn}} = \frac{T_{\text{A}}}{T_{\text{S}} + T_{\text{A}}}\sqrt{\Delta v \tau} \tag{A1.13}$$

式（A1.13）表明，当 $T_{\text{A}} \gg T_{\text{S}}$ 时，信噪比波动主要受 T_{A} 影响，此时增加积分时间不会改善 SNR。$T_{\text{A}} \ll T_{\text{S}}$ 是常见的情况，式（A1.13）变为式（1.8）。由于采样定理的限制，从机理上不存在比式（A1.13）性能更好的接收机。任何其他接收机系统的性能可用下式描述：

$$\sigma_{\text{T}} = C\frac{T_{\text{S}} + T_{\text{A}}}{\sqrt{\Delta v \tau}} \tag{A1.14}$$

其中因子 C 大于等于 1。可以用其他检波器代替平方律检波器，对于线性检波器，$v_2 = |v_1|$，当 $T_{\text{A}} \ll T_{\text{S}}$ 时，用与平方律检波器类似的分析方法可得 $C = \sqrt{\pi - 2} = 1.07$。此时，需要对式（A1.10）中的 $\partial v_3 / \partial T_{\text{A}}$ 项作线性化处理。使用四次检波器时，$v_2 = v_1^4$，$C = \sqrt{4/3} = 1.15$。更多细节参见 Davenport 和 Root（1958）。

由于电子学系统的不稳定性，G 会发生随机变化，不能当作常数。本例

中，使用了同步检波器，接收机输入端口轮流在天线输出和参考信号之间切换，这种系统被称为迪克（Dicke）辐射计。请注意在相位切换干涉仪（图 1.8）中，利用了同步检波原理。迪克辐射计的噪声性能差了一倍，但消除了增益抖动的影响。另一种能够抑制增益抖动影响的接收机被称为相干接收机，天线输出信号被分为相等的两路，用独立的放大器分别放大后，再进行相乘。相干接收机用乘法器取代了平方律检波器。

　　比较老式的接收机通常在末级平均处理之前不对信号进行量化。这种模拟接收机性能与前述介绍的接收机性能相当。对模拟辐射计的分析见 Tiuri（1964）或 Kraus（1986）。不同类型接收机性能的比较见表 A1.1。

表 A1.1　不同类型接收机的灵敏度特性

接收机类型	C^a
全功率接收机（$v_2 = v_1^2$）	1
线性检波器（$v_2 = \lvert v_1 \rvert$）	1.07[b]
四次检波器（$v_2 = v_1^4$）	1.15[b]
迪克辐射计	2[b]
相干接收机	$\sqrt{2}$[b]

a C 在式（A1.14）中定义；
b 当 $T_A \ll T_S$ 时。

　　射电和光学观测系统有两个主要区别。对于射电系统，无论是射电信号还是接收机加性噪声都表现为高斯噪声；而光学系统探测器光子计数受泊松分布约束，信噪比 $\mathcal{R}_{sn} = 1/\sqrt{N_p}$，其中 N_p 为光子数。根据量子力学，高斯分布对应于光子聚束噪声［见 Radhakrishnan（1999）］。

扩 展 阅 读

射电天文和射电干涉教材

Burke, B.F., and Graham-Smith, F., An Introduction to Radio Astronomy, 3rd ed., Cambridge Univ. Press, Cambridge, UK（2014）

Christiansen, W.N., and Högbom, J.A., Radiotelescopes, Cambridge Univ. Press, Cambridge, UK（1969）（2nd ed., 1985）

Condon, J.J., and Ransom, S.M., Essential Radio Astronomy, Princeton Univ. Press, Princeton, NJ（2016）

Kraus, J.D., Radio Astronomy, 2nd ed., Cygnus-Quasar Books, Powell, OH, 1986. 1st ed., McGraw-Hill, New York (1966)

Lovell, B., and Clegg, J.A., Radio Astronomy, Chapman and Hall, London (1952)

Marr, J.M., Snell, R.L., and Kurtz, S.E., Fundamentals of Radio Astronomy: Observational Methods, CRC Press, Boca Raton, FL (2016)

Pawsey, J.L., and Bracewell, R.N., Radio Astronomy, Oxford Univ. Press, Oxford, UK (1955)

Shklovsky, I.S., Cosmic Radio Waves, translated by R. B. Rodman and C. M. Varsavsky, Harvard Univ. Press, Cambridge, MA (1960)

Wilson, T.L., Rohlfs, K., and Hüttemeister, S., Tools of Radio Astronomy, 6th ed., Springer-Verlag, Berlin (2013) (See also earlier editions, starting with K. Rohlfs, 1986.)

Wohlleben, R., Mattes, H., and Krichbaum, T., Interferometry in Radioastronomy and Radar Techniques, Kluwer, Dordrecht, the Netherlands (1991)

历史回顾

Kellermann, K.I., and Moran, J.M., The Development of High-Resolution Imaging in Radio Astronomy, Ann. Rev. Astron. Astrophys., 39, 457-509 (2001)

Sullivan, W.T., III, Ed., The Early Years of Radio Astronomy, Cambridge Univ. Press, Cambridge, UK (1984)

Sullivan, W.T., III, Cosmic Noise: A History of Early Radio Astronomy, Cambridge Univ. Press, Cambridge, UK (2009)

Townes, C.H., Michelson and Pease's Interferometric Stellar Diameters, Astrophys. J., 525, 148-149 (1999)

广泛关注

Alder, B., Fernbach, S., Rotenberg, M., Eds., Methods in Computational Physics, Vol. 14, Radio Astronomy, Academic Press, New York (1975)

Berkner, L.V., Ed., IRE Trans. Antennas Propag., Special Issue on Radio Astronomy, AP-9, No. 1 (1961)

Biraud, F., Ed., Very Long Baseline Interferometry Techniques, Cépaduès, Tou-louse, France (1983)

Bracewell, R.N., Ed., Paris Symposium on Radio Astronomy, IAU Symp. 9, Stanford Univ. Press, Stanford, CA (1959)

Bracewell, R.N., Radio Astronomy Techniques, in Handbuch der Physik, Vol. 54, S. Flugge, Ed., Springer-Verlag, Berlin (1962)

Cornwell, T.J., and Perley, R.A., Eds., Radio Interferometry: Theory, Techniques, and Applications, IAU Colloq. 131, Astron. Soc. Pacific Conf. Ser., 19 (1991)

Findlay, J.W., Ed., Proc. IEEE, Special Issue on Radio and Radar Astronomy, 61, No. 9 (1973)

Frater, R.H., and Brooks, J.W., Eds., J. Electric. Electron. Eng. Australia, Special Issue on the Australia Telescope, 12, No. 2 (1992)

Goldsmith, P.F., Ed., Instrumentation and Techniques for Radio Astronomy, IEEE Press, New York (1988)

Haddock, F.T., Ed., Proc. IRE, Special Issue on Radio Astronomy, 46, No. 1 (1958)

Ishiguro, M., and Welch, W.J., Eds., Astronomy with Millimeter and Submillimeter Wave Interferometry, IAU Colloq. 140, Astron. Soc. Pacific Conf. Ser., 59 (1994)

Kraus, J.D., Ed., IEEE Trans. Mil. Electron., Special Issue on Radio and Radar Astronomy, MIL-8, Nos. 3 and 4, 1964; also issued by IEEE Trans. Antennas Propag., AP-12, No. 7 (1964)

Meeks, M.L., Ed., Methods of Experimental Physics, Vol. 12, Parts B, Astrophysics: Radio Telescopes, and C, Astrophysics: Radio Observations, Academic Press, New York (1976)

Pawsey, J.L., Ed., Proc. IRE Aust., Special Issue on Radio Astronomy, 24, No. 2 (1963)

Perley, R.A., Schwab, F.R., and Bridle, A.H., Eds., Synthesis Imaging in Radio Astronomy, Astron. Soc. Pacific Conf. Ser., 6 (1989)

Raimond, E., and Genee, R., Eds., The Westerbork Observatory, Continuing Adventure in Radio Astronomy, Kluwer, Dordrecht, the Netherlands (1996)

Taylor, G.B., Carilli, C.L., and Perley, R.A., Eds., Synthesis Imaging in Radio Astronomy II, Astron. Soc. Pacific Conf. Ser., 180 (1999)

Wild, J.P., Ed., Proc. IREE Aust., Special Issue on the Culgoora Radioheliograph, 28, No. 9 (1967)

Yen, J.L., Image Reconstruction in Synthesis Radio Telescope Arrays, in Array Signal Processing, Haykin, S., Ed., Prentice Hall, Englewood Cliffs, NJ (1985), pp. 293-350

参 考 文 献

Adgie, R.L., Gent, H., Slee, O.B., Frost, A.D., Palmer, H.P., and Rowson, B., New Limits to the Angular Sizes of Some Quasars, Nature, 208, 275-276 (1965)

Appleton, E.V., Departure of Long-Wave Solar Radiation from Black-Body Intensity, Nature, 156, 534-535 (1945)

Armstrong, E.H., A New System of Short Wave Amplification, Proc. IRE, 9, 3-11 (1921)

Baade, W., and Minkowski, R., Identification of the Radio Sources in Cassiopeia, Cygnus A, and Puppis A, Astrophys. J., 119, 206-214 (1954a)

Baade, W., and Minkowski, R., On the Identification of Radio Sources, Astrophys. J., 119, 215-231 (1954b)

Baars, J.W.M., Genzel, R., Pauliny-Toth, I.I.K., and Witzel, A., The Absolute Spectrum of Cas A: An Accurate Flux Density Scale and a Set of Secondary Calibrators, Astron. Astrophys, 61, 99-106 (1977)

Baars, J.W.M., van der Brugge, J.F., Casse, J.L., Hamaker, J.P., Sondaar, L.H., Visser, J.J., and Wellington, K.J., The Synthesis Radio Telescope at Westerbork, Proc. IEEE, 61, 1258-1266 (1973)

Backer, D.C., and Sramek, R.A., Proper Motion of the Compact, Nonthermal Radio Source in the Galactic Center, Sagittarius A*, Astrophys. J., 524, 805-815 (1999)

Bare, C., Clark, B.G., Kellermann, K.I., Cohen, M.H., and Jauncey, D.L., Interferometer Experiment with Independent Local Oscillators, Science, 157, 189-191 (1967)

Beevers, C.A., and Lipson, H., A Brief History of Fourier Methods in Crystal-Structure Determi-nation, Aust. J. Phys., 38, 263-271 (1985)

Bennett, A.S., The Revised 3C Catalog of Radio Sources, Mem. R. Astron. Soc., 68, 163-172 (1962)

Blake, G.A., Sutton, E.C., Masson, C.R., and Phillips, T.G., Molecular Abundances in OMC-1: The Chemical Composition of Interstellar Molecular Clouds and the Influence of Massive Star Formation, Astrophys. J., 315, 621-645 (1987)

Blum, E.J., Le Réseau Nord-Sud à Multiples, Ann. Astrophys., 24, 359-366 (1961)

Blum, E.J., Boischot, A., and Ginat, M., Le Grand Interféromètre de Nançay, Ann. Astrophys., 20, 155-164 (1957)

Blythe, J.H., A New Type of Pencil Beam Aerial for Radio Astronomy, Mon. Not. R. Astron. Soc., 117, 644-651 (1957)

Boccardi, B., Krichbaum, T.P., Bach, U., Mertens, F., Ros, E., Alef, W., and Zensus, J.A., The Stratified Two-Sided Jet of Cygnus A, Astron. Astrophys., 585, A33 (9pp) (2016)

Bolton, J.G., and Slee, O.B., Galactic Radiation at Radio Frequencies. V. The Sea Interferometer, Aust. J. Phys., 6, 420-433 (1953)

Bolton, J.G., and Stanley, G.J., Variable Source of Radio Frequency Radiation in the Constellation of Cygnus, Nature, 161, 312-313 (1948)

Born, M., and Wolf, E., Principles of Optics, 1st ed., Pergamon Press Ltd., London (1959) [many subsequent editions, e.g., 7th ed., Cambridge Univ. Press, Cambridge, UK, 1999]

Braccesi, A., Ceccarelli, M., Colla, G., Fanti, R., Ficarra, A., Gelato, G., Greuff, G., and Sinigaglia, G., The Italian Cross Radio Telescope. III. Operation of the Telescope, Nuovo Cimento B, 62, 13-19 (1969)

Bracewell, R.N., and Swarup, G., The Stanford Microwave Spectroheliograph Antenna, a Microsteradian Pencil Beam Interferometer, IRE Trans. Antennas Propag., AP-9, 22-30 (1961)

Broten, N.W., Early Days of Canadian Long-Baseline Interferometry: Reflections and Reminiscences, J. Roy. Astron. Soc. Can., 82, 233-241（1988）

Broten, N.W., Legg, T.H., Locke, J.L., McLeish, C.W., Richards, R.S., Chisholm, R.M., Gush, H.P., Yen, J.L., and Galt, J.A., Observations of Quasars Using Interferometer Baselines Up to 3074km, Nature, 215, 38（1967）

Brown, G.W., Carr, T.D., and Block, W.F., Long Baseline Interferometry of S-Bursts from Jupiter, Astrophys. Lett., 1, 89-94（1968）

Burke, B.F., Quantum Interference Paradox, Nature, 223, 389-390（1969）

Burke, B.F., Johnston, K.J., Efanov, V.A., Clark, B.G., Kogan, L.R., Kostenko, V.I., Lo, K.Y., Matveenko, L.I., Moiseev, I.G., Moran, J.M., and five coauthors, Observations of Maser Radio Source with an Angular Resolution of 0.000002, Sov. Astron.-AJ, 16, 379-382（1972）

Cannon, A.J., and Pickering, E.C., The Henry Draper Catalogue, 21h, 22h, and 23h, Annals of the Astronomical Observatory of Harvard College, 99（1924）

Cannon, W.H., Quantum Mechanical Uncertainty Limitations on Deep Space Navigation by Doppler Tracking and Very Long Baseline Interferometry, Radio Sci., 25, 97-100（1990）

Carilli, C.L., Bartel, N., and Diamond, P., Second Epoch VLBI Observations of the Nuclear Jet in Cygnus A: Subluminal Jet Proper Motion Measured, Astron. J., 108, 64-75（1994）. doi: 10.1086/117045

Christiansen, W.N., and Mullaly, R.F., Solar Observations at a Wavelength of 20cm with a Cross-Grating Interferometer, Proc. IRE Aust., 24, 165-173（1963）

Christiansen, W.N., and Warburton, J.A., The Distribution of Radio Brightness over the Solar Disk at a Wavelength of 21cm. III. The Quiet Sun. Two-Dimensional Observations, Aust. J. Phys., 8, 474-486（1955）

Clark, B.G., Radio Interferometers of Intermediate Type, IEEE Trans. Antennas Propag., AP-16, 143-144（1968）

Clark, B.G., Radhakrishnan, V., and Wilson, R.W., The Hydrogen Line in Absorption, Astro-phys. J., 135, 151-174（1962）

Clark, T.A., Corey, A.E., Davis, J.L., Elgered, G., Herring, T.A., Hinteregger, H.F., Knight, C.A., Levine, J.I., Lundqvist, G., Ma, C., and 11 coauthors, Precision Geodesy Using the Mark-III, Very-Long-Baseline Interferometer System, IEEE Trans. Geosci. Remote Sens., GE-23, 438-449（1985）

Cohen, M.H., Cannon, W., Purcell, G.H., Shaffer, D.B., Broderick, J.J., Kellermann, K.I., and Jauncy, D.L., The Small-Scale Structure of Radio Galaxies and Quasi-Stellar Sources, at 3.8 Centimeters, Astrophys. J., 170, 202-217（1971）

Cohen, M.H., Moffet, A.T., Romney, J.D., Schilizzi, R.T., Shaffer, D.B., Kellermann, K.I., Purcell, G.H., Grove, G., Swenson, G.W., Jr., Yen, J.L., and four coauthors, Observations with a VLB Array. I. Introduction and Procedures, Astrophys. J., 201, 249-255（1975）

Condon, J.J., Confusion and Flux-Density Error Distributions, Astrophys. J., 188, 279-286 (1974)

Condon, J.J., Radio Emission from Normal Galaxies, Ann. Rev. Astron. Astrophys., 30, 575-611 (1992)

Condon, J.J., Cotton, W.D., Fomalont, E.B., Kellermann, K.I., Miller, N., Perley, R.A., Scott, D., Vernstrom, T., and Wall, J.V., Resolving the Radio Source Background: Deeper Understanding Through Confusion, Astrophys. J., 758: 23 (14pp) (2012)

Condon, J.J., Cotton, W.D., Greisen, E.W., Yin, Q.F., Perley, R.A., Taylor, G.B., and Broderick, J.J., The NRAO VLA Sky Survey, Astron. J., 115, 1693-1716 (1998)

Covington, A.E., and Broten, N.W., An Interferometer for Radio Astronomy with a Single-Lobed Radiation Pattern, Proc. IRE Trans. Antennas Propag., AP-5, 247-255 (1957)

Davenport, W.B., Jr. and Root, W.L., An Introduction to the Theory of Random Signals and Noise, McGraw-Hill, New York (1958)

de Bruijne, J.H.J., Rygl, K.L.J., and Antoja, T., GAIA Astrometric Science Performance: Post-Launch Predictions, EAS Publications Ser., 67-68, 23-29 (2014)

Dicke, R.H., The Measurement of Thermal Radiation at Microwave Frequencies, Rev. Sci. Instrum., 17, 268-275 (1946)

Dreyer, J.L.E., New General Catalog of Nebulae and Clusters of Stars, Mem. R. Astron. Soc., 49, Part 1 (1888) (reprinted R. Astron. Soc. London, 1962)

Edge, D.O., Shakeshaft, J.R., McAdam, W.B., Baldwin, J.E., and Archer, S., A Survey of Radio Sources at a Frequency of 159 Mc/s, Mem. R. Astron. Soc., 68, 37-60 (1959)

Elgaroy, O., Morris, D., and Rowson, B., A Radio Interferometer for Use with Very Long Baselines, Mon. Not. R. Astron. Soc., 124, 395-403 (1962)

Elitzur, M., Astronomical Masers, Kluwer, Dordrecht, the Netherlands (1992)

Fey, A.L., Gordon, D., Jacobs, C.S., Ma, C., Gamme, R.A., Arias, E.F., Bianco, G., Boboltz, D.A., Böckmann, S., Bolotin, S., and 31 coauthors, The Second Realization of the International Celestial Reference Frame by Very Long Baseline Interferometry, Astrophys. J., 150: 58 (16pp) (2015)

Fomalont, E.B., The East-West Structure of Radio Sources at 1425 MHz, Astrophys. J. Suppl., 15, 203-274 (1968). doi: 10.1086/190166F

Genzel, R., Reid, M.J., Moran, J.M., and Downes, D., Proper Motions and Distances of H_2O Maser Sources. I. The Outflow in Orion-KL, Astrophys. J., 244, 884-902 (1981)

Gold, T., Radio Method for the Precise Measurement of the Rotation Period of the Earth, Science, 157, 302-304 (1967)

Gower, J.F.R., Scott, P.F., and Wills, D., A Survey of Radio Sources in the Declination Ranges—07° to 20° and 40° to 80°, Mem. R. Astron. Soc., 71, 49-144 (1967)

Gray, M., Maser Sources in Astrophysics, Cambridge Univ. Press, Cambridge, UK (2012)

Guilloteau, S., The IRAM Interferometer on Plateau de Bure, in Astronomy with Millimeter and

Submillimeter Wave Interferometry, Ishiguro, M., and Welch, W.J., Eds., Astron. Soc. Pacific Conf. Ser., 59, 27-34（1994）

Gurwell, M.A., Muhleman, D.O., Shah, K.P., Berge, G.L., Rudy, D.J., and Grossman, A.W., Observations of the CO Bulge on Venus and Implications for Mesospheric Winds, Icarus, 115, 141-158（1995）

Hagfors, T., Phillips, J.A., and Belcora, L., Radio Interferometry by Lunar Reflections, Astro-phys. J., 362, 308-317（1990）

Hanbury Brown, R., Measurement of Stellar Diameters, Ann. Rev. Astron. Astrophys., 6, 13-38（1968）

Hanbury Brown, R., Palmer, H.P., and Thompson, A.R., A Rotating-Lobe Interferometer and Its Application to Radio Astronomy, Philos. Mag., Ser. 7, 46, 857-866（1955）

Hanbury Brown, R., and Twiss, R.Q., A New Type of Interferometer for Use in Radio Astronomy, Philos. Mag., Ser. 7, 45, 663-682（1954）

Hargrave, P.J., and Ryle, M., Observations of Cygnus A with the 5-km Radio Telescope, Mon. Not. R. Astron. Soc., 166, 305-327（1974）

Harvey, P.M., Thronson, H.A., Jr., and Gatley, I., Far-Infrared Observations of Optical Emission-Line Stars: Evidence for Extensive Cool Dust Clouds, Astrophys. J., 231, 115-123（1979）

Hazard, C., and Walsh, D., A Comparison of an Interferometer and Total-Power Survey of Discrete Sources of Radio Frequency Radiation, in The Paris Symposium on Radio Astronomy, Bracewell, R.N., Ed., Stanford Univ. Press, Stanford, CA（1959）, pp. 477-486

Herbst, E., and van Dishoeck, E.F., Complex Organic Interstellar Moledules, Ann. Rev. Astron. Astrophpys., 47, 427-480（2009）

Herring, T.A., Shapiro, I.I., Clark, T.A., Ma, C., Ryan, J.W., Schupler, B.R., Knight, C.A., Lundqvist, G., Shaffer, D.B., Vandenberg, N.R., and nine coauthors, Geodesy by Radio Interferometry: Evidence for Contemporary Plate Motion, J. Geophys. Res., 91, 8344-8347（1986）

Herrnstein, J.R., Moran, J.M., Greenhill, L.J., Diamond, P.J., Inoue, M., Nakai, N., Miyoshi, M., Henkel, C., and Riess, A., A Geometric Distance to the Galaxy NGC4258 from Orbital Motions in a Nuclear Gas Disk, Nature, 400, 539-841（1999）

Herrnstein, J.R., Moran, J.M., Greenhill, L.J., and Trotter, A.S., The Geometry of and Mass Accretion Rate Through the Maser Accretion Disk in NGC4258, Astrophys. J., 629, 719-738（2005）. doi: 10.1086/431421

Hirabayashi, H., Hirosawa, H., Kobayashi, H., Murata, Y., Edwards, P.G., Fomalont, E.B., Fujisawa, K., Ichikawa, T., Kii, T., Lovell, J.E.J., and 43 coauthors, Overview and Initial Results of the Very Long Baseline Interferometry Space Observatory Programme, Science, 281, 1825-1829（1998）

Ho, P.T.P., Moran, J.M., and Lo, K.Y., The Submillimeter Array, Astrophys. J. Lett., 616,

L1-L6（2004）

Hogg, D.E., Macdonald, G.H., Conway, R.G., and Wade, C.M., Synthesis of Brightness Distribu-tion in Radio Sources, Astron. J., 74, 1206-1213（1969）

Hughes, M.P., Thompson, A.R., Colvin, R.S., An Absorption-Line Study of Galactic Neutral Hydrogen at 21 cm Wavelength, Astrophys. J. Suppl., 23, 232-367（1971）

Humphreys, E.M.L., Reid, M.J., Moran, J.M., Greenhill, L.J., and Argon, A.L., Toward a New Geometric Distance to the Active Galaxy NGC 4258. III. Final Results and the Hubble Constant, Astrophys. J., 775: 13（10pp）（2013）

International Astronomical Union, Trans. Int. Astron. Union, Proc. of the 15th General Assembly Sydney 1974 and Extraordinary General Assembly Poland 1973, Contopoulos, G., and Jappel, A., Eds., 15B, Reidel, Dordrecht, the Netherlands（1974）, p. 142

International Astronomical Union, Specifications Concerning Designations for Astronomical Radiation Sources Outside the Solar System（2008）. http://vizier.u-strasbg.fr/vizier/Dic/iau-spec.htx

IEEE, Standard Definitions of Terms for Radio Wave Propagation, Std. 211-1977, Institute of Electrical and Electronics Engineers Inc., New York（1977）

Jansky, K.G., Electrical Disturbances Apparently of Extraterrestrial Origin, Proc. IRE, 21, 1387-1398（1933）

Jennison, R.C., A Phase Sensitive Interferometer Technique for the Measurement of the Fourier Transforms of Spatial Brightness Distributions of Small Angular Extent, Mon. Not. R. Astron. Soc., 118, 276-284（1958）

Jennison, R.C., High-Resolution Imaging Forty Years Ago, in Very High Angular Resolution Imaging, IAU Symp. 158, J. G. Robertson and W. J. Tango, Eds., Kluwer, Dordrecht, the Netherlands（1994）, pp. 337-341

Jennison, R.C., and Das Gupta, M.K., Fine Structure in the Extra-terrestrial Radio Source Cygnus 1, Nature, 172, 996-997（1953）

Jennison, R.C., and Das Gupta, M.K., The Measurement of the Angular Diameter of Two Intense Radio Sources, Parts I and II, Philos. Mag., Ser. 8, 1, 55-75（1956）

Jennison, R.C., and Latham, V., The Brightness Distribution Within the Radio Sources Cygnus A（19N4A）and Cassiopeia（23N5A）, Mon. Not. R. Astron. Soc., 119, 174-183（1959）

Jet Propulsion Laboratory, molecular spectroscopy site of JPL（2016）. https://spec.jpl.nasa.gov

Kardashev, N.S., Khartov, V.V., Abramov, V.V., Avdeev, V.Yu., Alakoz, A.V., Aleksandrov, Yu.A., Ananthakrishnan, S., Andreyanov, V.V., Andrianov, A.S., Antonov, N.M., and 120 coauthors, "RadioAstron": A Telescope with a Size of 300000km: Main Parameters and First Observational Results, Astron. Reports, 57, 153-194（2013）

Kaula, W., Ed., The Terrestrial Environment: Solid-Earth and Ocean Physics, NASA Contractor Report 1579, NASA, Washington, DC（1970）. http://ilrs.gsfc.nasa.gov/docs/williamstown_1968.pdf

Kellermann, K.I., The Discovery of Quasars, Bull. Astr. Soc. India, 41, 1-17 (2013)

Kellermann, K.I., and Cohen, M.H., The Origin and Evolution of the N.R.A.O.-Cornell VLBI System, J. Roy. Astron. Soc. Can., 82, 248-265 (1988)

Kellermann, K.I., and Moran, J.M., The Development of High-Resolution Imaging in Radio Astronomy, Ann. Rev. Astron. Astrophys., 39, 457-509 (2001)

Kellermann, K.I., and Pauliny-Toth, I.I.K., The Spectra of Opaque Radio Sources, Astrophys. J. Lett., 155, L71-L78 (1969)

Kerr, A.R., Feldman, M.J., and Pan, S.-K., Receiver Noise Temperature, the Quantum Noise Limit, and the Role of Zero-Point Fluctuations, Proc. 8th Int. Symp. Space Terahertz Technology, 1997, pp. 101-111; also available as MMA Memo 161, National Radio Astronomy Observatory (1997)

Kesteven, M.J.L., and Bridle, A.H., Index of Extragalactic Radio-Source Catalogues, Royal Astron. Soc. Canada J., 71, 21-39 (1971)

Knowles, S.H., Waltman, W.B., Yen, J.L., Galt, J., Fort, D.N., Cannon, W.H., Davidson, D., Petrachenko, W., and Popelar, J., A Phase-Coherent Link via Synchronous Satellite Developed for Very Long Baseline Radio Interferometry, Radio Sci., 17, 1661-1670 (1982)

Kraus, J.D., Radio Astronomy, 2nd ed., Cygnus-Quasar Books, Powell, OH (1986)

Labrum, N.R., Harting, E., Krishnan, T., and Payten, W.J., A Compound Interferometer with a 1.5 Minute of Arc Fan Beam, Proc. IRE Aust., 24, 148-155 (1963)

Lequeux, J., Mesures Interférométriques à Haute Résolution du Diamètre et de la Structure des Principales Radiosources à 1420MHz, Annales d'Astrophysique, 25, 221-260 (1962)

Levy, G.S., Linfield, R.P., Edwards, C.D., Ulvestad, J.S., Jordan, J.F., Jr., Dinardo, S.J., Chris-tensen, C.S., Preston, R.A., Skjerve, L.J., Stavert, L.R., and 22 coauthors, VLBI Using a Telescope in Earth Orbit. I. The Observations, Astrophys. J., 336, 1098-1104 (1989)

Linfield, R., VLBI Observations of Jets in Double Radio Galaxies, Astrophys. J., 244, 436-446 (1981)

Linfield, R.P., Levy, G.S., Edwards, C.D., Ulvestad, J.S., Ottenhoff, C.H., Hirabayashi, H., Morimoto, M., Inoue, M., Jauncey, D.L., Reynolds, J., and 18 coauthors, 15GHz Space VLBI Observations Using an Antenna on a TDRSS Satellite, Astrophys. J., 358, 350-358 (1990)

Linfield, R.P., Levy, G.S., Ulvestad, J.S., Edwards, C.D., DiNardo, S.J., Stavert, L.R., Ottenhoff, C.H., Whitney, A.R., Cappallo, R.J., Rogers, A.E.E., and five coauthors, VLBI Using a Telescope in Earth Orbit. II. Brightness Temperatures Exceeding the Inverse Compton Limit, Astrophys. J., 336, 1105-1112 (1989)

Longair, M.S., High Energy Astrophysics, 2 vols., Cambridge Univ. Press, Cambridge, UK (1992)

Loudon, R., The Quantum Theory of Light, Oxford Univ. Press, London（1973）, p. 229

Lovas, F.J., Recommended Rest Frequencies for Observed Interstellar Molecular Microwave Transitions—1991 Revision, J. Phys. and Chem. Ref. Data, 21, 181-272（1992）

Lovas, F.J., Snyder, L.E., and Johnson, D.R., Recommended Rest Frequencies for Observed Interstellar Molecular Transitions, Astrophys. J. Suppl., 41, 451-480（1979）

Ma, C., Arias, E.F., Eubanks, T.M., Fey, A.L., Gontier, A.-M., Jacobs, C.S., Sovers, O.J., Archinal, B.A., and Charlot, P., The International Celestial Reference Frame as Realized by Very Long Baseline Interferometry, Astron. J., 116, 516-546（1998）

Maltby, P., and Moffet, A.T., Brightness Distribution in Discrete Radio Sources. III. The Structure of the Sources, Astrophys. J. Suppl., 7, 141-163（1962）

Matveenko, L.I., Kardashev, N.S., and Sholomitskii, G.B., Large Baseline Radio Interferometers, Radiofizika, 8, 651-654（1965）; Engl. transl. in Sov. Radiophys., 8, 461-463（1965）

McCready, L.L., Pawsey, J.L., and Payne-Scott, R., Solar Radiation at Radio Frequencies and Its Relation to Sunspots, Proc. R. Soc. London A, 190, 357-375（1947）

Menu, J., van Boekel, R., Henning, Th., Chandler, C.J., Linz, H., Benisty, M., Lacour, S., Min, M., Waelkens, C., Andrews, S.M., and 18 coauthors, On the Structure of the Transition Disk Around TW Hydrae, Astron. Astrophys., 564, A93（22pp）（2014）

Messier, C., Catalogue des Nébuleuses et des Amas d'Étoiles [Catalogue of Nebulae and Star Clusters], Connoissance des Temps for 1784, 227-267, published in 1781. http://messier.seds.org/xtra/history/m-cat81.html

Michelson, A.A., On the Application of Interference Methods to Astronomical Measurements, Philos. Mag., Ser. 5, 30, 1-21（1890）

Michelson, A.A., On the Application of Interference Methods to Astronomical Measurements, Astrophys. J., 51, 257-262（1920）

Michelson, A.A., and Pease, F.G., Measurement of the Diameter of ₵ Orionis with the Interferometer, Astrophys. J., 53, 249-259（1921）

Mills, B.Y., The Positions of the Six Discrete Sources of Cosmic Radio Radiation, Aust. J. Sci. Res., A5, 456-463（1952）

Mills, B.Y., The Radio Brightness Distribution Over Four Discrete Sources of Cosmic Noise, Aust. J. Phys., 6, 452-470（1953）

Mills, B.Y., Cross-Type Radio Telescopes, Proc. IRE Aust., 24, 132-140（1963）

Mills, B.Y., Aitchison, R.E., Little, A.G., and McAdam, W.B., The Sydney University Cross-Type Radio Telescope, Proc. IRE Aust., 24, 156-165（1963）

Mills, B.Y., and Little, A.G., A High Resolution Aerial System of a New Type, Aust. J. Phys., 6, 272-278（1953）

Mills, B.Y., Little, A.G., Sheridan, K.V., and Slee, O.B., A High-Resolution Radio Telescope for Use at 3.5m, Proc. IRE, 46, 67-84（1958）

Mills, B.Y., and Slee, O.B., A Preliminary Survey of Radio Sources in a Limited Region of the Sky at a Wavelength of 3.5 m, Aust. J. Phys., 10, 162-194（1957）

Miyoshi, M., Moran, J., Herrnstein, J., Greenhill, L., Nakal, N., Diamond, P., and Inoue, M., Evidence for a Black Hole from High Rotation Velocities in a Sub-parsec Region of NGC4258, Nature, 373, 127-129（1995）

Moran, J.M., Thirty Years of VLBI: Early Days, Successes, and Future, in Radio Emission from Galactic and Extragalactic Compact Sources, J. A. Zensus, G. B. Taylor, and J. M. Wrobel, Eds., Astron. Soc. Pacific Conf. Ser., 144, 1-10（1998）

Moran, J.M., Crowther, P.P., Burke, B.F., Barrett, A.H., Rogers, A.E.E., Ball, J.A., Carter, J.C., and Bare, C.C., Spectral Line Interferometer with Independent Time Standards at Stations Separated by 845 Kilometers, Science, 157, 676-677（1967）

Morita, K.-I., The Nobeyama Millimeter Array, in Astronomy with Millimeter and Submillimeter Wave Interferometry, M. Ishiguro and W. J. Welch, Eds., Astron. Soc. Pacific Conf. Ser., 59, 18-26（1994）

Morris, D., Palmer, H.P., and Thompson, A.R., Five Radio Sources of Small Angular Diameter, Observatory, 77, 103-106（1957）

Napier, P.J., Bagri, D.S., Clark, B.G., Rogers, A.E.E., Romney, J.D., Thompson, A.R., and Walker, R.C., The Very Long Baseline Array, Proc. IEEE, 82, 658-672（1994）

Napier, P.J., Thompson, A.R., and Ekers, R.D., The Very Large Array: Design and Performance of a Modern Synthesis Radio Telescope, Proc. IEEE, 71, 1295-1320（1983）

NASA/IPAC Extragalactic Database, Best Practices for Data Publication to Facilitate Integration into NED: A Reference Guide for Authors, version 1.2, Sept. 25（2013）

Nityananda, R., Comparing Optical and Radio Quantum Issues, in Very High Resolution Imaging, IAU Symp. 158, Robertson, J.G., and Tango, W.J., Eds., Kluwer, Dordrecht, the Netherlands（1994）, pp. 11-18

Nyquist, H., Thermal Agitation of Electric Charge in Conductors, Phys. Rev., 32, 110-113（1928）

O'Brien, P.A., The Distribution of Radiation Across the Solar Disk at Metre Wavelengths, Mon. Not. R. Astron. Soc., 113, 597-612（1953）

Oliver, B.M., Thermal and Quantum Noise, Proc. IEEE, 53, 436-454（1965）

Pawsey, J.L., Sydney Investigations and Very Distant Radio Sources, Publ. Astron. Soc. Pacific, 70, 133-140（1958）

Pearson, T.J., Unwin, S.C., Cohen, M.H., Linfield, R.P., Readhead, A.C.S., Seielstad, G.A., Simon, R.S., and Walker, R.C., Superluminal Expansion of Quasar 3C273, Nature, 290, 365-368（1981）

Pease, F.G., Interferometer Methods in Astronomy, Ergeb. Exakten Naturwiss., 10, 84-96（1931）

Perley, R.A., Dreher, J.W., and Cowan, J.J., The Jet and Filaments in Cygnus A, Astrophys.

J. Lett., 285, L35-L38（1984）. doi: 10.1086/184360

Perley, R., Napier, P., Jackson, J., Butler, B., Carlson, B., Fort, D., Dewdney, P., Clark, B., Hayward, R., Durand, S., Revnell, M., and McKinnon, M., The Expanded Very Large Array, Proc. IEEE, 97, 1448-1462（2009）

Perryman, M.A.C., Lindegren, L., Kovalevsky, J., Høg, E., Bastian, U., Bernacca, P.L., Crézé, M., Donati, F., Grenon, M., Grewing, M., and ten coauthors, The Hipparcos Catalogue, Astron. Astrophys., 323, L49-L52（1997）

Picken, J.S., and Swarup, G., The Stanford Compound-Grating Interferometer, Astron. J., 69, 353-356（1964）

Radhakrishnan, V., Noise and Interferometry, in Synthesis Imaging in Radio Astronomy II, Taylor, G.B., Carilli, C.L., and Perley, R.A., Eds., Astron. Soc. Pacific Conf. Ser., 180, 671-688（1999）

Read, R.B., Two-Element Interferometer for Accurate Position Determinations at 960 Mc, IRE Trans. Antennas Propag., AP-9, 31-35（1961）

Reber, G., Cosmic Static, Astrophys. J., 91, 621-624（1940）

Reid, M.J., and Brunthaler, A., The Proper Motion of Sagittarius A*. II. The Mass of Sagittarius A*, Astrophys. J., 616, 872-884（2004）

Reid, M.J., Haschick, A.D., Burke, B.F., Moran, J.M., Johnston, K.J., and Swenson, G.W., Jr., The Structure of Interstellar Hydroxyl Masers: VLBI Synthesis Observations of W3 （OH）, Astrophys. J., 239, 89-111（1980）

Reid, M.J., and Honma, M., Microarcsecond Radio Astrometry, Ann. Rev. Astron. Astrophys., 52, 339-372（2014）

Reid, M.J., and Moran, J.M., Astronomical Masers, in Galactic and Extragalactic Radio Astron-omy, 2nd ed., Verschuur, G.L., and Kellermann, K.I., Eds., Springer-Verlag, Berlin（1988）, pp. 255-294

Roger, R.S., Costain, C.H., Lacey, J.D., Landaker, T.L., and Bowers, F.K., A Supersynthesis Radio Telescope for Neutral Hydrogen Spectroscopy at the Dominion Radio Astrophysical Observatory, Proc. IEEE, 61, 1270-1276（1973）

Rogers, A.E.E., Hinteregger, H.F., Whitney, A.R., Counselman, C.C., Shapiro, I.I., Wittels, J.J., Klemperer, W.K., Warnock, W.W., Clark, T.A., Hutton, L.K., and four coauthors, The Structure of Radio Sources 3C273B and 3C84 Deduced from the "Closure" Phases and Visibility Amplitudes Observed with Three-Element Interferometers, Astrophys. J., 193, 293-301（1974）

Rowson, B., High Resolution Observations with a Tracking Radio Interferometer, Mon. Not. R. Astron. Soc., 125, 177-188（1963）

Rybicki, G.B., and Lightman, A.P., Radiative Processes in Astrophysics, Wiley-Interscience, New York（1979）（reprinted 1985）

Ryle, M., A New Radio Interferometer and Its Application to the Observation of Weak Radio

Stars, Proc. R. Soc. London A, 211, 351-375 (1952)

Ryle, M., The New Cambridge Radio Telescope, Nature, 194, 517-518 (1962)

Ryle, M., The 5-km Radio Telescope at Cambridge, Nature, 239, 435-438 (1972)

Ryle, M., Radio Telescopes of Large Resolving Power, Science, 188, 1071-1079 (1975)

Ryle, M., Elsmore, B., and Neville, A.C., High Resolution Observations of Radio Sources in Cygnus and Cassiopeia, Nature, 205, 1259-1262 (1965)

Ryle, M., and Hewish, A., The Cambridge Radio Telescope, Mem. R. Astron. Soc., 67, 97-105 (1955)

Ryle, M., and Hewish, A., The Synthesis of Large Radio Telescopes, Mon. Not. R. Astron. Soc., 120, 220-230 (1960)

Ryle, M., Hewish, A., and Shakeshaft, J.R., The Synthesis of Large Radio Telescopes by the Use of Radio Interferometers, IRE Trans. Antennas Propag., 7, S120-S124 (1959)

Ryle, M., and Neville, A.C., A Radio Survey of the North Polar Region with a 4.5 Minute of Arc Pencil-Beam System, Mon. Not. R. Astron. Soc., 125, 39-56 (1962)

Ryle, M., and Smith, F.G., A New Intense Source of Radio Frequency Radiation in the Constella-tion of Cassiopeia, Nature, 162, 462-463 (1948)

Ryle, M., Smith, F.G., and Elsmore, B., A Preliminary Survey of the Radio Stars in the Northern Hemisphere, Mon. Not. R. Astron. Soc., 110, 508-523 (1950)

Ryle, M., and Vonberg, D.D., Solar Radiation at 175 Mc/s, Nature, 158, 339-340 (1946)

Scheuer, P.A.G., A Statistical Method for Analysing Observations of Faint Radio Stars, Proc. Cambridge Phil. Soc., 53, 764-773 (1957)

Schilke, P., Groesbeck, T., Blake, G.A., and Phillips, T.G., A Line Survey of Orion KL from 325 to 360 GHz, Astrophys. J. uppl., 108, 301-337 (1997)

Scoville, N., Carlstrom, J., Padin, S., Sargent, A., Scott, S., and Woody, D., The Owens Valley Millimeter Array, in Astronomy with Millimeter and Submillimeter Wave Interferometry, M. Ishiguro and W. J. Welch, Eds., Astron. Soc. Pacific Conf. Ser., 59, 10-17 (1994)

Shakeshaft, J.R., Ryle, M., Baldwin, J.E., Elsmore, B., and Thomson, J.H., A Survey of Radio Sources Between Declinations −38° and +83°, Mem. R. Astron. Soc., 67, 106-154 (1955)

Smith, F.G., An Accurate Determination of the Positions of Four Radio Stars, Nature, 168, 555 (1951)

Smith, F.G., The Determination of the Position of a Radio Star, Mon. Not. R. Astron. Soc., 112, 497-513 (1952a)

Smith, F.G., The Measurement of the Angular Diameter of Radio Stars, Proc. Phys. Soc. B., 65, 971-980 (1952b)

Smith, F.G., Apparent Angular Sizes of Discrete Radio Sources-Observations at Cambridge, Nature, 170, 1065 (1952c)

Smoot, G.F., Bennett, C.L., Kogut, A., Wright, E.L., Aymon, J., Boggess, N.W., Cheng, E.S., de Amici, G., Gulkis, S., Hauser, M.G., and 18 coauthors, Structure in the COBE Differential Microwave Radiometer First-Year Maps, Astrophys. J. Lett., 396, L1-L5 (1992)

Smoot, G., Bennett, C., Weber, R., Maruschak, J., Ratliff, R., Janssen, M., Chitwood, J., Hilliard, L., Lecha, M., Mills, R., and 18 coauthors, COBE Differential Microwave Radiometers: Instrument Design and Implementation, Astrophys. J., 360, 685-695 (1990)

Southworth, G.C., Microwave Radiation from the Sun, J. Franklin Inst., 239, 285-297 (1945)

Splatalogue, database for astronomical spectroscopy (2016). http://www.cv.nrao.edu/php/splat

Swarup, G., Ananthakrishnan, S., Kapahi, V.K., Rao, A.P., Subrahmanya, C.R., and Kulkarni, V.K., The Giant Metrewave Radio Telescope, Current Sci. (Current Science Association and Indian Academy of Sciences), 60, 95-105 (1991)

Thomasson, P., MERLIN, Quart. J. R. Astron. Soc., 27, 413-431 (1986)

Thompson, A.R., The Planetary Nebulae as Radio Sources, in Vistas in Astronomy, Vol. 16, A. Beer, Ed., Pergamon Press, Oxford, UK (1974), pp. 309-328

Thompson, A.R., Clark, B.G., Wade, C.M., and Napier, P.J., The Very Large Array, Astrophys. J. Suppl., 44, 151-167 (1980)

Thompson, A.R., and Krishnan, T., Observations of the Six Most Intense Radio Sources with a 1.00 Fan Beam, Astrophys. J., 141, 19-33 (1965)

Tiuri, M.E., Radio Astronomy Receivers, IEEE Trans. Antennas Propag., AP-12, 930-938 (1964)

University of Cologne, Physics Institute, Molecules in Space (2016). http://www.astro.uni-koeln.de/cdms/molecule

Vitkevich, V.V., and Kalachev, P.D., Design Principles of the FIAN Cross-Type Wide Range Tele-scope, in Radio Telescopes, Proc. P. N. Lebedev Phys. Inst. (Acad. Sci. USSR), Skobel'tsyn, D.V., Ed., Vol. 28, translated by Consultants Bureau, New York (1966)

Welch, W.J., The Berkeley-Illinois-Maryland Association Millimeter Array, in Astronomy with Millimeter and Submillimeter Wave Interferometry, Ishiguro, M., and Welch, W.J., Eds., Astron. Soc. Pacific Conf. Ser., 59, 1-9 (1994)

Westerhout, G., A Survey of the Continuous Radiation from the Galactic System at a Frequency of 1390Mc/s, Bull. Astron. Inst. Netherlands, 14, 215-260 (1958)

Whitney, A.R., Lonsdale, C.J., and Fish, V.L., Insights into the Universe: Astronomy with Haystack's Radio Telescope, Lincoln Lab. J., 21, 8-27 (2014)

Whitney, A.R., Rogers, A.E.E., Hinteregger, H.F., Knight, C.A., Levine, J.I., Lippincott, S., Clark, T.A., Shapiro, I.I., and Robertson, D.S., A Very Long Baseline Interferometer System for Geodetic Applications, Radio Sci., 11, 421-432 (1976)

Whitney，A.R.，Shapiro，I.I.，Rogers，A.E.E.，Robertson，D.S.，Knight，C.A.，Clark，T.A.，Goldstein，R.M.，Marandino，G.E.，and Vandenberg，N.R.，Quasars Revisited：Rapid Time Variations Observed via Very Long Baseline Interferometry，Science，173，225-230（1971）

Wootten，A.，and Thompson，A.R.，The Atacama Large Millimeter/Submillimeter Array，Proc. IEEE，97，1463-1471（2009）

Yen，J.L.，Kellermann，K.I.，Rayher，B.，Broten，N.W.，Fort，D.N.，Knowles，S.H.，Waltman，W.B.，and Swenson，G.W.，Jr.，Real-Time，Very Long Baseline Interferometry Based on the Use of a Communications Satellite，Science，198，289-291（1977）

2 干涉与综合孔径成像导论

本章简要分析射电干涉测量原理，并介绍几个重要的概念。首先介绍一维干涉仪，并讨论有限带宽的影响，阐述为什么可以用卷积运算来解释干涉仪系统响应。随后分析二维干涉测量，并讨论如何实现三维成像。本章对综合孔径成像的原理进行全面介绍，便于读者理解后续章节的深入分析。附录 2.1 对傅里叶变换原理进行了简要介绍。

2.1 平面模型分析

为分析射电干涉仪系统对点源目标的瞬态响应，最简单的模型是假定两个干涉仪天线的相位中心与被测点源以及信号传播到两个天线的路径位于同一平面。对于展源观测，需要考虑地球自转以及三维几何关系，如图 1.15 所示。然而，当观测时间较短时，可以近似为二维几何关系，基于简化方法也容易对干涉仪的响应进行可视化表达。

考虑如图 2.1 所示的几何模型，其中两个天线呈东西向分布。两个天线之间的基线长度为 D，两个天线观测同一个距离很远的宇宙射电源，满足干涉仪的远场条件，可以认为到达平面上距离为 D 的两个天线的入射波前是平面波。假设在观测时刻，射电源的角直径无限小。本节的讨论假设接收机滤波器带宽很窄，只能接收到非常靠近中心频率 ν 的信号。

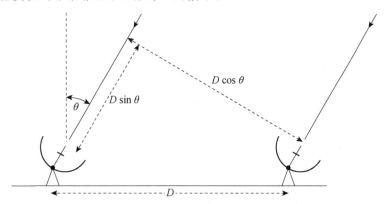

图 2.1　二元干涉仪几何构型，D 为干涉仪基线

对于第 1 章所介绍的相位切换干涉仪，两个天线接收的信号电压进行互乘，然

后进行时间平均。时间平均等效于对互乘以后的信号进行滤波，滤除了高频分量。
θ 方向入射的射电源辐射信号波前到达右侧天线比到达左侧天线提前了 τ_g：

$$\tau_g = \frac{D}{c}\sin\theta \qquad (2.1)$$

式中，τ_g 称为几何延迟；c 为光速。因此，乘法器的输出为接收机中心频率 ν 的函数：

$$
\begin{aligned}
F &= 2\sin(2\pi\nu t)\sin 2\pi\nu(t-\tau_g) \\
&= 2\sin^2(2\pi\nu t)\cos 2\pi\nu\tau_g - 2\sin(2\pi\nu t)\cos(2\pi\nu t)\sin(2\pi\nu\tau_g)
\end{aligned} \qquad (2.2)
$$

接收机中心频率一般从几十兆赫兹到几百吉赫兹。由地球自转引起角度 θ 的变化，θ 的变化率最大等于地球的自转速度，量级为 $10^{-4}\,\mathrm{rad\cdot s^{-1}}$。另外，由于地球直径限制，地基天线对所形成的干涉基线 D 不能超过约 $10^7\,\mathrm{m}$，因此 $\nu\tau_g$ 的变化速率至少比 νt 的变化速率小 6 个数量级。当时间平均周期 $T\gg 1/\nu$ 时，平均值 $\sin^2(2\pi\nu t)=\frac{1}{2}$，而平均值 $\sin(2\pi\nu t)\cos(2\pi\nu t)=0$，因此时间平均后得到条纹函数：

$$F = \cos 2\pi\nu\tau_g = \cos\left(\frac{2\pi Dl}{\lambda}\right) \qquad (2.3)$$

其中 $l=\sin\theta$，在 2.4 节还要继续讨论变量 l 的定义。对于恒星源，干涉仪入射角 θ 随地球自转变化，因此干涉仪的输出为准正弦条纹。图 2.2 给出条纹函数的例子，当天线转动跟踪射电源或者天线具有各向同性响应时，干涉条纹的形状不受天线方向图影响，此时 F 可以看作是干涉仪的功率方向图。

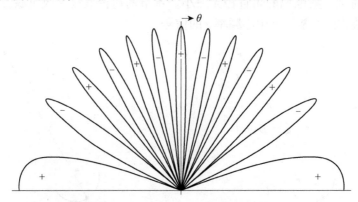

图 2.2　用极坐标表示条纹函数 $F=\cos(2\pi Dl/\lambda)$，视向分量等于 $|F|$，θ 表示偏离纵轴的角度。交替出现旁瓣对应着准正弦干涉条纹的正半周期和负半周期，分别用正号和负号表示。为简化分析，选择了非常短的基线 $D/\lambda=3$。明显可以看出，随着 $|\theta|$ 增大，投影基线变短从而导致条纹宽度增加。条纹在水平方向（$\theta=\pm 90°$）出现峰值是因为我们选择的基线电长度 D/λ 为整数，因此水平方向出现同相叠加

　　另一种理解干涉仪准正弦条纹的等效方法是：由于地球自转，两个天线相对射电源的视向速度分量是不同的，因此信号到达两个天线时产生不同的多普勒相移。当信号在接收机系统通过乘法器进行合成时，多普勒相移的节拍不同，产生了准正弦输出。

　　基于简化模型进一步深入分析，我们可以假设接收到的射电信号由两个频率分量 ν_1 和 ν_2 组成。这两个频率分量统计独立，因此干涉仪输出是两个频率分量各自条纹函数的线性叠加，即输出包含 F_1 和 F_2 分量，每个分量都可用式（2.3）表示。对于频率 ν_2，参数 $2\pi D / \lambda = 2\pi D \nu_2 / c$，与 ν_1 的参数不同，因此对于任意给定的角度 θ，F_2 的周期和 F_1 的周期是不同的。周期不同导致 F_1 和 F_2 之间产生干涉，因此导致条纹极值的包络调制，包络也是 θ 的函数。类似的影响也会发生在具有一定接收带宽的干涉仪。例如，如果相关器的输入信号限制在中心频率 ν_0、带宽 $\Delta \nu$ 的通带内，具有均匀分布的功率谱密度，则干涉仪输出为

$$F(l) = \frac{1}{\Delta \nu} \int_{\nu_0 - \Delta \nu / 2}^{\nu_0 + \Delta \nu / 2} \cos\left(\frac{2\pi D l \nu}{c}\right) \mathrm{d}\nu$$

$$= \cos\left(\frac{2\pi D l \nu_0}{c}\right) \frac{\sin(\pi D l \Delta \nu / c)}{\pi D l \Delta \nu / c} \tag{2.4}$$

因此，一定带宽信号的干涉条纹具有辛克函数 $[\mathrm{sinc}(x) = (\sin \pi x) / \pi x]$ 包络。后续章节还要讨论更一般的情况，当天线输入为均匀功率谱密度的信号时，干涉条纹的包络为仪器频率响应函数的傅里叶变换。

2.2　带　宽　影　响

　　图 2.3 与图 2.1 给出的都是通用型干涉仪，但是图 2.3 增加了两个放大器 H_1 和 H_2、一个乘法器和一个时间积分器。在一条支路上增加设备延迟 τ_i。对点源目标，假设每个天线输出到相关器的信号电压均为 $V(t)$，其中一路电压比另一路滞后的时间为 $\tau = \tau_g - \tau_i$，τ_g 是基线 D 和点源方向 θ 的函数。积分器的积分时间为 $2T$，即积分器在 $2T$ 周期内对乘法器的输出求和，求和结果记录完成后，积分器清零。相关器输出可以是电压、电流或逻辑电平编码，但不论是哪种形式，它所代表的物理量都是电压的平方。

　　相关器的点源响应为

$$r = \frac{1}{2T} \int_{-T}^{T} V(t) V(t - \tau) \mathrm{d}t \tag{2.5}$$

在此我们忽略了系统噪声，并假设两个放大器具有相同的通带特性，具有有限带宽 $\Delta \nu$，通带外的频率分量无法通过。积分时间 $2T$ 一般为毫秒到秒级，远远大于 $\Delta \nu^{-1}$。因此公式（2.5）可写成如下形式：

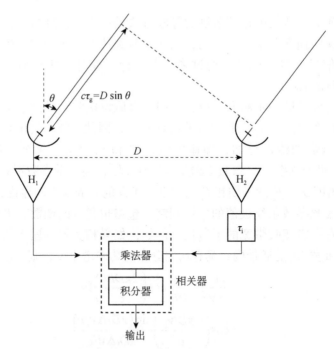

图 2.3 二元干涉仪，包含两个带通放大器 H_1 和 H_2，两个天线的几何延迟为 τ_g，设备的两条支路延迟差为 τ_i，相关器由乘法器和积分器组成

$$r(\tau) = \lim_{T \to \infty} \frac{1}{2T} \int_{-T}^{T} V(t)V(t-\tau)\mathrm{d}t \qquad (2.6)$$

即为（非归一化）自相关函数。如果在 $2T$ 周期内信号幅度有持续时间约 $\Delta\nu^{-1}$ 的变化，则满足 $T \to \infty$ 的积分条件。实际应用中，积分时间只能是有限的，必须远小于条纹振荡周期。

如第 1 章所述，来自宇宙射电源的自然辐射信号一般是连续随机过程，频谱很宽，信号相位也是频率的随机函数。为了方便分析，假设在接收机通带范围内任意有限带宽的宇宙射电源信号幅度为常数，不随频率变化。

频谱幅度的平方称为功率谱密度，或功率谱。信号功率谱是信号自相关函数的傅里叶变换，这一表述即为维纳-欣钦（Wiener-Khinchin）定理（参见附录 2.1.5），将在 3.2 节深入讨论。维纳-欣钦定理适用于确定性或统计信号，写成如下形式：

$$\left|H(\nu)\right|^2 = \int_{-\infty}^{\infty} r(\tau)\,\mathrm{e}^{-\mathrm{j}2\pi\nu\tau}\mathrm{d}\tau \qquad (2.7)$$

及

$$r(\tau) = \int_{-\infty}^{\infty} \left|H(\nu)\right|^2 \mathrm{e}^{\mathrm{j}2\pi\nu\tau}\mathrm{d}\nu \qquad (2.8)$$

其中 $H(\nu)$ 为幅度（电压）响应，因此 $|H(\nu)|^2$ 为相关器输入信号的功率谱。此处的分析中，假设宇宙射电源信号具有等幅度频谱，因此 $H(\nu)$ 仅由天线输出端口至积分器输入端口构成的接收系统的通带特性（频率响应特性）决定。所以，干涉仪输出是时间延迟 τ 的函数，是被接收系统限带后的宇宙射电源信号功率谱的傅里叶变换。考虑一个简单例子，假定放大器具有中心频率为 ν_0 的高斯带通特性，则有

$$|H(\nu)|^2 = \frac{1}{2\sigma\sqrt{2\pi}}\left\{\exp\left[-\frac{(\nu-\nu_0)^2}{2\sigma^2}\right]+\exp\left[-\frac{(\nu+\nu_0)^2}{2\sigma^2}\right]\right\} \quad (2.9)$$

其中 σ 为带宽因子（半功率电平全宽为 $\sqrt{8\ln 2}\sigma$）。

需要注意的是，对公式（2.6）和（2.7）进行傅里叶变换时，其中的绝对值运算使得频率响应也包括了中心频率为 $-\nu_0$ 的负频率响应。因此频谱关于零频对称，符合自相关函数（功率谱的傅里叶变换）为实数这一事实。负频率没有物理意义，只是由于进行了平方运算，在数学上存在负频率。干涉仪的响应为

$$r(\tau) = e^{-2\pi^2\tau^2\sigma^2}\cos(2\pi\nu_0\tau) \quad (2.10)$$

如图 2.4（a）所示。注意 $r(\tau)$ 是余弦函数乘以一个包络函数，本例中包络为高斯函数，包络的形状和宽度取决于放大器通带特性。这里的包络函数被称为延迟函数或者带宽函数。

将设备延迟 τ_i 置 0，并将几何延迟 $\tau_g = (D/c)\sin\theta$ 代入公式（2.10），我们得到干涉仪的响应为

$$r(\tau_g) = \exp\left[-2\left(\frac{\pi D\sigma}{c}\sin\theta\right)^2\right]\cos\left(\frac{2\pi\nu_0 D}{c}\sin\theta\right) \quad (2.11)$$

条纹变化的周期（上式中的余弦项）反比于 $\nu_0 D/c = D/\lambda$，并且与带宽因子 σ 无关。但带宽函数（上式中的指数项）的宽度是 σ 和 D 两个参量的函数：宽带很大或基线很长时，干涉条纹包络变窄。这是一个普遍结论，例如式（2.4）所示的矩形通带放大器，带宽为 $\Delta\nu$，其包络函数为 $[\sin(\pi\Delta\nu\tau)]/(\pi\Delta\nu\tau)$，如图 2.4（b）所示。

在成像应用中，通常希望获取干涉条纹最大值附近的条纹分布。可以通过连续地或者周期地改变仪器延迟 τ_i，以足够精细的变化 $\tau = \tau_g - \tau_i$ 来实现。假设以中心频率 ν_0 的倒数为时间步长来调整 τ_i，则干涉条纹仍然保持以 τ_g 为变量的余弦函数。需要注意的是，当带宽增加时，例如 $\Delta\nu$ 的数值接近于 ν 时，包络函数的宽度会非常窄，以至于只保留了中心区域的条纹。这种现象主要发生在光学波段，此时的中心区域干涉条纹称为"白光"条纹。

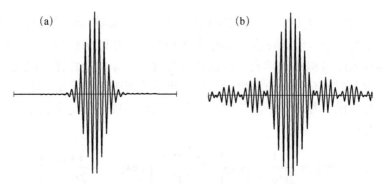

图 2.4　干涉仪点源响应，（a）高斯带通干涉仪点源响应，（b）矩形带通干涉仪点源响应。横
坐标为几何延迟 τ_{g}，带宽函数决定了条纹的包络

2.3　一维孔径综合

当观测频率达到 1GHz 以上时，通常使用可转动天线来跟踪源，并根据源的入射角补偿仪器延迟。为了便于研究这类干涉仪，通常把天球上源中心或其标称坐标定义为参考点，以天线波束和其他参量相对于参考点的夹角作为变量进行有关分析。定义的参考点通常被称为相位参考点。相对于相位参考点，被测源的强度角分布通常不会超过几度范围，可以使用小角度近似来简化分析。可以对仪器本身进行调整，使其延迟等于相位参考点方向入射到干涉仪的几何延迟。扫描跟踪时要不断调整设备延迟，使其等于参考点入射波的几何延迟。如果我们指定相位参考点的方向为 θ_0，则 $\tau_{\mathrm{i}}=(D/c)\sin\theta_0$。对于来自 $\theta_0-\Delta\theta$ 方向的辐射信号，当 $\Delta\theta$ 很小时，$\cos\Delta\theta\approx 1$，干涉条纹响应为

$$\cos(2\pi v_0\tau)=\cos\left\{2\pi v_0\left[\frac{D}{c}\sin\left(\theta_0-\Delta\theta\right)-\tau_{\mathrm{i}}\right]\right\}$$
$$\approx\cos\left[2\pi v_0\left(D/c\right)\sin\Delta\theta\cos\theta_0\right]\qquad(2.12)$$

当观测天空任意位置的源时，在垂直入射源方向的平面上天线基线的投影长度决定了干涉条纹角度分辨率。例如在图 2.1 中，该投影基线长度为 $D\cos\theta$。因此我们引入参数 u，u 等于天线间距在相位参考点方向 θ_0 的垂面内的投影长度，以中心频率的波长 λ 对 u 进行归一化，则 u 可以表示为

$$u=\frac{D\cos\theta_0}{\lambda}=\frac{v_0 D\cos\theta_0}{c}\qquad(2.13)$$

因为式（2.12）中 $\Delta\theta$ 很小，我们可假设带宽函数在 $\theta_0-\Delta\theta$ 范围内近似等于其最大值。由式（2.12）和（2.13）可以得出该方向入射的辐射信号的条纹响应为

$$F\left(l\right)=\cos\left(2\pi v_0\tau\right)=\cos\left(2\pi ul\right)\qquad(2.14)$$

其中 $l = \sin\Delta\theta$ 。式（2.14）是当调整干涉仪，使其满足 $\theta = \theta_0$ 方向上的延迟 $\tau_{\mathrm{g}} - \tau_{\mathrm{i}} = 0$ 时，干涉仪对 $\theta = \theta_0 - \Delta\theta$ 方向的点源的响应。u 的物理意义为空间频率，单位为每弧度的条纹振荡周期数。变量 l 表征空间入射角，l 很小时可用弧度来近似。

2.3.1　干涉仪响应的卷积过程

单个天线和干涉仪的源响应都可以用卷积表示，首先考虑单天线及其接收链路构成的功率测量系统的响应。图 2.5 给出天线方向图为 $A(\theta)$ 的接收功率方向图，天线的有效面积是偏离波束中心的角度的函数，用极坐标表示。图中同时也给出源的一维强度分布 $I_1(\theta')$，如式（1.9）定义，其中 θ' 是相对于源的中心或源的标称坐标的夹角。在极小角度范围 $\mathrm{d}\theta'$、带宽 $\Delta\nu$ 内，源贡献的接收系统输出功率为 $\frac{1}{2}\Delta\nu A(\theta' - \theta)I_1(\theta')\mathrm{d}\theta'$，其中系数 1/2 是假设采用单极化天线接收随机极化中的一个极化分量。忽略常数因子 $\frac{1}{2}\Delta\nu$，天线输出总功率正比于

$$\int_{\mathrm{source}} A(\theta' - \theta)I_1(\theta')\mathrm{d}\theta' \tag{2.15}$$

此积分为天线接收方向图和射电源强度分布的互相关。为简便起见，定义 $\mathcal{A}(\theta) = A(-\theta)$，其中 $\mathcal{A}$ 是 A 关于自变量 θ 的镜像，则式（2.15）可写成如下形式：

$$\int_{\mathrm{source}} \mathcal{A}(\theta - \theta')I_1(\theta')\mathrm{d}\theta' \tag{2.16}$$

式（2.16）所示的积分就是卷积积分，详见附录 2.1 中式（A2.33）。也就是说，天线输出功率是通过源强度分布和天线的镜像接收功率方向图的卷积得到的，镜像功率方向图可以理解为天线对点源的响应。

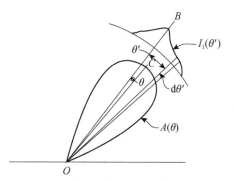

图 2.5　天线功率方向图 $A(\theta)$ 及一维源强度廓线 $I_1(\theta')$ 的卷积关系。角 θ 以波束中心 OC 为基准，θ' 以射电源标称位置方向 OB 为基准

　　分析干涉仪时，可以用干涉仪的双天线功率方向图替换式（2.16）中的单天线功率方向图，则同样可以用卷积的形式进行表达。基于前面的分析过程，我们可以发现干涉仪响应由下面三个函数确定：

- 天线接收方向图，用 $A(l)$ 代表。
- 条纹函数 $F(l)$，例如图 2.2，$F(l)$ 由式（2.14）给出。这里注意，干涉仪输出的条纹分量是两路电压的乘积，与功率成正比。
- 通带函数，例如在式（2.4）中的辛克函数因子，一般情况下我们用 $F_B(l)$ 来代表。

　　值得注意的是，单天线波束通常具有对称性，如果干涉仪条纹与波束中心对齐，在使用卷积关系时可以忽略干涉仪功率方向图及其镜像方向图的差别。

　　进一步地，当干涉仪使用跟踪天线跟踪源运动时，可以根据源运动来调整仪器延迟，使得带宽方向图也跟踪源运动。实际上，射电源强度分布被天线方向图和接收机带宽方向图所调制。因此我们可以想到，干涉仪输出是干涉条纹函数与调制后的强度分布的卷积。相应地，干涉仪响应的卷积积分形式表达如下：

$$R(l) = \int_{source} \cos[2\pi u(l-l')]A(l')F_B(l')I_1(l')\mathrm{d}l' \tag{2.17}$$

更准确的表示是

$$R(l) = \cos(2\pi ul) * [A(l)F_B(l)I_1(l)] \tag{2.18}$$

上式中的 * 号表示卷积运算。干涉仪测量到的强度分布被 $A(l)$ 和 $F_B(l)$ 所调制，但因为这两个量都是可测量的设备参数，因此通常可从 $A(l)F_B(l)I_1(l)$ 中恢复 $I_1(l)$。在很多情况下，射电源的角直径相对于单天线波束宽度和通带函数为极小量，因此这两个函数只在响应表达式中引入常数。为简化讨论，我们忽略常数因子，干涉仪的基本响应可以写为

$$R(l) = \cos(2\pi ul) * I_1(l) \tag{2.19}$$

如图 1.6 所示的早期干涉仪，天线固定指向天顶方向，不对射电源进行转动跟踪，天线到乘法器之间的信号路径延迟相等，设备延迟不可调。因此决定干涉仪方向图的三个函数相对于干涉仪基线都是确定的。干涉仪功率方向图的数学表达为 $A(l)\cos(2\pi ul)F_B(l)$，则干涉仪对射电源的响应为 $A(l)\cos(2\pi ul)F_B(l) * I_1(l)$。

　　大部分工作在米波频段（频率小于 300MHz）的干涉仪使用固定安装的偶极子阵列天线。由于波长很大，天线就有可能同时具有大的接收面积和宽波束，当运动中的射电源穿越天线波束时，可以获得几分钟的观测时间。一般来说，这种低频设备带宽很窄，因此通带函数 $F_B(l)$ 很宽，可以忽略。另外，天线波束一般也比射电源要宽，当射电源穿过天线视场时，可以测得几个周期的干涉条纹。因此即使不使用跟踪天线，仍然可以用式（2.19）来表示干涉仪的基本响

应。不能扫描跟踪的固定天线主要用于早期射电天文观测，近现代研制的米波天线阵列通常可以调节偶极子，或者调整由偶极子天线构成的子阵相位实现阵列波束的相控扫描。

2.3.2　卷积定理和空间频率

我们现在利用傅里叶变换的卷积定理（推导过程见附录 2.1.2），重新分析一下式（2.19）给出的干涉仪响应。卷积定理为

$$f*g \leftrightarrow FG \qquad (2.20)$$

其中 $f \leftrightarrow F$；$g \leftrightarrow G$；"$\leftrightarrow$"代表傅里叶变换。考虑式（2.19）中三个函数是关于 l 和 u 的傅里叶变换，我们可以得到干涉仪响应 $r(u) \leftrightarrow R(l)$。当 $u = u_0$，条纹函数的傅里叶变换由下式给出（参见附录 2.1.5）：

$$\cos(2\pi u_0 l) \leftrightarrow \frac{1}{2}[\delta(u+u_0)+\delta(u-u_0)] \qquad (2.21)$$

其中 δ 为如附录 2.1 所定义的 Delta 函数。$I_1(l)$ 的傅里叶变换为可见度函数 $\mathcal{V}(u)$，由公式（2.19）～（2.21）可得

$$r(u) = \frac{1}{2}\big[\delta(u+u_0)+\delta(u-u_0)\big]\mathcal{V}(u)$$

$$= \frac{1}{2}\big[\mathcal{V}(-u_0)\delta(u+u_0)+\mathcal{V}(u_0)\delta(u-u_0)\big] \qquad (2.22)$$

结果表明，干涉仪的瞬时输出是空间频率的函数，由在 u 轴上的 $+u_0$ 和 $-u_0$ 两个 δ 函数组成。$I_1(l)$ 的傅里叶变换为 $\mathcal{V}(u)$，表示射电源强度分布中，空间频率为 u（每弧度的振荡周期数）的分量的幅度和相位。干涉仪起到了滤波器的作用，只对空间频率为 $\pm u_0$ 的空间域变化产生响应。这里的负频率 $-u_0$ 没有物理意义。为了数学推导的方便，用指数傅里叶变换代替了正弦函数和余弦函数的傅里叶变换，后者更加直观地反映了其物理意义。这是因为，指数表征的空间频率谱呈现关于零频点共轭对称性（Hermitian），由偶对称的实部和奇对称的虚部构成。而辐射强度的空间分布为实数（实数的傅里叶变换为偶函数），并非复数。

条纹可见度最初由 Michelson 定义为实数[$\mathcal{V}_M$，见式（1.9）]，并在对不可分辨射电源进行观测时，对条纹函数进行了归一化。复数可见度函数（Bracewell，1958）的定义考虑了可见度函数的相位，即测量得到的干涉条纹相位，可以用来对非对称的和复杂的射电源进行成像。归一化方法便于将测量结果与图 1.5 所示简单模型比较。然而，在对射电源成像时，通常希望得到射电源的强度或亮温，实际观测时，实测值包含了一些感兴趣的信息，通常保留可见度函数的实测值，不再进行归一化处理。因此，此处使用的可见度函数 $\mathcal{V}$ 是未

归一化的复数量，单位是 $W \cdot m^{-2} \cdot Hz^{-1}$。$u$ 是以波长为单位的投影基线长度，也代表空间域强度分布的傅里叶变换的频率分量 u。空间频率和空间频率谱两个基本概念是天文学中傅里叶综合成像的理论基础，在 Bracewell 和 Roberts（1954）的一篇开创性文章中进行了讨论。

2.3.3 一维综合实例

为说明本章所述的观测过程，我们利用人为设定的参数体系，对射电源测量的复可见度函数进行了初步仿真。射电源包括两个点源，相对角度距离为 0.34°，两个点源的流量密度之比为 2∶1。一对天线形成的基线与两个点源的连线平行。仿真使用了 1~23 的整数倍基线，最小基线距离 30 个波长。实际测量中，可以用 23 天，通过每天移动天线来获得新的基线，这样只需两个天线和一个相关器，每天在射电源穿越天线视场时对其进行观测，即可得到 1~23 倍单位间距的全部测量值。或者，也可以使用 23 个相关器和一定数量的天线同时完成 23 条基线的测量，在天线间距最小冗余情况下，天线数量最少为 8 个，如 5.5 节所讨论。射电源中的两个点源的直径很小，对于仿真使用的干涉仪来说是不可分辨的，因此可以认为两个点源是理想点源。两个点源辐射的是噪声信号，因此互不相关。射电源的距离足够远，可以认为入射波前到达基线时是平面波。

图 2.6（a）和（b）分别仿真了干涉仪测量的可见度函数的幅度和相位。因为测量数据由模型仿真得到，没有测量误差，因此黑点代表射电源强度分布的傅里叶变换的采样值，用强度比为 1∶2 的两个 δ 函数代表射电源强度分布。对可见度函数采样值进行逆傅里叶变换，可得射电源的综合图像，如图 2.6（c）所示。图中非常清楚地显现了射电源的两个点源，有限长度的可见度函数测量产生截断效应，带来额外的振荡条纹。截断效应是由于 1~23 倍基线是均匀加权的，大于 23 倍基线则直接截断（等效于用矩形窗加权）。图 2.6（d）对单点源的仿真进一步展示了截断效应，等效于点目标的综合波束方向图。单点源的干涉条纹为辛克函数，即矩形窗函数的傅里叶变换，矩形窗函数隐含为在最长天线间距的截断测量。在空间图像域，双峰廓线可以看作是该射电源与干涉仪点源响应的卷积。仿真模型使用了点源目标使得旁瓣很大。如果射电源的角宽度和点目标响应旁瓣的角宽度相当，则可以在一定程度上平滑旁瓣振荡。

基于卷积关系的分析表明，射电源的结构信息包含在图 2.6（c）中的整个响应图像中，即同时影响主波束和旁瓣振荡。一种能够最大限度地提取射电源结构信息的方法是利用图 2.6（d）的点目标响应对图 2.6（c）的双峰廓线进行拟合，然后从图 2.6（c）中减去拟合结果。在实际观测中，这种处理能去掉全部或大多数旁瓣，只留下噪声和点源外的其他结构信息。通过调整点源响应的幅度，使副瓣波动的残差最小化，再继续拟合残余的峰值，并从观测数据中扣除。显然，这种技术能够很好地对射电源双峰结构的强度和位置进行估计，能够用于发现图 2.6（c）中被淹没在点源旁瓣中的微弱结构信息。第 11 章讨论的 CLEAN（去除点扩散函数无用响应的成像算法）就是基于此原理，但要将扣除旁瓣的点源响应重新回填，从而恢复图像。去除旁瓣后可以发现射电源的微弱结构，结构强度可以低至噪声电平水平。大多数综合孔径图像都是利用这种非线性算法进行处理，处理后的一些二维图像动态范围超过 $10^{-5}:1$。

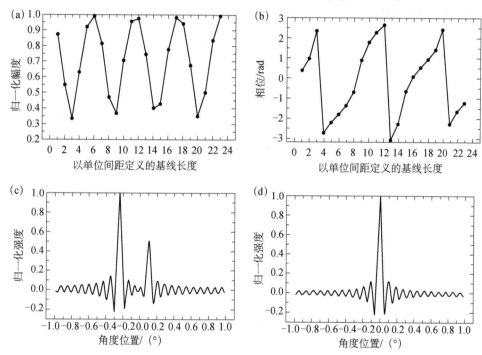

图 2.6 双点源可见度函数测量仿真：（a）可见度函数幅度；（b）可见度函数相位，每个点代表不同长度基线的测量结果；（c）由测量结果反演的射电源的强度廓线图；（d）单点源的强度廓线图

2.4 二维综合孔径

对天空中的射电源进行二维综合孔径成像，需要在 (u,v) 平面内测量二维空间频率谱，图 2.7（a）中的 v 是南北方向空间频率分量。与一维情况类似，有必要定义二维空间坐标系 (l,m)。二维坐标系 (l,m) 的坐标原点为 2.3 节介绍的参考点或相位参考点。本章前面部分介绍一维干涉的数学模型时，定义了入射角的正弦函数 l，如式（2.3）。在二维分析中，l 和 m 分别定义为点源入射

方向 (l,m) 与 u 轴和 v 轴夹角的余弦，如图 2.7（c）所示。如果入射方向 (l,m) 与 w 轴之间角度很小，则 l 和 m 可以分别看作入射方向在东西和南北方向的角分量，以弧度为单位。

对位于天球赤道附近的射电源，需要二维干涉阵列来测量以 u 和 v 为变量的二维可见度函数，也就是说，阵列中的天线单元不但要形成东西向的基线，也要同时形成南北向的基线。虽然我们前面只讨论了东西向基线，但推导过程是以射电源入射方向与干涉基线垂面的夹角作为角参量，因此对于任何方向的基线，推导结果都成立。

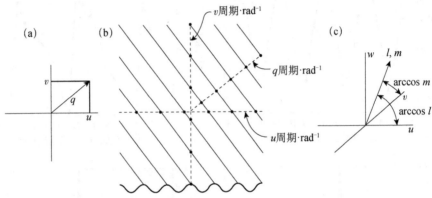

图 2.7　（a）(u,v) 平面，箭头代表空间频率 q，单位为：周期·rad^{-1}，u 和 v 是射电源强度分布傅里叶变换的一个空间频率分量，空间频率的 u 和 v 分量分别是沿东西向和南北向测量的。（b）单个空间频率分量对应的空间域 (l,m) 强度分布为正弦波纹，图中所示的波纹代表一个空间频率分量。对角线代表波纹强度极大值脊，黑点代表这些极大值沿三个方向的位置。垂直于脊的方向上，振荡频率为 q 周期·rad^{-1}，平行于 u 和 v 轴方向上的振荡频率分别为 u 周期·rad^{-1} 和 v 周期·rad^{-1}。（c）u 和 v 轴定义了一个平面，w 轴垂直该平面，坐标 (l,m) 用来指定空间中的二维方向，l 和 m 定义为该方向与 u 及 v 分别所成夹角的余弦

对于高赤纬（天极附近）的射电源，一维或二维天线阵列都可以实现二维成像，如图 1.15 所示，在 4.1 节将深入阐述。随着地球自转，基线在天球上的投影方向也跟着地球旋转，基线投影长度相应变化。当天线跟踪天空射电源时，(u,v) 平面的基线投影长度和方向变化是一椭圆的一部分弧段。椭圆参数取决于射电源的赤纬、基线的长度和方向，以及基线中心的纬度。如第 5 章所讨论，在综合孔径天线阵列设计中，需要选择适当的天线相对位置关系，优化 (u,v) 平面采样点分布，来满足干涉仪的角度分辨率、视场、赤纬范围和旁瓣电平的要求。对测量得到的可见度函数 $\mathcal{V}_B(u,v)$ 进行二维傅里叶变换可以获取二维强度分布。

2.4.1　投影切片定理

图 2.8 总结了一维和二维强度分布和可见度函数之间的一些重要关系，阐明了傅里叶变换的投影切片定理（Bracewell，1956，1995，2000）。图 2.8 左上角是射电源的二维强度分布 $I(l,m)$，右下角为相应的可见度函数 $\mathcal{V}(u,v)$。如图中二者之间的箭头所示，这两个函数通过二维傅里叶变换相关联。注意傅里叶变换的一般特性，即在一个域中的宽度和另外一个域中的宽度成反比。左下角是 $I(l,m)$ 在 l 轴上的投影，等于其一维强度分布 $I_1(l)$。此投影是对平行于 m 轴的方向进行线积分获得的，定义见式（1.10）。I_1 和右下角的可见度函数的 u 分量之间是一维傅里叶变换关系，即 I_1 的傅里叶变换得到可见度函数 $\mathcal{V}(u,v)$ 的一个切片 $\mathcal{V}(u,0)$，如图中的阴影部分所示。利用一组东西向干涉基线来观测射电源穿过天顶的响应，可以测量 $\mathcal{V}(u,0)$。在第 1 章迈克耳孙干涉仪中对这种关系进行了介绍，图 1.5 给出了这种函数对的例子。在右上角是 $\mathcal{V}(u,v)$ 在 u 轴上的投影，$\mathcal{V}_1(u)=\int \mathcal{V}(u,v)\mathrm{d}v$，和左上射电源的强度沿 l 轴上的切片 $I(l,0)$ 之间是一维傅里叶变换关系，如图中的阴影部分所示。投影和切片之间的关系不仅限于 u 轴和 l 轴，对两个域中任何一组平行轴都适用。例如，$I(l,m)$ 沿平行于 OP 的线积分为一段曲线，其傅里叶变换为 $\mathcal{V}(u,v)$ 在 QR 方向的切片廓线。

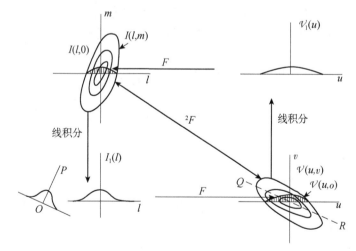

图 2.8　投影切片定理示意图，解释一维投影和强度及可见度函数切片之间的关系。水平方向展示一维傅里叶变换关系，垂直方向展示投影关系。符号 F 和 ^2F 分别代表一维和二维傅里叶变换。更详细内容参见文献：Bracewell，Strip Integration in Radio Astronomy，Courtesy Aust. J. Phys.（Vol. 9，p. 208，1956）

图 2.8 中的关系是一般意义上的傅里叶变换关系，在射电天文学的早期研究中，就意识到了这种傅里叶变换关系。例如，利用扇形波束在不同角度进行一

组扫描，对扫描数据进行一维傅里叶变换，可以获取一组穿过 (u,v) 平面原点的线上的可见度值 $\mathcal{V}$，因此可以获取二维可见度值 $\mathcal{V}(u,v)$，通过二维傅里叶变换便可获得 $I(l,m)$，从而反演源的二维强度分布。在早期射电天文研究中，计算机的应用并不普及，这些计算是非常繁重的，人们设计了各种各样的扇形波束成像处理算法（Bracewell，1956；Bracewell and Riddle，1967）。

正如本章所介绍的，干涉测量理论大部分讨论的是两个变换域的映射关系。在已出版的文献中，混合使用一些相关术语。如进行测量的可见度域，有时也被称为空间频率域、(u,v) 域或相关域。射电天文观测结果表现为图像域，有时也被称为亮温、强度分布、天空或天图域。在射电天文早期广泛使用"天图"（MAP），当时"图像"（IMAGE）有时指代射电源的强度廓线。

2.4.2　三维成像

对光学厚度较小并且旋转的天体目标，可以实现三维成像。在某个特定时刻，天体目标的成像是视向的投影图像。一系列从不同投影角度观测的二维图像可以用来联合估计射电源辐射体的三维分布。这种处理可以直接使用 2.4.1 节介绍的投影切片定理，建立三维可见度函数。这种技术首次开发和使用是对木星辐射带进行成像（Sault et al.，1997）。de Pater 等（1997）开发了稍有不同的三维成像技术。de Pater 和 Sault（1998）对这些成像技术进行了比较分析。基于这些技术，也许可以使用 VLBI 阵列对星际气体进行观测。

附录 2.1　傅里叶变换实用入门

本附录主要对傅里叶变换理论中与射电干涉紧密相关的基本性质进行简要介绍。更完整的介绍见 Bracewell（1995，2000），Champeney（1973）和 Papoulis（1962）。

函数 $f(x)$ 的傅里叶变换可以写为

$$F(s) = \int_{-\infty}^{\infty} f(x) \mathrm{e}^{-\mathrm{j}2\pi sx} \mathrm{d}x \qquad (A2.1)$$

傅里叶反变换为

$$f(x) = \int_{-\infty}^{\infty} F(s) \mathrm{e}^{\mathrm{j}2\pi sx} \mathrm{d}s \qquad (A2.2)$$

傅里叶变换对的符号化表达为

$$f(x) \leftrightarrow F(s) \qquad (A2.3)$$

如果 x 的单位为 m，则 s 的单位为周期·m^{-1}；如果 x 以时间为单位，则 s 的单位为周期·s^{-1}，即赫兹（Hz）。在经常使用的时域–频域变换中，傅里叶变换可以写为如下形式：

$$F(\omega) = \int_{-\infty}^{\infty} f(t) e^{-j\omega t} dt \qquad (A2.4)$$

$$f(t) = \frac{1}{2\pi} \int_{-\infty}^{\infty} F(\omega) e^{j\omega t} d\omega \qquad (A2.5)$$

这种情况下，频率表示角频率，单位为弧度·s^{-1}。基于三个理由，我们这里选择式（A2.1）和式（A2.2）的表达方式：在图像分析领域广泛使用；更容易跟踪 2π 因子的演化；更自然地引入离散傅里叶变换（附录 8.4）。

将式（A2.1）代入式（A2.2），可以证明从 $F(s)$ 能够恢复 $f(x)$

$$f(x) = \int_{-\infty}^{\infty} \left[\int_{-\infty}^{\infty} f(x') e^{-j2\pi sx'} dx' \right] e^{j2\pi sx} ds \qquad (A2.6)$$

方括号中用变量 x' 代替 x，因此可以交换积分顺序，得到

$$f(x) = \int_{-\infty}^{\infty} f(x') \left[\int_{-\infty}^{\infty} e^{-j2\pi s(x'-x)} ds \right] dx' \qquad (A2.7)$$

可以用定积分代替方括号中的积分项，即

$$\int_{-\infty}^{\infty} e^{-j2\pi s(x'-x)} ds = \lim_{s_0 \to \infty} \int_{-s_0}^{s_0} e^{j2\pi s(x'-x)} ds$$

$$= \lim_{s_0 \to \infty} 2s_0 \left[\frac{\sin 2\pi s_0 (x'-x)}{2\pi s_0 (x'-x)} \right] \qquad (A2.8)$$

方括号中的函数是以 $x' = x$ 为中心的辛格函数（图 A2.1），第一零点之间的宽度为 $2/s_0$，函数积分值为 1，恰好等于函数峰值点与两个零点构成的三角形的面积。函数定积分可以用来定义狄拉克 δ 函数（工程上经常称之为冲击函数）

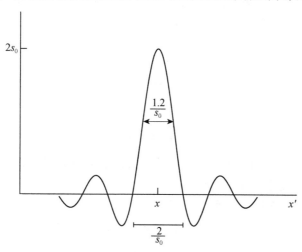

图 A2.1 辛克函数［式（A2.9）］，其极限形式为德尔塔函数 $\delta(x'-x)$

$$\delta(x'-x) \equiv \lim_{s_0 \to \infty} 2s_0 \left[\frac{\sin 2\pi s_0 (x'-x)}{2\pi s_0 (x'-x)} \right] \qquad (A2.9)$$

在 $x' = x$ 无定义，δ 函数的性质为

$$\delta(x' - x) = 0, \quad x' \neq x \qquad\qquad （A2.10a）$$

且

$$\int_{-\infty}^{\infty} \delta(x' - x) \mathrm{d}x' = 1 \qquad\qquad （A2.10b）$$

将式（A2.9）和式（A2.8）代入式（A2.7）可得

$$f(x) = \int_{-\infty}^{\infty} f(x') \delta(x' - x) \mathrm{d}x' \qquad\qquad （A2.11）$$

由于 $\delta(x' - x)$ 只在 $x' = x$ 时有非零值，由式（A2.10b），我们可以将 $f(x)$ 因子从积分式（A2.11）中移出，可得 $f(x) = f(x)$，这就证明了从傅里叶变换 $F(s)$ 可以恢复 $f(x)$。式（A2.11）被称为 $\delta(x)$ 的筛选性质。

附录 2.1.1　有用的傅里叶变换对

我们介绍 5 个对本书读者特别重要的傅里叶变换对。

第一个函数是

$$f(x) = 1, \quad |x| \leqslant \frac{x_0}{2} \qquad\qquad （A2.12a）$$
$$= 0, \quad 其他$$

$$F(s) = x_0 \frac{\sin \pi s x_0}{\pi s x_0} = x_0 \operatorname{sinc}(s x_0) \qquad\qquad （A2.12b）$$

$f(x)$ 被称为方函数，或单位矩形函数，用 $\prod(x)$ 表示。

第二个是高斯函数的傅里叶变换

$$f(x) = \mathrm{e}^{-\frac{x^2}{2a^2}} \qquad\qquad （A2.13a）$$
$$F(s) = \sqrt{2\pi} a \mathrm{e}^{-2\pi^2 a^2 s^2} \qquad\qquad （A2.13b）$$

可以用所谓的"配方法"来计算 $F(s)$：

$$F(s) = \int_{-\infty}^{\infty} \mathrm{e}^{-\frac{x^2}{2a^2}} \mathrm{e}^{-\mathrm{j}2\pi s x} \mathrm{d}x \qquad\qquad （A2.14）$$

式中的指数项 $(x^2 + \mathrm{j}4\pi a^2 s x)/2a^2 = \left[(x - \mathrm{j}2\pi a^2 s)^2 + 4\pi^2 a^4 s^2\right]/2a^2$。其中 $4\pi^2 a^4 s^2$ 项可以提到积分式外，得式（A2.13b）。

第三个有用的傅里叶变换对为

$$f(x) = \cos 2\pi s_0 x \qquad\qquad （A2.15a）$$
$$F(s) = \frac{1}{2}\left[\delta(s - s_0) + \delta(s + s_0)\right] \qquad\qquad （A2.15b）$$

将 $f(x)$ 变为指数形式，并通过式（A2.9）的定积分推导步骤计算 $F(s)$。

第四个傅里叶变换对为 δ 函数无穷序列，其傅里叶变换仍为 δ 函数无穷序

列，即

$$\sum_{k=-\infty}^{\infty} \delta(x - kx_0) \leftrightarrow \sum_{m=-\infty}^{\infty} \delta\left(s - \frac{m}{x_0}\right) \qquad (A2.16)$$

利用有限脉冲序列的移位性质（A2.22）可以证明上式。δ 函数无穷序列的傅里叶变换是以 x_0^{-1} 为间隔的辛格函数无穷级数。根据式（A2.9）的推导过程，当积分区间由 $k \to \infty$ 时，辛格函数序列变为狄拉克 δ 函数序列。

第五个傅里叶变换对为 Heaviside 阶跃函数

$$f(x) = 1, \quad x \geqslant 0$$
$$f(x) = 0, \quad x < 0 \qquad (A2.17a)$$

$$F(s) = \frac{1}{2}\delta(s) + \frac{1}{j2\pi s} \qquad (A2.17b)$$

计算 $F(s)$ 时需要很细心。将 $f(x)$ 分解为两项，第一项 $f_e(x) = \frac{1}{2}$；第二项当 $x \geqslant 0$ 时，$f_o(x) = \frac{1}{2}\mathrm{sgn}(x) \equiv \frac{1}{2}$；当 $x < 0$ 时，$f_o(x) = \frac{1}{2}\mathrm{sgn}(x) \equiv -\frac{1}{2}$。$f_e(x)$ 的傅里叶变换为 $F_e(s) = \frac{1}{2}\delta(s)$。 当 $x \geqslant 0$ 时，用 $\frac{1}{2}\mathrm{e}^{-ax}$ 替代 $f_o(x)$，当 $x < 0$ 时，用 $-\frac{1}{2}\mathrm{e}^{ax}$ 替代 $f_o(x)$，计算当 $a \to 0$ 时的 $F_o(s)$ 极限值。因此

$$F_o(s) = \lim_{a \to 0}\left[-\int_{-\infty}^{0} \mathrm{e}^{ax}\mathrm{e}^{-j2\pi sx}\mathrm{d}x + \int_{0}^{\infty} \mathrm{e}^{-ax}\mathrm{e}^{-j2\pi sx}\mathrm{d}x\right]$$
$$= \lim_{a \to 0}-\frac{j2\pi s}{a^2 + (2\pi s)^2} = \frac{1}{j2\pi s} \qquad (A2.18)$$

将两项的傅里叶变换相加，即 $F(s) = F_e(s) + F_o(s)$，式（A2.17b）得证。

附录 2.1.2　傅里叶变换的基本性质

我们这里列出几个容易证明的重要性质。

● 积分定理

$$F(0) = \int_{-\infty}^{\infty} f(x)\mathrm{d}x \qquad (A2.19a)$$

$$f(0) = \int_{-\infty}^{\infty} F(s)\mathrm{d}s \qquad (A2.19b)$$

将式（A2.19） 应用于附录 2.1.1 的第五个函数（A2.17），可以发现 $f(0) = \frac{1}{2}$ [Bracewell （2000）对此进行了讨论] 。

● 线性定理

如果 $f(x)$ 和 $g(x)$ 的傅里叶变换分别为 $F(s)$ 和 $G(s)$，则

$$af(x) \leftrightarrow aF(s) \tag{A2.20}$$

且

$$f(x) + g(x) \leftrightarrow F(s) + G(s) \tag{A2.21}$$

式（A2.21）是特别重要的基本性质。上式意味着，在干涉测量得到的可见度函数为图像中全部分量各自的可见度函数之和。

- 位移定理

$$f(x - x_0) \leftrightarrow e^{-j2\pi s x_0} F(s) \tag{A2.22a}$$

$$F(s - s_0) \leftrightarrow e^{j2\pi s_0 x} f(x) \tag{A2.22b}$$

- 调制定理。由位移定理可得

$$f(x)\cos s_0 x \leftrightarrow \frac{1}{2}\left[F(s - s_0) + F(s + s_0)\right] \tag{A2.23}$$

- 相似性定理

$$f(ax) \leftrightarrow \frac{1}{|a|} F\left(\frac{s}{a}\right) \tag{A2.24}$$

这一重要关系表明，如果函数 $f(x)$ 变窄，则 $F(s)$ 会按比例展宽，反之亦然，因此在 x 和 s 域的两个函数，其宽度分别为 Δx 和 Δs，二者之积满足：

$$\Delta x \Delta s \sim 1 \tag{A2.25}$$

这一关系是量子力学波理论中不确定性原理的基础，在信号处理应用中被称为时间–带宽积，在雷达天文学中被称为模糊函数。如果用半高全宽（FWHM）定义 Δx 和 Δs，则对于矩形函数–辛格函数变换对，$\Delta x \Delta s = 1.21$；对于高斯函数变换对，$\Delta x \Delta s = 4\ln 2 / \pi = 0.88$。

- 微分定理

$$\frac{\mathrm{d}^n f}{\mathrm{d}x^n} \leftrightarrow (j2\pi s)^n F(s) \tag{A2.26}$$

$$\frac{\mathrm{d}^n F}{\mathrm{d}s^n} \leftrightarrow (-j2\pi x)^n f(x) \tag{A2.27}$$

- 对称性定理

在傅里叶变换的计算和可视化过程中，对称性定理是非常有用的性质。任何函数都可以分为偶对称分量和奇对称分量，分别为 $f_e(x)$ 和 $f_o(x)$，其定义如下：

$$f_e(x) = \frac{1}{2}[f(x) + f(-x)] \tag{A2.28a}$$

$$f_o(x) = \frac{1}{2}[f(x) - f(-x)] \tag{A2.28b}$$

因此，当 $f(x)$ 为偶对称实函数时，$F(s)$ 也为偶对称实函数。当 $f(x)$ 为奇对称实函数时，$F(s)$ 也为奇对称虚函数。式（A2.17）的傅里叶变换对是对称性定理很好的例子。

- 矩定理

$f(x)$ 的矩的表达式为

$$m_n = \int_{-\infty}^{\infty} x^n f(x)\mathrm{d}x \qquad (\text{A2.29})$$

根据微分定理和积分定理，

$$\frac{\mathrm{d}^n F(0)}{\mathrm{d}s^n} \leftrightarrow (-\mathrm{j}2\pi)^n m_n \qquad (\text{A2.30})$$

如果 $f(x)$ 存在各阶矩，则 $F(s)$ 的泰勒级数为

$$F(s) = \sum_{n=0}^{\infty} \frac{(-\mathrm{j}2\pi)^n}{n!} m_n s^n \qquad (\text{A2.31})$$

因此，当 $f(x)$ 为偶函数且存在各阶矩时，$F(s)$ 的第一项为

$$F(s) = m_0 - 2\pi^2 m_2 s^2 \qquad (\text{A2.32})$$

- 卷积定理

两个函数 $f(x)$ 和 $g(x)$ 的傅里叶变换分别为 $F(s)$ 和 $G(s)$，两个函数的卷积定义为

$$h(y) = \int_{-\infty}^{\infty} f(x)g(y-x)\mathrm{d}x \qquad (\text{A2.33})$$

用卷积运算符*来表示，可写为

$$h(y) = f(y) * g(y) \qquad (\text{A2.34})$$

注意 $f * g = g * f$。卷积定理为

$$f(y) * g(y) \leftrightarrow F(s)G(s) \qquad (\text{A2.35})$$

卷积定理可以用下述方法证明。$h(y)$ 的傅里叶变换为

$$H(s) = \int_{-\infty}^{\infty} \left[\int_{-\infty}^{\infty} f(x)g(y-x)\,\mathrm{d}x \right] \mathrm{e}^{-\mathrm{j}2\pi sy}\mathrm{d}y \qquad (\text{A2.36})$$

或者，交换积分顺序

$$H(s) = \int_{-\infty}^{\infty} f(x)\left[\int_{-\infty}^{\infty} g(y-x)\mathrm{e}^{-\mathrm{j}2\pi sy}\mathrm{d}y \right]\mathrm{d}x \qquad (\text{A2.37})$$

通过变量代换 $z = y - x$，可得

$$H(s) = \int_{-\infty}^{\infty} f(x)\left[\int_{-\infty}^{\infty} g(z)\mathrm{e}^{-\mathrm{j}2\pi sz}\mathrm{d}z \right]\mathrm{e}^{-\mathrm{j}2\pi sx}\mathrm{d}x \qquad (\text{A2.38})$$

上式方括号中的项为 $G(s)$，可以提取到积分式之外，剩下的积分项为 $F(s)$，所以

$$H(s) = F(s)\,G(s) \qquad (\text{A2.39})$$

因此，两个函数卷积的傅里叶变换，等于两个函数傅里叶变换之积。这一关系被称为卷积定理，如图 A2.2 所示。根据这一定理，两个频域函数的卷积等于其

时域函数之积。

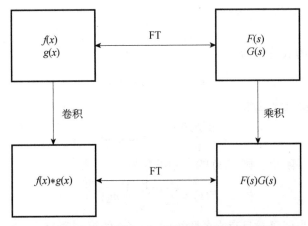

图 A2.2　傅里叶变换与卷积的关系。与本书其他部分用法相同，用 * 代表卷积

● 相关定理

相关函数定义为

$$r(y) = \int_{-\infty}^{\infty} f(x)g(x-y)\,\mathrm{d}x \tag{A2.40}$$

用相关运算符 ⋆ 表示相关运算

$$r(y) = f(x) \star g(x) \tag{A2.41}$$

相关定理为

$$f(x) \star g(x) \leftrightarrow F(s)G^*(s) \tag{A2.42}$$

式（A2.40）的傅里叶变换为

$$R(s) = \int_{-\infty}^{\infty} \left[\int_{-\infty}^{\infty} f(x)g(x-y)\mathrm{d}x \right] \mathrm{e}^{-\mathrm{j}2\pi sy}\mathrm{d}y \tag{A2.43}$$

交换积分顺序，并作变量代换 $z = x - y$ 可得

$$R(s) = \int_{-\infty}^{\infty} f(x) \left[\int_{-\infty}^{\infty} g(z)\mathrm{e}^{\mathrm{j}2\pi z}\mathrm{d}z \right] \mathrm{e}^{-\mathrm{j}2\pi sx}\mathrm{d}x \tag{A2.44}$$

因此可得

$$R(s) = F(s)G^*(s) \tag{A2.45}$$

相关定理如图 8.1 所示。当 $f(x) = g(x) =$ 矩形函数时，如图 A2.3 所示。由于 $f(x)$ 为偶函数，卷积和相关结果相同，二者均为偶函数。因此，$F(s)$ 为实偶函数，且 $F(s)F(s) = F(s)F^*(s)$。

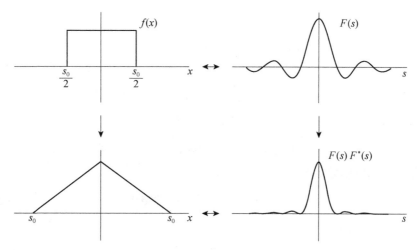

图 A2.3 偶函数 $f(x)$ 的相关定理和卷积定理。左侧的垂向箭头代表卷积 $f * f$，或表示相关 $f \star f$。右侧的垂向箭头代表卷积 $F(s)F(s)$，或代表相关 $F(s)F^*(s)$

● 帕塞瓦尔定理

$$\int_{-\infty}^{\infty} |f(x)|^2 \, dx = \int_{-\infty}^{\infty} |F(s)|^2 \, ds \qquad （A2.46）$$

通常被称为帕塞瓦尔定理。为证明这个定理，先写出如下公式：

$$\int_{-\infty}^{\infty} f(x)f^*(x)dx = \int_{-\infty}^{\infty} \left[\int_{-\infty}^{\infty} F(s)e^{j2\pi sx} ds \right]\left[\int_{-\infty}^{\infty} F^*(s')e^{-j2\pi s'x} ds' \right]dx \qquad （A2.47）$$

或者

$$\int_{-\infty}^{\infty} f(x)f^*(x)dx = \int_{-\infty}^{\infty}\int_{-\infty}^{\infty} F(s)F^*(s')\left[\int_{-\infty}^{\infty} e^{j2\pi(s-s')x} dx \right]dsds' \qquad （A2.48）$$

方括号内的积分值为 $\delta(s-s')$，因此

$$\int_{-\infty}^{\infty} f(x)f^*(x)dx = \int_{-\infty}^{\infty} F(s)F^*(s)ds \qquad （A2.49）$$

还有一个在射电干涉测量中非常重要的定理是投影切片定理，已在 2.4.1 节证明。

附录 2.1.3 二维傅里叶变换

函数 $f(x,y)$ 和 $F(u,v)$ 之间的二维傅里叶变换可以写成

$$F(u,v) = \int_{-\infty}^{\infty}\int_{-\infty}^{\infty} f(x,y)e^{-j2\pi(ux+vy)}dxdy$$

$$f(x,y) = \int_{-\infty}^{\infty}\int_{-\infty}^{\infty} F(u,v)e^{j2\pi(ux+vy)}dudv \qquad （A2.50）$$

其中如果 x,y 以 rad 为单位，则 u,v 的单位为周期·rad^{-1}。用傅里叶变换符号表示为

$$f(x,y) \leftrightarrow F(u,v) \qquad （A2.51）$$

附录 2.1.2 中的所有傅里叶变换定理都有对应的二维定理。例如，对位移定

理，有

$$f(x - x_0, y - y_0) \leftrightarrow \mathrm{e}^{-\mathrm{j}2\pi(ux_0 + vy_0)} F(u, v) \tag{A2.52}$$

如果定义 $x = r\cos\theta$，$y = r\sin\theta$，$u = q\cos\phi$，且 $v = q\sin\phi$，可得

$$F(q, \phi) = \int_0^{2\pi}\int_0^{\infty} f(r, \theta)\mathrm{e}^{-\mathrm{j}2\pi rq(\theta - \phi)} r\mathrm{d}r\mathrm{d}\theta \tag{A2.53}$$

如果 $f(r, \theta) = f(r)$，即 f 呈现角对称，可得

$$F(q, \phi) = \int_0^{\infty} f(r)r\mathrm{d}r\int_0^{2\pi} \mathrm{e}^{-\mathrm{j}2\pi rq(\theta - \phi)}\mathrm{d}\theta \tag{A2.54}$$

由零阶贝塞尔函数定义

$$J_0(z) = \frac{1}{2\pi}\int_0^{2\pi} \mathrm{e}^{-\mathrm{j}z\cos\theta}\mathrm{d}\theta \tag{A2.55}$$

可得 $F(q, \phi) = F(q)$，且

$$F(q) = 2\pi\int_0^{\infty} f(r)J_0(2\pi qr)r\mathrm{d}r \tag{A2.56a}$$

由对称性定理

$$f(r) = 2\pi\int_0^{\infty} F(q)J_0(2\pi qr)q\mathrm{d}q \tag{A2.56b}$$

式（A2.56a）和（A2.56b）被称为汉克尔（Hankel）变换对。

附录 2.1.4　傅里叶级数

傅里叶级数是傅里叶变换的特殊形式。设 $f(x)$ 为周期函数，在 $-x_0$ 和 x_0 之间为一个完整周期，其复傅里叶级数表示为

$$f(x) = \sum_{-\infty}^{\infty} \alpha_k \mathrm{e}^{\frac{\mathrm{j}2\pi kx}{x_0}} \tag{A2.57}$$

其中

$$\alpha_k = \int_{-\frac{x_0}{2}}^{\frac{x_0}{2}} f(x)\mathrm{e}^{-\frac{\mathrm{j}2\pi kx}{x_0}}\mathrm{d}x \tag{A2.58}$$

如果定义函数 $f(x)$ 在 $-x_0$ 和 x_0 之间的部分为 $f_0(x)$，则 $f_0(x)$ 的傅里叶变换为

$$F(s) = \sum_{k=0}^{\infty} F_0(ks_0)\delta(s - ks_0) \tag{A2.59}$$

其中 $s_0 = 1/x_0$，$F_0(ks_0) = \alpha_k$。式（A2.59）被称为谱线：$F(s)$ 包含一系列间隔为 $s = 1/x_0$，幅度为相应傅里叶系数的 δ 函数。将式（A2.57）和式（A2.59）代入式（A2.49），可以证明傅里叶级数的帕塞瓦尔定理：

$$\sum_{-\infty}^{\infty} \alpha_k^2 = \int_{-\frac{x_0}{2}}^{\frac{x_0}{2}} f(x)f^*(x)\mathrm{d}x \tag{A2.60}$$

附录 2.1.5 截断函数

上面介绍的傅里叶变换原理也可以应用于随机函数。如果用时域函数 $f(x)$ 表示一个各态历经的随机过程，这种函数一般为无穷函数，且 $\int |f(x)|^2 = \infty$，这种性质会导致某些理论推导的困难。选择使用其截断函数，可以避免这些困难。

$$f_{\mathrm{T}}(x) = f(x)\Pi(x/x_0) \qquad （A2.61）$$

其中 $\Pi(x)$ 为式（A2.12）定义的矩形函数。根据卷积定理[式（A2.35）]，

$$F_{\mathrm{T}}(s) = F(s) * \mathrm{sinc}(sx_0) \qquad （A2.62）$$

截断函数具有平滑响应，或者说限制了 $F(s)$ 的分辨率。

截断函数的功率谱通常定义为

$$P_{\mathrm{T}}(s) = \frac{1}{T} F(s) F^*(s) \qquad （A2.63）$$

上式以功率为单位，功率不依赖于 T。注意，前面定义的确定性函数的傅里叶变换实际上就是能量密度谱。Wiener 和 Khinchin 首次研究和明确了随机过程的自相关函数与其功率谱的傅里叶变换关系，因此随机过程的自相关函数与其功率谱的傅里叶变换关系的正式名称为维纳–欣钦定理（或关系）。

参 考 文 献

Bracewell，R.N.，Strip Integration in Radio Astronomy，Aust. J. Phys.，9，198-217（1956）

Bracewell，R.N.，Radio Interferometry of Discrete Sources，Proc. IRE，46，97-105（1958）

Bracewell，R.N.，Two-Dimensional Imaging，Prentice-Hall，Englewood Cliffs，NJ（1995）

Bracewell，R.N.，The Fourier Transform and Its Applications，McGraw-Hill，New York（2000）（earlier eds. 1965，1978）

Bracewell，R.N.，and Riddle，A.C.，Inversion of Fan Beam Scans in Radio Astronomy，Astrophys. J.，150，427-434（1967）

Bracewell，R.N.，and Roberts，J.A.，Aerial Smoothing in Radio Astronomy，Aust. J. Phys.，7，615-640（1954）

Champeney，D.C.，Fourier Transforms and Their Physical Applications，Academic Press，London（1973）

de Pater，I.，and Sault，R.J.，An Intercomparison of Three-Dimensional Reconstruction Techniques Using Data and Models of Jupiter's Synchrotron Radiation，J. Geophys. Res.，103，19973-19984（1998）

de Pater，I.，van der Tak，F.，Strom，R.G.，and Brecht，S.H.，The Evolution of Jupiter's Radiation Belts after the Impact of Comet D/Shoemaker-Levy 9，Icarus，129，21-47（1997）

Papoulis，A.，The Fourier Integral and Its Applications，McGraw-Hill，New York （1962）

Sault，R.J.，Oosterloo，T.，Dulk，G.A.，and Leblanc，Y.，The First Three-Dimensional Reconstruc- tion of a Celestial Object at Radio Wavelengths: Jupiter's Radiation Belts，Astron. Astrophys.，324，1190-1196（1997）

3 干涉仪系统响应分析

在本章，我们首先对干涉仪系统响应进行完整的二维分析，不再使用小角度假设。然后研究小视场近似方法，这种方法可以简化干涉仪测量的可见度函数到空间强度分布的变换过程。本章还将讨论接收信号互相关函数和互功率谱之间的关系，它们满足维纳-欣钦定理，是谱线干涉测量的基础。本章对接收机系统的基本响应进行了分析。附录给出了类噪声信号的几种表达方法，包括解析信号表达、有限积分时间的截断效应等。

3.1 强度分布和可见度函数之间的傅里叶变换关系

3.1.1 一般情况

我们首先推导无坐标系情况下，强度分布和可见度函数之间的关系，然后给出如何选择坐标系使其变成熟悉的傅里叶变换形式。假设天线跟踪被测射电源，令图 3.1 中单位矢量 s_0 代表 2.3 节介绍的相位参考点，此参考点有时也被称为相位跟踪中心，是成像区域的中心点。在位置 $s = s_0 + \sigma$ 处，立体角为 $\mathrm{d}\Omega$ 的源给两个单元天线中每个天线贡献的功率为 $\frac{1}{2} A(\sigma) I(\sigma) \Delta \nu \mathrm{d}\Omega$，其中 $A(\sigma)$ 为天线有效接收面积，$I(\sigma)$ 为在天线处观测到的源的强度分布，$\Delta \nu$ 为接收机带宽。由于 I 的单位为 $\mathrm{W} \cdot \mathrm{m}^{-2} \cdot \mathrm{Hz}^{-1} \cdot \mathrm{sr}^{-1}$，容易得出表达式 $\frac{1}{2} A(\sigma) I(\sigma) \Delta \nu \mathrm{d}\Omega$ 具有功率的量纲。基于式（2.1）和式（2.2）推导过程考虑的因素，包括射电源的远场条件，可得：相关器输出分量正比于接收功率和条纹因子 $\cos(2\pi \nu \tau_g)$，其中 τ_g 是几何延迟。如果用矢量 $\boldsymbol{D}_\lambda$ 表示波长归一化的干涉基线，则 $\nu \tau_g = \boldsymbol{D}_\lambda \cdot \boldsymbol{s} = \boldsymbol{D}_\lambda \cdot (\boldsymbol{s}_0 + \boldsymbol{\sigma})$。因此相关器输出可以由下式表达：

$$
\begin{aligned}
r(\boldsymbol{D}_\lambda, \boldsymbol{s}_0) &= \Delta \nu \int_{4\pi} A(\boldsymbol{\sigma}) I(\boldsymbol{\sigma}) \cos\left[2\pi \boldsymbol{D}_\lambda \cdot (\boldsymbol{s}_0 + \boldsymbol{\sigma})\right] \mathrm{d}\Omega \\
&= \Delta \nu \cos(2\pi \boldsymbol{D}_\lambda \cdot \boldsymbol{s}_0) \int_{4\pi} A(\boldsymbol{\sigma}) I(\boldsymbol{\sigma}) \cos(2\pi \boldsymbol{D}_\lambda \cdot \boldsymbol{\sigma}) \mathrm{d}\Omega \\
&\quad - \Delta \nu \sin(2\pi \boldsymbol{D}_\lambda \cdot \boldsymbol{s}_0) \int_{4\pi} A(\boldsymbol{\sigma}) I(\boldsymbol{\sigma}) \sin(2\pi \boldsymbol{D}_\lambda \cdot \boldsymbol{\sigma}) \mathrm{d}\Omega \quad （3.1）
\end{aligned}
$$

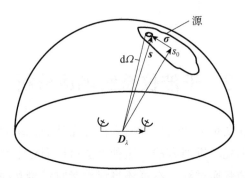

图 3.1　基线和源位置矢量确定了干涉仪和源的位置关系，天球上的廓线图代表射电源

　　注意，式（3.1）中的响应方程对射电源进行了空间积分 $\mathrm{d}\Omega$，需要假设该射电源是空间非相干的，也就是射电源不同位置的辐射信号与射电源其他部分辐射信号不相干。对几乎所有的宇宙射电源，这个假设都成立。在 15.2 节将深入讨论空间相干性。令天线波束指向 s_0 方向上的有效接收面积为 A_0，引入归一化接收方向图 $A_{\mathrm{N}}(\boldsymbol{\sigma}) = A(\boldsymbol{\sigma})/A_0$，并考虑方向图修正的强度分布 $A_{\mathrm{N}}(\boldsymbol{\sigma})I(\boldsymbol{\sigma})$，定义复可见度函数为

$$\mathcal{V} = |\mathcal{V}|\mathrm{e}^{\mathrm{j}\phi_v} = \int_{4\pi} A_{\mathrm{N}}(\boldsymbol{\sigma})I(\boldsymbol{\sigma})\mathrm{e}^{-\mathrm{j}2\pi\boldsymbol{D}_\lambda\cdot\boldsymbol{\sigma}}\mathrm{d}\Omega \tag{3.2}$$

实部和虚部分离后可得

$$\int_{4\pi} A_{\mathrm{N}}(\boldsymbol{\sigma})I(\boldsymbol{\sigma})\cos(2\pi\boldsymbol{D}_\lambda\cdot\boldsymbol{\sigma})\mathrm{d}\Omega = |\mathcal{V}|\cos\phi_v \tag{3.3}$$

$$\int_{4\pi} A_{\mathrm{N}}(\boldsymbol{\sigma})I(\boldsymbol{\sigma})\sin(2\pi\boldsymbol{D}_\lambda\cdot\boldsymbol{\sigma})\mathrm{d}\Omega = -|\mathcal{V}|\sin\phi_v \tag{3.4}$$

由式（3.1）可得

$$r(\boldsymbol{D}_\lambda, s_0) = A_0\Delta\nu|\mathcal{V}|\cos(2\pi\boldsymbol{D}_\lambda\cdot\boldsymbol{\sigma} - \phi_v) \tag{3.5}$$

因此，可以用条纹函数表示 s_0 方向的假想点源产生的相关器输出，s_0 为相位参考点。如前所述，相位参考点一般定义为射电源的中心点或其标称位置。$\mathcal{V}$ 的模值和相位等于条纹函数的幅度和相位，测量到的 $\mathcal{V}$ 的相位是相对于假想点源干涉相位的相对值。如前所述，$\mathcal{V}$ 的量纲与流量密度的量纲相同，为 $\mathrm{W}\cdot\mathrm{m}^{-2}\cdot\mathrm{Hz}^{-1}$，这符合 $\mathcal{V}$ 与 I 之间的傅里叶变换关系。一些作者把可见度函数定义成归一化、无量纲的量，在这种情况下，就必须在所成图像中重新引入图像亮度与辐射强度的关系。需要注意的是，在推导式（3.5）时假设观测系统带宽远远小于观测的中心频率。

　　基于图 3.2 所示的几何关系建立坐标系，两个天线跟踪被测视场的中心。假

设两个天线完全相同，如果考虑其不同，则可令 $A_N(\sigma)$ 为两部天线波束方向图的几何平均。基线矢量的长度以观测频段中心频率波长进行归一化，基线在右手定则坐标系 (u,v,w) 内存在 3 个投影分量，u 和 v 位于相位参考点视向方向的垂面。在包含原点、射电源中心和北天极的平面内，v 方向朝北，u 方向朝东。w 分量和 s_0 方向相同，即与相位参考点方向相同。经过傅里叶变换，相位参考点成为反演的强度分布图像 $I(l,m)$ 的原点，l 和 m 为相对 u 轴和 v 轴的方向余弦。在此坐标系下，可以得出

$$\boldsymbol{D}_\lambda \cdot \boldsymbol{s}_0 = w$$
$$\boldsymbol{D}_\lambda \cdot \boldsymbol{s} = (ul + vm + w\sqrt{1-l^2-m^2}) \qquad (3.6)$$
$$\mathrm{d}\varOmega = \frac{\mathrm{d}l\,\mathrm{d}m}{\sqrt{1-l^2-m^2}}$$

其中 $\sqrt{1-l^2-m^2}$ 是关于 w 轴的第三个方向余弦 n，另外 $\boldsymbol{D}_\lambda \cdot \boldsymbol{\sigma} = \boldsymbol{D}_\lambda \cdot \boldsymbol{s} - \boldsymbol{D}_\lambda \cdot \boldsymbol{s}_0$。因此根据式（3.2）可得

$$\mathcal{V}(u,v,w) = \int_{-\infty}^{\infty} \int_{-\infty}^{\infty} A_N(l,m) I(l,m)$$
$$\times \exp\left\{-\mathrm{j}2\pi\left[ul + vm + w\left(\sqrt{1-l^2-m^2}-1\right)\right]\right\} \frac{\mathrm{d}l\,\mathrm{d}m}{\sqrt{1-l^2-m^2}} \qquad (3.7)$$

在式（3.7）中，等号右侧的因子 $\mathrm{e}^{\mathrm{j}2\pi w}$ 是根据源相对于 w 轴的角度位置定义的。当射电源位于 w 轴上时，$l=m=0$，式（3.7）的指数项为零。对于其他位置的射电源，条纹相位都是相对于射电源在 w 轴上（即相位参考点 s_0）的相对相位。公式（3.7）中当 $l^2 + m^2 \geqslant 1$ 时，定义 $A_N I$ 等于零。实际使用中，由于天线方向图和带宽函数的抑制，或射电源的尺寸有限等，$A_N I$ 在成像区域以外方向上的值通常变得很小，因此我们可以把积分区间无限延伸到 $\pm\infty$。然而需要注意的是式（3.7）不需要作小角度假设。之所以在干涉仪理论中采用方向余弦而不是直接采用线性的角度值，是因为方向余弦出现在式（3.7）的指数项中。

上述定义的坐标系 (l,m) 是方便用来表示强度分布的，(l,m) 是把天球坐标投影到天球坐标的切面，切点为观测视场中心点，如图 3.3 所示。图像中任何一点与 (l,m) 坐标原点的距离正比于对应角度的正弦，因此当角度较小时，图像上的距离接近正比于对应的角度。光学望远镜视场通常也适用同样的关系。关于天球和切平面之间关系的细节讨论见参考文献 König（1962）。

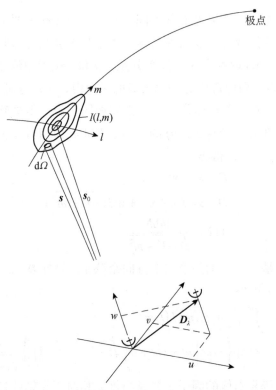

图 3.2　被测射电源 $I(l,m)$ 和干涉仪或阵列的一对天线之间的几何关系。天线基线矢量的单位为波数，长度为 D_λ，各轴向分量为 (u,v,w)

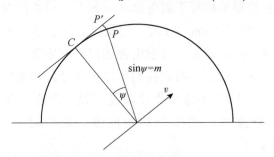

图 3.3　一维形式表现的天球图像与像平面关系。用相对于 v 轴的方向余弦 m 来定义 P 点的位置。当以与 m 呈线性关系的比例因子投影到平面时，P 点投影到 P' 点，P' 到视场中心 C 的距离正比于 $\sin\psi$

　　如果干涉仪的所有天线都位于 w 轴的垂面内，$w=0$，则式（3.7）简化为标准的二维傅里叶变换。这通常是不太可能的，需要考虑可行的变换方法。首先注意综合孔径成像过程是在较大的 u 和 v 范围内测量可见度函数 $\mathcal{V}$。对于地基干涉阵列来说，可以通过改变天线的间距和角度实现大范围采样，也可以利用地球自转改变天线之间的距离和角度，但需要保证天线指向跟踪视场中心。地球自转时 D_λ 的投影在 (u,v) 平面变化，观测周期经常需要持续 6～12h。当地球自转时带动天线转动，只有当 D_λ 在旋转轴方向投影长度为 0 时，基线矢量才能保持在一个平面内变化，即基线在地球表面是东西向分布的。通常情况下，测量的可见度函数 $\mathcal{V}$ 具有三维分布，只有当观测视场范围不是很大时，才能采用最简单的近似变换关系。当 l 和 m 足够小时，

$$\left(\sqrt{1-l^2-m^2}-1\right)w \approx -\frac{1}{2}(l^2+m^2)w \tag{3.8}$$

在式（3.7）中忽略掉此项，则式（3.7）可写成如下形式：

$$\mathcal{V}(u,v,w) \approx \mathcal{V}(u,v,0) = \int_{-\infty}^{\infty}\int_{-\infty}^{\infty} \frac{A_N(l,m)I(l,m)}{\sqrt{1-l^2-m^2}} \exp^{-j2\pi(ul+vm)}\,\mathrm{d}l\,\mathrm{d}m \tag{3.9}$$

因此，在有限的 l 和 m 范围内，$\mathcal{V}(u,v,w)$ 近似和 w 无关，其反变换可写成如下形式：

$$\frac{A_N(l,m)I(l,m)}{\sqrt{1-l^2-m^2}} = \int_{-\infty}^{\infty}\int_{-\infty}^{\infty} \mathcal{V}(u,v)\exp^{j2\pi(ul+vm)}\,\mathrm{d}u\,\mathrm{d}v \tag{3.10}$$

基于小视场近似，一般可以忽略 w 方向的影响，并将可见度函数简化为二维函数 $\mathcal{V}(u,v)$。注意，在需要的情况下，式（3.9）和（3.10）中的因子 $\sqrt{1-l^2-m^2}$ 可以归并入函数 $A_N(l,m)$ 中。公式（3.10）是范西泰特–策尼克定理的一种表达形式，起源于光学并将在 15.1.1 节进行讨论。

式（3.9）中的近似引入了相位误差，误差量为忽略部分的 2π 倍，即 $\pi(l^2+m^2)w$，允许误差值的上限约束了综合孔径成像视场的大小，可以利用下述方式近似估计。如果天线跟踪的源到达低仰角区，w 项会接近天线阵最大天线间距 $(D_\lambda)_{\max}$，如图 3.4 所示。同时，如果在最长基线以内，测量基线是均匀分布的，则合成天线波束宽度 θ_b 近似等于 $(D_\lambda)_{\max}^{-1}$。那么，最大相位误差近似为

$$\pi\left(\frac{\theta_f}{2}\right)^2 \theta_b^{-1} \tag{3.11}$$

其中 θ_f 为成像区域的角度宽度。相位误差小于某个限定值，如 0.1 弧度，则要求：

$$\theta_f < \frac{1}{3}\sqrt{\theta_b} \tag{3.12}$$

其中的角度以弧度为单位。例如，如果 $\theta_b = 1''$，则 $\theta_f < 2.5'$。天文学领域的很多综合孔径成像都是在此约束条件下进行的，后面章节将讨论大视场的成像方法。

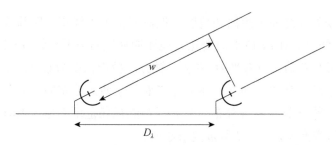

图3.4　当在低仰角观测并且方位角接近基线方向时，基线的 w 向投影长度和基线长度 D_λ 相近，其单位为波数

3.1.2　东西向线性阵列

现在讨论理想东西向天线阵的情况，并进一步讨论满足 $w=0$ 的条件及其影响。首先绕着 u 轴旋转 (u,v,w) 坐标系直至 w 轴指向天极，如图3.5所示。旋转后的坐标系分量用一撇来表示，(u',v') 轴位于平行于赤道的平面内。当地球自转时，东西向天线形成的基线只含有 (u',v') 平面内的分量（也即 $w'=0$），基线矢量随地球自转形成以 (u',v') 平面原点为圆心的同心圆。

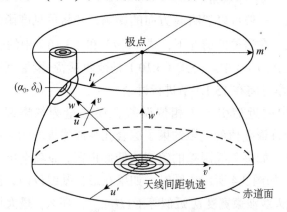

图3.5　东西向天线阵的 (u',v',w') 坐标系。(u',v') 平面即赤道平面，当地球自转时，基线矢量扫出同心圆弧。注意：选择 u' 和 v' 轴的方向时，需要使 v' 轴位于天极、观测者和被观测点 (α_0,δ_0) 所在的平面内。从 (u',v') 平面到 (l',m') 平面的傅里叶变换，使上半天球的图像被投影到与天极相切的平面上。图中也给出用于 (α_0,δ_0) 方向观测的 (u,v,w) 坐标系

从式（3.7）可得

$$\mathcal{V}(u',v')=\int_{-\infty}^{\infty}\int_{-\infty}^{\infty}A_N(l',m')I(l',m')e^{-j2\pi(u'l'+v'm')}\frac{dl'dm'}{\sqrt{1-l'^2-m'^2}} \qquad (3.13)$$

其中 (l',m') 为相对于 (u',v') 轴的方向余弦。式（3.13）对赤道面之上整个半天区成立，其反变换为

$$\frac{A_{\mathrm{N}}(l',m')I(l',m')}{\sqrt{1-l'^2-m'^2}} = \int_{-\infty}^{\infty}\int_{-\infty}^{\infty}\mathcal{V}(u',v')\,\mathrm{e}^{\mathrm{j}2\pi(u'l'+v'm')}\,\mathrm{d}u'\mathrm{d}v' \qquad (3.14)$$

在这一成像变换中，上半天区的图像投影到极点的切平面上，如图3.5所示。然而在实际观测时，成像区域一般限制在天线波束内较小面积的天区。在这个以赤经、赤纬(α_0,δ_0)为中心的小天区附近，在m'方向，图像内的相对角距被压缩$\sin\delta_0$。另外，在对(α_0,δ_0)附近天区成像时，把角位置变量的坐标原点移动到(α_0,δ_0)将更加便于后续处理。通过坐标变换可以实现尺度变换和原点位移，即

$$l = l', \quad m'' = (m' - \cos\delta_0)\,\mathrm{cosec}\,\delta_0 \qquad (3.15)$$

如果将式（3.14）的左侧写成$F(l',m')$，则

$$F(l',m') \leftrightarrow \mathcal{V}(u',v') \qquad (3.16)$$

并且

$$F\left[l',(m'-\cos\delta_0)\,\mathrm{cosec}\,\delta_0\right] \rightleftharpoons \left|\sin\delta_0\right|\mathcal{V}\left(u',v'\sin\delta_0\right)\mathrm{e}^{-\mathrm{j}2\pi v'\cos\delta_0} \qquad (3.17)$$

式中，$\leftrightarrow$代表傅里叶变换。式（3.17）具有傅里叶变换的性质，包括变量替换、相似定理和位移定理（见附录2.1）。式（3.17）右侧的坐标$(u',v'\sin\delta_0)$代表赤道面在(u,v)平面上的投影，(u,v)平面垂直于(α_0,δ_0)方向。在(u,v,w)坐标系中，$u=u'$，$v=v'\sin\delta_0$。图3.5中分量$w=-v'\cos\delta_0$。因此，式（3.17）中的$\mathrm{e}^{-\mathrm{j}2\pi v'\cos\delta_0}$项与式（3.7）中相同，这是因为测量的可见度相位值是相对于w方向点源的相位。因此式（3.14）变成如下形式：

$$\frac{A_{\mathrm{N}}(l,m'')I(l',m'')}{\sqrt{1-l^2-m''^2}} = \int_{-\infty}^{\infty}\int_{-\infty}^{\infty}V\left(u',v'\sin\delta_0\right)\left|\sin\delta_0\right|\mathrm{e}^{-\mathrm{j}2\pi v'\cos\delta_0}\,\mathrm{e}^{\mathrm{j}2\pi(u'l'+v'm')}\,\mathrm{d}u'\mathrm{d}v'$$

$$= \int_{-\infty}^{\infty}\int_{-\infty}^{\infty}V(u,v)\times\mathrm{e}^{\mathrm{j}2\pi(ul+vm')}\,\mathrm{d}u\mathrm{d}v \qquad (3.18)$$

类似的分析由Brouw（1971）给出。

从式（3.14）推导式（3.18）涉及重新定义m坐标，但不涉及近似。式（3.18）和式（3.10）的形式是相同的，在式（3.10）中忽略了式（3.8）因子。因此，使用东西向阵列和式（3.10）进行成像观测时，相位误差导致的图像扭曲精确对应于从变量m到m''的变化。由于m''是从赤道平面内v'轴的方向余弦推导得出的，在图像的南北方向角尺度上会有一个渐增的变化。式（3.15）中的因子$\mathrm{csc}\,\delta_0$可以在图像中心建立正确的角尺度，但这种简单的修正只在小视场范围内有效。这里需要注意的关键点是，将在平面内测量得到的可见度数据投影到(u,v,w)坐标系时，w是u和v的线性函数（对于东西向基线则仅为v的线性函数），因此相位误差$\pi(l^2+m^2)w$是u和v的线性函数。最终成像结果上，这种相位误差引入位置移动，但仍然保持图像中的位置和天空中的位置之间的一一对应关系。这种相位误差仅仅产生一个可预测、可纠正的坐标扭曲。

从图 3.5 可以清楚地看出，如果所有的测量都在 (u', v') 平面内，则观测方向接近天球赤道方向时，(u, v) 平面内的 v 值会明显减小。为获得天赤道方向的二维分辨率就要求有平行于地轴方向的基线，此类天线阵的设计将在第 5 章讨论。地球自转带来的影响是使基线在 (u, v, w) 空间内三维分布，而不是在一个平面内分布，不利用地球自转的短时观测情况除外。在进行某些天文观测时，能够接受式（3.12）的有限综合孔径视场的限制。但是某些情况需要对整个波束范围进行成像以避免图像混叠。可以采用一些基于下述方法的处理技术：

（1）式（3.7）可写成三维傅里叶变换的形式，则反演的强度分布是 (l, m, n) 空间的单位球表面图像。

（2）通过小幅图像的拼接可以获取大幅图像，每个小幅图像都满足二维傅里叶变换对综合孔径成像视场区域的限制条件。每幅小图像的中心必须为方法 1 中单位球面上的切点。

（3）因为大多数地基天线阵安装在近似平面场地内，在 (u, v, w) 空间短时间内的测量基线近似为一个平面，因此可将持续几个小时的长周期观测分割成一系列短周期观测，随后对短周期图像进行坐标尺度修正后，再合成长周期观测图像。

在实际应用中，上述三种方法需要使用第 11 章介绍的非线性卷积技术，本书 11.7 节将详细讨论非线性卷积技术在大视场成像中的应用。

3.2　互相关和维纳-欣钦定理

式（2.6）和式（2.7）给出了一个波形的功率谱和自相关函数之间的傅里叶变换关系，就是维纳-欣钦定理。维纳-欣钦定理对于分析两个不同波形之间的互相关函数具有很大作用。射电干涉仪中，相关器的响应可写成如下形式：

$$r(\tau) = \lim_{T \to \infty} \frac{1}{2T} \int_{-T}^{T} V_1(t) V_2^*(t - \tau) \mathrm{d}t \qquad （3.19）$$

式中上标星号表示复共轭运算。在实际中，通常在有限时间 $2T$ 内测量相关函数，一般为几秒或几分钟，但远大于信号波形的周期和带宽的倒数。有些时候会忽略掉因子 $1/2T$，但为了使公式收敛，这里不能忽略。互相关用五角星（★）表示：

$$V_1(t) \star V_2(t) = \lim_{T \to \infty} \frac{1}{2T} \int_{-T}^{T} V_1(t) V_2^*(t - \tau) \mathrm{d}t \qquad （3.20）$$

积分表达式可以用卷积表达如下：

$$V_1(t) \star V_2(t) = \lim_{T \to \infty} \frac{1}{2T} \int_{-T}^{T} V_1(t) V_{2-}^*(\tau - t) \mathrm{d}t = V_1(t) * V_{2-}^*(t) \qquad （3.21）$$

其中 $V_{2-}(t) \leftrightarrow V_2(-t)$。在 ν 和 t 之间的傅里叶变换 $V_1(t) \leftrightarrow \hat{V}_1(\nu)$，$V_2(t) \leftrightarrow \hat{V}_2(\nu)$，以及 $V_{2-}(t) \leftrightarrow \hat{V}_2^*(\nu)$。由卷积定理可得

$$V_1(t) \star V_2(t) \leftrightarrow \hat{V}_1(\nu)\hat{V}_2^*(\nu) \qquad (3.22)$$

式（3.22）右边就是所熟知的 $V_1(t)$ 和 $V_2(t)$ 的互功率谱。互功率谱是频率的函数，互相关函数是 τ 的函数，互功率谱和互相关函数是傅里叶变换关系。这一结论非常重要，当 $V_1 = V_2$ 时，就变成了维纳-欣钦定理。式（3.22）所表达的关系是互相关谱分析的基础，将在 8.8.2 节介绍。

3.3　接收机系统的基本响应

从数学角度来看，干涉仪接收系统的基本构成包括：天线将入射电场转换成电压波形，滤波器选择要处理的频率分量，相关器对信号进行乘法运算和平均处理。滤波器和相关器处理的信号可以是模拟或者数字形式。这些构成单元如图 3.6 所示。这些部件的其他影响可以用乘性增益来代表，此处可以忽略，也可以作为通带的频率响应并入滤波器表达式中。因此我们假设在滤波器通带内，天线的频率响应和接收信号的强度为常数，对于大多数连续谱观测的情况这种假设都是成立的。

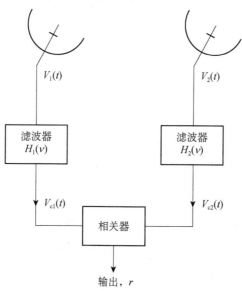

图 3.6　二元干涉仪接收机系统基本部件

3.3.1　天线

为了独立地考虑干涉仪两副天线的响应，并由于相关器输出是对信号电压

乘积的响应，我们需要引入接收天线电压方向图概念。天线电压方向图 $V_A(l,m)$ 的量纲为长度，对电场的响应定义为 $V \cdot m^{-1}$。$V_A(l,m)$ 是天线孔径上电场分布 $\bar{\varepsilon}(X,Y)$ 的傅里叶变换，如 15.1.2 节。X 和 Y 是天线孔径内各点的坐标位置。忽略掉常数项，天线电压方向图可以写成如下形式：

$$V_A(l,m) \propto \int_{-\infty}^{\infty}\int_{-\infty}^{\infty} \bar{\varepsilon}(X,Y)e^{j2\pi[(X/\lambda)l+(Y/\lambda)m]}dXdY \qquad (3.23)$$

其中 λ 为波长。在应用式（3.23）的过程中，X 和 Y 定义为该点相对于天线孔径中心的位置分量。功率接收方向图正比于电压接收方向图模的平方。$V_A(l,m)$ 是复数，它代表天线端口射频信号的相位和幅度。二元干涉仪（两个天线分别用下标 1 和 2 表示）的响应正比于 $V_{A1}V_{A2}^*$，如果两个天线完全相同，则 $V_{A1}V_{A2}^*$ 为纯实数。干涉仪每个天线的接收面积 $A(l,m)$ 是一个实变量。在实际当中，通常用 $A(l,m)$ 来定义天线响应，用 $\sqrt{A(l,m)}$ 代替 $V_A(l,m)$，$\sqrt{A(l,m)}$ 正比于 $V_A(l,m)$ 的模值 $|V_A(l,m)|$。在分析天线的过程中可以忽略两个天线差异引入的相位差，但天线相位差可以与放大器、滤波器、传输线，以及一直到相关器输入端的信号路径上的其他部件的相位响应一并考虑。通过观测一个已知位置和流量密度的不可分辨点源，可以校准整个干涉仪系统的幅度响应和相位响应。

当天线波束转动跟踪射电源时，天线波束中心和源的中心都在坐标系 (l,m) 的原点上。如果 $E(l,m)$ 为入射电场，则天线的输出电压（忽略常数项部分）可写成如下形式：

$$\hat{V} = \int_{-\infty}^{\infty}\int_{-\infty}^{\infty} E(l,m)\sqrt{A(l,m)}dldm \qquad (3.24)$$

如果天线不跟踪射电源，则应用式（2.15）的卷积形式。

3.3.2　滤波器

在分析过程中，图 3.6 中的滤波器频率响应表征整个接收通道所有部件的总效应，包括放大器、电缆、滤波器以及其他部件。滤波器的频率响应用 $H(\nu)$ 来代表，也被称为通带函数。滤波器的输出 $\hat{V}_c(\nu)$ 和输入 $\hat{V}(\nu)$ 之间的关系如下：

$$\hat{V}_c(\nu) = H(\nu)\hat{V}(\nu) \qquad (3.25)$$

$H(\nu)$ 关于时间和频率的傅里叶变换是滤波器的脉冲响应 $h(t)$，即在滤波器输入端施加窄脉冲 $\delta(t)$ 的响应。因此在时域内式（3.25）的表达式为

$$V_c(t) = \int_{-\infty}^{\infty} h(t')V(t-t')dt' = h(t)*V(t) \qquad (3.26)$$

其中的 "$*$" 号表示卷积。描述滤波器特性时一般使用频率响应而不是时域脉冲响应，因为频率响应更能直接反映接收机系统的特性，并且一般更容易测量。

3.3.3 相关器

相关器实现两路输入电压信号的互相关运算。如果输入电压信号为 $V_1(t)$ 和 $V_2(t)$，则相关器输出为

$$r(\tau) = \lim_{T \to \infty} \frac{1}{2T} \int_{-T}^{T} V_1(t) V_2^*(t - \tau) \mathrm{d}t \tag{3.27}$$

τ 为电压 V_2 滞后电压 V_1 的时间，对于连续谱源观测，τ 很小或为零。电压函数 $V_1(t)$ 和 $V_2(t)$ 可能是复数，而单个乘法器输出是实电压或实数。为获取复互相关函数来同时描述可见度函数的幅度与相位，一种办法是记录干涉条纹并测量其相位，另一种办法是使用 6.1.7 节所述的包含两个乘法电路的复相关器。从式（3.20）和式（3.22）可以得出，$r(\tau)$ 的傅里叶变换就是互相关功率谱，进行谱线观测时需要测量互相关功率谱。为测量以 τ 为变量的互相关函数，可以在仪器中人为引入一系列信号延迟，如 8.8.3 节所述。

3.3.4 入射波响应

我们用下标 1 和 2 分别代表图 3.6 中的两个天线和两个接收机通道。式（3.24）给出天线 1 对信号场 $E(l,m)$ 的响应，为电压频谱 $\hat{V}(\nu)$，将电压频谱乘以 $H(\nu)$ 便获得滤波器的输出信号，进而通过傅里叶变换将频域信号转换成时域信号，即

$$V_{c1}(t) = \int_{-\infty}^{\infty} \int_{-\infty}^{\infty} \int_{-\infty}^{\infty} E(l,m) \sqrt{A_1(l,m)} \, H_1(\nu) \mathrm{e}^{\mathrm{j}2\pi\nu t} \mathrm{d}l \, \mathrm{d}m \, \mathrm{d}\nu \tag{3.28}$$

基于同样的原理，可以得到天线 2 的输出信号 $V_{c2}(t)$ 的表达式，由式（3.27）得到相关器的输出。需要注意的是如果入射波具有某种程度的空间相干性，则每只天线都需要独立对整个 (l,m) 空间进行积分（Swenson and Mathur，1968）。这里我们假设入射波空间不相干，则相关器输出为

$$r(\tau) = \lim_{T \to \infty} \frac{1}{2T} \int_{-\infty}^{\infty} \int_{-\infty}^{\infty} \int_{-\infty}^{\infty} \int_{-\infty}^{\infty} E(l,m) E^*(l,m) \sqrt{A_1(l,m) A_2(l,m)}$$

$$\times H_1(\nu) H_2^*(\nu) \mathrm{e}^{\mathrm{j}2\pi\nu t} \mathrm{e}^{-\mathrm{j}2\pi\nu(t-\tau)} \mathrm{d}l \, \mathrm{d}m \mathrm{d}t \, \mathrm{d}\nu$$

$$= \int_{-\infty}^{\infty} \int_{-\infty}^{\infty} \int_{-\infty}^{\infty} I(l,m) \sqrt{A_1(l,m) A_2(l,m)} \, H_1(\nu) H_2^*(\nu) \mathrm{e}^{\mathrm{j}2\pi\nu t} \mathrm{d}l \, \mathrm{d}m \, \mathrm{d}\nu \tag{3.29}$$

此处用强度 I 代替电场幅值的平方。公式中两只天线的响应函数 A_1 和 A_2 是彼此独立的，从而兼容不同类型的天线设计以及不同的指向偏差，因此该式具有一般性。同时，式（3.29）还使用了不同的频率响应 H_1 和 H_2。当式（3.29）中两个天线和滤波器特性相同时：

$$r(\tau) = \int_{-\infty}^{\infty} \int_{-\infty}^{\infty} \int_{-\infty}^{\infty} I(l,m) A(l,m) \left| H(\nu) \right|^2 \mathrm{e}^{\mathrm{j}2\pi\nu\tau} \mathrm{d}l \, \mathrm{d}m \, \mathrm{d}\nu \tag{3.30}$$

此时相关函数是电压信号 $V_{c2}(t)$ 相对于 $V_{c1}(t)$ 的时延 τ 的函数。几何路径时延一般

可以通过调整设备延迟电路进行补偿（将在第 6 章和第 7 章讨论），因此从 (l,m) 原点方向入射的辐射信号几何延迟 $\tau=0$。在式（3.8）和式（3.9）条件下，来自 (l,m) 方向入射的平面波，到达两个天线的距离存在 $(ul+vm)$ 个波长的路程差，相应的到达时间差为 $\tau=(ul+vm)/\nu$。假设天线 1 接收的信号 V_1 路径更长一些（当 l 和 m 为正值），相关器的输出由式（3.30）变成如下形式：

$$r(\tau)=\int_{-\infty}^{\infty}\int_{-\infty}^{\infty}\int_{-\infty}^{\infty}I(l,m)A(l,m)\left|H(\nu)\right|^2\mathrm{e}^{-\mathrm{j}2\pi(lu+mv)}\mathrm{d}l\,\mathrm{d}m\,\mathrm{d}\nu \qquad (3.31)$$

式（3.31）表明，相关器输出信号测量的是经天线方向图修正后的射电源强度分布的傅里叶变换。假设强度分布与天线方向图无关，且在滤波器带宽范围内，与频率无关，并且源的角宽度小于天线波束宽度，则相关器输出可以写成如下形式：

$$r(\tau)=\int_{-\infty}^{\infty}\int_{-\infty}^{\infty}I(l,m)A(l,m)\mathrm{e}^{-\mathrm{j}2\pi(lu+mv)}\mathrm{d}l\,\mathrm{d}m\int_{-\infty}^{\infty}\left|H(\nu)\right|^2\mathrm{d}\nu$$
$$=A_0\mathcal{V}(u,v)\int_{-\infty}^{\infty}\left|H(\nu)\right|^2\mathrm{d}\nu \qquad (3.32)$$

其中 A_0 为天线最大方向性对应的接收面积；$\mathcal{V}$ 为公式（3.2）定义的可见度函数。滤波器响应 $H(\nu)$（增益）是无量纲值，如果在带宽 $\Delta\nu$ 内滤波器响应是个常数，方程（3.32）可写成如下形式：

$$r=A_0\mathcal{V}(u,v)\Delta\nu \qquad (3.33)$$

$\mathcal{V}(u,v)$ 的单位为 $\mathrm{W}\cdot\mathrm{m}^{-2}\cdot\mathrm{Hz}^{-1}$，$A_0$ 的单位为 m^2，$\Delta\nu$ 的单位为 Hz。这和相关器输出 r 的量纲一致，相关器输出正比于接收功率中的相关分量。

附录3.1　类噪声信号的数学表征

天体辐射出的电磁场和电压波形通常表现出随机信号的特性，接收到的波形一般被描述为具有各态历经性（时间平均和集合平均收敛到同一值），也就是严格平稳的。更详细的讨论见参考文献 Goodman（1985）。尽管此类电磁场和电压完全是实数，但为了方便起见，经常在数学上将它们表示为复函数。这些复函数可以用指数的形式进行运算，因此有必要在计算的最后对其取实部处理。

附录3.1.1　解析信号

在光学和射频信号分析中，通常用公式来表征时间的函数，被称为解析信号，这一术语由 Gabor（1946）引入，见参考文献 Born 和 Wolf（1999）、Bracewell（2000）或者 Goodman（1985）。令 $V_R(t)$ 代表实函数，其傅里叶（电压）谱为

$$\hat{V}(\nu) = \int_{-\infty}^{\infty} V_R(t) e^{-j2\pi\nu t} dt \qquad (A3.1)$$

反变换为

$$V_R(t) = \int_{-\infty}^{\infty} \hat{V}(\nu) e^{j2\pi\nu t} d\nu \qquad (A3.2)$$

为构成解析信号，需要增加虚部以构成复函数，虚部是 $V_R(t)$ 的希尔伯特变换 [见文献 Bracewell（2000）]。一种希尔伯特变换的方法是将原函数的傅里叶谱乘以 $j\mathrm{sgn}(\nu)$。在对一个函数进行希尔伯特变换时，傅里叶谱分量的幅度并没有改变，但相位移动了 $\pi/2$，相移符号和正负频率的符号相反。对修正频谱作傅里叶逆变换，可得 $V_R(t)$ 的希尔伯特变换，即为虚部 $V_I(t)$ 如下

$$V_I(t) = -j\int_{-\infty}^{\infty} \mathrm{sgn}(\nu)\hat{V}(\nu) e^{j2\pi\nu t} d\nu$$
$$= j\int_{-\infty}^{0} \hat{V}(\nu) e^{j2\pi\nu t} d\nu - j\int_{0}^{\infty} \hat{V}(\nu) e^{j2\pi\nu t} d\nu \qquad (A3.3)$$

描述 $V_R(t)$ 的解析信号是复函数，即

$$V(t) = V_R(t) + jV_I(t)$$
$$= \int_{-\infty}^{0} (1+j^2)\hat{V}(\nu) e^{j2\pi\nu t} d\nu + \int_{0}^{\infty} (1-j^2)\hat{V}(\nu) e^{j2\pi\nu t} d\nu$$
$$= 2\int_{0}^{\infty} \hat{V}(\nu) e^{j2\pi\nu t} d\nu \qquad (A3.4)$$

从上式可以看出，解析信号不包括负频率分量。根据式（A3.4）可知，获取实函数 $V_R(t)$ 解析信号的另外一种方法，是抑制频谱中的负频率分量并将正频率分量的幅度加倍。同时可得［见参考文献 Born 和 Wolf（1999）］

$$\left\langle [V_R(t)]^2 \right\rangle = \left\langle [V_I(t)]^2 \right\rangle = \frac{1}{2}\left\langle V(t)V^*(t) \right\rangle \qquad (A3.5)$$

其中角括号 $\langle\cdot\rangle$ 代表期望值。具有复变量的函数，可以只基于复平面下半部分的信息进行分析，因此称之为解析信号。

从式（A3.2）和式（A3.4）可得

$$\int_{-\infty}^{\infty} \hat{V}(\nu) e^{j2\pi\nu t} d\nu = 2\mathrm{Re}\left[\int_{0}^{\infty} \hat{V}(\nu) e^{j2\pi\nu t} d\nu\right] \qquad (A3.6)$$

这是一个非常重要的等式，可用于任何埃尔米特函数及其共轭变量。

对于射电天文和光学观测的大多数情况，信号的带宽远小于平均频率 ν_0，在大多数情况下 ν_0 就是设备滤波器的中心频率。这种波形类似一个幅度和相位随时间变化的正弦信号，与周期 $1/\nu_0$ 相比，幅度和相位的变化非常缓慢。因此解析信号可写成如下形式：

$$V(t) = C(t) e^{j[2\pi\nu_0 t - \Phi(t)]} \qquad (A3.7)$$

其中 C 和 Φ 为实数。在很多情况下，只有当带宽 $|\nu-\nu_0|$ 比较小时，这里讨论的函数谱分量才会可靠适用。因此，$C(t)$ 和 $\Phi(t)$ 由低频分量组成，用带宽的倒数

来表征 C 和 Φ 的时变周期。解析信号的实部和虚部可写成如下形式：

$$V_R(t) = C(t)\cos\left[2\pi\nu_0 t - \Phi(t)\right] \tag{A3.8}$$

$$V_I(t) = C(t)\sin\left[2\pi\nu_0 t - \Phi(t)\right] \tag{A3.9}$$

复解析信号模值 $C(t)$ 可以视为调制信号的包络，$\Phi(t)$ 代表调制信号的相位。当信号带宽和调制效应的影响不是很重要时，将 C 和 Φ 视为常数是可行的，就像在第 1 章介绍中所讨论的，可以把信号看作频率为 ν_0 的单频信号。当带宽远小于中心频率时，式（A3.7）可视为准单频信号。

举一个简单例子，以时间为变量的实函数 $\cos(2\pi\nu t)$ 的解析信号为 $e^{j2\pi\nu t}$。$e^{j2\pi\nu t}$ 的傅里叶变换谱只有一个频率为 ν 的谱分量，但 $\cos(2\pi\nu t)$ 的傅里叶变换谱有两个谱分量，频率分别为 $\pm\nu$。通常，除非是用负频率分量等于零的解析式来表示，分析波形时必须考虑其负频率分量。例如，式（2.8）中包含了负频率分量。如果我们忽略负频率分量并且把正频率分量的幅度增加一倍，则需要用 $e^{j2\pi\nu_0 t}$ 来代替式（2.9）中的余弦项，然后取实部以获得正确结果。在第 2 章所讲的方法中，必须要包括负频率分量，这是因为自相关函数是实数，因此其傅里叶变换是埃尔米特函数。在本书中，我们通常使用负频率分量而不是解析信号，在比较便利时也会使用关系式（A3.6）。

复函数另一个值得注意的特性是，解析函数的实部和虚部互为希尔伯特变换。如果一个波形（即时间的函数）的实部和虚部是希尔伯特变换对，则其负频率谱分量为零。如果做逆傅里叶变换，当 $t<0$ 时波形幅度为零，则其频谱的实部和虚部是希尔伯特变换对。在 $t=0$ 时刻对任何电子系统施加一个脉冲激励，系统响应在 $t<0$ 时为零，因为响应不能先于激励。具有这种响应的函数被称为因果函数，且希尔伯特变换关系适用于因果函数的频谱。

附录 3.1.2　截断函数

表征波形时，另外一个考虑是表达式是否存在傅里叶变换。波形具有傅里叶变换的条件是，在 $\pm\infty$ 范围内的傅里叶积分是有限值。尽管此条件不总是成立，但可以构造一个函数使之存在傅里叶变换。具体方法是，当某些自变量参数趋于无穷时，使原函数值趋于有限。例如，原函数可以乘上高斯函数，在自变量值趋于无穷大时，它们的乘积趋于零，则傅里叶积分便存在。当高斯函数的宽度趋于无限大时，乘积的傅里叶变换便趋于原函数的傅里叶变换。在该限定条件下的变换适用于周期函数，如 $\cos(2\pi\nu t)$，详见文献 Bracewell（2000）。对于类噪声波形，时域函数的频谱总是可以通过分析足够长（但仍然是有限长）的时间范围来获得满意的精度。在实际中，时间范围要远大于和波形相关的重要物理过程的时间尺度，如带宽的倒数和中心频率的倒数。因此，如果函

数 $V(t)$ 在 $\pm T$ 处被截断，则傅里叶变换为

$$\hat{V}(\nu) = \lim_{T \to \infty} \frac{1}{2T} \int_{-T}^{T} V(t)\, e^{-j2\pi\nu t}\, dt \qquad (\text{A3.10})$$

有时可以方便地把截断函数 $V_T(t)$ 定义如下：

$$
\begin{aligned}
V_T(t) &= V(t), & |t| \leqslant T \\
V_T(t) &= 0, & |t| > T
\end{aligned}
\qquad (\text{A3.11})
$$

相应地，其截断函数的傅里叶变换形式为

$$\hat{V}(\nu) = \lim_{T \to \infty} \frac{1}{2T} \int_{-\infty}^{\infty} V_T(t)\, e^{-j2\pi\nu t}\, dt \qquad (\text{A3.12})$$

对于解析信号，其截断实部不一定代表其希尔伯特变换也会被截断。因此可能有必要像式（A3.12）一样在 $\pm\infty$ 时间范围做积分，而不是只在时间 $\pm T$ 内积分。

参 考 文 献

Apostol, T. M., Calculus, Vol. II, Blaisdel, Waltham, MA (1962), p. 82

Born, M., and Wolf, E., Principles of Optics, 7th ed., Cambridge Univ. Press, Cambridge, UK (1999)

Bracewell, R. N., Radio Interferometry of Discrete Sources, Proc. IRE, 46, 97-105 (1958)

Bracewell, R. N., The Fourier Transform and Its Applications, McGraw-Hill, New York (2000) (earlier eds. 1965, 1978)

Brouw, W. N., "Data Processing for the Westerbork Synthesis Radio Telescope," Ph. D. thesis, Univ. of Leiden (1971)

Gabor, D., Theory of Communication, J. Inst. Elect. Eng., 93, Part III, 429-457 (1946)

Goodman, J. W., Statistical Optics, Wiley, New York (1985)

König, A., Astrometry with Astrographs, in Astronomical Techniques, Stars, and Stellar Systems, Vol. 2, Hiltner, W. A., Ed., Univ. Chicago Press, Chicago (1962), pp. 461-486

Swenson, G. W., Jr., and Mathur, N. C., The Interferometer in Radio Astronomy, Proc. IEEE, 56, 2114-2130 (1968)

4 几何关系、极化和干涉测量方程

本章分析干涉测量的一些实际特性，包括基线、天线安装和波束形状、极化特性等，所有这些都涉及几何关系和坐标系统。尽管相同的原理也适用于其他系统，例如包含一个或多个星载天线的干涉系统，但下面仅对具备跟踪功能的地基阵列进行分析，阐述涉及的工作原理。

4.1 天线间距坐标和 (u,v) 轨迹

可以使用各种坐标系统定义天线阵列中天线单元的相对位置，其中如图 4.1 所示的坐标系定义更便于对地基阵列进行分析。该坐标系为右手定则笛卡儿坐标系，其中 X 轴和 Y 轴在一个平行于地球赤道的平面上被测量，X 轴位于子午面内（子午面定义为包含地轴和天线阵参考点的平面），Y 轴指向东方，Z 轴指向北极。用时角 H 和赤纬 δ 来描述坐标系统时，(X,Y,Z) 轴分别为 $(H=0, \delta=0°)$ 方向、$(H=-6^{\mathrm{h}}, \delta=0°)$ 方向和 $(\delta=90°)$ 方向。如果在 (X,Y,Z) 坐标系中 $\boldsymbol{D}_\lambda$ 的三个坐标分量分别为 $(X_\lambda, Y_\lambda, Z_\lambda)$，则 (u,v,w) 分量由下式给出：

$$\begin{bmatrix} u \\ v \\ w \end{bmatrix} = \begin{bmatrix} \sin H & \cos H & 0 \\ -\sin\delta\cos H & \sin\delta\sin H & \cos\delta \\ \cos\delta\cos H & -\cos\delta\sin H & \sin\delta \end{bmatrix} \begin{bmatrix} X_\lambda \\ Y_\lambda \\ Z_\lambda \end{bmatrix} \qquad (4.1)$$

其中 (H,δ) 通常定义为时角和相位参考点的赤纬。转换矩阵（4.1）中的元素是 (u,v,w) 轴相对 (X,Y,Z) 轴的方向余弦，从图 4.2 很容易得到它们之间的关系式。另外一种定义基线矢量的方法基于基线长度 D 以及基线矢量与北天球交点的时角（h）和赤纬（d）。相应地，在 (X,Y,Z) 坐标系中的坐标为

$$\begin{bmatrix} X \\ Y \\ Z \end{bmatrix} = D \begin{bmatrix} \cos d\cos h \\ -\cos d\sin h \\ \sin d \end{bmatrix} \qquad (4.2)$$

从式（4.1）和（4.2）可得出基线在 (u,v,w) 坐标系中的坐标为

$$\begin{bmatrix} u \\ v \\ w \end{bmatrix} = D_\lambda \begin{bmatrix} \cos d\sin(H-h) \\ \sin d\cos\delta - \cos d\sin\delta\cos(H-h) \\ \sin d\sin\delta + \cos d\cos\delta\cos(H-h) \end{bmatrix} \qquad (4.3)$$

早期文献中曾广泛使用 (D,h,d) 坐标系统，特别是对于仅包含两个天线的干涉仪，参见文献 Rowson（1963）。

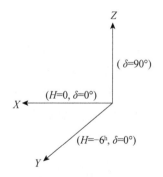

图 4.1 用于定义天线相对位置的 (X,Y,Z) 坐标系统。坐标轴方向用时角 H 和赤纬 δ 来确定

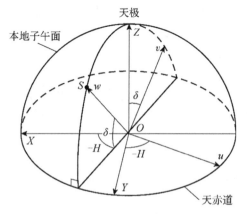

图 4.2 (X,Y,Z) 坐标系和 (u,v,w) 坐标系之间的关系。(u,v,w) 坐标系是以观测方向 S 点定义的，点 S 的时角为 H，赤纬为 δ。如图所示，S 在东半球，因此 H 为负值。根据图中的几何关系，可得式（4.1）转换矩阵中的方向余弦。如果用 S 代表基线方向，用基线坐标 (h,d) 替换 (H,δ)，推导可得式（4.2）

为了确定新基线的 (X,Y,Z) 分量，常用方法是通过现场测量确定基线的俯仰角 $\mathcal{E}$、方位角 $\mathcal{A}$ 和基线长度。图 4.3 给出 $(\mathcal{E},\mathcal{A})$ 坐标系和其他坐标系之间的关系，具体内容参见附录 4.1。纬度为 $\mathcal{L}$ 时，利用式（4.2）和（A4.2）可得

$$\begin{bmatrix} X \\ Y \\ Z \end{bmatrix} = D \begin{bmatrix} \cos\mathcal{L}\sin\mathcal{E} - \sin\mathcal{L}\cos\mathcal{E}\cos\mathcal{A} \\ \cos\mathcal{E}\sin\mathcal{A} \\ \sin\mathcal{L}\sin\mathcal{E} + \cos\mathcal{L}\cos\mathcal{E}\cos\mathcal{A} \end{bmatrix} \tag{4.4}$$

考察式（4.1）或式（4.3）可知，干涉基线投影分量 u 和 v 的轨迹定义了一个以时角为变量的椭圆。令 (H_0,δ_0) 为相位参考点，则从式（4.1）可得

$$u^2 + \left(\frac{v - Z_\lambda\cos\delta_0}{\sin\delta_0}\right)^2 = X_\lambda^2 + Y_\lambda^2 \tag{4.5}$$

式（4.5）在 (u,v) 平面内定义了一个如图 4.4（a）的椭圆，其半长轴等于 $\sqrt{X_\lambda^2 + Y_\lambda^2}$，半短轴等于 $\sin\delta_0\sqrt{X_\lambda^2 + Y_\lambda^2}$，椭圆的中心位于 v 轴，坐标为 $(u,v) = (0, Z_\lambda \cos\delta_0)$。如图 4.5 所示，观测期间描绘出的椭圆弧段与基线的方位角、俯仰角、所在纬度有关，与射电源的赤纬坐标和扫描的时角范围有关。由于 $\mathcal{V}(-u,-v) = \mathcal{V}^*(u,v)$，任何观测同时产生两个弧段的观测值，当 $Z_\lambda = 0$ 时，两个弧段是同一个椭圆的两个共轭弧段。

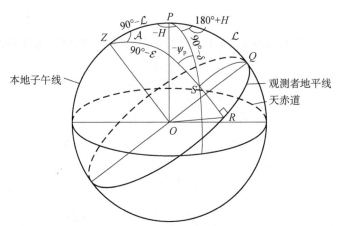

图 4.3　当观测者所在的纬度为 $\mathcal{L}$ 时，点 S 的天球坐标 (H, δ) 与其方位俯仰坐标 $(\mathcal{E}, \mathcal{A})$ 之间的关系。P 为天极，Z 为观测者所在位置的天顶点，视差角 ψ_p 为观测者所处位置的天顶点到北天极之间的角度，从北向东为正值。图中各弧段对应的球心角表示为

$$ZP = 90° - \mathcal{L}, \quad PQ = \mathcal{L}, \quad SR = \mathcal{E}, \quad RQ = \mathcal{A}$$
$$SZ = 90° - \mathcal{E}, \quad SP = 90° - \delta, \quad SQ = \arccos(\cos\mathcal{E}\cos\mathcal{A})$$

可应用球面三角形 ZPS 和 PQS 的正弦和余弦定理推导这些弧长之间的关系，在附录 4.1 中给出。注意：如图 4.3 所示，S 在观测者的东半球天空，H 和 ψ_p 均为负值

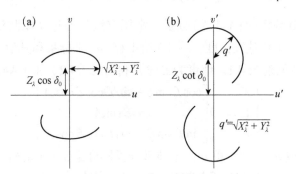

图 4.4　（a）由式（4.5）得到的基线矢量在 (u,v) 平面内的投影轨迹，（b）由式（4.8）得到的基线矢量在 (u',v') 平面内的投影轨迹。图中下方的弧线代表共轭可见度函数的轨迹，除非射电源位于天极，水平方向的截断都将使弧长受限

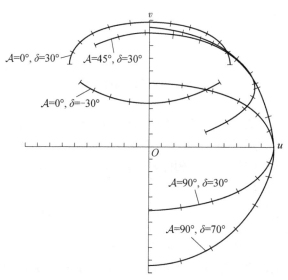

图 4.5 空间频率域采样点 (u,v) 轨迹实例，给出轨迹随基线方位角 $\mathcal{A}$ 和观测赤纬 δ 的变化情况（基线俯仰角 ε 等于 0）。基线长度等于从原点到该采样点的距离。当 $\delta=-30°$ 时，基线的时角范围为 $-4\sim4\mathrm{h}$，其他情况的基线时角范围为 $-6\sim6\mathrm{h}$。轨迹上的短划线代表跟踪射电源时的采样间隔 1h。注意区分东西向基线（ $\mathcal{A}=90°$ ）当 $\delta=30°$ 和 $\delta=70°$ 时，椭圆轴比的变化。本图轨迹为观测者位于 40° 纬度时的计算结果

4.2 $\left(u',v'\right)$ 平面

在 3.1.2 节介绍的东西向基线的 (u',v') 平面，通常很便于分析天线阵的某些特性。(u',v') 平面垂直于地轴，可理解为地球的赤道面。当天线不是东西分布时，可以考虑将基线矢量投影到 (u',v') 平面。当地球自转时，基线在赤道面的投影将扫出一个圆形轨迹。利用转换公式 $u'=u$ 和 $v'=v\csc\delta_0$ ，(u,v) 平面的基线分量可以转换为 (u',v') 平面的基线分量。由式（4.1），两个天线的基线分量 $\left(X_\lambda,Y_\lambda,Z_\lambda\right)$ 可以转换到 (u',v') 平面：

$$u' = X_\lambda \sin H_0 + Y_\lambda \cos H_0 \tag{4.6}$$

$$v' = -X_\lambda \cos H_0 + Y_\lambda \sin H_0 + Z_\lambda \cot \delta_0 \tag{4.7}$$

轨迹是以 $\left(0, Z_\lambda \cot\delta_0\right)$ 为圆心的圆，圆的半径为 q' ，即

$$q'^2 = u'^2 + \left(v' - Z_\lambda \cot \delta_0\right)^2 = X_\lambda^2 + Y_\lambda^2 \tag{4.8}$$

如图 4.4（b）所示。天线间距矢量投影形成圆形轨迹，以角速度 ω_e 转动，ω_e 即为地球的自转速度，比 (u,v) 平面内的椭圆运动理解起来更直观，特别是时间效应问题，例如可见度函数数据平均，在 (u',v') 平面处理起来更加方便。(u',v') 平面应用的例子见 4.4 节、6.4.2 节和 16.3.2 节。在傅里叶变换中，(u',v') 的共

轭变量为 (l', m') ，其中 $l' = l$ ， $m' = m\sin\delta_0$ ，也就是在二维图像域， m 方向以因子 $\sin\delta_0$ 进行了压缩。

4.3　条纹频率

基线的 w 分量代表来自于相位参考点方向的平面波先后入射到两个天线的路径差。相应的时间延迟为 w/ν_0 ， ν_0 为观测频段的中心频率。当 w 变化一个波长时，两个天线接收到的信号的相位差变化 2π 弧度。因此两个信号经相关器合成后，输出的振荡频率为

$$\frac{\mathrm{d}w}{\mathrm{d}t} = \frac{\mathrm{d}w}{\mathrm{d}H}\frac{\mathrm{d}H}{\mathrm{d}t} = -\omega_e\left[X_\lambda\cos\delta\sin H + Y_\lambda\cos\delta\cos H\right] = -\omega_e u\cos\delta \qquad (4.9)$$

其中地球转速 $\omega_e = \mathrm{d}H/\mathrm{d}t = 7.29115\times10^{-5}\ \mathrm{rad\cdot s^{-1}}$ ，是地球相对于一些固定的恒星进行自转的角速度，更高精度的地球自转速度见 Seidelmann（1992）。 $\mathrm{d}w/\mathrm{d}t$ 的符号表示相位差随时间增加或减少。上述结论适用于天线到相关器输入端信号相位不随时间变化的稳定系统。当阵列中的天线能够跟踪射电源时，可以对空间路径差 w 进行延迟补偿，以保持信号的相关性。如果对接收机射频电路部分进行精确的延迟补偿，则相关器输入端信号的相位差保持不变，相关器的输出就不会产生条纹。然而，除非低频阵列（LOFAR）这样的低频阵列（de Vos et al., 2009），一般都在中频电路引入延迟补偿，中频中心频率 ν_d 一般远远小于射频中心频率 ν_0 。调整延迟补偿时，会引入变化率为 $2\pi\nu_d(\mathrm{d}w/\mathrm{d}t)/\nu_0 = -\omega_e u(\cos\delta)\nu_d/\nu_0$ 的相位变化。导致相关器输出的条纹频率为

$$\nu_f = \frac{\mathrm{d}w}{\mathrm{d}t}\left(1\mp\frac{\nu_d}{\nu_0}\right) = -\omega_e u(\cos\delta)\left(1\mp\frac{\nu_d}{\nu_0}\right) \qquad (4.10)$$

其中负号代表上边带接收机，正号代表下边带接收机，将在 6.1.8 节详述二者之间的区别以及双边带接收机的情况。由式（4.3）可知式（4.10）的右侧等于 $-\omega_e D\cos d\cos\delta\sin(H-h)(\nu_0\mp\nu_d)/c$ ，其中需要注意的是 $(\nu_0\mp\nu_d)$ 由接收机的一个或多个本振频率决定。

4.4　可见度频率

如 3.1 节所述，复可见度相位是相对于相位参考点处的假想点源进行测量的。可见度函数并不能表现出条纹频率的变化，但视场内点源位置的变化会引起可见度函数频率的缓慢变化。现在考察可见度函数的最大瞬时变化频率，用函数 $\delta(l_1, m_1)$ 来代表点源，可见度函数为 $\delta(l_1, m_1)$ 的傅里叶变换，即

$$e^{-j2\pi(ul_1+vm_1)} = \cos 2\pi(ul_1+vm_1) - j\sin 2\pi(ul_1+vm_1) \tag{4.11}$$

表达式由正弦函数和余弦函数构成，余弦是实部，正弦是虚部。用图 4.6 的 (u',v') 坐标来表征式（4.11）实部对应的 (u',v') 域内波动，三角函数的参数变成 $2\pi(u'l_1+v'm_1\sin\delta_0)$。$(u',v')$ 平面内的条纹频率定义为单位距离变化的周期数，在 u' 方向的频率为 l_1，在 v' 方向的频率为 $m_1\sin\delta_0$，变化最快方向的频率为

$$r_1' = \sqrt{l_1^2 + m_1^2 \sin^2\delta_0} \tag{4.12}$$

式（4.12）在天极方向有最大值 r_1，最大值为源到 (l,m) 平面原点的角距离。对于任何天线对，由于矢量的旋转角速度为 ω_e，基线矢量投影在 (u',v') 平面所形成的空间频率轨迹都表现为一个半径为 q' 旋转的圆，q' 的定义见式（4.8）。从图 4.6 可以清楚地看出，在 P 点可见度函数的瞬时变化率达到最大 $\omega_e r_1' q'$。这是一个非常有用的结论，因为如果 r_1 代表成像区域的边缘位置，为了跟踪可见度函数的快速变化，必须在远远小于 $(\omega_e r_1' q')^{-1}$ 的时间间隔内对可见度函数进行采样。而且，如果希望在观测周期内切换观测频率或极化，这些切换也要在同样短的时间间隔内完成。值得注意的是，这些要求也可以用 5.2.1 节的采样定理来理解。

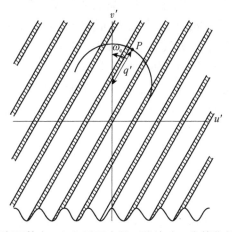

图 4.6　点源目标的可见度函数在 (u',v') 平面内的正弦波动。为简化起见，图中只展现了可见度函数的实部。点 P 是可见度函数值变化率最大的点，该点处天线间距轨迹的方向垂直于可见度函数脊。ω_e 为地球自转速度

4.5　基线定标

通过传统的工程测量方法，阵列中每个天线相对于公共参考点的相对位置 (X,Y,Z) 的测量精度可达几厘米或几毫米。但是，除非波长较长的观测系统，其他观测系统对位置精度的要求都要高于上述指标。对位于相位参考点处的点

源进行观测时，在任意时角我们都必须能对相位进行一定精度（比如 1°）的计算，并从观测相位中减去该相位。在式（3.7）中，因子 $e^{j2\pi w}$ 代表参考相位，因此在测量 w 时，计算精度要达到 1/360 观测波长。利用对位置精确已知的定标源进行观测，可以达到基线测量精度要求。对位于相位参考点 (H_0, δ_0) 的定标源进行观测时，其相位在理想情况下应等于零。然而，如果需要考虑到实际测量中的各种不确定性，由式（4.1），可以推算测量到的相位为

$$2\pi\Delta w + \phi_{\text{in}} = 2\pi\left(\cos\delta_0\cos H_0\Delta X_\lambda - \cos\delta_0\sin H_0\Delta Y_\lambda + \sin\delta_0\Delta Z_\lambda\right) + \phi_{\text{in}} \quad (4.13)$$

前缀Δ代表相应参数的不确定性，ϕ_{in} 为两个天线的仪器相差。如果在很宽时角范围内对定标源进行了观测，则可利用相对于时角的相位变化的偶分量和奇分量分别获取 ΔX_λ 和 ΔY_λ。为测量 ΔZ_λ，必须对位于不同赤纬上的多个定标源进行观测。可能的过程是，观测几个位于不同赤纬的定标源，几个小时重复观测一轮。由式（4.13），可得第 k 次观测时

$$a_k\Delta X_\lambda + b_k\Delta Y_\lambda + c_k\Delta Z_\lambda + \phi_{\text{in}} = \phi_k \quad (4.14)$$

其中 a_k、b_k 和 c_k 为已知源的参数，ϕ_k 是测量相位。由于可以用测量相位同时估计源的位置和基线矢量，定标源的位置无须精确已知，在 12.2 节将讨论这种估计技术。实际上，设备相位 ϕ_{in} 会随时间缓慢变化，设备的稳定度将在第 7 章讨论。此外，观测路径上的大气也会导致相位变化，将在第 13 章讨论该变化。这些影响决定了观测定标源和待研究的射电源可以达到的精度上限。

当基线参数测量精度达到 10^{-7} 量级时（例如 30km 测量精度为 3mm），意味着定时精度为 $10^{-7}\omega_e^{-1} \approx 1\text{ms}$。将在 9.5.8 节和 12.3.3 节讨论定时问题。

4.6　天　　线

4.6.1　天线座架

前序章节中，我们在讨论基线矢量各分量对相位测量的影响时，假设一对天线单元是完全一致的，各个天线对信号的影响互相抵消，因此忽略了天线本身带来的影响。然而，这种假设只能近似成立。为了提高灵敏度，大多数综合孔径天线阵列的接收面积可达几十或几百平方米。除了使用偶极子天线阵列的米波射电望远镜以外，天线单元通常需要采用能够精密跟踪射电源运动的大型结构。扫描跟踪天线几乎都是安装在赤道仪座架（也被称为极轴型天线座）或经纬仪式座架上，如图 4.7 所示。对于赤道仪座架，极轴平行于地球自转轴，天线只需围绕极轴、按照恒星运动速度进行旋转，就可以跟踪射电源。从机械结构角度，建造赤道仪座架比建造经纬仪座架困难，因此大部分赤道仪座架都应用于引入计算机进行控制和坐标变换之前的天线系统。

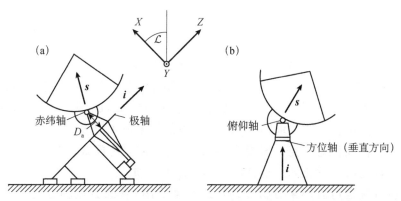

图 4.7 （a）赤道仪（极轴）式座架框图，（b）经纬仪式座架框图。图中所示的两种座架，赤纬轴和俯仰轴都垂直于纸面。天线安装在赤道仪座架时，两个旋转轴之间的距离为 D_a；天线安装在经纬仪座架时，两个旋转轴通常是相交的

在射电天文中，大多数跟踪天线阵列使用的天线是圆对称反射面，圆对称反射面的特点是反射面的对称轴与天线座架的两个旋转轴都相交。如果不是这样的话，改变天线指向时将引入天线波束方向上的运动分量。这种情况下，就需要对天线指向不同而引起的相位变化进行修正，而不同的天线，指向引起的相位变化可能具有不同的特性，因此增加了复杂性。幸好，不论是赤道仪座架还是经纬仪座架，反射面对称轴都与座架的两个旋转轴相交，并且具有足够高的精度，因此通常可以忽略指向不同而导致的相位误差。

天线座架的两个旋转轴相交，通常会便于后续信号处理，但这并不是必须的。定义两个天线之间的基线，可以选择相交点作为相位参考点。这是因为不论天线指向何方，沿着波束指向方向测量到的由该点至天线面的距离是不变的。在很多大型赤道仪座架天线上，极轴和赤纬轴并不相交，大多数情况两个轴之间有几米的距离。Wade（1970）研究了这种偏置的影响，研究表明在进行高精度相位测量时，需要考虑两轴间距和极轴安装精度引起的相位变化，也要考虑极轴校准精度引起的相位变化。按以下方法可以推导这些结论。设 i 和 s 分别为座架极轴方向和被测源方向的单位矢量，垂直于 i 方向进行测量，得到两轴之间的基线矢量 D_a（图 4.7（a））。需要计算的量是 D_a 在观测方向上的投影，即 $D_a \cdot s$。因为 D_a 垂直 i，D_a 与 s 夹角的余弦为 $\sqrt{1-(i \cdot s)^2}$。因此，

$$D_a \cdot s = D_a \sqrt{1-(i \cdot s)^2} \tag{4.15}$$

其中 D_a 为基线 D_a 的长度。基线分量是在 (X,Y,Z) 坐标系下测量的，i 的方向余弦为 (i_X, i_Y, i_Z)，s 的方向余弦由式（4.2）右侧的转换矩阵给出，但需要将其中的 h 和 d 换成 H 和 δ，H 和 δ 代表观测方向。如果极轴的安装精度在 $1'$ 以内，i_X 和 i_Y 在 10^{-3} 量级且 $i_Z \approx 1$，则可以使用方向余弦对式（4.15）进行估算，忽略

i_X 和 i_Y 的二次项，可得

$$\boldsymbol{D}_a \cdot \boldsymbol{s} = D_a \left(\cos \delta - i_X \sin \delta \cos H + i_Y \sin \delta \sin H \right) \tag{4.16}$$

用波长来表示基线 $\boldsymbol{D}_a$ 的长度，计算视场中心点的参考相位时，必须将两个天线 $\boldsymbol{D} \cdot \boldsymbol{s}$ 的差值代入式（4.1）的基线 w 分量。具体过程中，首先要确定式（4.16）中未知的常数项，在式（4.13）右侧加上一个 $2\pi(\alpha \cos \delta_0 + \beta \sin \delta_0 \cos H_0 + \gamma \sin \delta_0 \sin H_0)$ 项，且增加求解 α, β, γ。计算的结果就可以表征两个天线的结构尺寸差异。需要注意的是，只有在 $\boldsymbol{D}_a$ 很大时才需要考虑式（4.16）中 i_X 和 i_Y 项。如果 $\boldsymbol{D}_a$ 小于一个波长，通常可以忽略 i_X 和 i_Y 项。

上述方法也可以用来分析经纬仪式座架。用 $\boldsymbol{i}$ 代表方位轴方向，如图 4.7（b）所示。则 $i_X = \cos(\mathcal{L} + \varepsilon)$，$i_Y = \sin \varepsilon'$，$i_Z = \sin(\mathcal{L} + \varepsilon)$，其中 $\mathcal{L}$ 为纬度，ε 为在 XZ 平面的倾斜误差，ε' 为 Y 轴和本地垂线所在平面的倾斜误差。该误差的量级同样在 10^{-3} 左右。很多经纬仪座架天线被设计成转轴相交，D_a 表示结构公差。因此，假设 D_a 足够小，可以忽略 $i_Y D_a$ 项和 εD_a 项，则由式（4.15）可得

$$\boldsymbol{D}_a \cdot \boldsymbol{s} = D_a \left[1 - (\sin \mathcal{L} \sin \delta + \cos \mathcal{L} \cos \delta \cos H)^2 \right] = D_a \cos \mathcal{E} \tag{4.17}$$

其中 $\mathcal{E}$ 为 $\boldsymbol{s}$ 方向的仰角，见附录 4.1 中的式（A4.1）。可以将这种形式的修正项加入基线定标表达式以及 w 表达式。

4.6.2　波束宽度和波束形状的影响

如果阵列中包含一些波束宽度不同的天线，对数据进行解释就并不总是件容易的事情。每对天线响应一种有效强度分布，其响应是天空实际强度分布乘以两个天线归一化波束形状的几何平均。如果不同的天线对观测的有效强度分布不同，则原则上不能应用 $I(l,m)$ 和 $\mathcal{V}(u,v)$ 之间的傅里叶变换关系对所有天线对的观测数据进行合成。有时，VLBI 必须使用具有不同设计的天线，这就需要进行混合阵列观测。然而，在 VLBI 观测中，要研究的源结构远小于单元天线的波束宽度，因此通常可以忽略单元天线的波束差异。如果天线的波束宽度不同，且源结构不是远小于波束宽度，也有可能找到适当的函数，在 (u,v) 平面与可见度函数作卷积，用最窄的波束来限制观测视场。

如果天线是安装在经纬仪座架上，且相对于标称主轴的单元天线方向图不是理想圆对称，也会发生类似的波束不匹配问题。使用经纬仪座架跟踪天空中的某一点源时，随着目标在天空运动，天线波束会围绕其主轴旋转。安装在赤道仪座架的天线波束不会随着源运动而发生波束旋转。在图 4.3 中，天线所在位置的垂面与被测点向北的平面（定义为穿过该点与北极的大圆）之间的夹角为视差角 ψ_p。对球面三角形 ZPS 应用正弦定理，可得

$$\frac{-\sin\psi_p}{\cos\mathcal{L}} = \frac{-\sin H}{\cos\mathcal{E}} = \frac{\sin\mathcal{A}}{\cos\delta} \tag{4.18}$$

将式（4.18）与式（A4.1）或（A4.2）联立，可以将 ψ_p 表示为 $(\mathcal{A}, \mathcal{E})$ 或者 (H, δ) 的函数。如果天线波束很窄，其波束宽度和被测源的角宽度相当，天线跟踪导致波束旋转时，源的有效强度分布会随时角而变化。在对宇宙的最遥远的结构进行成像时，需要先对前景射电源进行精确去除，这种情况会变得非常严重。澳大利亚探路者阵列（DeBoer et al.，2009）采用了 12m 口径单元天线，座架为经纬仪式，但增加了额外的第三转轴来保证天线扫描时，反射面、馈源支撑结构和馈源围绕主轴旋转，因此跟踪时天线方向图和极化角相对于天空保持不变。

4.7　极　化　测　量

射电天文中极化测量非常重要。例如，大多数同步辐射都会表现出一定的弱极化特性，反映了射电源内部的磁场分布。如第 1 章所述，这类极化一般是线极化，其强度及位置角可能会在源内变化。频率升高时，法拉第旋转引起的去极化效应减弱，因此极化度也会增大。原子和分子的塞曼效应、太阳大气中的回旋同步辐射和等离子体振荡、行星表面的布儒斯特角效应也会产生极化射电辐射。在射电天文中，使用 George Stokes 于 1952 年引入的四个参数作为通用的极化测量参量。此处假设读者对斯托克斯参量概念有一定了解，或者可参考其他相关文献（Born and Wolf，1999；Kraus and Carver，1973；Wilson et al.，2013）。

斯托克斯参量由电场分量 E_x 和 E_y 的强度决定。E_x 和 E_y 互相垂直并且与传播方向垂直。因此，如果分别用 $\mathcal{E}_x(t)\cos[2\pi vt + \delta_x(t)]$ 和 $\mathcal{E}_y(t)\cos[2\pi vt + \delta_y(t)]$ 表示 E_x 和 E_y，则斯托克斯参量定义如下：

$$
\begin{aligned}
I &= \langle \mathcal{E}_x^2(t) \rangle + \langle \mathcal{E}_y^2(t) \rangle \\
Q &= \langle \mathcal{E}_x^2(t) \rangle - \langle \mathcal{E}_y^2(t) \rangle \\
U &= 2\langle \mathcal{E}_x(t)\mathcal{E}_y(t)\cos[\delta_x(t) - \delta_y(t)] \rangle \\
V &= 2\langle \mathcal{E}_x(t)\mathcal{E}_y(t)\sin[\delta_x(t) - \delta_y(t)] \rangle
\end{aligned}
\tag{4.19}
$$

其中的尖括号代表期望值或时间平均。射电天文处理的信号是随时间随机变化的，因此很有必要做平均。在四个参数中，I 代表的是电磁波的总强度，Q 和 U 代表的是线性极化分量，V 代表的是圆极化分量。利用更直接的物理解释可以将斯托克斯参量转换为极化测量公式，即

$$m_1 = \frac{\sqrt{Q^2 + U^2}}{I} \qquad (4.20)$$

$$m_c = \frac{V}{I} \qquad (4.21)$$

$$m_t = \frac{\sqrt{Q^2 + U^2 + V^2}}{I} \qquad (4.22)$$

$$\theta = \frac{1}{2}\arctan\left(\frac{U}{Q}\right), \quad 0 \leqslant \theta \leqslant \pi \qquad (4.23)$$

其中 m_1、m_c 和 m_t 分别为线极化度、圆极化度和总极化度；θ 为线极化平面的位置角。对于单色波信号，总极化度 $m_t = 1$，只用三个参数就可以完全描述其极化特性。对于随机信号，例如，来自宇宙的射电信号，$m_t \leqslant 1$，需要用四个参数才能描述信号的极化特性。斯托克斯参量全部具有流量密度或强度的量纲，它们和电磁场以相同的方式传播。因此，对在波的传输路径上任何一点进行测量或计算，都可以确定斯托克斯参量。多个独立源的斯托克斯参量具有可加性。当用斯托克斯参量来描述源上任何一点的总辐射时，I 代表的是总强度，恒为正值；但 Q, U 和 V 既可以是正值，也可以是负值，取决于其位置角或极化旋转特性。后续章节将会介绍，用干涉仪测量得到的斯托克斯可见度函数也是复数。

到目前为止，我们在分析干涉仪和天线阵的响应时，都忽略了极化的问题。假设处理的是无极化辐射，即只有参量 I 是非零的，这种简化就是合理的。用极化状态相同的两个天线进行干涉测量无极化辐射时，干涉仪响应总是正比于辐射源的总流量密度。后面将讨论更常见的情况，即干涉仪响应正比于两个或多个斯托克斯参量的线性组合，线性组合由天线的极化状态决定。用天线的不同极化状态进行观测有可能区分四个斯托克斯参量的响应，并确定相应的可见度函数分量。可以单独测量射电源区各个参量的空间分布，并可以确定射电源中任意一点的极化状态。当然也可以用其他方式描述电磁波的极化状态，其中相关矩阵法可能是最重要的一个（Ko, 1967a, b）。尽管如此，天文学家仍然广泛使用经典的斯托克斯参量，本书也主要进行斯托克斯参量分析。

4.7.1 天线的椭圆极化

不论发射还是接收，一般可用波前平面上发射信号电场矢量随时间运动的椭圆轨迹来描述天线的极化。大多数天线设计时，常使方向图主波束中心部分的椭圆轨迹逼近直线轨迹或圆轨迹，定义为线极化和圆极化。然而，在实际工程中不可能实现理想的线极化或圆极化。如图 4.8 所示，椭圆极化的基本特征由长轴位置角 ψ 和轴比定义，可以方便地用角 χ 的正切来表示轴比，其中 $-\pi/4 \leqslant \chi \leqslant \pi/4$。

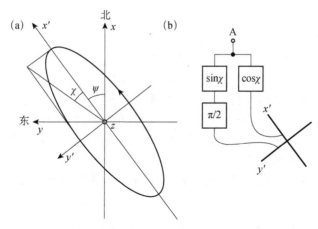

图4.8 （a）当一部天线发射正弦信号时，可以用其电场矢量形成椭圆轨迹的特征对天线的极化状态进行一般性描述。长轴位置角 ψ 是相对 x 轴定义的， x 轴指向天球北极。来自天空的辐射波向读者方向传播，也就是沿 $+z$ 方向传播。图中所示的波是右旋极化，用椭圆上的箭头表示其极化方向。（b）辐射图（a）所示椭圆极化电场的天线模型，图中 A 表示天线端口， $\cos\chi$ 和 $\sin\chi$ 代表图中天线电压响应的正交分量， $\pi/2$ 代表相位延迟

可用图 4.8（b）所示的两个理想偶极子对任意极化的天线进行建模。考虑向端口 A 馈入一个信号波形，并通过天线发射。信号先经过两个电压响应分别正比于 $\cos\chi$ 和 $\sin\chi$ 的网络，并且到 y' 偶极子的信号还要经过一个 $\pi/2$ 移相网络。因此，天线沿着椭圆的长轴和短轴方向产生一对正交电场分量（相位差 $90°$），幅度分别为 $\mathcal{E}_{x'}$ 和 $\mathcal{E}_{y'}$。如果在天线输入端输入射频正弦波 $V_0\cos 2\pi\nu t$ ，则天线辐射的电场分量分别为

$$\mathcal{E}_{x'}\cos 2\pi\nu t \ \propto\ V_0\cos\chi\cos 2\pi\nu t$$
$$\mathcal{E}_{y'}\sin 2\pi\nu t \ \propto\ V_0\sin\chi\sin 2\pi\nu t \tag{4.24}$$

式中， y' 分量的相位滞后 x' 分量 $\pi/2$。当 $\chi=\pi/4$ 时，天线辐射的电场矢量轨迹为圆形，旋转方向从 x' 到 y'（图 4.8（a）中的逆时针方向）。这符合 x' 与 y' 偶极子信号之间存在四分之一周期延迟的特征。在右手定则坐标系中，符合上述条件的波沿着 $+z'$ 方向传播（图 4.8（a）中朝向读者方向），按照 IEEE（1977）的定义，这种波定义为右旋圆极化波。现在广泛采用这种定义，但在一些旧文献中，这种波也可能被定义为左旋圆极化。国际天文联合会（IAU，1974）已经采纳了 IEEE 的定义，并指出在赤经和赤纬参考坐标系下，定义天空中电场矢量位置角的正方向为自北向东。IAU 还指出，在空间中某一固定点测量入射波电场矢量的位置角 θ ，当 θ 随着时间的增加而增加时，入射辐射的极化被称为右旋极化且为正值。需要注意的是，式（4.19）中只定义了 (x,y) 平面电场的斯托克斯参量，要确定圆极化波是左旋极化还是右旋极化，还需要给出波的传播方向。式（4.19）及前面定义的 E_x 和 E_y ，在右手定则坐标系内向 $+z$ 传播的波相对于正

V 是右旋圆极化波。

　　接收信号时，图 4.8 中沿着顺时针方向旋转的电场矢量，在 y' 偶极子上产生的电压信号比 x' 偶极子上产生的电压信号的相位超前 $\pi/2$，因此两个信号在 A 点同相合成。电场矢量沿着逆时针方向旋转时，我们通常使用负频率分量而不是解析信号，在比较便利时也会使用关系式（A3.6）。因此，图 4.8 中的天线接收来自 $+z$ 方向入射的右旋波（也就是向 $-z$ 传播的波），且天线向 $+z$ 方向发射右旋极化波。要接收从天空（$+z$ 方向）传播来的右旋波，必须要求 $\chi = -\pi/4$，使一个偶极子的极性反转。

　　为确定干涉仪响应，首先考虑图 4.8（b）天线模型的输出。定义电场分量的复数形式为

$$E_x(t) = \mathcal{E}_x(t)\,\mathrm{e}^{\mathrm{j}\left[2\pi vt + \delta_x(t)\right]}, \quad E_y(t) = \mathcal{E}_y(t)\,\mathrm{e}^{\mathrm{j}\left[2\pi vt + \delta_y(t)\right]} \tag{4.25}$$

图 4.8（b）中 A 点处接收到的信号电压的复数表达式为

$$V' = E_{x'}\cos\chi - \mathrm{j}E_{y'}\sin\chi \tag{4.26}$$

其中 $-\mathrm{j}$ 因子代表对式（4.25）电场的 y' 信号施加 $\pi/2$ 相位延迟。现在可以用斯托克斯参量定义入射波的极化。IAU（1974）定义的坐标轴分别为天球的北向和东向，即图 4.8（a）中的 x 轴和 y 轴。相对于 x 和 y 方向的电场，x' 和 y' 方向的电场分量分别为

$$E_{x'}(t) = \left[\mathcal{E}_x(t)\,\mathrm{e}^{\mathrm{j}\delta_x(t)}\cos\psi + \mathcal{E}_y(t)\,\mathrm{e}^{\mathrm{j}\delta_y(t)}\sin\psi\right]\mathrm{e}^{\mathrm{j}2\pi vt}$$
$$E_{y'}(t) = \left[-\mathcal{E}_x(t)\,\mathrm{e}^{\mathrm{j}\delta_x(t)}\sin\psi + \mathcal{E}_y(t)\,\mathrm{e}^{\mathrm{j}\delta_y(t)}\cos\psi\right]\mathrm{e}^{\mathrm{j}2\pi vt} \tag{4.27}$$

阵列中天线 m 和天线 n 的相关器输出响应的推导需要直接操作一些冗长的表达式，这里就不再复述。推导步骤如下：

　　（1）将式（4.27）中的 $E_{x'}$ 和 $E_{y'}$ 代入式（4.26），得到每个天线的输出。

　　（2）标明两个天线的 ψ、χ 和 V' 值，用下标 m 和 n 区别两个天线，计算相关器输出 $R_{mn} = G_{mn}\left\langle V_m' V_n'^{*}\right\rangle$，其中 G_{mn} 为设备增益因子。

　　（3）用 $\mathcal{E}_x, \mathcal{E}_y, \delta_x, \delta_y$ 代替斯托克斯参量，则式（4.19）可改写为

$$\left\langle\left(\mathcal{E}_x\mathrm{e}^{\mathrm{j}\delta_x}\right)\left(\mathcal{E}_x\mathrm{e}^{\mathrm{j}\delta_x}\right)^{*}\right\rangle = \left\langle\mathcal{E}_x^2\right\rangle = \frac{1}{2}(I + Q)$$

$$\left\langle\left(\mathcal{E}_y\mathrm{e}^{\mathrm{j}\delta_y}\right)\left(\mathcal{E}_y\mathrm{e}^{\mathrm{j}\delta_y}\right)^{*}\right\rangle = \left\langle\mathcal{E}_y^2\right\rangle = \frac{1}{2}(I - Q)$$

$$\left\langle\left(\mathcal{E}_x\mathrm{e}^{\mathrm{j}\delta_x}\right)\left(\mathcal{E}_y\mathrm{e}^{\mathrm{j}\delta_y}\right)^{*}\right\rangle = \left\langle\mathcal{E}_x\mathcal{E}_y\mathrm{e}^{\mathrm{j}(\delta_x - \delta_y)}\right\rangle = \frac{1}{2}(U + \mathrm{j}V)$$

$$\left\langle\left(\mathcal{E}_x\mathrm{e}^{\mathrm{j}\delta_x}\right)^{*}\left(\mathcal{E}_y\mathrm{e}^{\mathrm{j}\delta_y}\right)\right\rangle = \left\langle\mathcal{E}_x\mathcal{E}_y\mathrm{e}^{-\mathrm{j}(\delta_x - \delta_y)}\right\rangle = \frac{1}{2}(U - \mathrm{j}V)$$

$$\tag{4.28}$$

可得相关函数为

$$R_{mn} = \frac{1}{2} G_{mn} \{ I_v [\cos(\psi_m - \psi_n)\cos(\chi_m - \chi_n) + j\sin(\psi_m - \psi_n)\sin(\chi_m + \chi_n)]$$

$$+ Q_v [\cos(\psi_m + \psi_n)\cos(\chi_m + \chi_n) + j\sin(\psi_m + \psi_n)\sin(\chi_m - \chi_n)]$$

$$+ U_v [\sin(\psi_m + \psi_n)\cos(\chi_m + \chi_n) - j\cos(\psi_m + \psi_n)\sin(\chi_m - \chi_n)]$$

$$+ V_v [\cos(\psi_m - \psi_n)\sin(\chi_m + \chi_n) + j\sin(\psi_m - \psi_n)\cos(\chi_m - \chi_n)] \} \qquad (4.29)$$

式中的斯托克斯参量符号都加了下标 v，代表源上对应参量分布的复可见度，不是简单辐射强度或亮温。式（4.29）是非常有用的通用公式，最初由 Morris 等（1964）推导得出，后来 Weiler（1973）也进行了推导。由于圆极化的旋转方向定义不同，Morris 等推导的公式中 V_v 符号与 Weiler 及式（4.29）的符号相反。按照图 4.8 中的定义，两个一样的天线都接收右旋圆极化辐射时，需要调整参数 $\psi_m = \psi_n$，$\chi_m = \chi_n = -\pi/4$。式（4.29）中，这组参数对应的 V_v 为正。因此，式（4.29）中正 V_v 代表来自天空的入射波为右旋圆极化，符合 IAU 1973 年的定义（IAU，1974）。Morris 等的推导早于 IAU 的定义，遵循了当时通用的定义习惯，当时 V_v 的符号与后来 IAU 的定义相反。需要注意的是，后续章节中，将忽略式（4.29）中的系数 1/2，该系数默认包含在系统增益因子中。式（4.29）曾经是射电干涉技术中极化测量的理论基础，持续使用了三十多年。后来 Hamaker 等（1996）提出了替代公式，将在 4.8 节中介绍。

4.7.2　斯托克斯可见度

如上所述，式（4.29）中符号 I_v、Q_v、U_v 和 V_v 表示分布式天线测量的相应可见度参量。因此，我们遵循 Hamaker 等（1996）命名法，将这些量称作斯托克斯可见度。斯托克斯可见度是极化辐射成像需要的测量值，利用式（4.29）计算相关器的输出，可以获取这些量。当实际使用的天线具有标准极化特性时，式（4.29）可以大大简化，此时 $\chi_m = \chi_n$，$\psi_m = \psi_n$，式（4.29）变成如下形式：

$$R_{mn} = G_{mn} [I_v + Q_v \cos 2\psi_m \cos 2\chi_m + U_v \sin 2\psi_m \cos 2\chi_m - V_v \sin 2\chi_m] \qquad (4.30)$$

使用线极化天线时，可以方便地用下标 x 和 y 表示两个正交极化面。例如，R_{xy} 代表 x 极化天线 m 和 y 极化天线 n 的相关器输出，使用线极化天线时，$\chi_m = \chi_n = 0$。考虑两个天线都具有独立的正交线极化 x 和 y，忽略增益常数项，由式（4.30）可得两个平行极化的相关器输出为

$$R_{xx} = I_v + Q_v \cos 2\psi_m + U_v \sin 2\psi_m \qquad (4.31)$$

其中 ψ_m 为天线极化的位置角，定义为从北天极向东的角度。y 极化角等于 x 极化角加上 $\pi/2$。当 ψ_m 分别等于 0°、45°、90° 和 135° 时，输出 R_{xx} 分别和 $(I_v + Q_v)$、$(I_v + U_v)$、$(I_v - Q_v)$ 以及 $(I_v - U_v)$ 成正比。当使用具有上述极化角的天线时，可测量得到 I_v、Q_v 和 U_v，但测量不到 V_v。很多情况下，圆极化分量

非常小，可忽略，无法测量V_v不是严重问题。但是，Q_v和U_v通常仅是I_v的百分之几，试图用相同的馈源测量Q_v和U_v时，通常会遇到的问题是要测量两个强信号之间的微小差别。如果试图用$\chi = \pm\pi/4$的相同圆极化馈源测量V_v，其响应正比于$(I_v \mp V_v)$，也会遇到同样的问题。用极化相反的馈源测量Q_v、U_v或V_v，可以减小这一问题。测量V_v的例子参见文献（Weiler and Raimond，1976）。

使用极化相反的馈源时，要在式（4.29）中插入$\psi_n = \psi_m + \pi/2$，且$\chi_m = -\chi_n$。对于线极化，χ项等于零且极化面是正交的。如同典型的正交偶极子一样，用正交极化来描述这两个天线。忽略常数项增益因子，并使用前面定义的下标x和y，可得相关器输出为

$$R_{xy} = -Q_v \sin 2\psi_m + U_v \cos 2\psi_m + \mathrm{j}V_v$$
$$R_{yx} = -Q_v \sin 2\psi_m + U_v \cos 2\psi_m - \mathrm{j}V_v$$

（4.32）

其中ψ_m代表极化面的角度方向（x或y），用同一公式中R项的第一个下标表示。因此，当ψ_m等于0°和45°时，R_{xy}响应正比于$(U_v + \mathrm{j}V_v)$和$(-Q_v + \mathrm{j}V_v)$。如果假设V_v为零，则足以测量Q_v和U_v极化分量。如果两个天线都能同时输出两个交叉极化信号，且每个极化具备独立的接收通道，则一对天线可以使用四个相关器。此时可以同时测量平行极化对和交叉极化对的响应，如表4.1所示。因此，如果能如表4.1所示，周期性地将极化面的位置角Ⅰ和Ⅱ旋转45°，例如旋转天线馈源，则可以测量Q_v、U_v和V_v，从而规避了从I_v中检测微小变化的问题。然而，事实表明旋转天线馈源的作用有限。馈源相对于天线反射面旋转有可能造成天线方向图和极化特性的一些变化，其影响很大。这是由于馈源旋转时，馈源支撑结构的遮挡效应会发生变化，且主反射面不是理想圆对称，因此会导致馈源辐射方向图的圆对称误差。

表 4.1　斯托克斯可见度函数与位置角

位置角		测量的斯托克斯可见度函数	
m	n		
0°	0°	$I_v + Q_v$	位置角 Ⅰ
0°	90°	$U_v + \mathrm{j}V_v$	位置角 Ⅰ
90°	0°	$U_v - \mathrm{j}V_v$	位置角 Ⅰ
90°	90°	$I_v - Q_v$	位置角 Ⅰ
45°	45°	$I_v + U_v$	位置角 Ⅱ
45°	135°	$-Q_v + \mathrm{j}V_v$	位置角 Ⅱ
135°	45°	$-Q_v - \mathrm{j}V_v$	位置角 Ⅱ
135°	135°	$I_v - U_v$	位置角 Ⅱ

此外，针对灵敏度最优而设计的射电天文系统通常将馈源、低噪声放大器以及低温制冷杜瓦设计为集成一体化结构，并不容易进行旋转。然而，经纬仪座架天线随时角跟踪天空中的源时，其视差角会随时角变化，因此经纬仪座架的天线响应方向图会在天空中旋转。Conway 和 Kronberg（1969）指出经纬仪座架天线的这一优势，如果观测周期持续几个小时，就能够区分源的极化和仪器效应。

Weile（1973）介绍了一种不同的线极化馈源配置，应用于韦斯特博克（Westerbork）综合孔径射电望远镜。天线安装于赤道仪座架，在对源进行跟踪时，极化视差角保持固定。一部分天线安装在铁轨上并可以进行移动，另一部分天线固定安装，将可移动天线与固定天线的输出作相关。表 4.2 给出可见度函数与位置角的测量结果，可移动天线的极化面位置角为 45° 和 135°，固定天线的极化面位置角为 0° 和 90°。相对于表 4.1，虽然响应强度降低了 $1/\sqrt{2}$，但由于使用 4 个相关器分别测量 4 个斯托克斯可见度，并没有导致灵敏度损失。注意，由于只对极化配置不同的天线作相关，这种方法并未用足所有可能的极化产品。

表 4.2 韦斯特博克望远镜斯托克斯可见度函数与位置角

位置角		测量的斯托克斯可见度函数
m	n	
0°	45°	$(I_v+Q_v+U_v+\mathrm{j}V_v)/\sqrt{2}$
0°	135°	$(-I_v-Q_v+U_v+\mathrm{j}V_v)/\sqrt{2}$
90°	45°	$(I_v-Q_v+U_v-\mathrm{j}V_v)/\sqrt{2}$
90°	135°	$(I_v-Q_v-U_v+\mathrm{j}V_v)/\sqrt{2}$

测量线极化时，两个反向圆极化馈源具有一定的优势。例如，对经纬仪座架天线，可以在确定相关器响应时，任意为天线 m 指定一个位置角 ψ_m，来表征馈源旋转效应。如果天线能同时输出两个反向极化信号（标记为 1 和 r），并且每对天线使用四个相关器进行相乘，则相关器输出正比于表 4.3 中的量。

表 4.3 斯托克斯可见度函数与极化方向

极化方向		测量的斯托克斯可见度函数
m	n	
r	r	I_v+V_v
r	1	$(-\mathrm{j}Q_v+U_v)\mathrm{e}^{-\mathrm{j}2\psi_m}$
1	r	$(-\mathrm{j}Q_v-U_v)\mathrm{e}^{\mathrm{j}2\psi_m}$
1	1	I_v-V_v

这里，对于右旋圆极化我们令 $\psi_1=\psi_r+\pi/2$ 且 $\chi=-\pi/4$；对于左旋圆极化我们令 $\chi=\pi/4$。观测期间馈源不必旋转，就可以将 Q_v 和 U_v 响应与 I_v 的响应区分开。选择适当的 ψ_r 值，如 $\pi/2$、$\pi/4$ 或 0，可以简化表 4.3 中的表达式。例

如，当 $\psi_r = 0$ ，rl 和 lr 响应之和即为斯托克斯可见度 U_v 的测度。同样，对于经纬仪座架天线，必须考虑极化位置角旋转的影响。Conway 和 Kronberg（1969）似乎是第一个使用圆极化天线干涉仪对弱极化源的线极化进行测量的团队。此后，射电天文广泛使用了圆极化天线。

4.7.3 设备极化

上述讨论了线极化和圆极化天线各种组合，推导过程中都假设天线极化是精确的线极化或圆极化，并且线极化馈源的位置角是精确已知的。但在实际中并非如此，表征极化特性的椭圆永远不能保持为完美的圆形或直线。天线的非理想特性会使无极化源的测量值表现出极化特征，因此称之为设备极化。如果已知这些偏差，则可由式（4.29）计算其影响。表 4.1～表 4.3 中的表达式只是给出响应的主要项，如果考虑设备项，一般情况下会影响所有四个斯托克斯可见度。例如，当使用标称位置角分别为 0°和 90°的交叉线极化馈源，令 ψ 和 χ 的实际值满足 $(\psi_x + \psi_y) = \pi/2 + \Delta\psi^+$ ，$(\psi_x - \psi_y) = -\pi/2 + \Delta\psi^-$ ，$\chi_x + \chi_y = \Delta\chi^+$ ，$\chi_x - \chi_y = \Delta\chi^-$ ，则由式（4.29）得

$$R_{xy} \approx I_v \left(\Delta\psi^- - \mathrm{j}\Delta\chi^+ \right) - Q_v \left(\Delta\psi^+ - \mathrm{j}\Delta\chi^- \right) + U_v + \mathrm{j}V_v \qquad (4.33)$$

一般情况下，可以调整天线，使 Δ 项不大于～1°，这里假设 Δ 项很小，其余弦近似为 1，其正弦等于其角度，两个正弦之积等于零。即使机械结构非常一致，天线之间的设备极化通常也是不一致的，在合成图像之前，必须对可见度数据进行修正。

虽然我们推导了与理想天线不同、包含轴比和极化椭圆方向误差的天线极化表达式，如式（4.29），但只要有可能从测量数据中去除设备的影响，不影响最终图像，就没必要知道这些误差参数。在定标天线响应时，广泛采用的方法是基于天线对与其标称响应正交或反向的极化波的响应来定义设备极化。因此，对于线极化天线，根据 Sault, Killeen 和 Kesteven（1991）的分析可得

$$\upsilon_x' = \upsilon_x + D_x \upsilon_y, \quad \upsilon_y' = \upsilon_y + D_y \upsilon_x \qquad (4.34)$$

其中下标 x 和 y 代表两个正交极化面，υ' 代表天线接收信号，υ 代表理想极化天线接收到的信号，D 代表理想天线与其标称极化方向正交的极化波的响应。D 通常也被描述为天线的正交极化泄漏（Bignell，1982），用来表征设备极化。每种极化状态的泄漏用一个复数表征，即与用轴比和极化椭圆方向这两个实数定义所需的项数相同。在附录 4.2 中，用极化椭圆参数推导了 D_x 和 D_y 的表达式：

$$D_x \approx \psi_x - \mathrm{j}\chi_x, \quad D_y \approx -\psi_y - \mathrm{j}\chi_y \qquad (4.35)$$

当参数 χ 和 ψ 是小量时，上式近似合理。注意在式（4.35）中，ψ_y 是相对于 y 方向定义的。对于理想的线极化天线，χ_x 和 χ_y 均为零，x 极化面和 y 极化面分

别与天线的 x 轴精确平行和垂直。因此，对于理想天线，ψ_x 和 ψ_y 也等于零。对于一个实际的天线，用式（4.35）中的项代表硬件的精度限制，并且我们可以发现，泄漏项的实部和虚部分别由极化失配及椭圆轴比造成。

对于一对天线 m 和 n，由于定义了泄漏项，我们可以用理想极化天线的相关器输出 R_{xx}、R_{xy}、R_{yx}、R_{yy} 表示实际测量的相关器输出 R'_{xx}、R'_{xy}、R'_{yx} 和 R'_{yy} 如下：

$$R'_{xx}/\left(g_{xm}g_{xn}^*\right) = R_{xx} + D_{xm}R_{yx} + D_{xn}^*R_{xy} + D_{xm}D_{xn}^*R_{yy}$$

$$R'_{xy}/\left(g_{xm}g_{yn}^*\right) = R_{xy} + D_{xm}R_{yy} + D_{yn}^*R_{xx} + D_{xm}D_{yn}^*R_{yx}$$

$$R'_{yx}/\left(g_{ym}g_{xn}^*\right) = R_{yx} + D_{ym}R_{xx} + D_{xn}^*R_{yy} + D_{ym}D_{xn}^*R_{xy}$$

$$R'_{yy}/\left(g_{ym}g_{yn}^*\right) = R_{yy} + D_{ym}R_{xy} + D_{yn}^*R_{yx} + D_{ym}D_{yn}^*R_{xx}$$

(4.36)

式中的 g 项代表对应信号通道的电压增益。g 是复数，用于表示通道的增益和相位。式（4.36）可以归一化，使每个 g 项的值近似为 1。要注意的是，式（4.36）中没有忽略小项。但是，泄漏项通常小于百分之几，因此两个泄漏项之积可以忽略。

然后，由式（4.31）和式（4.32），可以用斯托克斯可见度改写响应如下：

$$R'_{xx}/\left(g_{xm}g_{xn}^*\right) = I_v + Q_v\left[\cos 2\psi_m - \left(D_{xm} + D_{xn}^*\right)\sin 2\psi_m\right]$$
$$+ U_v\left[\sin 2\psi_m + \left(D_{xm} + D_{xn}^*\right)\cos 2\psi_m\right] - jV_v\left(D_{xm} - D_{xn}^*\right)$$

$$R'_{xy}/\left(g_{xm}g_{yn}^*\right) = I_v\left(D_{xm} + D_{yn}^*\right) - Q_v\left[\sin 2\psi_m + \left(D_{xm} - D_{yn}^*\right)\cos 2\psi_m\right]$$
$$+ U_v\left[\cos 2\psi_m - \left(D_{xm} - D_{yn}^*\right)\sin 2\psi_m\right] + jV_v$$

$$R'_{yx}/\left(g_{ym}g_{xn}^*\right) = I_v\left(D_{ym} + D_{xn}^*\right) - Q_v\left[\sin 2\psi_m - \left(D_{ym} - D_{xn}^*\right)\cos 2\psi_m\right]$$
$$+ U_v\left[\cos 2\psi_m + \left(D_{ym} - D_{xn}^*\right)\sin 2\psi_m\right] - jV_v$$

$$R'_{yy}/\left(g_{ym}g_{yn}^*\right) = I_v - Q_v\left[\cos 2\psi_m + \left(D_{ym} + D_{yn}^*\right)\sin 2\psi_m\right]$$
$$- U_v\left[\sin 2\psi_m - \left(D_{ym} + D_{yn}^*\right)\cos 2\psi_m\right] + jV_v\left(D_{ym} - D_{yn}^*\right)$$

(4.37)

注意，ψ_m 指的是同一公式中 R' 项的第一个下标所代表的极化（x 或 y）。Sault 等（1991）使用式（4.37）描述强极化情况。推导过程中，对斯托克斯可见度项的大小没有限制，但假设天线泄漏项是个小量。当源是弱极化时，可以忽略 Q_v、U_v、V_v 与泄漏项的乘积，则式（4.37）简化为

$$R'_{xx}/\left(g_{xm}g_{xn}^*\right) = I_v + Q_v\cos 2\psi_m + U_v\sin 2\psi_m$$

$$R'_{xy}/\left(g_{xm}g_{yn}^*\right) = I_v\left(D_{xm} + D_{yn}^*\right) - Q_v\sin 2\psi_m + U_v\cos 2\psi_m R_{xy} + jV_v$$

$$R'_{yx}/\left(g_{ym}g_{xn}^*\right) = I_v\left(D_{ym} + D_{xn}^*\right) - Q_v\sin 2\psi_m + U_v\cos 2\psi_m R_{xy} - jV_v$$

$$R'_{yy}/\left(g_{ym}g_{yn}^*\right) = I_v - Q_v\cos 2\psi_m - U_v\sin 2\psi_m$$

(4.38)

如果天线在其频率上限工作良好，就说明指向变化引起的引力偏斜很小，则可以大致认为极化项不随时间变化。设备增益项可能包含大气效应分量，时间变化尺度在几秒到几分钟量级。设备增益项还包含全部的接收机电子系统效应。

对圆极化天线，也可以同样定义泄漏项，并可以推导出类似的设备响应表达式。圆极化天线泄漏项公式如下：

$$v'_r = v_r + D_r v_l \quad 且 \quad v'_l = v_l + D_l v_r \tag{4.39}$$

与前面的定义类似，v' 项是测量的信号电压，v 是理想极化天线观测的信号电压，D 为泄漏参数。下标 r 和 l 分别代表右旋和左旋。附录 4.2 基于同样的方法推导了泄漏项与天线响应的方向和轴比之间的关系。这种情况下不要求小角度近似，其关系为

$$D_r = e^{j2\psi_r} \tan\Delta\chi_r \quad 且 \quad D_l = e^{-j2\psi_l} \tan\Delta\chi_l \tag{4.40}$$

其中 Δ 项由 $\chi_r = -45° + \Delta\chi_r$ 和 $\chi_l = 45° + \Delta\chi_l$ 定义。为了用泄漏项和斯托克斯可见度来表示干涉仪的输出公式，分别用 R'_{rr}、R'_{rl}、R'_{lr} 和 R'_{ll} 来表示四个相关器的输出。这些量与对应的理想极化天线的测量结果的关系如下：

$$R'_{rr}/\left(g_{rm}g^*_{rn}\right) = R_{rr} + D_{rm}R_{lr} + D^*_{rn}R_{rl} + D_{rm}D^*_{rn}R_{ll}$$

$$R'_{rl}/\left(g_{rm}g^*_{ln}\right) = R_{rl} + D_{rm}R_{ll} + D^*_{ln}R_{rr} + D_{rm}D^*_{ln}R_{lr}$$

$$R'_{lr}/\left(g_{lm}g^*_{rn}\right) = R_{lr} + D_{lm}R_{rr} + D^*_{rn}R_{ll} + D_{lm}D^*_{rn}R_{rl} \tag{4.41}$$

$$R'_{ll}/\left(g_{lm}g^*_{ln}\right) = R_{ll} + D_{lm}R_{rl} + D^*_{ln}R_{lr} + D_{lm}D^*_{ln}R_{rr}$$

现在，利用表 4.3 中的表达式，用斯托克斯可见度表示的输出如下：

$$R'_{rr}/\left(g_{rm}g^*_{rn}\right) = I_v\left(1+D_{rm}D^*_{rn}\right) - jQ_v\left(D_{rm}e^{j2\psi_m} + D^*_{rn}e^{-j2\psi_m}\right)$$
$$- U_v\left(D_{rm}e^{j2\psi_m} - D^*_{rn}e^{-j2\psi_m}\right) + V_v\left(1-D_{rm}D^*_{rn}\right)$$

$$R'_{rl}/\left(g_{rm}g^*_{ln}\right) = I_v\left(D_{rm}+D^*_{ln}\right) - jQ_v\left(e^{-j2\psi_m} + D_{rm}D^*_{ln}e^{j2\psi_m}\right)$$
$$+ U_v\left(e^{-j2\psi_m} - D_{rm}D^*_{ln}e^{j2\psi_m}\right) - V_v\left(D_{rm}-D^*_{ln}\right)$$

$$R'_{lr}/\left(g_{lm}g^*_{rn}\right) = I_v\left(D_{lm}+D^*_{rn}\right) - jQ_v\left(e^{j2\psi_m} + D_{lm}D^*_{rn}e^{-j2\psi_m}\right) \tag{4.42}$$
$$- U_v\left(e^{j2\psi_m} - D_{lm}D^*_{rn}e^{-j2\psi_m}\right) + V_v\left(D_{lm}-D^*_{rn}\right)$$

$$R'_{ll}/\left(g_{lm}g^*_{ln}\right) = I_v\left(1+D_{lm}D^*_{ln}\right) - jQ_v\left(D_{lm}e^{-j2\psi_m} + D^*_{ln}e^{j2\psi_m}\right)$$
$$+ U_v\left(D_{lm}e^{-j2\psi_m} - D^*_{ln}e^{j2\psi_m}\right) - V_v\left(1-D_{lm}D^*_{ln}\right)$$

同样地，ψ_m 指的是同一公式中 R' 的第一个下标所代表的极化（l 或 r）。ψ_m 等于视差角加上全部的设备偏差。在推导式（4.42）时没有作任何近似[在推导类似公式（4.37）时，忽略了两个 D 项的乘积]。如果泄漏项很小，则可以忽略任

意两个泄漏项之积，与式（4.37）描述的用线极化天线观测强极化源的情况相同。在强极化源观测方程基础上，进一步忽略 Q_v、U_v 和 V_v 与泄漏项之积，可得弱极化源的观测方程：

$$R'_{\mathrm{rr}}/\left(g_{\mathrm{r}m}g^*_{\mathrm{r}n}\right) = I_v + V_v$$

$$R'_{\mathrm{rl}}/\left(g_{\mathrm{r}m}g^*_{\mathrm{l}n}\right) = I_v\left(D_{\mathrm{r}m}+D^*_{\mathrm{l}n}\right)-\left(jQ_v-U_v\right)\mathrm{e}^{-j2\psi_m}$$

$$R'_{\mathrm{lr}}/\left(g_{\mathrm{l}m}g^*_{\mathrm{r}n}\right) = I_v\left(D_{\mathrm{l}m}+D^*_{\mathrm{r}n}\right)-\left(jQ_v+U_v\right)\mathrm{e}^{j2\psi_m}$$

$$R'_{\mathrm{ll}}/\left(g_{\mathrm{l}m}g^*_{\mathrm{l}n}\right) = I_v - V_v$$

$$(4.43)$$

Fomalont 和 Perley（1989）给出了类似表达式。为了基于这些推导出来的表达式，用泄漏和增益因子表示极化响应，就需要考虑如何对这些量进行标定，后面章节将讨论这一问题。

4.7.4 矩阵方程

上述分析极化特性的过程中，使用了天线响应的轴比和椭圆极化方向，这种分析方法是基于天线的物理模型和电磁波理论，如式（4.29）。历史上，光偏振研究已经发展了更长的时间。Hamaker（1996）基于光学研究中发展出来的方法，描述了射电波的极化，并陆续在四篇文章（Hamaker et al.，1996；Sault et al.，1996；Hamaker，2000；Hamaker，2002）中进行了详细分析。数学分析过程主要使用了矩阵代数，其优势在于可以独立表征信号路径上各种分量的响应，如大气、天线、电子学系统等，然后再合成最终解。这种方法便于对大气和电离层等效应进行详细分析。

在矩阵方程中，用二维列向量来表示极化波的电场。任何线性系统对电磁波或接收信号电压波形的影响都可以表征为 2×2 的矩阵如下：

$$\begin{bmatrix} E'_{\mathrm{p}} \\ E'_{\mathrm{q}} \end{bmatrix} = \begin{bmatrix} a_1 & a_2 \\ a_3 & a_4 \end{bmatrix} \begin{bmatrix} E_{\mathrm{p}} \\ E_{\mathrm{q}} \end{bmatrix} \qquad (4.44)$$

其中 E_{p} 和 E_{q} 代表输入极化状态（正交线极化或反向圆极化），E'_{p} 和 E'_{q} 代表输出极化状态。式（4.44）中的 2×2 矩阵称为琼斯矩阵（Jones，1941），这样的矩阵可以表征对信号的任意简单线性运算。琼斯矩阵可表征波矢量相对于天线的旋转、含极化泄漏效应在内的天线响应，或者接收系统直至相关器输入端的信号放大过程。可以用相应的琼斯矩阵的乘积来表征这些运算的合成效应，就像可以用接收机各级的增益和响应因子之积来表征接收系统对标量电压的影响一样。对于用反向圆极化分量定义的电磁波，上述运算对应的琼斯矩阵可表示如下：

$$J_{\text{totation}} = \begin{bmatrix} \exp(j\theta) & 0 \\ 0 & \exp(-j\theta) \end{bmatrix} \tag{4.45}$$

$$J_{\text{leakage}} = \begin{bmatrix} 1 & D_{\text{r}} \\ D_{\text{l}} & 1 \end{bmatrix} \tag{4.46}$$

$$J_{\text{gain}} = \begin{bmatrix} G_{\text{r}} & 0 \\ 0 & G_{\text{l}} \end{bmatrix} \tag{4.47}$$

其中 θ 代表天线极化旋转角度，天线的交叉极化由矩阵中非对角线元素 D_{r} 和 D_{l}（极化泄漏项）表示。对于非理想天线，对角线上的参数会略微偏离 1，但本例中将该偏差合并到两个通道的增益矩阵中。天线和电子学的增益可以统一用一个矩阵表示，并且在放大器中，可以很好地控制信号的交叉耦合，因此增益矩阵中只有对角线元素为非零值。

令 J_m 为接收链路各级组件的琼斯矩阵之积，表征信号从天线 m 到相关器输入端之间的全部线性变换操作，令 J_n 表征天线 n 接收链路的琼斯矩阵。相关器输入端的信号分别为 $J_m E_m$ 和 $J_n E_n$，其中 E_m 和 E_n 是表征天线信号的矢量。相关器输出是相关器输入信号的外积（也称为克罗内克积或张量积）：

$$E_m' \otimes E_n'^* = (J_m E_m) \otimes (J_n^* E_n^*) \tag{4.48}$$

其中 $\otimes$ 代表外积。外积 $A \otimes B$ 计算是将 A 中的元素 a_{ik} 用 $a_{ik} B$ 来代替，因此两个 $n \times n$ 矩阵的外积为 $n^2 \times n^2$ 矩阵。外积的一个性质是

$$(A_i B_i) \otimes (A_k B_k) = (A_i \otimes A_k)(B_i \otimes B_k) \tag{4.49}$$

因此，可将式（4.48）写成如下形式：

$$E_m' \otimes E_n'^* = (J_m \otimes J_n^*)(E_m \otimes E_n^*) \tag{4.50}$$

对式（4.50）作时间平均，可得相关器的输出

$$R_{mn}' = \langle E_m' \otimes E_n'^* \rangle = \begin{bmatrix} R_{mn}^{\text{pp}} \\ R_{mn}^{\text{pq}} \\ R_{mn}^{\text{qp}} \\ R_{mn}^{\text{qq}} \end{bmatrix} R_{mn} \tag{4.51}$$

其中 p 和 q 代表两个相反的极化状态。式（4.51）中的列向量称为相干矢量，其中四项代表天线 m 和天线 n 电压信号的四个相关器输出的互积。显然，从式（4.50）可以看出，测量的相干矢量 R_{mn}' 包含了设备响应效应和设备无关的真实相干矢量 R_{mn}。二者通过设备琼斯矩阵的外积相关联，

$$R_{mn}' = (J_m \otimes J_n^*) R_{mn} \tag{4.52}$$

为了用入射辐射的斯托克斯可见度（复数）计算干涉仪的响应，我们引入斯托

克斯可见度矢量：

$$\mathcal{V}_{Smn} = \begin{bmatrix} I_v \\ Q_v \\ U_v \\ V_v \end{bmatrix} \tag{4.53}$$

可以认为斯托克斯可见度是另外一种坐标系的相干矢量。令 S 为斯托克斯参量到天线极化参量的 4×4 转换矩阵，则有

$$R'_{mn} = \left(J_m \otimes J_n^*\right) S \mathcal{V}_{Smn} \tag{4.54}$$

对于理想的交叉（正交）线极化天线，表 4.1 给出用斯托克斯可见度表示的天线响应。将表中的表达式写成矩阵形式可得

$$\begin{bmatrix} R_{xx} \\ R_{xy} \\ R_{yx} \\ R_{yy} \end{bmatrix} = \begin{bmatrix} 1 & 1 & 0 & 0 \\ 0 & 0 & 1 & j \\ 0 & 0 & 1 & -j \\ 1 & -1 & 0 & 0 \end{bmatrix} \begin{bmatrix} I_v \\ Q_v \\ U_v \\ V_v \end{bmatrix} \tag{4.55}$$

其中下标 x 和 y 分别代表 0°和 90°极化位置角。同理，反向圆极化表 4.3 可写成如下形式：

$$\begin{bmatrix} R_{rr} \\ R_{rl} \\ R_{lr} \\ R_{ll} \end{bmatrix} = \begin{bmatrix} 1 & 0 & 0 & 1 \\ 0 & -je^{-j2\psi_m} & je^{-j2\psi_m} & 0 \\ 0 & -je^{j2\psi_m} & -je^{j2\psi_m} & 0 \\ 1 & 0 & 0 & -1 \end{bmatrix} \begin{bmatrix} I_v \\ Q_v \\ U_v \\ V_v \end{bmatrix} \tag{4.56}$$

式（4.55）和式（4.56）的 4×4 矩阵分别为正交线极化和反向圆极化情况下，斯托克斯可见度到相干矢量的转换矩阵。遵循光学领域建立的命名规范，这些 4×4 矩阵称为穆勒矩阵。值得注意的是，矩阵形式取决于角 ψ 和 χ 的特定方程式定义，以及图 4.8 中的其他因子，可能与其他作者使用的参数并不完全一致。

如果用斯托克斯可见度定义相干矢量，则系统输入和输出相干矢量的关联矩阵的表达式为 $S^{-1}\left(J_m \otimes J_n^*\right) S$。我们推导反向圆极化情况下泄漏因子和增益因子的影响，以说明矩阵用法。对于天线 m，琼斯矩阵 J_m 是泄漏琼斯矩阵和增益琼斯矩阵之积，即

$$J_m = \begin{bmatrix} g_{rm} & 0 \\ 0 & g_{lm} \end{bmatrix} \begin{bmatrix} 1 & D_{rm} \\ D_{lm} & 1 \end{bmatrix} = \begin{bmatrix} g_{rm} & g_{rm}D_{rm} \\ g_{lm}D_{lm} & g_{lm} \end{bmatrix} \tag{4.57}$$

其中 g 项代表电压增益，D 项代表极化泄漏，下标 r 和 l 代表极化方向。同理可以定义天线 n 的琼斯矩阵。用撇号"'"表示天线 m 和天线 n 相干矢量（即相关器输出）的分量，可得

$$\begin{bmatrix} R'_{\mathrm{rr}} \\ R'_{\mathrm{rl}} \\ R'_{\mathrm{lr}} \\ R'_{\mathrm{ll}} \end{bmatrix} = \boldsymbol{J}_m \otimes \boldsymbol{J}_n^* \begin{bmatrix} 1 & 0 & 0 & 1 \\ 0 & -\mathrm{je}^{-\mathrm{j}2\psi_m} & \mathrm{e}^{-\mathrm{j}2\psi_m} & 0 \\ 0 & -\mathrm{je}^{\mathrm{j}2\psi_m} & -\mathrm{e}^{\mathrm{j}2\psi_m} & 0 \\ 1 & 0 & 0 & -1 \end{bmatrix} \begin{bmatrix} I_v \\ Q_v \\ U_v \\ V_v \end{bmatrix} \tag{4.58}$$

其中的 4×4 矩阵为式（4.56）中相干矢量和斯托克斯可见度之间的关联矩阵。
另外可得

$$\boldsymbol{J}_m \otimes \boldsymbol{J}_n^* = \begin{bmatrix} g_{\mathrm{r}m} g_{\mathrm{r}n}^* & g_{\mathrm{r}m} g_{\mathrm{r}n}^* D_{\mathrm{r}n}^* & g_{\mathrm{r}m} g_{\mathrm{r}n}^* D_{\mathrm{r}m} & g_{\mathrm{r}m} g_{\mathrm{r}n}^* D_{\mathrm{r}m} D_{\mathrm{r}n}^* \\ g_{\mathrm{r}m} g_{\mathrm{l}n}^* D_{\mathrm{l}n}^* & g_{\mathrm{r}m} g_{\mathrm{l}n}^* & g_{\mathrm{r}m} g_{\mathrm{l}n}^* D_{\mathrm{r}m} D_{\mathrm{l}n}^* & g_{\mathrm{r}m} g_{\mathrm{l}n}^* D_{\mathrm{r}m} \\ g_{\mathrm{l}m} g_{\mathrm{r}n}^* D_{\mathrm{l}m} & g_{\mathrm{l}m} g_{\mathrm{r}n}^* D_{\mathrm{l}m} D_{\mathrm{r}n}^* & g_{\mathrm{l}m} g_{\mathrm{r}n}^* & g_{\mathrm{l}m} g_{\mathrm{r}n}^* D_{\mathrm{r}n}^* \\ g_{\mathrm{l}m} g_{\mathrm{l}n}^* D_{\mathrm{l}m} D_{\mathrm{l}n}^* & g_{\mathrm{l}m} g_{\mathrm{l}n}^* D_{\mathrm{l}m} & g_{\mathrm{l}m} g_{\mathrm{l}n}^* D_{\mathrm{l}n}^* & g_{\mathrm{l}m} g_{\mathrm{l}n}^* \end{bmatrix} \tag{4.59}$$

将式（4.59）代入式（4.58），矩阵相乘化简后可得式（4.42），即为圆极化馈源
的响应。使用矩阵运算可以很方便地独立推导不同影响因素的表达式，再根据
需要进行后续的合成处理。

4.7.5　设备极化校准

许多宇宙射电源都是部分极化的，其极化度与上述定义的设备极化泄漏和
增益差异引起的设备效应相当。因此，为了准确获取射电源的极化信息，必须
对极化泄漏和增益进行准确校准。由于增益因子一般受温度和电子设备状态调
整的影响，不能假设其在不同观测周期保持不变，通常在每次观测时都需要进
行独立校准。显然，观测已知极化参数的射电源（测量其相干矢量）可以标定
泄漏项和增益项。需校准的未知参数数量和天线的数量 n_a 成正比，但可获取的
独立测量的数量正比于 $n_\mathrm{a}(n_\mathrm{a}-1)/2$。因此，用于计算未知参数的方程组一般处
于超定状态，一般用最小二乘法进行处理是最佳选择。

一般情况下，任何具有正交极化接收通道的天线系统具有七个自由度，即
七个未知量，必须对这些未知量进行全部校准才能解译测量的斯托克斯可见
度。当射电源只具有弱极化，或设备极化泄漏很小时，可以作近似处理来减少
未知量的数量。极化椭圆的未知参量包括两个正交馈源的椭圆极化方向、椭圆
率以及两个接收通道的复增益（幅度和相位）。在合成两个天线的输出时，只需
要知道两个通道的相位差（不需要知道两个通道各自的相位因子），这样每个天
线只保留了 7 个自由度。Sault（1996）在分析单天线的琼斯矩阵时，也得出同
样的结论。他们还给出了七个自由度或未知参数的一般性描述结论，用于表征
未校准（测量）的斯托克斯可见度（用撇号"'"表示）和斯托克斯可见度真值
之间的关系，可用七个 γ 和 δ 项表示如下：

$$\begin{bmatrix} I'_v - I_v \\ Q'_v - Q_v \\ U'_v - U_v \\ V'_v - V_v \end{bmatrix} = -\frac{1}{2}\begin{bmatrix} \gamma_{++} & \gamma_{+-} & \delta_{+-} & -j\delta_{-+} \\ \gamma_{+-} & \gamma_{++} & \delta_{++} & -j\delta_{--} \\ \delta_{+-} & -\delta_{++} & \gamma_{++} & j\gamma_{--} \\ -j\delta_{-+} & -j\delta_{--} & j\gamma_{--} & \gamma_{++} \end{bmatrix}\begin{bmatrix} I_v \\ Q_v \\ U_v \\ V_v \end{bmatrix} \qquad (4.60)$$

七个 γ 和 δ 项定义如下:

$$\gamma_{++} = \left(\Delta g_{xm} + \Delta g_{ym}\right) + \left(\Delta g_{xn}^* + \Delta g_{yn}^*\right)$$

$$\gamma_{+-} = \left(\Delta g_{xm} - \Delta g_{ym}\right) + \left(\Delta g_{xn}^* - \Delta g_{yn}^*\right)$$

$$\gamma_{--} = \left(\Delta g_{xm} - \Delta g_{ym}\right) - \left(\Delta g_{xn}^* - \Delta g_{yn}^*\right)$$

$$\delta_{++} = \left(D_{xm} + D_{ym}\right) + \left(D_{xn}^* + D_{yn}^*\right) \qquad (4.61)$$

$$\delta_{+-} = \left(D_{xm} - D_{ym}\right) + \left(D_{xn}^* - D_{yn}^*\right)$$

$$\delta_{-+} = \left(D_{xm} + D_{ym}\right) - \left(D_{xn}^* + D_{yn}^*\right)$$

$$\delta_{--} = \left(D_{xm} - D_{ym}\right) - \left(D_{xn}^* - D_{yn}^*\right)$$

这里假设式（4.36）是归一化的，因此增益约为 1，Δg 项由等式 $g_{ik} = 1 + \Delta g_{ik}$ 定义。通常情况下泄漏 D 和增益误差 Δg 都很小，可以忽略任意两项之积。式（4.60）和（4.61）适用于线极化天线（x 和 y）情况。如果将矩阵下标 x 和 y 替换成 r 和 l，并且将式（4.60）等号两侧列矩阵中的 Q_v、U_v 和 V_v 分别替换成 V_v、Q_v 和 U_v，圆极化情况也可以用同样的形式表示。Sault 等（1991）给出了类似的结论。经过定标后，上述定义的七个 γ 和 δ 项仍然会存在误差，因此误差中也有七个自由度。

定标源的四个斯托克斯参数已知时，可以确定四个自由度。然而，由于参数之间是相互关联的，至少需要进行三个定标源观测才能求解全部七个未知参数（Sault et al.，1996）。进行一次无极化定标源观测是非常必要的，但观测第二个无极化源不会有助于进一步求解。至少需要观测一个线极化源，才能计算两个反向极化通道的相对相位，即复增益项 $g_{xm}g_{yn}^*$ 和 $g_{ym}g_{xn}^*$ 或 $g_{rm}g_{ln}^*$ 和 $g_{lm}g_{rn}^*$ 的相对相位。要注意的是，对于经纬仪座架天线，用线极化对定标源进行观测时，如果两次观测的时间间隔很大，视差角发生较大旋转，则本质上可以视为对两个独立定标源的观测。在这种条件下，对同一定标源进行三次观测便足可以求解全部参数。此外，可根据多次观测结果估计定标源的极化，不必事先已知定标源的极化特征。

在只能观测无极化定标源的情况下，如果所有天线的泄漏因子之和很小，有可能多估计两个自由度。如附录 4.2 中泄漏参数的表达式所示，对于各向同性天线阵，即天线阵中所有天线的设计完全相同时，这一假设是合理的。然而，每个天线的两个正交极化的信号路径（从馈源到相关器）之间的相差仍然未知。这就需要观测具有线性极化分量的定标源，或者采用某种方法测量设备的相位分量。例如，澳大利亚望远镜使用的致密阵列（Frater and Brooks, 1992），在每个天线端向两个极化通道注入公共噪声信号（Sault et al., 1996）。这类系统中，每个天线需要配备一个额外的相关器或者可以切换相关器输入端，以利用注入信号测量两个极化通道的相对相位。

在弱极化近似条件下，式（4.38）和（4.43）表明，如果已知增益因子，可以通过无极化源观测来校准泄漏因子。对于反向圆极化情况，式（4.43）表明，如果 V_v 很小，只要阵列基线数量比阵列天线数量多几倍，就有可能只利用多个 ll 和 rr 合成输出来求解增益项。然后再另行求解泄漏项。对于交叉线极化情况，式（4.38）表明，只有在已经独立确定了定标源的线极化参数（Q_v 和 U_v）的前提下，才有可能校准设备参数。

极化校准的观测策略优化涉及对特定综合孔径阵列本身的特性、观测的时角范围、定标源的可用性（可能会取决于设备的观测频率）以及其他因素的深入讨论，特别是在使用强极化解的情况下。例如，参见 Conway 和 Kronberg（1969），Weiler（1973），Bignell（1982），Sault 等（1991），Sault 等（1996），以及 Smegal 等（1997）文献。VLBI 的极化测量涉及一些特殊问题，可以参考 Roberts 等（1991），Cotton（1993），Roberts 等（1994），Kemball 等（1995）。

多数的大型综合孔径阵列设计了有效的定标技术，并开发了定标软件。因此，虽然定标过程看起来很复杂，未来的观测者也不用气馁。下面列出一些极化观测的基本考量：

- 因为大多数源存在数月时间尺度的极化变化，因此比较明智的办法是将定标源的极化参数也视为需要求解的变量。
- 3C286 和 3C138 是两个相对较强的线极化射电源，其极化位置角不变，对于确定两个极化通道的相位差是非常有用的。
- 大多数射电源的圆极化分量 V_v 很小，为～0.2%或更小，可忽略不计。这种条件下用圆极化天线进行观测，通常可以精确测量 I_v。但是，测量塞曼分裂效应的磁场时，圆极化是非常重要的。例如，Fiebig 和 Güsten（1989）检出了电平非常微弱的塞曼效应 $V/I \approx 5 \times 10^{-5}$。马克斯·普朗克射电天文学研究所使用单口径 100m 抛物面天线、接收系统以 10Hz 频率进行反向圆极化切换，在 22.235GHz 观测到 OH 几条谱线的塞曼分裂。他们旋转馈源和接收机来识别设备对线极化辐射的杂散响应，并且两个极化波束相对指向的定标精度要达到 1″。
- 大多数源的极化辐射远小于总辐射亮温，但当源中包含一个角宽度较大、完全可分辨的无极化分量和一个较窄的、不可分辨的极化分量时，斯托克

斯可见度 Q_v、U_v 有可能与 I_v 相当。这种情况下，如果使用弱极化近似公式 [式（4.38）和式（4.43）]对数据进行分析，就可能会产生错误。

● 大多数天线的设备极化在主波束内是变化的，越靠近波束边缘，变化越明显。相对于主波束，交叉极化旁瓣在靠近波束边缘时达到峰值。因此，通常只有当源的角宽比主波束宽度小时，才能进行极化测量，并且测量时需将波束中心对准射电源。

● 入射波极化面经过电离层时会发生法拉第旋转，观测频率在几个 GHz 以下时，影响很大，见表 14.1。极化面旋转受电离层的电子柱密度影响，进行极化观测时，周期地对强极化源进行观测，有助于监测旋转的变化。如果不加以考虑，法拉第旋转会造成校准误差，例如参见 Sakurai 和 Spangler（1994）。

● 一些天线的馈源是偏离主轴的，例如，将不同频段的馈源安装在环绕焦点的圆周上的卡塞格林天线。圆极化馈源偏离焦点时，天线不再是圆对称，会导致两个反向极化的波束指向出现偏差。波束之间一般会有～0.1 波束宽度的指向偏差，V_v 正比于 $(R_{rr} - R_{ll})$ 会导致圆极化测量非常困难。对于线极化馈源，这种效应会导致波束边缘的交叉极化副瓣增大。

● 当 VLBI 系统的天线间距很大时，不同的天线有不同的视差角，必须予以考虑。

● 式（4.20）和式（4.22）给出的 m_l 和 m_t 这两个量具有式（6.63a）的莱斯分布，位置角具有式（6.63b）形式的分布。极化度可能被高估，需要加以修正（Wardle and Kronberg，1974）。

设计极化测量的阵列时需要对以下几点进行选择：

● 大多数情况下，经纬仪座架天线的波束相对于天空旋转，有利于极化测量。然而，试图对天线波束内的较大天区进行极化成像时，这种旋转可能是不利的。如果波束相对天空旋转，修正波束范围内的设备极化可能非常复杂。

● 使用线极化天线时，如果存在校准误差可能会导致 I_v 破坏了线极化参数 Q_v 和 U_v，因此用圆极化天线测量线极化更具优势。类似地，采用圆极化天线时，校准误差可能导致 I_v 破坏 V_v，因此用线极化天线测量圆极化参数具有优势。

● 反射面天线的线极化馈源相对带宽至少可以做到 2∶1，而圆极化馈源的最大相对带宽一般为 1.4∶1。很多圆极化馈源的设计中，使用±90°相对移相来合成电场的正交线极化分量，移相部件也会限制相对带宽。因此，综合孔径阵列有时选用线极化天线（James，1992），通过仔细校准来实现较好的极化性能。

● 设备极化稳定也许是最重要的要求，这就非常有利于在很宽的时角范围内进行精确定标。因此，就需要特别警惕馈源相对于主反射面旋转，或者天线工作在其频率上限。

4.8　干涉仪测量方程

给定源的亮温分布，并考虑每个天线单元的位置和特性、入射辐射穿过大气（含电离层）的路径、大气传输等因素的全部细节，推导干涉仪将测量的可见度值的整套方程通常称为测量方程，或干涉仪测量方程。测量方程可以给出任何特定的亮温分布和任何天线系统的可见度精确值。其逆运算，即从测量到的可见度值计算亮温分布的最优估计，是更加复杂的问题。对测量的可见度函数作傅里叶变换，通常亮温函数会出现失真的物理特征，例如，图像某些地方的亮温为负值。但是，从亮温的理想物理模型出发，能够通过测量方程精确地计算其可见度值。这就为利用迭代方法，从测量可见度反演理想的亮温分布奠定了基础。

本章的干涉仪测量方程基于 Hamaker 等（1996），Rau 等 （2009），Smirnov （2011a,b,c,d）和其他人的研究。测量方程描绘了从辐射源发出信号到接收系统输出信号的全过程。具有方向依赖性的效应，包括信号传播方向、天线主波束、源极化方向与天线极化方向的相对变化，以及电离层和对流层的影响。与方向无关的效应包括从天线输出端口至相关器输入端口之间的链路增益。在精确计算特定源模型的可见度函数时，必须考虑这些时变的效应。其中的一些效应取决于干涉仪的天线类型和观测频率，因此某种程度上，每个特定干涉仪的测量方程的细节都不同。

一般而言，可以将信号特征的变化表示为法拉第旋转、视差角旋转、传播效应导致的波前倾斜，以及馈源响应的变化等效应。这些效应对信号的影响都是线性变换的，其中每个效应都可以用 4.7.4 节中的 2×2 矩阵来表示。可以用一系列外积运算来计算这些效应对信号矩阵的影响，如式（4.48）。如果用矢量 $\boldsymbol{I}$ 表示原始信号，用琼斯矩阵 $\boldsymbol{J}_1 \sim \boldsymbol{J}_n$ 表示天线 p 的信号传输路径上的一系列效应，用 $\boldsymbol{J}_1 \sim \boldsymbol{J}_m$ 表示天线 q 的信号传输路径上的一系列效应，则天线对 m 和 n 的相关器输出电压可以表示为

$$V = \boldsymbol{J}_{pn}(\cdots \boldsymbol{J}_{p2}(\boldsymbol{J}_{p1}\boldsymbol{I}\boldsymbol{J}_{q1}^{\mathrm{H}})\boldsymbol{J}_{q2}^{\mathrm{H}}\cdots)\boldsymbol{J}_{qm}^{\mathrm{H}} \tag{4.62}$$

其中上标 H 表示埃尔米特共轭（复共轭）。每个 $\boldsymbol{J}_p$ 项代表一个 2×2 琼斯矩阵。Smirnov（2011a,b,c,d）首先提出这种分析方法。分析过程中将各种修正合并为一个方程，有利于确保不会忽略重要的影响效应。

另一种公式是首先计算外积 $\boldsymbol{J}_{pn} \otimes \boldsymbol{J}_{pn}^{\mathrm{H}}$，得到信号传输路径上每个待修正效

应的 4×4 穆勒矩阵。如果用 $\left[\boldsymbol{J}_{pn} \otimes \boldsymbol{J}_{pn}^{\mathrm{H}} \right]$ 表示所有的矩阵，其中 n 为传输路径上先后出现的效应的物理顺序，则通过一系列乘积可以修正这些效应

$$V = \left[\boldsymbol{J}_{pn} \otimes \boldsymbol{J}_{pn}^{\mathrm{H}} \right] \cdots \left[\boldsymbol{J}_{p2} \otimes \boldsymbol{J}_{p2}^{\mathrm{H}} \right] \left[\boldsymbol{J}_{p1} \otimes \boldsymbol{J}_{p1}^{\mathrm{H}} \right] \boldsymbol{S} \boldsymbol{I} \quad （4.63）$$

其中 $\boldsymbol{S}$ 为傅里叶变换矩阵，用于将斯托克斯可见度转换为亮温。每个 $\boldsymbol{J}_p \otimes \boldsymbol{J}_p^{\mathrm{H}}$ 项代表一个 4×4 穆勒矩阵。Rau 等（2009）使用的基本是这种方法。不同观测仪器的干涉方程的细节有可能不同，这取决于其中要包括哪些效应因子。此处介绍的干涉方程给出了通用框架，以描述如何使用定标因子。更多细节可以在 Hamaker 等（1996），Hamaker（2000），Rau 等（2009）和 Smirnov（2011a,b,c,d）等论文中找到。

4.8.1 多基线方程

目前为止，本章主要分析了一对天线的干涉响应，可以方便地以协方差矩阵的形式表征多单元阵列的数据。这里的讨论基本上遵循 Leshem 等（2000）和 Boonstra 等（2003）。我们从二元干涉仪的响应表达式开始，为了简化分析，考虑了小角度可以忽略 w 项的情形，如与式（3.9）一样，

$$\mathcal{V}(u,v) = \int_{-\infty}^{\infty} \int_{-\infty}^{\infty} \frac{A_{\mathrm{N}}(l,m) I(l,m)}{\sqrt{1-l^2-m^2}} \mathrm{e}^{-\mathrm{j}2\pi(ul+vm)} \mathrm{d}l \mathrm{d}m \quad （4.64）$$

其中 $\mathcal{V}$ 为复可见度，u 和 v 代表垂直于相位参考方向的平面上的投影基线坐标，单位为波长。我们对公式做四处修改：①我们假设天体源亮温函数和可见度函数都可以用点源模型（包含 p 个独立点源）表征；用方向余弦 (l_k,m_k) 定义点源 k 所在的方向；用点源求和替代式（4.64）中的积分。②我们用相应的复电压增益因子之积 $g_i(l,m)g_j^*(l,m)$ 替换 A_{N}，其中 i 和 j 代表单元天线序号；由于实际中是通过定标确定强度的，因此可以忽略常数因子，例如口径到增益的转换常数等。③我们将 $\sqrt{1-l^2-m^2}$ 因子代入亮温函数 $I(l,m)$。④我们相对于选定的参考点来定义 (u,v) 域分量，参考点可选为阵列中心，因此天线对 i 和 j 在 (u,v) 域的坐标为 (u_i-u_j, v_i-v_j)。上述第②、④项修改使得我们无须使用天线对的参数，直接使用单元天线的参数即可。因此，式（4.64）可以写成

$$\mathcal{V}(u_i-u_j, v_i-v_j) = \sum_{k=1}^{p} I_k g_i(l_k,m_k) \mathrm{e}^{-\mathrm{j}2\pi(u_i l_k+v_i m_k)} g_j^*(l_k,m_k) \mathrm{e}^{\mathrm{j}2\pi(u_j l_k+v_j m_k)} \quad （4.65）$$

其中 $I_k=I(l_k,m_k)$。注意，u 和 v 是相对于相位参考点（视场中心）定义的，不随视场内源的位置变化。式（4.64）和式（4.65）表示的都是用一对天线测量的可见度。

将式（4.65）改写成矩阵形式是很便利的。对于 n 个天线单元构成的阵列，

我们定义一个 $n\times p$ 矩阵，矩阵元素包含式（4.65）的第一个天线增益项和指数项（即与天线 i 有关的项），

$$A=\begin{bmatrix} g_1(l_1,m_1)\mathrm{e}^{-\mathrm{j}2\pi(u_1l_1+v_1m_1)} & g_1(l_2,m_2)\mathrm{e}^{-\mathrm{j}2\pi(u_1l_2+v_1m_2)} & \cdots & g_1(l_p,m_p)\mathrm{e}^{-\mathrm{j}2\pi(u_1l_p+v_1m_p)} \\ g_2(l_1,m_1)\mathrm{e}^{-\mathrm{j}2\pi(u_2l_1+v_2m_1)} & \cdots & & \cdots \\ \vdots & \vdots & \vdots & \vdots \\ g_n(l_1,m_1)\mathrm{e}^{-\mathrm{j}2\pi(u_nl_1+v_nm_1)} & \cdots & \cdots & g_n(l_p,m_p)\mathrm{e}^{-\mathrm{j}2\pi(u_nl_p+v_nm_p)} \end{bmatrix} \quad (4.66)$$

天线序号从第一行向第 n 行递增，点源序号从第一列向第 p 列递增。

为了生成协方差矩阵，我们首先定义一个 $p\times p$ 对角矩阵，包含 p 个点源模型的强度值：

$$B=\begin{bmatrix} I_1 & & & \\ & I_2 & & \\ & & \ddots & \\ & & & I_p \end{bmatrix} \quad (4.67)$$

然后有

$$R = ABA^{\mathrm{H}} \quad (4.68)$$

其中上标 H 表示埃尔米特变换（转置并复共轭）。协方差矩阵 R 为 $n\times n$ 埃尔米特矩阵。R 中的每个元素都具有式（4.65）等号右侧的形式，即特定天线对 p 个强度点的响应之和。R 中的第 i 行、第 j 列的元素 $r_{i,j}$ 等于式（4.65）右侧的表达式。元素 $r_{i,j}$ 表示第 i 个和第 j 个天线信号的互相关。当增益因子 g 等于 1 时，该元素代表源的可见度 $\mathcal{V}$。矩阵中的对角线元素是 n 个自乘积（$i=j$）时，代表天线单元的全功率响应。注意，R 为埃尔米特矩阵，所以 $r_{i,j}=r_{j,i}^{*}$。R 中包含了 n 单元阵列在一次积分周期和一个频段观测时，相关器输出的全部数据。这些数据经过校准为可见度后，可以反演一幅快照。当 w 项影响很大时，可以在矩阵中各元素的指数项增加 $w\left(\sqrt{1-l^2-m^2}-1\right)$ 项[如式（3.7）]，并相应地标注下标。如果单元天线的方向图都是完全一致的，即对于所有的 (i,j) 都有 $g_i=g_j$，则 $g_ig_j^{*}=|g|^2$，增益因子为实数，可以提到 R 之外。因此，用协方差测量值[获得的 (u,v) 值]计算入射信号角度 (l,m) 时，只要所有天线的增益因子相同，就不需要已知天线增益，反之，就必须知道每个天线的增益。

用阵列中所有天线的复数信号电压也可以构成协方差矩阵。令天线 k 接收的电压信号为 x_k，它是时间的函数。用一个 $n\times1$ 维（列）矢量 x 表征天线阵列中所有天线的电压，其中每个元素对应于矩阵（4.66）中相应行的元素之和。通过外积（克罗内克积）$x\otimes x^{\mathrm{H}}$ 可以计算协方差矩阵：

$$\boldsymbol{R'} = \begin{bmatrix} x_1 \\ x_2 \\ \vdots \\ x_n \end{bmatrix} \otimes \begin{bmatrix} x_1^* & x_2^* & \cdots & x_n^* \end{bmatrix} = \begin{bmatrix} x_1 x_1^* & x_1 x_2^* & \cdots & x_1 x_n^* \\ x_2 x_1^* & \cdots & \cdots & \cdots \\ \vdots & \vdots & \vdots & \vdots \\ x_n x_1^* & \cdots & \cdots & x_n x_n^* \end{bmatrix} \tag{4.69}$$

矩阵 $\boldsymbol{R}$ 中的元素 $r_{i,j}$ 表示相关器输出值，即信号积的时间平均。如果类似地，将 $\boldsymbol{R'}$ 中元素的信号积理解为时间平均积，则 $\boldsymbol{R'}$ 等效于协方差矩阵 $\boldsymbol{R}$。

射电天文中，矩阵方程的应用实例见 Boonstra 和 van der Veen（2003）对增益定标的讨论。此外，可以用矩阵的特征向量来识别噪声中的强干扰信号，然后将干扰信号从数据中移除，例如 Leshem 等（2000）。

附录 4.1　时角–赤纬坐标和方位–俯仰坐标的关系

尽管宇宙源的位置几乎都是用天球坐标系来定义的，但为了便于观测，通常需要将天球坐标变换为方位–俯仰坐标。应用正弦和余弦定理推导图 4.3 的系统，可得时角–赤纬 (H,δ) 坐标与方位–俯仰 $(\mathcal{E},\mathcal{A})$ 坐标之间的变换公式。对纬度为 $\mathcal{L}$ 的观测者，(H,δ) 到 $(\mathcal{E},\mathcal{A})$ 的变换公式为

$$\sin\mathcal{E} = \sin\mathcal{L}\sin\delta + \cos\mathcal{L}\cos\delta\cos H$$
$$\cos\mathcal{E}\cos\mathcal{A} = \cos\mathcal{L}\sin\delta - \sin\mathcal{L}\cos\delta\cos H \tag{A4.1}$$
$$\cos\mathcal{E}\sin\mathcal{A} = -\cos\delta\sin H$$

类似地，$(\mathcal{E},\mathcal{A})$ 到 (H,δ) 的变换公式为

$$\sin\delta = \sin\mathcal{L}\sin\mathcal{E} + \cos\mathcal{L}\cos\mathcal{E}\cos\mathcal{A}$$
$$\cos\delta\cos H = \cos\mathcal{L}\sin\mathcal{E} - \sin\mathcal{L}\cos\mathcal{E}\cos\mathcal{A} \tag{A4.2}$$
$$\cos\delta\sin H = -\cos\mathcal{E}\sin\mathcal{A}$$

其中方位角的测量是从北向东。

附录 4.2　用极化椭圆定义泄漏参数

泄漏参数用于表征设备的极化特性，由天线极化椭圆的轴比和极化方向确定，如下所述。

附录 4.2.1　线极化

考虑图 4.8 中的天线，假设标称线极化为 x 方向，这种情况下一般 χ 和 ψ 都很小，代表加工容差。图 4.8（a）中平行于 x 轴的电场在图 4.8（b）偶极子天线的 (x',y') 轴上产生电场分量 $E_{x'}$ 和 $E_{y'}$。然后由式（4.26）可计算天线的输

出电压（图 4.8（b）的 A 点电压）为

$$V'_x = E(\cos\psi\cos\chi + \mathrm{j}\sin\psi\sin\chi) \tag{A4.3}$$

同一入射电场在 y 轴产生的电场分量为

$$V'_y = E(\sin\psi\cos\chi - \mathrm{j}\cos\psi\sin\chi) \tag{A4.4}$$

V'_x 表征期望的 x 轴电场响应，V'_y 表征不希望出现的交叉极化响应。泄漏项交叉极化响应与期望的 x 极化响应之比，

$$D_x = \frac{V'_y}{V'_x} = \frac{(\cos\psi_x\cos\chi_x + \mathrm{j}\sin\psi_x\sin\chi_x)}{(\sin\psi_x\cos\chi_x - \mathrm{j}\cos\psi_x\sin\chi_x)} \approx \psi_x - \mathrm{j}\chi_x \tag{A4.5}$$

其中下标 x 代表主极化是 x 极化。对于图 4.8 中标称 y 极化的天线，对式（A4.5）取倒数变为 V'_x/V'_y，用 $\psi_y + \pi/2$ 代替 ψ_x，用 χ_y 代替 χ_x，可以计算 D_y。和 ψ_x 是以 x 轴为基准一样，ψ_y 的测量是以 y 轴为基准，即图 4.8 沿着逆时针方向增大。因此可得

$$D_y = \frac{V'_x}{V'_y} = \frac{\left[\cos(\psi_y + \pi/2)\cos\chi_y + \mathrm{j}\sin(\psi_y + \pi/2)\sin\chi_y\right]}{\left[\sin(\psi_y + \pi/2)\cos\chi_y - \mathrm{j}\cos(\psi_y + \pi/2)\sin\chi_y\right]}$$

$$= \frac{(-\sin\psi_y\cos\chi_y + \mathrm{j}\cos\psi_y\sin\chi_y)}{(\cos\psi_y\cos\chi_y + \mathrm{j}\sin\psi_y\sin\chi_y)} \approx -\psi_y + \mathrm{j}\chi_y \tag{A4.6}$$

Sault 等（1991）也推导得出类似的 D_x 和 D_y 表达式。需要注意的是，D_x 和 D_y 的幅度相当，但符号相反，因此可以认为天线阵中所有 D 项的均值非常小。与本章前面的定义一样，D 项的下标 m 和 n 代表天线的编号。

附录 4.2.2　圆极化

为接收来自天空的右旋圆极化波，图 4.8（b）中的天线必须能够响应图中平面上逆时针旋转的电场，前面对此进行了解释。这就需要 $\chi = -45°$。用 x 和 y 方向的电场定义时，逆时针旋转要求 E_x 领先 E_y 相位 $\pi/2$，即 $E_x = \mathrm{j}E_y$，如式（4.25）所定义。入射场为 E_x 和 E_y 时，我们先计算它们在 x' 和 y' 方向的分量，然后就可以分别得出逆时针和顺时针入射电场的天线输出表达式。

逆时针旋转时

$$E'_x = E_x\cos\psi + E_y\sin\psi = E_x(\cos\psi - \mathrm{j}\sin\psi) \tag{A4.7}$$

$$E'_y = -E_x\sin\psi + E_y\cos\psi = -E_x(\sin\psi + \mathrm{j}\cos\psi) \tag{A4.8}$$

对于标称右旋圆极化入射波，有 $\chi_{\mathrm{r}} = -\pi/4 + \Delta\chi_{\mathrm{r}}$，其中 $\Delta\chi_{\mathrm{r}}$ 极化椭圆偏离圆的测度。则由式（4.26）可得

$$V'_{\mathrm{r}} = E_x\mathrm{e}^{-\mathrm{j}\psi_{\mathrm{r}}}(\cos\chi_{\mathrm{r}} - \sin\chi_{\mathrm{r}}) = \sqrt{2}E_x\mathrm{e}^{-\mathrm{j}\psi_{\mathrm{r}}}\cos\Delta\chi_{\mathrm{r}} \tag{A4.9}$$

同样地，重复上述步骤计算来自天空的左旋圆极化波，左旋极化波的电场矢量沿顺时针旋转，即 $E_y = jE_x$。可得天线对左旋极化的响应为

$$V_l' = E_x e^{j\psi_r} \left(\cos \chi_r + \sin \chi_r \right) = \sqrt{2} E_x e^{j\psi_r} \sin \Delta \chi_r \qquad (\text{A4.10})$$

标称右旋圆极化态天线的反向极化响应幅度之比即为泄漏项

$$D_r = \frac{V_l'}{V_r'} = e^{j2\psi_r} \tan \Delta \chi_r \approx e^{j2\psi_r} \Delta \chi_r \qquad (\text{A4.11})$$

对于标称左旋圆极化波，可将式（A4.11）右侧取反，并用 $\Delta \chi_l + \pi/2$ 代替 $\Delta \chi_r$，$\psi_l - \pi/2$ 代替 ψ_r，可得反向极化响应的幅度之比。对应的泄漏项 D_l 代表的是标称左旋圆极化天线的右旋圆极化泄漏，可写为

$$D_l = e^{-j2\psi_l} \tan \Delta \chi_l \approx e^{-j2\psi_l} \Delta \chi_l \qquad (\text{A4.12})$$

因为 $-\pi/4 \leqslant \chi \leqslant \pi/4$，$\Delta \chi_r$ 和 $\Delta \chi_l$ 符号相反。因此，与线极化情况相同，泄漏项 D_l 和 D_r 幅度相当，且符号相反。

参 考 文 献

Bignell, R. C., Polarization, in Synthesis Mapping, Proceedings of NRAO Workshop No. 5, Socorro, NM, June 21-25, 1982, Thompson, A. R., and D'Addario, L. R., Eds., National Radio Astronomy Observatory, Green Bank, WV（1982）

Boonstra, A. -J., and van der Veen, A. -J., Gain Calibration Methods for Radio Telescope Arrays, IEEE Trans. Signal Proc., 51, 25-38（2003）

Born, M., and Wolf, E., Principles of Optics, 7th ed., Cambridge Univ. Press, Cambridge, UK（1999）

Conway, R. G., and Kronberg, P. P., Interferometer Measurement of Polarization Distribution in Radio Sources, Mon. Not. R. Astron. Soc., 142, 11-32（1969）

Cotton, W. D., Calibration and Imaging of Polarization Sensitive Very Long Baseline Interferometer Observations, Astron. J., 106, 1241-1248（1993）

DeBoer, D. R., Gough, R. G., Bunton, J. D., Cornwell, T. J., Beresford, R. J., Johnston, S., Feain, I. J., Schinckel, A. E., Jackson, C. A., Kesteven, M. J., and nine coauthors, Australian SKA Pathfinder: A High-Dynamic Range Wide-Field of View Survey Telescope, Proc. IEEE, 97, 1507-1521（2009）

de Vos, M., Gunst, A. W., and Nijboer, R., The LOFAR Telescope：System Architecture and Signal Processing, Proc. IEEE, 97, 1431-1437（2009）

Fiebig, D., and Güsten, R., Strong Magnetic Fields in Interstellar Maser Clumps, Astron. Astrophys., 214, 333-338（1989）

Fomalont, E. B., and Perley, R. A., Calibration and Editing, in Synthesis Imaging in Radio Astronomy, Perley, R. A., Schwab, F. R., and Bridle, A. H., Eds., Astron. Soc. Pacific

Conf. Ser., 6, 83-115（1989）

Frater, R. H., and Brooks, J. W., Eds., J. Electric. Electron. Eng. Aust., Special Issue on the Australia Telescope, 12, No. 2（1992）

Hamaker, J. P., A New Theory of Radio Polarimetry with an Application to the Westerbork Synthesis Radio Telescope（WSRT）, in Workshop on Large Antennas in Radio Astronomy, ESTEC, Noordwijk, the Netherlands（1996）

Hamaker, J. P., Understanding Radio Polarimetry. IV. The Full-Coherency Analogue of Scalar Self-Calibration : Self-Alignment, Dynamic Range, and Polarimetric Fidelity, Astron. Astrophys. Suppl., 143, 515-534（2000）

Hamaker, J. P., Understanding Radio Polarimetry. V. Making Matrix Self-Calibration Work: Processing of a Simulated Observation, Astron. Astrophys., 456, 395-404（2006）

Hamaker, J. P., Bregman, J. D., and Sault, R. J., Understanding Radio Polarimetry. I. Mathematical Foundations, Astron. Astrophys. Suppl., 117, 137-147（1996）

IAU, Trans. Int. Astron. Union, Proc. of the 15th General Assembly Sydney 1973 and Extraordinary General Assembly Poland 1973, G. Contopoulos and A. Jappel, Eds., 15B, Reidel, Dordrecht, the Netherlands（1974）, p. 166

IEEE, Standard Definitions of Terms for Radio Wave Propagation, Std. 211-1977, Institute of Electrical and Electronics Engineers Inc., New York（1977）

James, G. L., The Feed System, J. Electric. Electron. Eng. Aust., Special Issue on the Australia Telescope, 12, No. 2, 137-145（1992）

Jones, R. C., A New Calculus for the Treatment of Optical Systems. I. Description and Discussion of the Calculus, J. Opt. Soc. Am., 31, 488-493（1941）

Kemball, A. J., Diamond, P. J., and Cotton, W. D., Data Reduction Techniques for Spectral Line Polarization VLBI Observations, Astron. Astrophys. Suppl., 110, 383-394（1995）

Ko, H. C., Coherence Theory of Radio-Astronomical Measurements, IEEE Trans. Antennas Propag., AP-15, 10-20（1967a）

Ko, H. C., Theory of Tensor Aperture Synthesis, IEEE Trans. Antennas Propag., AP-15, 188-190（1967b）

Kraus, J. D., and Carver, K. R., Electromagnetics, 2nd ed., McGraw-Hill, New York（1973）p. 435

Leshem, A., van der Veen, A. -J., and Boonstra, A. -J., Multichannel Interference Mitigation Techniques in Radio Astronomy, Astrophys. J. Suppl., 131, 355-373（2000）

Morris, D., Radhakrishnan, V., and Seielstad, G. A., On the Measurement of Polarization Distributions Over Radio Sources, Astrophys. J., 139, 551-559（1964）

O'Neill, E. L., Introduction to Statistical Optics, Addison-Wesley, Reading, MA（1963）

Rau, U., Bhatnagar, S., Voronkov, M. A., and Cornwell, T. J., Advances in Calibration and Imaging Techniques in Radio Interferometry, Proc. IEEE, 97, 1472-1481（2009）

Roberts, D. H., Brown, L. F., and Wardle, J. F. C., Linear Polarization Sensitive VLBI, in

Radio Interferometry: Theory, Techniques, and Applications, Cornwell, T. J., and Perley, R. A., Eds., Astron. Soc. Pacific Conf. Ser., 19, 281-288 (1991)

Roberts, D. H., Wardle, J. F. C., and Brown, L. F., Linear Polarization Radio Imaging at Milliarcsecond Resolution, Astrophys. J., 427, 718-744 (1994)

Rowson, B., High Resolution Observations with a Tracking Radio Interferometer, Mon. Not. R. Astron. Soc., 125, 177-188 (1963)

Sakurai, T., and Spangler, S. R., Use of the Very Large Array for Measurement of Time Variable Faraday Rotation, Radio Sci., 29, 635-662 (1994)

Sault, R. J., Hamaker, J. P., and Bregman, J. D., Understanding Radio Polarimetry. II. Instrumental Calibration of an Interferometer Array, Astron. Astrophys. Suppl., 117, 149-159 (1996)

Sault, R. J., Killeen, N. E. B., and Kesteven, M. J., AT Polarization Calibration, Aust. Tel. Tech. Doc. Ser. 39. 3/015, CSIRO, Epping, New South Wales (1991)

Seidelmann, P. K., Ed., Explanatory Supplement to the Astronomical Almanac, Univ. Science Books, Mill Valley, CA (1992)

Smegal, R. J., Landecker, T. L., Vaneldik, J. F., Routledge, D., and Dewdney, P. E., Aperture Synthesis Polarimetry: Application to the Dominion Astrophysical Observatory Synthesis Telescope, Radio Sci., 32, 643-656 (1997)

Smirnov, O. M., Revisiting the Radio Interferometer Measurement Equation. 1. A Full-Sky Jones Formalism, Astron. Astrophys., 527, A106 (11pp) (2011a)

Smirnov, O. M., Revisiting the Radio Interferometer Measurement Equation. 2. Calibration and Direction-Dependent Effects, Astron. Astrophys., 527, A107 (10pp) (2011b)

Smirnov, O. M., Revisiting the Radio Interferometer Measurement Equation. 3. Addressing Direction-Dependent Effects in 21-cm WSRT Observations of 3C147, Astron. Astrophys., 527, A108 (12pp) (2011c)

Smirnov, O. M., Revisiting the Radio Interferometer Measurement Equation. 4. A Generalized Tensor Formalism, Astron. Astrophys., 531, A159 (16pp) (2011d)

Wade, C. M., Precise Positions of Radio Sources. I. Radio Measurements, Astrophys. J., 162, 381-390 (1970)

Wardle, J. F. C., and Kronberg, P. P., The Linear Polarization of Quasi-Stellar Radio Sources at 3. 71 and 11. 1 Centimeters, Astrophys. J., 194, 249-255 (1974)

Weiler, K. W., The Synthesis Radio Telescope at Westerbork: Methods of Polarization Measurement, Astron. Astrophys., 26, 403-407 (1973)

Weiler, K. W., and Raimond, E., Aperture Synthesis Observations of Circular Polarization, Astron. Astrophys., 52, 397-402 (1976)

Wilson, T. L., Rohlfs, K., and Hüttemeister, S., Tools of Radio Astronomy, 6th ed., Springer-Verlag, Berlin (2013)

5 天线与阵列

本章首先回顾一些天线基础知识，主体部分主要讨论干涉仪和综合孔径阵列的阵列构型。为便于理解，将阵列设计分类如下：

（1）非跟踪天线构成的阵列；

（2）跟踪源运动的扫描天线构成的干涉仪及阵列。具体分为：

- 线性阵列
- 开放臂式阵列（十字、T形和Y形阵列）
- 闭合构型阵列（圆、椭圆和勒洛三角形阵列）
- VLBI阵列
- 平面阵列

本章介绍了这些类型阵列的例子，比较了它们的空间传递函数（即空间灵敏度）。其他关注点包括阵列中天线的口径和数量。另外还讨论了口径电场的直接傅里叶变换成像技术。

5.1 天 线

很多书籍都涵盖了天线相关的研究，见本章结尾部分的扩展阅读文献。Baars（2007）对抛物面天线包括测试和反射面精调细节进行了全面回顾。本书只讨论射电天文天线的特殊需求。如第1章所述，早期射电天文天线主要工作在米波波段，一般用偶极子天线或抛物柱面反射面天线组成阵列。这类天线接收面积大，但工作的波长很大，其波束宽度一般为1°或更宽一些。对天空源穿越固定指向波束或干涉仪条纹方向图的过程进行连续探测，能够较好地实现源探测和编目。因此，一般不要求天线跟踪源的恒星运动。近期的米波观测系统使用计算机控制偶极子天线相位，能够实现波束跟踪（Koles et al.，1994；Lonsdale et al.，2009）。频率较高时，综合孔径阵列采用赤道仪或经纬仪式座架的跟踪天线。

高灵敏度和高分辨率的天文成像需求推动了大型天线阵列的发展。这些设备通常设计为覆盖一定的频率宽度。厘米波设备的观测频率范围一般从几百兆赫兹到几十吉赫兹。为了覆盖较宽的频率范围，天线大多采用抛物面或类似的反射面，不同频段使用独立的馈源。除了频率覆盖宽，抛物面天线的另一个优点是能够将所有能量汇聚到焦点，基本上没有损耗。这种设计能够充分发挥低损耗馈源和低温制冷前端的优势，获取最佳灵敏度。

图 5.1 给出几种抛物面天线的馈源设计和焦点分布，其中卡塞格林天线可能是最常用的。卡塞格林天线具有许多优势，在主焦点前的凸双曲反射面将波反射至主面顶部的卡塞格林焦点。馈源波束照射副面时，在副面边缘溢出，使得波束旁瓣指向冷空，因此噪声温度通常较低。与之相比，馈源放置于主焦点的天线，馈源波束照射主反射面边缘溢出，使得旁瓣指向地面，因此接收的噪声电平会高一些。卡塞格林天线的另一个优点是，当天线口径相对较大时，可以在主反射面的背部设计一个封闭空间来安装低噪声前端电子学系统。尽管如此，主焦点位置上的馈源口径要小于卡塞格林焦点上的副面口径，因此工作波长较长时，馈源一般安装在主焦点上。

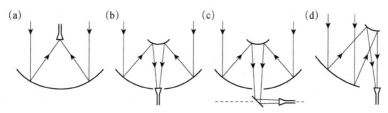

图 5.1 反射面天线焦点的布局：（a）主焦点；（b）卡塞格林焦点；（c）奈史密斯焦点；（d）偏馈卡塞格林焦点。采用奈史密斯焦点时，馈源安装在俯仰轴（图中虚线所示）下方的准直仪上，对于线极化信号，极化角随馈源的俯仰角变化。其他一些焦点布局方案，例如波束波导天线（图中未画出），使用多个反射面，其中一个反射面安装在方位轴上，使得馈源喇叭相对地面的位置保持不变，因此方位和俯仰运动时，极化都会相对馈源旋转

卡塞格林天线设计允许对主面和副面赋形，因而有可能提高孔径效率（Williams，1965）。分析天线发射电磁波的过程，可以很容易理解卡塞格林天线的原理。常规双曲面副面和抛物面主面天线的馈源辐射能量主要集中在天线孔径中心，而为了获取最大孔径效率，电场应均匀分布。对副面稍作型面修正，可以将更多能量反射到主面边缘，从而改善电场分布的均匀性。为了保证主面反射的波前仍然满足等相位条件，必须对主面进行修正，使其型面略微偏离理想的抛物面。例如，新墨西哥州的 VLA 天线设计使用了这种赋形技术，其主面的直径为 25m。VLA 的反射面与最佳拟合抛物面之间的均方根误差约为 1cm，因此当观测波长大于 16cm 时，VLA 天线也可以使用主焦点馈源。型面赋形技术也具有一些局限性，例如，偏馈性能会受到影响，不利于实现多波束观测。对于大口径反射面天线来说，多波束馈源可以极大地提高天区覆盖效率，对于巡天应用来说，天区覆盖效率是非常重要的。Elmer 等（2012）描述了多种波束合成馈源系统，这种系统采用馈源阵列和相位控制技术实现多波束，详见 5.7.2.1 节。

　　各种抛物面跟踪天线在设计细节上有很多不同。例如，当需要在卡塞格林焦点上安装不同频段的多个馈源时，有时将这些馈源安装在一个旋转机构上，在需要时，将某个频段的馈源转到主反射面的轴线位置上。另一种方式是将这些馈源固定安装在卡塞格林焦点周围的圆周上，并使用一个可旋转的、略微不对称设计的副反射面，将入射波聚焦到需要使用的馈源上。

　　馈源几何非对称的抛物面天线会产生额外的设备极化效应，而圆对称几何基本可以消除这些效应。无遮挡孔径设计的情况，如图 5.1（d），可能会存在极化效应；或者每个馈源工作于不同频段，将一簇馈源设计为接近但并未精确安装在主面轴线上，也会存在这种效应。几何非圆对称的交叉线极化馈源会导致主波束内具有较强的交叉极化旁瓣。几何非圆对称的反向圆极化馈源会导致两个波束指向反方向偏移，偏移发生在主面对称轴与馈源所在平面的垂面上。由于两个反向圆极化的响应不同（表 4.3），会严重影响圆极化测量。进行线极化测量时，指向偏移不是很严重的问题，这是由于线极化测量需要对两个反向极化相乘，相乘后的响应仍然相对于主面轴线对称。通过对副面作偏置补偿，可以基本消除这种偏移。更多详情参见文献（Chu and Turrin，1973；Rudge and Adatia，1978）。

　　反射面精度是天线设计的基本要求之一。天线实际加工型面与理想型面之间的偏差会导致电磁波反射到达焦点时具有不同的相位延迟。我们可以将整个反射面看作是由很多小反射面拼接而成，每个小反射面和理想反射面的偏差为 ϵ ，偏差的概率分布为高斯随机分布：

$$p(\epsilon) = \frac{1}{\sqrt{2\pi}\sigma} e^{-\epsilon^2/2\sigma^2} \qquad (5.1)$$

其中 $\langle \epsilon \rangle = 0$ ， $\langle \epsilon^2 \rangle = \sigma^2$ ， $\langle\ \rangle$ 代表期望值。概率计算中，一个非常重要的关系式是关于 $\langle e^{j\epsilon} \rangle$ ：

$$\langle e^{j\epsilon} \rangle = \int_{-\infty}^{\infty} p(\epsilon) e^{j\epsilon} d\epsilon = \frac{1}{\sqrt{2\pi}\sigma} \int_{-\infty}^{\infty} e^{-\frac{\epsilon^2}{2\sigma^2} - j\epsilon} d\epsilon = e^{-\sigma^2/2} \qquad (5.2)$$

用指数项配方法可以计算最右的积分，即 $-\left(\frac{\epsilon^2}{2\sigma^2} + j\epsilon \right) = -\frac{1}{2\sigma^2}\left(\epsilon + j\sigma^2 \right)^2 - \frac{\sigma^2}{2}$ 。其中的 $e^{-\sigma^2/2}$ 项可以移到积分符号之外，余项积分为 1。

　　当表面偏差为 ϵ 时，反射波的路径长度偏差近似为 2ϵ ，焦径比越大，近似关系越成立。因此，偏差 ϵ 引起相位偏移 $\phi \approx 4\pi\epsilon / \lambda$ ，其中 λ 为波长。所以，焦点处的电场分量具有高斯相位分布， $\sigma_\phi = 4\pi\sigma / \lambda$ 。如果将反射面分割为 N 个独立的子面，由于天线接收面积与电场的平方成正比，则接收面积为

$$A = A_0 \left\langle \left| \frac{1}{N} \sum_i e^{j\phi_i} \right|^2 \right\rangle = \frac{A_0}{N^2} \sum_{i,k} \left\langle e^{j(\phi_i - \phi_k)} \right\rangle \approx A_0 e^{\frac{-(\sqrt{2}\sigma\phi)^2}{2}} \quad （5.3）$$

其中 A_0 为假设 N 足够大、可以忽略 $i = k$ 项的贡献时理想反射面的接收面积。由于要求两个随机变量之差的方差增加 $\sqrt{2}$ 因子，因此由式（5.2）和式（5.3）可得

$$A = A_0 e^{-(4\pi\sigma/\lambda)^2} \quad （5.4）$$

在无线电工程中上式称为鲁兹公式（Ruze，1966），在其他一些天文学分支被称为斯特列尔比（Strehl Ratio）。例如，当 $\sigma/\lambda = 1/20$ 时，孔径效率 A/A_0 为 0.67。当天线具有多个反射面时，可以用均方和法求解多个反射面的均方根偏差。副反射面（如卡塞格林副反射面）面积比主反射面小，通常可以把均方根型面误差控制得很小。阿塔卡马大型毫米波/亚毫米波阵列（ALMA）采用 12m 口径天线，型面精度控制得很好，能够工作在 900GHz 频率。天线型面动态形变的研究见 Snel 等（2007）。

为改善抛物面天线的性能而开发了一些技术。例如，通过修改副面的型面来补偿主面的误差［见参考文献（Ingalls et al.，1994；Mayer et al.，1994）］。另外，对馈源支撑结构进行优化设计，可以最小化孔径遮挡面积，并减小地面方向的旁瓣（Lawrence，1994；Welch et al.，1996）。通常采用三脚架或四脚架来支撑反射面焦点附近的设备，如果将支撑杆固定在主反射面的边缘，而不是固定在主反射面孔径内的点，支撑杆只会影响入射到主反射面上的平面波，而不会影响主反射面到焦点之间的球面波。使用偏馈反射面可避免遮挡入射波。但这两种减少遮挡的方法都增加了结构复杂度和造价。

5.2 可见度函数采样

5.2.1 采样定理

基本上，设计综合孔径阵列构型，就是优化 (u, v) 空间可见度函数的采样覆盖。因此，阵列设计自然应该从分析采样需求开始。采样需求由傅里叶变换的采样定理（Bracewell，1958）决定。首先，如果测量一维强度分布源 $I_1(l)$，必须要用地面上一组相同方向的投影基线来测量源的复可见度 $\mathcal{V}$。例如，要测量东西向强度分布，一种可能的方法是用一条东西向基线观测射电源穿越子午面的过程，并每天改变一次基线长度。

图 5.2（a）～（c）说明了一维可见度函数 $\mathcal{V}(u)$ 的采样。如图 5.2（b），可以将采样理解为狄拉克函数序列与 $\mathcal{V}(u)$ 相乘，狄拉克函数序列写为

$$\left[\frac{1}{\Delta u}\right]\text{III}\left(\frac{u}{\Delta u}\right)=\sum_{i=-\infty}^{\infty}\delta(u-i\Delta u) \tag{5.5}$$

公式左侧表明，可以用山函数 III 来表征狄拉克函数序列，山函数（Shah Function）由 Bracewell 和 Roberts（1954）提出。序列在正、负两个方向延伸至无限远，且狄拉克函数以 Δu 等间距分布。式（5.5）的傅里叶变换是狄拉克函数序列，如图 5.2（e）所示。

$$\text{III}(l\Delta u)=\frac{1}{\Delta u}\sum_{p=-\infty}^{\infty}\delta\left(l-\frac{p}{\Delta u}\right) \tag{5.6}$$

在 l 域内，可见度采样样本的傅里叶变换是 $\mathcal{V}(u)$ 的傅里叶变换［一维强度函数 $I_1(l)$］与式（5.6）的卷积。卷积的结果是以 $(\Delta u)^{-1}$ 为间隔周期延拓 $I_1(l)$，如图 5.2（f）所示。如果 $I_1(l)$ 代表有限张角的源，则只要在大于 $(\Delta u)^{-1}$ 的 l 值范围内 $I_1(l)$ 均为零，周期延拓就不会产生重叠（Overlapping）。因此，假设 $I_1(l)$ 的非零值范围为 l_w（更具一般性：观测视场范围为 l_w），则无重叠条件为 $\Delta u\leqslant 1/l_w$。周期延拓导致重叠的原理参见图 5.2（g）。由于重叠区域内的函数分量失去了唯一性，无法判断其属于哪一个延拓函数，因此造成的信息丢失现象通常称为混叠（Alias）。延拓的强度函数产生畸变，被称为"泄漏"（Bracewell，2000）。

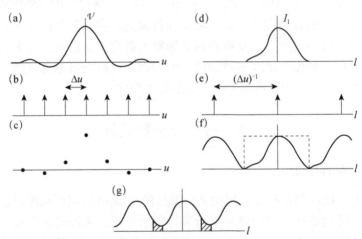

图 5.2　采样定理图解说明：（a）可见度函数 $\mathcal{V}(u)$ 的实部；（b）采样函数，箭头代表狄拉克函数；（c）可见度函数采样值；（d）源强度函数 $I_1(l)$；（e）延拓函数；（f）周期延拓的强度函数。（d）～（f）中的函数分别是（a）～（c）中函数的傅里叶变换。（g）如果采样间隔过大，周期延拓的强度函数会出现混叠，如图中阴影部分所示

　　思考图 5.2（d）和（f）的傅里叶变换，可以容易地理解从一组采样中恢复函数的要求，例如从图 5.2（c）的采样反演图 5.2（a）的函数。在 u 域插值

（插值后满足采样定理）相当于去除 l 域的延拓函数，通过矩形函数（图中的虚线框）乘以图 5.2（f）的函数可以去除延拓函数。在 u 域，这种相乘相当于采样序列与矩形函数傅里叶变换的卷积，矩形函数的傅里叶变换是面积为 1 的辛克函数

$$\frac{\sin \pi u / \Delta u}{\pi u} \qquad (5.7)$$

如果没有混叠，采样序列与式（5.7）卷积可以实现对原函数的精确插值。值得注意的是，要理想恢复函数，就需要对所有样本求和，除非辛克函数以某个样本为中心。因此，对于可见度函数的采样定理，我们可以指出：如果仅在宽度范围 l_w 内强度分布有非零值，则在 u 域间隔为 $\Delta u = l_w^{-1}$ 的可见度函数采样可以完全定义 $I_1(l)$。采样间隔 $\Delta u = l_w^{-1}$ 被称为临界间隔。在 u 域以更小的间隔采样被称为过采样，通常没什么害处，但也不会带来好处。以更大的间隔采样被称为欠采样，将导致混叠。

混叠会严重扭曲源结构。例如，假设强度函数 $I_1(l)$ 包含一些密集分布的分量，其中一个分量位于无混叠区间之外，即 $|l| > l_w / 2$，则负 l 位置的混叠分量将位于延拓强度函数的正区间。因此，混叠会出现在错误的位置。以更小的 Δu 间隔重新采样数据，可以发现这种错误。混叠分量会在图像平面以难以意料的方式移动。

这里描述的空间采样定理只是标准的香农–奈奎斯特定理的一种表述形式。香农–奈奎斯特定理通常写为时域（t）–频域（f）变换，带宽为 $\Delta \nu$ 的时域波形的临界采样频率为 $1/(2\Delta \nu)$。由于傅里叶空间频谱是 $-\Delta \nu$ 到 $\Delta \nu$，因此包含因子 2。

二维采样需要在 l 和 m 方向分别应用采样定理。如果图像的左下角存在一个超出临界区间的紧致源，其混叠将出现在图像的右上角。关于采样定理的更详细讨论见文献 Unser（2000）。

5.2.2　离散二维傅里叶变换

第 10 章将详细分析如何从可见度测量值反演图像，但此处就要理解图像反演对可见度函数数据的要求。快速傅里叶变换（Fast Fourier Transform，FFT）算法具有计算速度的优势 [见参考文献 Brigham（1988）]，因此综合孔径成像广泛使用离散傅里叶变换（Discrete Fourier Transform，DFT）算法。附录 8.4 介绍了一维离散傅里叶变换的基本性质。在二维情况，将函数 $\mathcal{V}(u,v)$ 和 $I(l,m)$ 表征为矩形采样矩阵，两个变量均匀递增。获取了矩形网格点上的强度值，可以很方便地进一步作数据处理。

二维离散傅里叶变换对 f 和 g 定义为

$$f(p,q) = \sum_{i=0}^{M-1} \sum_{k=0}^{N-1} g(i,k) \mathrm{e}^{-\mathrm{j}2\pi ip/M} \mathrm{e}^{-\mathrm{j}2\pi kq/N} \qquad (5.8)$$

其反变换为

$$g(i,k) = \sum_{p=0}^{M-1} \sum_{q=0}^{N-1} f(p,q) \mathrm{e}^{\mathrm{j}2\pi ip/M} \mathrm{e}^{\mathrm{j}2\pi kq/N} \qquad (5.9)$$

函数在 i 维和 p 维的周期为 M，在 k 维和 q 维的周期为 N。直接求解式（5.8）或式（5.9）大约需要 $(MN)^2$ 次复数乘法运算。相比较而言，如果 M 和 N 都等于 2 的幂，则使用 FFT 算法只需要 $\dfrac{1}{2}MN\log_2(MN)$ 次复数乘法运算。

将 $g(i,k) = I(i\Delta l, k\Delta m)$ 和 $f(p,q) = V(p\Delta u, q\Delta v)$ 代入式（5.8）和式（5.9），可以实现 $V(u,v)$ 和 $I(l,m)$ 之间的变换，其中 I 为二维源的强度分布。很多文献介绍了傅里叶变换的积分形式和离散形式之间的关系，例如，Rabiner 和 Gold（1975）或 Papoulis（1977）。在 (u,v) 平面内数据矩阵大小为 $M\Delta u \times N\Delta v$。在 (l,m) 平面内，l 方向的点间距为 Δl，m 方向的点间距为 Δm，图像大小为 $M\Delta l \times N\Delta m$。两个域之间的矩阵大小关系如下：

$$\Delta u = (M\Delta l)^{-1}, \quad \Delta v = (N\Delta m)^{-1}$$
$$\Delta l = (M\Delta u)^{-1}, \quad \Delta m = (N\Delta v)^{-1} \qquad (5.10)$$

一个域内的相邻点间距是另一个域内总间距的倒数。因此，如果在强度域内矩阵的尺寸足够大，只在 $M\Delta l \times N\Delta m$ 区间内强度函数有非零值，则式（5.10）定义的间距 Δu 和 Δv 满足采样定理。

为了应用离散傅里叶变换进行综合孔径成像，必须在 u 轴以 Δu 为间距、在 v 轴以 Δv 为间距对可见度函数 $V(u,v)$ 进行离散采样，如图 5.3 所示。然而，一般情况下跟踪干涉仪是在 (u,v) 平面内的椭圆轨迹上采样，而不是在 (u,v) 平面的网格点上采样，如 4.1 节所述。因此，需要通过插值或类似方法获得网格点的测量数据。在图 5.3 中，以 $(\Delta u, \Delta v)$ 为单元分割平面，单元中心为网格点。为了确定每个网格点上的可见度值，一种非常简单的方法是将此网格内的所有测量值取平均，被命名为单元平均（Thompson and Bracewell，1974）。通常，会采用比单元平均更好的处理方法，见 10.2 节。然而，单元平均的概念可以帮助我们理解可见度函数测量值的分布要求，理想情况下，每个单元最少应该有一个或几个测量点。这就要求基线设计时，要满足 (u,v) 平面上椭圆轨迹之间的间距不大于一个单元，以使一条椭圆轨迹穿越的单元数量最大化。如果某些单元内没有测量数据，就会产生 (u,v) 平面数据覆盖的空洞，空洞数量最小化是阵列设计的一个重要准则。Lobanov（2003）和 Lal 等（2009）讨论了 (u,v) 覆盖均匀性对阵列性能的影响。

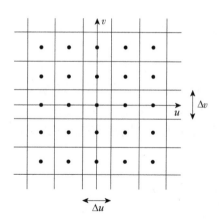

图 5.3 在 (u,v) 平面内，用矩形网格内的点对可见度函数进行采样，用于离散傅里叶变换。Δu 和 Δv 的间距相等，可以将平面划分为网格单元，网格单元面积为 $(\Delta u, \Delta v)$

5.3 阵 列 导 论

5.3.1 相控阵列和相关器阵列

通过互联，一组天线构成的阵列可以用作相控阵或者相关器阵列。图 5.4（a）给出了相控阵的简单原理框图，其输出接入平方律检波器，图中天线数量 n_a 等于 4。如果天线的输出电压分别为 V_1、V_2、V_3，并如此类推，则平方律检波器的输出正比于

$$\left(V_1 + V_2 + V_3 + \cdots + V_{n_a}\right)^2 \tag{5.11}$$

注意，当阵列有 n_a 个天线时，上式有 $n_a(n_a-1)$ 个交叉乘积项 $V_m V_n$，以及 n_a 个自乘积项 V_m^2。如果每个天线到检波器之间的信号路径（含移相器）的电长度均相等，则入射波的来波方向为下式时，接收信号同相合成

$$\theta = \arcsin\left(\frac{N}{\ell_\lambda}\right) \tag{5.12}$$

其中 N 为包括 0 在内的整数，ℓ_λ 为天线间距，以波长为单位。通过调节天线输出端口的移相器可以调整极大值的位置角，极大值的位置角表征阵列波束方向图。因此，可以对天线方向图进行扫描，对天空某区域进行成像。

在图 5.4（b）相关器阵列中，使用相关器实现每对天线输出信号电压的交叉相乘 $V_m V_n$。这些相关器的输出为条纹方向图，与相控阵方向图类似，合成后产生极大值。如果对相关器阵列中一个天线的输出引入相移，则所有与该天线相连的相关器的测量相位都会相应变化。反之，对相关器输出进行合成时，也可以通过改变测量相位来模拟天线的相移。因此，用计算机进行波束合成时，

适当地改变测量相位就可以实现波束扫描。将相关器输出作为间距的函数，并计算可见度函数的傅里叶变换时，实际上就执行了移相操作。上述分析中，缺失自乘项使相关器阵列的瞬时功率灵敏度降低到（n_a-1）/n_a，如果 n_a 数值较大，近似为 1。尽管如此，在任意时刻，相关器阵列都会响应单元天线的全部视场；而相控阵只响应阵列形成的窄波束，除非配备了复杂的信号合成网络，可以同时形成多波束的情况。因此，相关器阵列比相控阵获取数据的效率更高。

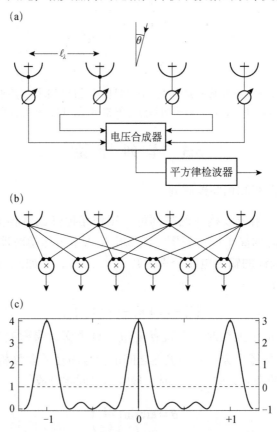

图 5.4　简单四单元线性阵列。ℓ_λ 为天线单元间距，以波长为单位，θ 代表信号入射角。（a）天线连接成一个相控阵，每个天线输出端带一个可调移相器，信号合成后输入到平方律检波器。其中电压合成器为匹配网络，输出电压正比于射频输入电压之和。（b）四个天线连接成相关器阵列。（c）纵轴为阵列响应，左侧刻度表示相控阵的方向图，右侧刻度表示相关器阵列的方向图。横坐标与 θ 成正比，单位为 ℓ_λ^{-1} 弧度。图中的简单栅阵中天线等间距排列，所以出现了旁瓣，旁瓣表现为中心波束方向图的副本

如果不考虑自乘积项，相关器阵列的点源响应与相控阵相同。相控阵的方向图包含一个或多个波束，在波束所指方向上，单元天线响应是同相合成。主响应被旁瓣包围，天线单元数量和天线阵列构型决定了旁瓣的形状和幅度。相

邻旁瓣之间有极小值，最小为零。由于平方律检波器输出不能为负值，响应只能为正。下面，考虑减去自乘积项来模拟相关器阵列的响应。在远小于单元天线波束宽度的观测视场内，每个自乘积项都为同一常数，每个交叉乘积项代表一个条纹振荡频率。点源响应中，上述所有项幅度相等。从相控阵响应中减去自乘积项，会使零电平向正电平方向漂移，漂移幅度为峰值水平的 $1/n_a$，如图 5.4（c）虚线所示，相控阵响应中的零值点变成负旁瓣。因此，与相控阵响应相比，相关器阵列的响应减小为（n_a-1）$/n_a$。负值响应为正峰值的$-1/$（n_a-1），但由于该电平相当于相控阵的零电平，负值响应不会更低。Kogan（1999）指出了相关器阵列负旁瓣电平的这个极限，同时指出这个极限与天线阵列构型无关，只与天线的数量有关。这两个结论都不适用于正旁瓣。只有当快视成像［即没有利用地球自转显著加密 (u,v) 覆盖］和相关器输出均匀加权条件下，上述结论严格成立。

最后分析图 5.4（a）相控阵具有的一些特性。功率合成器是一个无源网络，例如图 1.13（a）中的分支传输线。如果在合成器的每个输入端馈入功率为 P 的相干波形，则合成器的输出功率为 n_aP。如果用电压 V 来表示功率合成器输入信号，等效于合成器对每路电压的 $1/\sqrt{n_a}$ 进行加性合成，输出电压为 $\sqrt{n_a}V$，则功率输出为 n_aP。如果输入波形不相关，每路输入仍然贡献了 $V/\sqrt{n_a}$ 的电压，但输出是功率加性合成（即电压的平方和），因此在这种情况下，输出功率等于一路输入的功率。所以，每个输入对输出的贡献只占其输入功率的 $1/n_a$，剩余功率耗散在合成器输入端的端接电阻上（即合成器直接与天线连接时，剩余功率将从天线辐射出去）。阵列主波束接收的不可分辨源信号是完全相关的，但是每个天线的放大器噪声是不相关的。因此，如果没有传输线和合成器损耗，在每个天线输出端口放置一个放大器，或者在合成器的输出端口放置一个放大器，两种情况的检波信噪比是相同的。但是，传输线或合成器的损耗通常比较大，一般来说，为每个天线端口配置放大器还是有优势的。需要注意的是，如果相控阵中的一半天线指向源，另外一半指向冷空，则合成器输出信号功率只有全部天线指向源时的四分之一。

5.3.2 空间灵敏度和空间传递函数

下面分析天线或阵列对天空空间频率的灵敏度。天线的收发方向图相同，分析天线发射过程更容易理解。将射频功率施加到天线端口，会在天线孔径上产生电场。$\mathcal{E}(x_\lambda, y_\lambda)$ 为天线孔径上的电场分布，函数 $W(u,v)$ 是 $\mathcal{E}(x_\lambda, y_\lambda)$ 的自相关函数。这里 x_λ 和 y_λ 为天线孔径平面的坐标，单位为波长。因此，

$$W(u,v) = \mathcal{E}(x_\lambda, y_\lambda) \star\star \mathcal{E}^*(x_\lambda, y_\lambda)$$

$$= \int_{-\infty}^{\infty} \int_{-\infty}^{\infty} \mathcal{E}(x_\lambda, y_\lambda) \mathcal{E}^*(x_\lambda - u, y_\lambda - v) \mathrm{d}x_\lambda \mathrm{d}y_\lambda \qquad (5.13)$$

用双五角星代表二维自相关。积分式（5.13）与天线孔径内（受场强加权的）独立间距矢量 (u,v) 的数量成正比。接收时，$W(u,v)$ 是天线对不同空间频率的灵敏度的测度。实际上，天线或阵列相当于空间频率滤波器，与滤波器理论的术语定义类似，广泛地将 $W(u,v)$ 称为传递函数。$W(u,v)$ 也被称为频谱灵敏度函数（Bracewell，1961，1962），也即阵列响应的空间频谱（注意与射频频谱的区分）。本书讨论 $W(u,v)$ 时，使用的术语为空间传递函数和空间灵敏度。能够在 (u,v) 平面上测量的面积［定义为 $W(u,v)$ 非零的闭合区间］称为空间频率覆盖，或称为 (u,v) 覆盖。

　　下面分析天线或阵列的点源响应。点源在 (u,v) 域的可见度是常量，测量的所有空间频率都正比于 $W(u,v)$。因此，点源响应 $A(l,m)$ 是 $W(u,v)$ 的傅里叶变换，Bracewell 和 Roberts（1954）正式推导得出这一结论。［回顾公式（2.15）的相关讨论，点源响应是天线功率方向图的镜像，即 $A(l,m)=A(-l,-m)$］。本章讨论中，空间传递函数 $W(u,v)$ 是重要表征，图 5.5 进一步说明 $W(u,v)$ 在射电成像涉及的各种函数的相互关系中所发挥的作用。

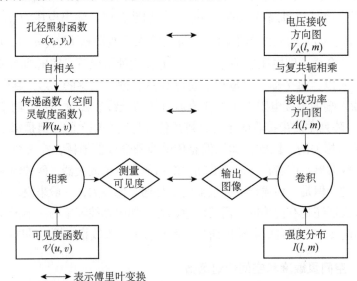

图 5.5　射电成像时各函数之间的关系。从左上角开始，天线孔径电场分布 $\varepsilon(x_\lambda,y_\lambda)$ 的自相关是空间传递函数 $W(u,v)$。观测源时，测量的可见度函数是源可见度函数 $\mathcal{V}(u,v)$ 与空间传递函数 $W(u,v)$ 的乘积。在右上角，天线接收电压方向图与其复共轭相乘得到天线功率方向图 $A(l,m)$。接收功率方向图 $A(l,m)$ 与源强度函数 $I(l,m)$ 卷积，可得源的成像函数。在图中用双向箭头标注 (x_λ,y_λ) 和 (u,v) 域与 (l,m) 域之间的傅里叶变换关系。通常不能用任何场分布函数的自相关来描述利用地球自转（如跟踪阵列）建立的空间灵敏度，此时只有图中虚线以下部分适用

图 5.6（a）给出一种非跟踪天线的干涉仪结构，用两个矩形区域来表示天线。我们假设在天线孔径范围内 $\mathcal{E}(x_\lambda, y_\lambda)$ 是均匀分布的，例如均匀激励的偶极子阵列。首先假设如早期设备一样，两个天线的输出电压直接相加，然后馈入功率测量接收机。图 5.6（b）的三个矩形区域代表孔径分布的自相关函数，即空间传递函数。注意，两个孔径的自相关包含每个孔径的自相关（图 5.6（b）中间的矩形），以及两个孔径的互相关（两个阴影矩形）。如果用相关器合成两个天线的信号，而不是用只响应全部接收功率的接收机进行合成，则两个阴影矩形就可以表征空间灵敏度，这是由于相关器只输出两个孔径信号的互积。

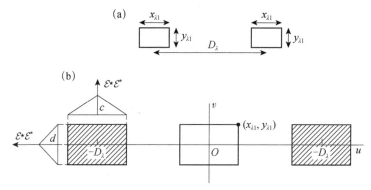

图 5.6　（a）由两个天线口径构成的二元干涉仪，其空间传递函数如（b）所示。阴影区域表征两个孔径信号的互相关代表的空间灵敏度分量。如果孔径内的场分布是均匀的，则空间灵敏度的幅度是线性锥化的，如图中 c 和 d 所示，它们代表空间传递函数的截面

加法合成和相关器合成两种情况都可以将空间传递函数理解为点源响应的傅里叶变换。例如，图 5.6（a）的干涉仪使用相关器合成时，点源响应是阴影区域对应函数的傅里叶变换。其傅里叶变换为

$$\left[\frac{\sin \pi x_{\lambda1} l}{\pi x_{\lambda1} l}\right]^2 \left[\frac{\sin \pi y_{\lambda1} m}{\pi y_{\lambda1} m}\right]^2 \cos 2\pi D_\lambda l \qquad (5.14)$$

其中 $x_{\lambda1}$ 和 $y_{\lambda1}$ 为天线孔径尺寸；D_λ 为孔径间距，均以波长为单位。式（5.14）中两个辛克函数平方项代表均匀照射矩形孔径的功率方向图，余弦项代表条纹方向图。早期设备中，空间灵敏度的相对幅度只由天线上的场分布决定，但使用计算机图像处理技术后，可以在观测结束后调整空间灵敏度的相对幅度。

图 5.7 给出一些常用阵列构型以及其自相关函数的包络。对一个特定形状的连续孔径，自相关函数表示其瞬时空间灵敏度。式（5.13）表明，自相关函数是场分布函数与其关于 u 和 v 的复共轭函数之积的积分。基于 Bracewell（1961，1995）介绍的图解法和两个孔径图形叠加时的 u 和 v 值，可以很容易地确定空间传输函数的非零边界。利用这种方法还可以识别自相关函数的大值脊线，例如

将图 5.7（a），（b），（c）图形沿开放臂移位。对于图 5.7（g）所示的环形阵，圆环与其移位复制圆环交于两点，自相关函数正比于重叠的面积。对于单位圆环，在 $q = \sqrt{u^2 + v^2} = 1/\sqrt{2}$（交点处的两条切线的夹角为 $\pi/2$）以内，重叠面积单调递减。当 $q > 1/\sqrt{2}$ 时，随两条切线逐渐变得平行，自相关函数单调递

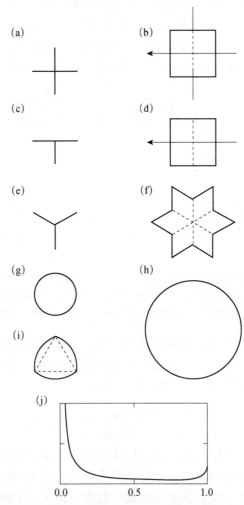

图 5.7　天线阵列构型及其自相关函数的非零值边界。阵列构型代表孔径域 (x_λ, y_λ)，自相关函数代表空间频率 (u, v) 域。（a）十字阵；（b）十字阵的自相关函数边界；（c）T 形阵；（d）T 形阵的自相关函数边界；（e）等角 Y 形阵；（f）等角 Y 形阵的自相关函数边界；（b）、（d）、（f）中的虚线代表自相关函数的大值脊线；（g）环形阵；（h）环形阵的自相关函数边界。环形阵的自相关函数呈圆周对称，且（h）所示环形阵的自相关函数径向廓线如（j）所示。（i）勒洛三角形阵，虚线代表内接等边三角形，勒洛三角形的圆弧以等边三角形的顶点为圆心；勒洛三角形的自相关函数边界与（h）相同，但其自相关函数与环形阵不同

增。如图 5.7（j），自相关函数的解析式是第一类贝塞尔函数 J_0^2 的傅里叶变换，当 $0 \leqslant q \leqslant 1$ 时，J_0^2 正比于 $1/\left(q\sqrt{1-q^2}\right)$。另一种有趣的阵列构型是实心圆，从 $q=0$ 到 $q=1$，自相关函数随 $\arccos(q) - q\sqrt{1-q^2}$ 单调递减，Bracewell（2000）称之为中国帽函数。如果孔径填充不完整，即孔径是由离散天线阵列构成的，则空间灵敏度是自相关函数的采样。例如，天线均匀分布的十字阵，其空间灵敏度表征为图 5.7（b）方形边界包络内的矩阵。

5.3.3 米波十字阵和 T 形阵

十字阵及其自相关函数分别如图 5.7（a）和（b）所示。假设与臂长相比，臂宽很小。在第 1 章简单介绍的米尔斯十字阵，两个臂的输出接到一个互相关接收机，因此其空间灵敏度如图 5.7（b）正方形所示。四条边中心向外的窄延长线并非由臂间的互相关构成所形成的，而是单臂的自相关函数的一部分。然而，如果臂是由一些排成直线的天线构成，则自相关函数是由臂内和臂间的互相关共同构成的。T 形阵情况类似，如图 5.7（c）和（d）所示。

如果十字阵或相应 T 形阵沿臂的方向的灵敏度（即单位长度的接收面积）是均匀的，则在 (u,v) 方形区域内的空间灵敏度也是均匀权重的，即不像图 5.6 那样从中心向边缘线性锥化。在方形区域的边界（距离中心的距离等于臂长），其空间灵敏度降低到零。均匀权重空间灵敏度的边缘陡降，导致很强的旁瓣。因此，米尔斯十字阵的一个重要设计特色是对臂上天线单元的耦合度做了高斯加权，将臂端的灵敏度降低到 10%。这种设计有效地降低了主波束以外的旁瓣幅度，但同时主波束宽度也略有展宽。

图 1.12（a）给出了基于非跟踪相关器干涉仪的 T 形阵方案。其中一个小天线能够步进位移，实现连续覆盖，以模拟一个较大的孔径；见 Blythe（1957），Ryle 等（1959），以及 Ryle 和 Hewish（1960）。小天线运动形成的空间频率覆盖与其模拟的等口径大天线单次观测的空间频率覆盖相同，但二者空间灵敏度不完全相同。术语孔径综合就是用来描述这种观测的，但更精确的描述是：对孔径自相关进行综合。

5.4 跟踪阵列的空间传递函数

跟踪天线构成的干涉仪输出的空间频率覆盖范围如图 5.8（b）所示。观测子午面上的源时，两个阴影区域代表东西向二元干涉仪两个孔径的互相关。当源随时角移动时，(u,v) 覆盖以一定宽度、以两个天线间距轨迹为中心而运动。

回顾 4.1 节，地基干涉仪的投影基线轨迹为椭圆的一个弧段，且由于 $\mathcal{V}(-u,-v) = \mathcal{V}^*(u,v)$ ，任何一对天线测量的可见度都是关于 (u,v) 域原点对称的两段弧线，空间传递函数包含了这两个弧段。

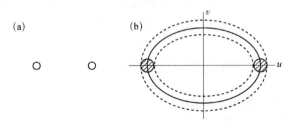

图 5.8　（a）东西向二元干涉仪的孔径。（b）阴影区域为干涉仪互相关信号对应的空间频率覆盖。如果天线对源进行跟踪，则其间距矢量在 (u,v) 平面扫出椭圆轨迹（实线所示）。（b）中两条虚线之间为测量的空间频率范围，两个天线孔径的互相关决定了两条虚线的距离

　　由于单元天线对源进行扫描跟踪，所以天线波束一直指向被测源上的同一点，阵列测量的是源强度分布与天线方向图的乘积。从另外一个角度理解，接收源辐射的是两个天线口径上的若干小区域，小区域的中心是图 5.9 中的 A_1 和 A_2 。天线口径内包含了 $u-d_\lambda$ 到 $u+d_\lambda$ 的间距分量，其中 d_λ 为天线直径，单位为波长。如果源穿越波束时，两个波束指向固定位置，则相关器输出是由一组条纹分量合成的，条纹频率从 $\omega_e(u-d_\lambda)\cos\delta$ 到 $\omega_e(u+d_\lambda)\cos\delta$ ，其中 ω_e 为地球自转角速度，δ 为源的赤纬。为了考察天线跟踪源的影响，设口径上有一点 B ，当天线跟踪时，点 B 有朝向源的运动分量，运动速度为每秒 $\omega_e\Delta u\cos\delta$ 个波长。运动会使点 B 接收的信号产生多普勒频移。为了计算 A_1 和 B 点之间的条纹频率，我们将非跟踪天线的条纹频率减去多普勒频移，从而得到 $[\omega_e(u+\Delta u)\cos\delta]-(\omega_e\Delta u\cos\delta)=(\omega_e u\cos\delta)$ 。因此，跟踪天线的条纹频率等于两个孔径中心点 A_1 和 A_2 的条纹频率。（实际上，两个孔径上任何点对的条纹频率都相同，上例选择一个天线中心点只是简化了分析。）因此，天线跟踪时，孔径上所有点对都为相关器输出贡献相同的条纹频率。据此可以得出结论，相关器输出波形的傅里叶分析不能分离口径上不同点的贡献，因此丢失了 $u-d_\lambda$ 到 $u+d_\lambda$ 范围内的可见度变化信息。尽管如此，如果天线并非纯粹跟踪源运动，则理论上信息是可恢复的。例如，当源尺寸大于天线波束宽度时，除了跟踪运动，还需要进行额外的波束扫描运动以覆盖整个源。实际上，相对于源的宽度而言，这种扫描足以实现 (u,v) 域可见的精细采样。这种方法被称为图像拼接技术，将在 11.5 节讨论。

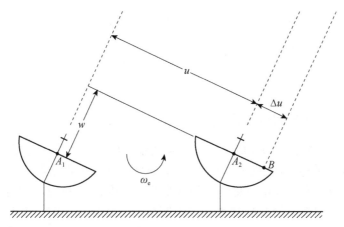

图 5.9 图例说明跟踪效应对相关器输出条纹频率的影响。图中只给出基线的 u 分量，由于 v 分量不影响条纹频率，因此省略。弯曲箭头代表天线的跟踪运动

为表征天线跟踪源位置所带来的影响，这里采用源强度分布修正的归一化方向图 $A_N(l,m)I(l,m)$ 做后续分析。在任何时刻，都可以用一对二维狄拉克 δ 函数 $^2\delta(u,v)$ 和 $^2\delta(-u,-v)$ 来表征一对跟踪天线的空间传递函数 $W(u,v)$。天线阵的空间传递函数可以由一组 δ 函数表征，δ 函数的权重正比于设备响应的幅度。地球自转时，这些 δ 函数生成椭圆间距轨迹的集合。这些轨迹即为跟踪阵列的空间传递函数。

假设归一化天线方向图为 $A_N(u,v)$，分布为 $I(l,m)$ 的源的观测可见度函数为 $\mathcal{V}(u,v)$。如果空间传递函数为 $W(u,v)$，则测量的可见度函数为

$$\left[\mathcal{V}(u,v)**\overline{A}_N(u,v)\right]W(u,v) \qquad (5.15)$$

其中双星号代表二维卷积，上划线代表傅里叶变换。式（5.15）的傅里叶变换为测量的强度函数：

$$\left[I(l,m)A_N(l,m)\right]**\overline{W}(l,m) \qquad (5.16)$$

如果观测 (l,m) 坐标原点的点源，则 $A_N=1$，式（5.16）变成点源响应 $b_0(l,m)$。因此可得

$$b_0(l,m)=\left[{}^2\delta(l,m)A_N(l,m)\right]**\overline{W}(l,m)=\overline{W}(l,m) \qquad (5.17)$$

其中用二维狄拉克 δ 函数 $^2\delta(l,m)$ 代表点源。上式再次表明，点源响应等于空间传递函数的傅里叶变换。天线跟踪时，测量的空间频率由 $W(u,v)**\overline{A}_N(u,v)$ 表征。注意，$\overline{A}_N(u,v)$ 的宽度等于相应的 (x,y) 域天线孔径的两倍。

术语孔径综合有时被扩展应用于时角跟踪的观测，但是，精确定义跟踪阵列的等效天线孔径是不可能的。例如，考虑东西向基线的两个天线连续 12 小时跟踪一个源，其空间传递函数是以 (u,v) 平面原点为中心的椭圆，椭圆内的空间

灵敏度为零（原点除外，天线的全功率测量可以给出原点的空间灵敏度）。因此，等效孔径是一个函数，函数的自相关是跟空间传递函数一样的椭圆环。这种孔径函数并不存在，因此，用术语孔径综合描述包含时角跟踪的大多数观测是不严格的。

5.4.1　期望的空间传递函数特性

考虑期望的空间 (u,v) 覆盖，对于天线布局设计是有益的［例如参见 Keto（1997）］。对于任何特定观测，(u,v) 覆盖的优化显然依赖于期望的被测源强度分布，这是由于人们都希望将设备的观测能力集中在 (u,v) 域上的可见度非零值区域。然而，多数大型阵列都要广泛观测各类天文目标，因此需要一些折中设计。一般情况下，天文目标在天空中随机分布，并没有优先的高分辨率观测方向。因此，逻辑上来说，可见度测量值应以 (u,v) 域原点为中心，覆盖一个圆形区域。

如 5.2.2 节所述，为方便进行傅里叶变换，可见度数据一般需插值到矩形网格上，如果每个网格的测量点数相当，则傅里叶变换时可以赋予每个网格同样的权重。非均匀权重会导致有些值的噪声分量更大，因此带来灵敏度损失。由灵敏度角度衡量，人们更期望圆形区域内尽可能均匀分布，并采用自然权重（即阵列构型决定的、不需进一步修正的权重）。

对于通用型阵列，很难改善测量区域内的填充密度，但有可能改善圆形内的测量均匀度。如上所述，在米尔斯十字阵中，臂上均匀耦合的辐射单元能产生均匀的空间灵敏度。为降低旁瓣，对单元耦合施加了高斯锥化，使得空间灵敏度也被高斯锥化。已建成的同类设备的典型频率范围为 85～408MHz，源混淆是严重的问题，因此空间灵敏度锥化是非常重要的。源混淆可能导致错误地将旁瓣响应认证为源，也可能会掩盖真正的源。

如果空间灵敏度函数具有均匀矩形特性，那么波束剖线为辛克函数 $\sin(\pi x)/\pi x$，其第一旁瓣的相对强度为 0.217。当空间传递函数为均匀圆盘分布时，波束剖线为 $J_1(\pi x)/\pi x$ 形状，其第一副瓣的相对强度为 0.132。均匀圆盘 (u,v) 覆盖比均匀矩形 (u,v) 覆盖的旁瓣电平低，但存在源混淆时，仍然是个问题。锥化天线照射可以减小旁瓣响应。因此当源密集分布时，均匀加权可能不是最佳选择。

5.4.2　空间频率覆盖的空洞

假设 (u,v) 覆盖为直径 a_λ 个波长的圆盘，圆盘内数据完整，没有空洞，即傅里叶变换所需的矩形网格可见度数据无缺失。当均匀加权时，对网格化的空间传递函数做傅里叶变换，可得 $J_1(\pi a_\lambda\theta)/\pi a_\lambda\theta$ 形式的合成波束，其中 θ 是相对于波束中心的角度。如果增加中央区域的权重，波束会变得平滑。这里将上述的 (u,v) 区间称为完全 (u,v) 覆盖，且完全覆盖的波束称为完全响应。如果有一些数据缺失，则实际 (u,v) 覆盖等于完全覆盖减去 (u,v) 空洞分布。由傅里叶变换的加法性质，其合成波束等于完全响应减去空洞分布的傅里叶变换。空洞的存在使完全响应中出现了多余的分量，导致合成波束增加了旁瓣。由帕塞瓦尔定理，空洞诱发的均方根旁瓣电平正比于空洞所致空间灵敏度缺失值的均方根。完全响应 $J_1(\pi a_\lambda\theta)/\pi a_\lambda\theta$ 廓线本身也存在一些旁瓣振荡，但显然空洞会导致新的旁瓣分量。

5.5 线性跟踪阵列

现在考虑天线呈直线排列的干涉仪或阵列。我们已经知道，东西向间距的成对天线会在 (u,v) 平面上形成一组以 (u,v) 原点为中心的椭圆跟踪轨迹。为获取完整的椭圆，时角跟踪范围需达到 12h。如果东西向阵列的天线间距均匀增大，其空间灵敏度是轴长均匀增加的一组同心椭圆。阵列的角分辨率反比于相应方向的 (u,v) 覆盖宽度；v 方向覆盖宽度等于 u 方向宽度乘以赤纬 δ 的正弦。早期射电天文中，广泛应用的东西向线阵包含一系列整数倍最小间距，对于赤纬 $|\delta|$ 大于~30°的观测特别重要。

最简单的线阵列采用等间距 ℓ_λ 天线排布（图 1.13（a））。这种阵列有时也称为栅阵，由光学衍射光栅类推而来。如果栅阵包含 n_a 个天线单元，则阵列输出有（n_a-1）个组合为单元间距，（n_a-2）个组合为两倍单元间距，以此类推。短间距高度冗余，因此需要寻找其他天线分布构型，能够在给定 n_a 的情况下组合出更多不同长度的间距。但是冗余观测可用于设备响应和大气效应的辅助定标，因此可以说一定程度的冗余是有益的（Hamaker，1977）。

图 5.10（a）给出一种天线构型的早期实例，是 Arsac（1955）使用的无冗余间距阵列，六种可能的配对都具有不同的间距。当天线数大于 4 时，阵列中要么会存在一些冗余，要么会缺少一些间距。图 5.10（b）所示为 Bracewell（1966）设计的五单元最小冗余天线阵列。Moffet（1968）罗列了最多到 11 单元的最小冗余阵列构型，Ishiguro（1980）讨论了大型阵列的最小冗余求解方法。Moffet 定义了两类阵列：一类为限定型阵列，即最大间距 $n_{max}\ell_\lambda$（即阵列的总长度）内无间距缺失；另一类为一般性阵列，即某个特定间距以内无间距缺失，但会存在一些超过特定间距的基线。图 5.11 给出八单元阵列的例子。线性阵列冗余度的测度由下式定义：

$$\frac{1}{2}n_{\mathrm{a}}\left(n_{\mathrm{a}}-1\right)/n_{\max}\qquad\qquad\qquad(5.18)$$

式中，$n_{\max}$ 为阵列的最长间距，定义为单元间距的倍数。冗余度定义为天线对的数量除以单元间距定义的最长基线 $n_{\max}$。图 5.10（a）和（b）线阵的冗余度分别等于 1.0 和 1.11。Leech（1956）对数论的研究表明，由大量天线构成的阵列，其冗余度接近 4/3。Bracewell 等（1973）描述了图 5.10（b）的线性最小冗余阵列。对于这种由少量天线组成的阵列，构型的选择是非常重要的。

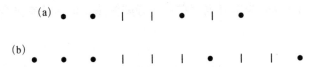

图 5.10　线性阵列构型，其中黑点代表单元天线。（a）Arsac's（1955）构型，包含 6 倍单元间距以内的全部间距，且无冗余。（b）Bracewells（1966）构型，包含 9 倍单元间距以内的全部间距，其中单元间距有一个冗余

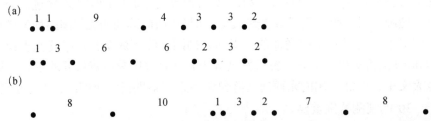

图 5.11　八单元最小冗余线性阵列：数字代表相邻天线间距，为单元天线间距的整数倍。（a）两种阵列均连续覆盖 1～23 倍单元间距。（b）一种均匀覆盖 1～24 倍单元间距的阵列的全部基线，但一条 39 倍单元间距的基线，包含的冗余间距为 8、31（两次）和 39 倍单元间距。授权复印自 A.T. Moffet（1968），©1968 IEEE

如果部分天线可以移动位置，就能极大地提升阵列性能。图 5.12 给出早期三单元综合孔径设备的天线布局，即剑桥—英里射电望远镜（Ryle，1962）。天线单元 1 和天线单元 2 是固定不动的，它们的输出与天线单元 3 的输出做相关，天线单元 3 可在铁轨上移动。天线单元 3 移动到每个位置时，对给定射电源进行 12h 的跟踪测量，每个位置可以获取 (u,v) 平面上两条椭圆轨迹的可见度数据。每当天线单元 3 在铁轨上向前移动到一个新位置，重复一次上述测量。天线单元 3 移动的步长决定了 (u,v) 平面椭圆轨迹的间距。从 5.2.1 节的采样定理可知，所需的 (u,v) 间距为待测射电源角宽度（单位为弧度）的倒数。改变天线单元间距的能力增加了阵列的应用范围，并减少了所需天线的数量。Westerbork 综合孔径射电望远镜（Baars and Hooghoudt，1974；Hogbom and Brouw，1974；Raimond and Genee，1996）是使用可移动天线的大型设备，具

体阵列构型如图 5.13 所示。其中十个固定天线与四个移动天线进行组合，数据采集的速度比三单元阵列快约 20 倍。

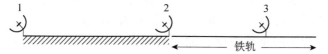

图 5.12 剑桥—英里射电望远镜。天线 1 和天线 2 安装在固定位置上，它们接收到的信号分别和天线 3 的信号做相关。天线 3 可在铁轨上移动到不同位置。固定天线 1 和天线 2 的距离为 762m，铁轨长为 762m，最短基线等于天线 3 的移动步长，可以在 1524m 范围内覆盖所有的整数倍最小间距

图 5.13 Westerbork 综合孔径射电望远镜阵列构型。10 个黑点代表固定位置的天线，4 个圆圈代表在铁轨上可移动的天线。每一个固定天线的信号与每一个移动天线的信号做相关。天线口径为 25m，固定天线之间的间距为 144m

在同心、等间距的一组椭圆上做可见度数据采样会引入环瓣响应。通过线阵可以更简单地理解，用一维 δ 函数序列表征线阵的瞬态间距，如图 5.14（a）所示。如果阵列包含所有单元间距的倍数，直到最大间距 $N\ell_\lambda$，并且假设等权重合成相应的可见度测量值，则阵列瞬态响应为一组扇形波束，每个波束形状都是如图 5.14（b）所示的辛克函数。以上结论来自截断的 δ 函数序列的傅里叶变换：

$$\sum_{i=-N}^{N}\delta(u-i\ell_\lambda)\leftrightarrow\frac{\sin[(2N+1)\pi\ell_\lambda l]}{\pi\ell_\lambda l}*\sum_{k=-\infty}^{\infty}\delta\left(l-\frac{k}{\ell_\lambda}\right) \tag{5.19}$$

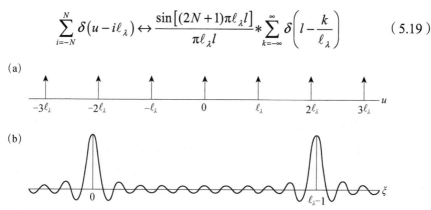

图 5.14 （a）部分 δ 函数序列，代表均匀分布、均匀权重的线性阵列的瞬态间距分布。（b）一组扇形波束构成的瞬态响应。（a）和（b）分别代表等式（5.19）的左侧和右侧部分

左边的 δ 函数代表 u 域内的采样间距。左边的 δ 函数序列是截断的，可以想象成一个无穷 δ 函数序列乘以一个矩形窗函数。等式右边表征波束方向图，其中，窗函数的傅里叶变换被 δ 函数序列多次移位复制。地球自转使得间距矢量在 (u,v) 平面扫描形成椭圆，相应地，阵列相对天空的旋转可视为使阵列中心扇形波束旋转成一个窄的笔形波束，随着旋转，相邻的旁瓣扫描成为电平相对较低、以中心波束为圆心的环状响应，如图 5.15 所示。由这种一般性的讨论，可以正确地推导同心环瓣之间的间距，廓线幅度则由辛克函数修正。

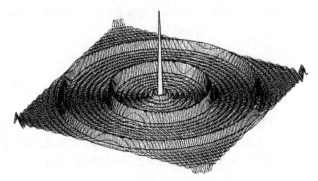

图 5.15　阵列响应和环形副瓣图示。利用东西向线阵跟踪观测高赤纬射电源，跟踪时间为 12h 时，相应的空间传递函数是 (u,v) 平面上环绕原点的九个同心圆。这些圆的半径是最短间距的连续整数倍。在 10.2 节将讨论主响应的加权方法。引自文献 Bracewell 和 Thompson（1973），经©AAS 允许复制

如果 (u,v) 平面的空间灵敏度是一组半径分别为 q，$2q$，$\cdots$，Nq 的圆周 δ 函数，则第 k 个环瓣的廓线为

$$\mathrm{sinc}^{1/2}\left[2\left(N+\frac{1}{2}\right)(qr-k)\right] \tag{5.20}$$

其中 $r=\sqrt{l^2+m^2}$。函数 $\mathrm{sinc}^{1/2}(x)$ 图形如图 5.16 所示，是 $\sin\pi x\,/\,\pi x$ 的 1/2 阶导数，可以用菲涅耳积分进行计算（Bracewell and Thompson，1973）

根据 5.2.1 节的采样定理，天线间距步长应不大于源的角宽度的倒数。就环瓣而言，这个条件保证了环瓣的最小间距不小于源的角宽度。因此，遵循采样定理，则能够避免源的主波束响应与同一个源的环瓣响应混叠。如图 5.12 和图 5.13 所示的阵列，如果可移动天线单元的移动步长能够略微小于天线直径，则其环瓣响应位于主波束之外，这样就有效抑制了环瓣响应的混叠。需要注意的是，最短间距无法小于天线直径，短间距的缺失必须通过其他方法来弥补（见 11.6 节拼接方法）。利用图像处理技术也可以显著减小环瓣，例如 11.2 节中的 CLEAN 算法。

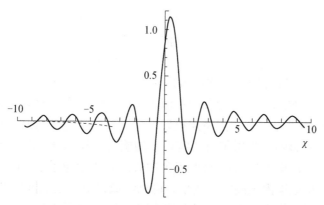

图 5.16　天线间距均匀增加的东西向线阵的点源主响应区的一个环瓣截面。图中左侧部分在环内，右侧在环外。点划线代表环内振荡响应的均值（为负值）。引自文献 Bracewell 和 Thompson（1973），经©AAS. 允许复制

　　在 (u,v) 平面上，尽管东西向线阵列的椭圆轨迹为等间距，但获取可见度的自然权重并不是均匀的。这是因为在任意时间间隔内，天线间距矢量移动的距离正比于该间距的长度。在 4.2 节中，讨论了 (u,v) 平面及其在地球赤道面的投影 (u',v') 平面，由于天线间距矢量旋转的角速度恒定，因此测量点的密度正比于：

$$q'^{-1} = \left(u'^2 + v'^2\right)^{-1/2} = \left(u^2 + v^2 \csc^2 \delta\right)^{-1/2} \tag{5.21}$$

在 (u,v) 平面上，单元间距面积内的测量点平均密度与 $\sqrt{\left(u^2 + v^2 \csc^2 \delta\right)}$ 成反比。在穿过 (u,v) 原点的直线上，测量点密度与 $\sqrt{u^2 + v^2}$ 成反比。

5.6　二维跟踪阵列

　　如前文所述，观测天赤道附近的射电源时，由于投影效应，东西向线阵在 v 方向的空间频率覆盖范围显著减小。这类观测需要阵列构型中的间距矢量具有 Z 分量，且 Z 分量与 X 和 Y 分量的大小相当，如 4.1 节所述。为获取 Z 分量，天线阵除了要包含东西向间距，还要包含与东西向成一定方位角的间距。因此，阵列构型变成二维分布。设计为观测低赤纬天区且位于中纬度的阵列能够覆盖的天区范围为从极点延伸跨越天赤道，直到另一半球的 30° 赤纬。这种阵列的观测范围约占整个天球的 70%，几乎是东西向阵列可观测范围的三倍。由于间距的 Z 分量不为零，(u,v) 平面的椭圆轨迹相应地分解成两部分，如图 4.4 所示。因此，二维阵的 (u,v) 覆盖比东西向线阵的覆盖复杂，均匀间距轨迹造成的环瓣也变成更加复杂的旁瓣结构。设计最小冗余二维阵列不像线阵设计那样

简单。设计构型时，首先要考虑的是期望得到什么样的空间传递函数 $W(u,v)$。目前没有直接解析方法可以从 $W(u,v)$ 推导出阵列构型，但可用迭代法找到最优或准最优解。

　　首先，考虑跟踪源穿越天空的效应，假设源位于天顶点附近，瞬时空间频率覆盖是在 (u,v) 原点为中心的圆内近似均匀的采样。在对源进行跟踪的任一时刻，瞬时 (u,v) 覆盖是将天顶点覆盖投影到源所在的天空平面上，并受时角变化以及源所在赤纬影响，投影带有一定程度的旋转。投影导致覆盖范围缩小，从圆形变成椭圆形，但还是以 (u,v) 原点为中心。在源穿越子午面时，投影效应最小。在一定时角范围内观测源的效果，可以看成是对一定范围的椭圆形 (u,v) 覆盖做平均，椭圆围绕主轴有一定程度的旋转。在 (u,v) 平面的中心，存在一块整个观测周期的投影都能覆盖到的区域，如果瞬时覆盖是均匀的，则该区域内的覆盖总是均匀的。在此区域之外，投影效应会导致其覆盖被平滑锥化。这种效应受到源的赤纬和跟踪时角范围影响，实际经验表明，可见度测量点密度的锥化通常不会造成严重问题。因此，一般可以认为，天线数量足够多、能形成良好的瞬时 (u,v) 覆盖的二维阵，在进行时角跟踪时也具有良好的性能。

5.6.1　开放式阵列

　　具有开放臂式构型的阵列，如十字形、T 形和 Y 形阵列，其空间频率覆盖如图 5.7 所示。如果忽略 T 形阵方形覆盖的顶边和底边的延长线，则十字阵和 T 形阵的空间频率覆盖都具有四重对称性。等角 Y 形阵列（相邻臂之间夹角为 120°）的空间频率覆盖具有六重对称性。（n 重对称是指一个图形旋转 $2\pi/n$ 弧度后，与原图形重合。圆形的 n 为无限大。n 越大的图形越接近圆形）。与十字阵和 T 形阵相比，等角 Y 形阵列的自相关函数更接近于圆对称。为逼近圆对称，Hjellming（1989）提出五臂阵列，其对称性更好，同时造价更高。

　　VLA 是典型的开放臂构型，这里讨论 VLA 阵列的设计细节（Thompson et al., 1980; Napier et al., 1983; Perley et al., 2009）。建造在新墨西哥州的 VLA 位于北纬 34°，在天线仰角不低于 10°的情况下，跟踪南赤纬 30°目标的时间约 7h。VLA 性能指标要求能在南纬 20°以全分辨率成像，并且在不移动天线的前提下，成像时间不大于 8h。在设计阵列时，对不同目标赤纬连续跟踪±4h 的空间传递函数进行了计算，进而比较了各种阵列构型的性能。在判断阵列构型的优劣时，基本考量是其合成波束的旁瓣最小化。研究表明，(u,v) 覆盖中空洞所占的比例是评估合成波束旁瓣电平幅度的可靠指标，因此在比较不同阵列构型时，并不总是需要计算详细的阵列响应（NRAO, 1967, 1969）。天线数量一定时，等角 Y 形阵的旁瓣性能优于十字阵和 T 形阵，见图 5.17。

　　倒置 Y 形阵不会影响合成波束，但如果每个臂上的天线具有相同的径向分布，则可以通过旋转阵列，使标称的北向臂或南向臂相对南北方向旋转 5°，可以改善 0°赤纬附近的观测性能。如果不做这种旋转，非南北方向的两臂上的对应天线会形成精确的东西向基线，当观测 δ=0° 的目标时，东西向基线的间距轨迹都会退化成与 u 轴重叠的直线，导致冗余度很高。基于 (u,v) 覆盖和旁瓣电平的考虑，VLA 阵列的天线总数选为 27 个，除了在 δ=0° 时（此时地球自转的作用最小），旁瓣的峰值至少比主波束响应小 16dB。27 个天线具有 351 对组合。

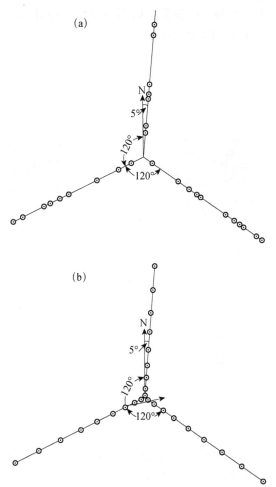

图 5.17　（a）Mathur（1969）提出的计算机优化 VLA 阵列构型。（b）Chow（1972）按幂律设计的阵列构型，被 VLA 采用。见文献 Napier 等（1983），© 1983 IEEE

　　阵列设计时，臂上天线的布局也是可调变量，可以优化空间传递函数。图 5.17 给出两种优化的阵列构型。（a）是使用伪动态计算技术（Mathur，1969）获取的构型，这种方法用计算机自动调整任意设置的初始条件，直至获得一个准最优的 (u,v) 覆盖。（b）是由 Chow（1972）推导的幂律构型。这种分析给出的结论是：臂上第 n 个天线的距离正比于 n^α 时，天线间距具有良好的 (u,v) 覆盖。与根据经验优化的构型相比，$\alpha \approx 1.7$ 的幂律间距构型的性能基本与经验构型相同。VLA 主要基于经济原因选择了幂律构型。阵列设计要求之一是，有 4 套天线可以移动四个步长来改变间距，观测不同天文目标时，可以选择分辨率和视场。如果令 α 等于以 2 为底的阵列尺度因子的对数，则一种构型中第 n 个天线的位置，正好与缩小一个步长的构型中的第 $2n$ 个天线的位置重合。因此，所需要的天线基站的总数量从 108 个减少到 72 个。图 5.18 给出 VLA 的空间频率覆盖。图 5.18（d）给出 VLA 的空间频率瞬时覆盖，这样的瞬时覆盖可以满足简单结构强源的成像要求。

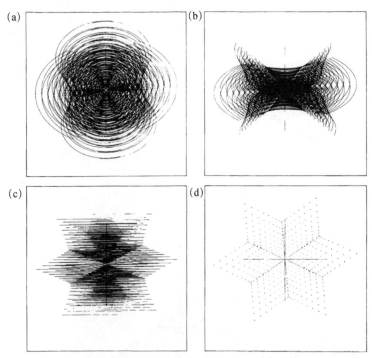

图 5.18　图 5.17（b）中 VLA 幂律构型的空间频率覆盖：（a）$\delta=45°$；（b）$\delta=30°$；（c）$\delta=0°$；（d）天顶点方向的瞬时空间频率覆盖。观测时角范围为 ± 4h，或受天线最小 9° 仰角限制，快视成像时间为 ± 5min。距离原点的 (u,v) 长度表征天线到阵列中心的最大距离，最大阵列构型的距离为 21km。见文献 Napier 等（1983），© 1983 IEEE

5.6.2　闭合阵列构型

本节讨论的大部分内容引自文献 Keto（1997）。回顾前述提出的测量点应在

(u,v) 平面圆形区域内均匀分布的准则，我们可以发现圆环阵各个方向上的间距分布都在圆直径处截断，因此从圆环阵列开始分析是很好的切入点。首先考虑观测天顶点源的瞬时 (u,v) 覆盖。图 5.19（a）是 21 单元等间距分布的圆环阵，其中用三角符号表示天线位置。阵列中有 21 个天线对的距离为单位间距，沿方位向均匀分布，且每个天线对由 (u,v) 平面上的两个点来表征。圆环上其他天线对的间距可以用同样的方法表示。因此，圆环阵的空间传递函数由圆环和辐射线上的点构成。另外需要注意的是，当天线间距接近圆的直径时，天线间距的递增变得非常缓慢。例如，圆环上相隔 10 个间距的天线之间的距离仅仅比相隔 9 个间距的天线之间的直线距离增加了一点点。因此，在最长基线附近，测量点密度增加（沿径向的采样点间距越来越小），同时在圆心附近，测量点密度显著增加。需要注意的是，测量点的密度分布与自相关函数的径向廓线（图 5.7（j））很接近，但不包括原点附近，这是由于图 5.19 中只展示了天线之间的互相关。

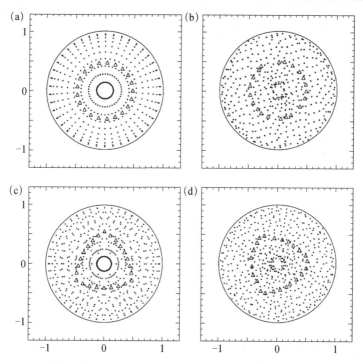

图 5.19　（a）21 个等间距分布天线构成的圆环阵，三角形代表天线位置，实心点代表瞬时空间频率覆盖。图中天线位置和空间频率覆盖的坐标尺度相同。（b）沿圆周调整天线位置以改善覆盖的均匀性，调整后的天线位置和空间频率覆盖。（c）在勒洛三角形上均匀分布的 24 个天线阵列及其空间频率覆盖。（d）沿勒洛三角形调整天线位置的阵列，以及均匀性更佳的空间频率覆盖。经 Keto（1997），经© AAS. 允许复制

使测量点分布更均匀的方法之一是使天线在圆周附近随机分布。这样 (u,v)

域采样点就不再限制在圆环和径线图形上了，图 5.19（b）给出的例子是利用计算机神经网络算法做局部优化的构型。Keto（1997）讨论了空间灵敏度均匀性优化的多种算法。Cornwell（1988）早期对圆环阵的研究也给出了圆形区域内分布比较均匀的构型。这一方法使用了模拟退火优化算法，圆周上的天线间距表现出不同程度的对称性，得到的 (u, v) 间距图形类似于晶体结构。

　　阵列构型优化设计的可能性很多，Keto（1997）指出，所有方向都在同一间距截断并不是圆环阵独具的特征。一些其他构型，如勒洛三角形，也会在所有方向上的同一间距截断。勒洛三角形由三个相等的圆弧组成，如图 5.7（i）实线所示。勒洛三角形的周长等于以图中虚线所示等边三角形边长为直径的圆的周长。奇数边的正多边形都可以给出类似的图形，正多边形的边数趋于无穷时，正多边趋于圆。勒洛三角形是这一图形族中对称性最差的。勒洛三角形和类似图形的其他特性可参考文献 Rademacher 和 Toeplitz（1957）。

　　图 5.19（b）的圆环阵优化导致了对称性变差，人们可能期望勒洛三角形的空间频率覆盖会更均匀一些。比较图 5.19（a）和（c）可以发现确实如此，两图中相邻天线的间距是相等的。图 5.19（b）是天线间距非均匀的圆环阵列，是在短距离内移动圆环阵天线的位置来实现的。这种情况下，程序无法得到全局优化解。围绕勒洛三角形作优化，收敛解是近似勒洛三角形的非均匀天线间距，如图 5.19（d）。这一优化结果和初始构型无关。比较图 5.19（b）和（d）可以看出，在圆环或勒洛三角形附近对天线位置做一定的随机化以后，二者空间频率覆盖的差别很小，通过仔细比较可以看出，图 5.19（d）的均匀性比图 5.19（b）略好一点。

　　图 5.20 给出优化的勒洛三角形阵列的空间频率覆盖。跟踪时角范围为～±3h，阵列所处纬度与 VLA 的纬度相同。对比图 5.20 与图 5.18 的 VLA 结果可以发现，勒洛三角形阵列的空间频率覆盖略好于等角 Y 形阵，其空间频率覆盖更接近均匀圆盘采样。如图 5.7 所示，含有线臂的阵列的自相关函数会出现外延线，这是由于图形沿线臂方向移位叠加，使得这些方向的自相关函数值较大。这种效应导致 Y 形阵的空间灵敏度不均匀。弯曲臂或者天线位置准随机偏离线臂都有助于模糊掉空间传递函数的尖锐结构。圆环形及类似的闭合阵列的自相关函数不会产生径向外延线，因此这类闭合阵列的空间频率覆盖更均匀。

　　尽管等角 Y 形阵的性能不够完美，VLA 仍然能够提供很高质量的天文图像。因此，尽管空间频率覆盖的圆对称性和均匀性是非常有用的准则，但不是绝对关键的要素。只要阵列的 u 和 v 测量范围能够覆盖强度可测的可见度分量，且源辐射足够强，可以容忍非均匀权重的灵敏度损失，就能够获得很好的测量结果。与闭合阵列相比，Y 形阵具有一些实际应用上的优势。当需要不同尺度

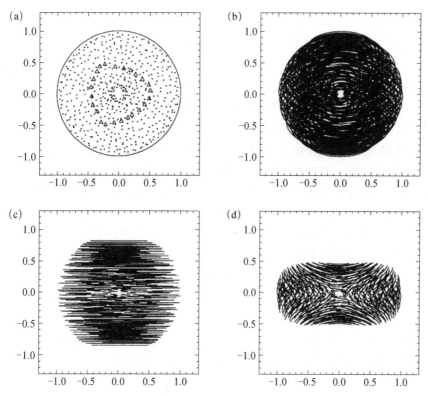

图 5.20　以快照模式的空间频率均匀性为目标，优化得出的 24 单元闭合天线阵的空间频率覆盖：（a）天顶点快照模式的空间频率覆盖；（b）$\delta=+30°$；（c）$\delta=0°$；（d）$\delta=-28°$。（a）中三角形代表天线单元位置。为便于与 VLA（图 5.18）的跟踪性能进行比较，纬度与 VLA 相同，都为 34°。对于不同赤纬，时角跟踪均约束为源仰角大于 25°范围，见参考文献 Keto（1997），© 1997 American Astron. Soc.

的阵列来满足不同的角分辨率要求时，Y 形阵可以沿着线臂预留替换基座，而圆环或勒洛三角形阵列，则需要使用不同尺度的独立阵列。观测南纬源时，VLA 的天线投影间距显著缩短，Y 形阵尺度缩放的灵活性就特别有用。此时可以移动北侧臂上的天线，增大北侧臂的尺度，就可以补偿投影的影响。

下面给出一些有趣的阵列构型实例：

● 澳大利亚望远镜是东西向六单元小型线阵，所有天线单元都能在轨道上移动（Frater et al.，1992）。

● UTR-2 是宽带偶极子组成的大尺度 T 形阵列，工作频率范围为 10～25MHz，由乌克兰科学院建造，位于乌克兰格拉克沃市（Grakovo）附近（Braude et al.，1978）。还有几个同类的小型天线用于 VLBI 观测，距离格拉克沃市最远约 900km。

- 建造在加州 Borrego Springs 的 T 形阵由 720 个圆锥螺旋天线单元构成，工作频率范围为 15～125MHz（Erickson，1982）。
- 毛里求斯射电望远镜是由螺旋天线构成的 T 形阵列，工作频率为 150MHz，位于 Brau d'eau 附近。东西向臂长为 2km。南向臂长为 880m，并通过移动一些装在推车上的天线来实现孔径综合。该阵列大体上与图 1.12（a）的阵列类似，预期观测范围覆盖南半球大部分天区。
- 巨型米波射电望远镜（GMRT）位于印度浦那（Pune）附近。GMRT 包括 30 个天线单元，其中曲臂 Y 形阵 16 个天线，臂长约 15km。其余 14 个天线在阵列中心 2km 范围内分布为准随机簇（Swamp et al.，1991）。天线固定安装，直径为 45m。最高工作频率约 1.6GHz。
- 澳大利亚 Culgoora 建设了 96 单元均匀分布的环形阵，用于太阳观测（Wild，1967）。该阵列是多波束扫描的相控阵，而不是相关器阵列。96 个天线均匀分布在 3km 直径的圆环上，工作频率为 80MHz 和 160MHz。为抑制波束旁瓣，Wild（1965）设计了一种巧妙的相位切换方案，称为 J^2 综合。Swenson 和 Mathur（1967）分析了该圆环阵的空间灵敏度。
- 英格兰 Jodrell Bank 天文台的多线元阵元无线链路干涉仪网络（MERLIN）由 6 个天线构成，最大基线 233km（Thomasson，1986）。
- 美国的史密松天体物理台和中国台湾"中研院"在夏威夷莫纳克亚山（Mauna Kea）建造了亚毫米波阵列（SMA），是第一个勒洛三角形阵列（Ho et al.，2004）。
- 一些大型阵列的天线散布在几千米范围内，通常中心区域的天线相对密集，外围区域的天线相对稀疏。外围天线有可能采用伸展臂构型，但由于地形限制，天线的间距通常是不均匀的。例如 ALMA（Wootten and Thompson，2009），默奇森宽场阵列（Lonsdale et al.，2009），澳大利亚 SKA 探路者（DeBoer et al.，2009）和低频阵列（LOFAR）（de Vos et al.，2009）。大型阵列项目的相关讨论见 Carilli 和 Rawlings（2004）。

5.6.3　VLBI 构型

VLBI（甚长基线干涉，将在第 9 章深入讨论）的阵列布局设计要综合考虑 (u,v) 覆盖和实际操作要求。VLBI 发展早期，每个天线的接收信号都须记录在本地磁带上，然后再将磁带送到相关器所在地做信号回放。近期，磁盘已经代替了磁带，有时候会通过光纤或其他传输介质直接将信号传输到相关器。VLBI 的观测周期受限于可观测时角范围和赤纬，必须满足远距离分布的多个测站能够同时观测到目标。虽然测站分布全球，位置明显偏离平面布局，但被测源的角宽度通常很小，可以用小视场近似（ *l* 和 *m* 为小量）来反演射电图像，如式（3.9）。

在 VLBI 技术发展的前二十年，主要是由多个已有的天文台进行联合观测。早在 1975 年就出现了设计 VLBI 专用阵列的想法（Swenson and Kellermann，1975），但直到十年后才真正开始建造。Seielstad 等（1979）对 VLBI 阵列的天线选址进行了研究。为了用单一指数来评估阵列构型的性能，需要计算不同赤纬的空间传递函数。将 (u,v) 划分成适当大小的单元，计算包含测量点的单元与全部单元的比值，再以不同赤纬的天空投影面积对比值做加权平均。指数最大化实际上等效于空洞［未填充的 (u,v) 单元］数量最小化。其他性能评估研究还涉及计算阵列对某个源模型的响应，综合一幅图像，并在必要时改进模型。

Napier 等（1994）介绍了美国的 VLBI 专用阵列，即甚长基线阵列（Very Long Baseline Array，VLBA）。图 5.21 和表 5.1 给出天线的位置及其 (u,v) 轨迹。Walker（1984）讨论了如何选择测站。在夏威夷和圣克罗伊岛（St. Croix）的天线提供了东西向长基线，新汉普郡和圣克罗伊岛的天线提供了南北向最长天线间距。如果选择阿拉斯加，南北间距将会更大，但阿拉斯加能够看到的南纬天区有限，因此选择阿拉斯加的意义不大。如果在南半球增加一个观测天线，能够增强南赤纬的 (u,v) 覆盖。美国东南部的大气水汽含量过大，因此不能在那里建站。在干燥的西海岸地区建设了中等尺度的南北向基线。爱荷华州的天线可填补新汉普郡与西南地区天线的空隙。短天线间距集中分布在 VLA 附近，因此中心部分的空间频率覆盖相对密集。与同样数量天线但均匀覆盖的阵列相比，中心密集的覆盖能够兼顾更宽的源尺寸，但因此会部分牺牲复杂源的成像能力。

5.6.4　空间 VLBI 天线

早在 1969 年，就有人提出发射一个 VLBI 天线到地球轨道，与地基天线阵进行联合观测（Preston et al.，1983；Burke，1984；Kardashev et al.，2013）。空间 VLBI（OVLBI）与地基天线联合观测具有几个明显优势，一是能够实现更高的角分辨率，星际闪烁效应可能会决定角分辨率上限（见 14.4 节）；二是航天器的轨道运动会改善 (u,v) 填充密度，有可能改善图像的细节和动态范围。另外，卫星在低地球轨道的运动能够快速改变 (u,v) 覆盖，有利于获取源结构的时变信息。

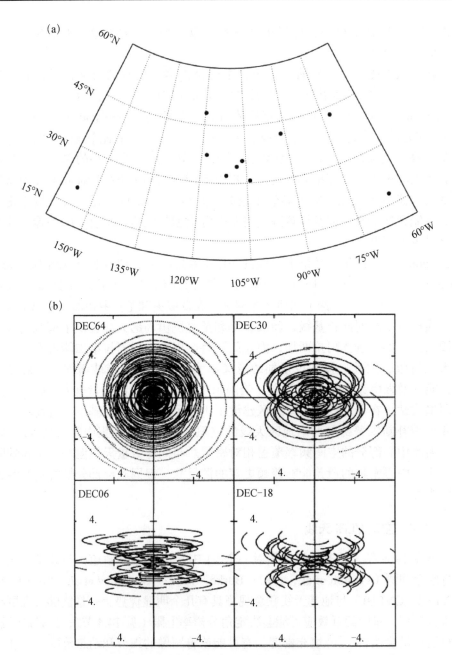

图 5.21　美国的甚长基线阵列（VLBA）：（a）10 个天线单元的位置，（b）赤纬分别为 64°、30°、6°和−18°的空间频率覆盖（坐标单位为千公里），计算时以所有天线仰角不小于 10°来限定可观测时间。来自文献 Walker（1984）

表 5.1 VLBA 天线单元位置 a

位置	北纬			西经			海拔 /m
	(°)	(′)	(″)	(°)	(′)	(″)	
St. Croix, VI	17	45	30.57	64	35	02.61	16
Hancock, NH	42	56	00.96	71	59	11.69	309
N. Liberty, IA	41	46	17.03	91	34	26.35	241
Fort Davis, TX	30	38	05.63	103	56	39.13	1615
Los Alamos, NM	35	46	30.33	106	14	42.01	1967
Pie Town, NM	34	18	03.61	108	07	07.24	2371
Kitt Peak, AZ	31	57	22.39	111	36	42.26	1916
Owens Valley, CA	37	13	54.19	118	16	33.98	1207
Brewster, WA	48	07	52.80	119	40	55.34	255
Mama Kea, HI	19	48	15.85	155	27	28.95	3720

a 数据来自参考文献 Napier 等（1994），© 1994 IEEE。

图 5.22 给出 VSOP/HALCA（高新通信和天文实验室）卫星（Hirabayashi et al.，1998）与一些地基天线联合观测的 (u,v) 覆盖。使用的地基天线包括 1 个位于日本臼田（Usuda）的测站，1 个 VLA 测站和 10 个 VLBA 天线。卫星轨道相对地球赤道的倾角为 31°，远地点为 21400km，近地点为 560km。VSOP 卫星的任务是将角分辨率提高到地基 VLBI 的三倍，同时保持比较好的成像质量。图中给出了探测频率为 5GHz 的间距分布，u 轴和 v 轴单位均为 10^6 波长，最长基线为 5×10^8 波长，对应的干涉条纹宽度为 0.4mas。图形中心的近似圆轨迹代表地基天线的基线。卫星轨道周期为 6.3h，图中的图形约为 4 天观测周期形成的覆盖。卫星轨道进动率为每天 1°，通过一到两年的观测，能够改善任何特定源的空间频率覆盖。

图 5.22 还给出 RadioAstron 计划 Spektr-R 卫星与一些地基天线形成的 (u,v) 覆盖。卫星轨道相对于地球赤道的倾角为 80°，本例中轨道椭圆率为 0.86，卫星远地点为 289000km，近地点为 47000km（2012 年 4 月 14 日的轨道）。RadioAstron 的任务目标是利用超高分辨率来发现新天文现象，同时由于星-地基线和地-地基线都存在大量的空洞，超高分辨率的代价是牺牲了图像质量。卫星轨道周期 8.3 天，由于太阳和月亮引力的影响，卫星轨道明显随时间演化。当轨道偏心率达到最大值 0.95 时，有机会获得更高的图像质量。

如果向近地空间发射两颗卫星，卫星轨道为圆轨道，圆半径约为地球半径的 10 倍，两颗卫星的轨道面正交，轨道周期相差 10%。此时形成的空间频率覆盖如图 5.23 所示。使用多颗卫星可以提供不受地球大气影响的星-星干涉基线。

实际上，相对于卫星来说，天文和通信天线只具有有限的机动性，可能会限制空间频率覆盖范围。卫星必须保持太阳帆能被阳光照射、通信天线对准地球的姿态。在 9.10 节将进一步讨论空间 VLBI。

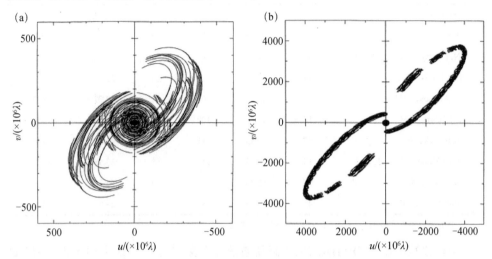

图 5.22　包含空间天线的干涉阵列形成的 (u, v) 平面轨迹，观测频率为 5GHz，被测源为 1622+633。（a）VSOP 卫星与 12 个地面天线的轨迹覆盖，由 D. W. Murphy，D. L. Meier 和 T. J. Pearson 用 FAKESAT 软件生成。（b）为 RadioAstron 卫星与 6 个地面天线的轨迹覆盖，其中的缺口源自 2016 年 2 月虚拟观测实际受到的卫星姿态限制。卫星轨道周期 8.3 天，地球的周日运动导致轨迹上出现抖动现象。图形由 FAKERAT 软件生成，软件链接
http://www.asc.rssi.ru/radioastron/software/fakerat

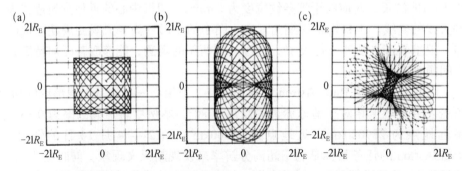

图 5.23　两个圆轨道星载天线的空间频率覆盖，轨道半径约为 10 倍地球半径 R_E：（a）源位于 X 轴；（b）源位于 Y 轴或 Z 轴；（c）源位于 X、Y 和 Z 轴中间。卫星轨道位于直角坐标系的 XY 和 XZ 平面，卫星周期差 10%，观测周期约为 20 天。引自 R. A. Preston 等（1983）

5.6.5　平板阵列

研究宇宙背景辐射和苏尼阿耶夫–泽尔多维奇（Sunyaev-Zel'dovich）效应需要在 1cm 波长和更短波长进行极高灵敏度的亮温观测，见 10.7 节。增大天线接

收面积可以提高点源观测灵敏度，但对于角宽度接近天线波束宽度的源，增大接收面积并不能提高灵敏度。因此，测量宇宙背景不需要大口径天线。为了实现每波束几十微开的测量灵敏度，即 $10\mu Jy\cdot(')^{-2}$ 量级，需要系统具有优异的稳定性。为满足这种观测需求，需要设计一些特殊的阵列，阵列中的天线单元安装在同一个平板上。为使阵列能够指向并跟踪天空中的任何位置，整个阵列结构安装在经纬仪座架上。宇宙背景成像仪（CBI）就是这类设备之一，它由 A. C. S. Readhead 和加州理工学院的同事共同研发（Padin et al., 2001）。CBI 由 13 个卡塞格林抛物面天线组成，每个天线单元的直径为 90cm，工作频率范围为 26～36GHz。天线安装板具有三重对称性的不规则六边形，最大外包络为 6.5m，如图 5.24 所示。对于这种特殊的测量需求，与同口径单天线或独立天线阵相比，平板阵列具有很多优点，概述如下：

● 使用独立天线组阵可以测量天线对的互相关，因此输出信号对接收机的全功率噪声不敏感，对来自天线的相干信号敏感性高。增益波动对相干信号的影响要比全功率接收机小得多。很大程度上避免了地面热噪声从旁瓣进入天线。

● 天线安装间距可以达到最小的物理距离。因此，在空间频率测量时没有严重的空洞，源结构尺寸达到天线波束宽度时，仍能成像。密集的独立座架天线阵中，天线转动会造成互相遮挡，而平板转动，不会造成平板上天线之间的遮挡。

● 在图 5.24 的阵列中，天线安装板可以整体围绕口径平面的法线转动。因此，可以根据需要控制基线旋转，不受地球转动影响。相对于天空的指向和转角恒定时，当设备跟踪时 (u,v) 覆盖图保持不变。相关器输出信号会受旁瓣接收的地面辐射影响，这种影响随阵列的跟踪方位角和俯仰角变化。对方位角和俯仰角的信号变化可以用于分离多余的响应。

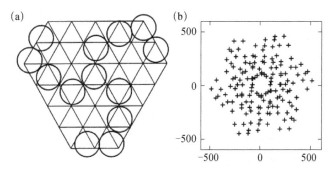

图 5.24 （a）宇宙背景成像仪（CBI）天线平台的前视图给出 13 单元构型。（b）对应间距分布的 (u,v) 域坐标，波长约为 1cm

● 天线单元之间距离过近时，会在一定程度上增大天线互耦，因此相邻天线的接收通道会引入杂散相干噪声。然而，因为天线单元是刚性安装的，平板跟踪天空中某点时，互耦不会随天线跟踪而变化，而独立座架阵列的天线互耦会随着跟踪角变化。因此，平板阵列的互耦效应更容易修正。CBI 在每个天线周围增加圆柱屏蔽罩，并优化副面支撑结构涉及设计以减小散射，使互耦降低到 $-110 \sim -120 \text{dB}$。

观测频率为 30GHz 时，6m 基线的指向误差为 $1''$，会使可见度函数相位产生 $1°$ 误差。因此，指向精度至关重要。CBI 天线安装在可开合的天线罩内，以免受强风的干扰。智利拉诺德查南托天文台（Llano de Chajnantor）的海拔为 5000m，风很强烈。将在 10.7 节简要介绍这一系统对宇宙微波背景的观测。

5.6.6　阵列构型的一些结论

要想最准确地预测阵列性能，可以计算特定阵列对待测源模型的响应。但本书关注的是广泛比较不同阵列构型，概括说明阵列设计的要点。一些结论总结如下：

● 可以认为可见度测量点分布的最理想边界是以 (u,v) 原点为中心的圆。在很多情况下，可见度测量点在圆内分布的均匀性是更有用的准则。但在合成波束旁瓣严重影响观测时例外，例如，存在源混淆情况的低频阵列观测。在难以调整阵列尺度以观测不同角宽度的源时，中心密集型阵列可以在天线单元数量有限的情况下，测量更大的角宽度范围。观测低亮度大角宽目标时，如果追求灵敏度指标，则最好配置更多不能显著分辨这种源的短间距天线对。需要注意的是，两个最大型阵列 GMRT 和 VLBA 都使用了固定安装天线，阵列中部都配置了一簇短间距天线，其他天线间距较大，以便能够对尺寸不同的源进行观测。

● 尽管利用第 11 章介绍的 CLEAN 算法及其他图像处理算法能够显著减小合成波束的旁瓣效应，但要想获得最高动态范围的射电图像（强度测量的可靠范围为 10^6 量级或更大），需要同时具有良好的空间频率覆盖以及有效的图像处理算法。减少空间频率覆盖的空洞（未采样的单元）一直是评估旁瓣电平的关键指标，也是阵列设计的首要目标。

● 多种大型或小型阵列采用了东西向线性排列，要实现完整的二维覆盖，至少需要跟踪 ±6h 时角范围。线阵最佳观测范围是天极附近 60° 范围，线阵构型的公路或铁路轨道占地也是最经济的。

● 在线性开放臂阵列构型中，等角 Y 形阵列是空间频率覆盖最好的。相对于具有反向臂的偶数臂构型，奇数臂构型的自相关函数具有更好的多重对称性。曲臂或天线位置随机移动有助于平滑 (u,v) 覆盖中的线性脊（例如图 5.18 的快视分布）。时角跟踪也可以平滑掉线性脊，快视成像时，线性脊最严重。

● 圆环和勒洛三角构型具有最均匀的测量点分布。天线等间距分布时，勒洛三角形比圆环阵的 (u,v) 覆盖更均匀。但准随机调整天线间距后，能够极大地改善两种构型的覆盖均匀性，两者之间的差异变小，见图 5.19。然而，当需要高分辨率时，这些闭合构型难以像开放臂构型那样进行延伸。

5.7 大型阵列工程

大型阵列显著地推动了射电天文的发展，早期大型阵列主要工作在 500MHz 至 30GHz 频段，大致的波长范围是 1～60cm。例如 VLA、荷兰 Westerbork、位于纳拉布赖的澳大利亚望远镜等。在这个波长范围内，大型抛物面反射面的表面精度可以较容易地控制在 1/16 波长以内。随着十年至二十年间形面控制技术的发展，研制了毫米波观测阵列，如莫纳克亚 SMA，并进而推动了智利阿塔卡马高原 ALMA 阵列的研制建设，并于 2013 年投入运行（Wootten and Thompson，2009）。ALMA 的 12m 口径天线要求形面精度优于 25μm，有效观测频率高达 1THz。形面精度的测量和调校细节参见 Mangum 等（2006）、Snel 等（2007）和 Baars 等（2009）的论文。ALMA 的主阵列由 50 面 12m 口径天线构成，天线可以移动到预制基座上，最远间距可达 15km。辅助致密阵列由 12 面 7m 口径天线构成，另外还有 4 面天线可以用于全功率测量。

最初几十年，射电天文主要在电磁波谱的低频段观测少量的强源，如 Erickson 等（1982）。低频段观测的主要问题之一是电离层的影响，要校准电离层影响，需要将天线按簇分割成相控子阵，子阵波束宽度不能大于电离层的等光程结构尺寸。多个子阵的输出再进行互相关，可获取可见度测量值。对于研究最早期的宇宙，低频观测具有重要意义，包括观测再电离时期（EOR）之前的中性氢红移。在 LOFAR（de Vos et al.，2009；van Haarlem et al.，2013）系统中，10～90MHz 频段采用了 81m 直径的偶极子子阵，115～240MHz 频段采用了 40m 直径的偶极子子阵。LOFAR 总部位于荷兰，东西向子阵的基线可达 1200km。偶极子天线采用倒 V 结构，顶点高度约 2m，4 个导电振子与中心支撑杆的夹角为 45°，在地平面上构成两个正交偶极子。值得注意的是，对电离层效应进行定标的需求限制了偶极子阵的尺寸下限，在长波长端，最成功的阵列尺度通常尺寸很大。

5.7.1 低频段阵列

观测频率不大于 300MHz 时，带地面反射网的宽带偶极子阵是一种非常实用的设计。偶极子本身很坚固，交叉偶极子能够实现全极化测量。在这个观测频段，系统噪声电平主要取决于天空辐射，因此可以使用室温低噪声晶体管前端。先将偶极子信号按小组合成，再通过多组信号的相控来合成指向可调，且无须运动部件的子阵波束。相邻偶极子中心的间距大于 $\lambda/2$ 的阵列称为稀疏阵。每个偶极子单元的最大接收面积为 $\lambda^2/4$，但单元间距超过 $\lambda/2$ 时会出现很大的栅瓣。偶极子间距小于 $\lambda/2$ 的阵列称为致密阵，此时每个偶极子单元的有效面积小于 $\lambda^2/4$，但阵列不存在栅瓣。在这样低的频率成像，一个严重的问题是电离层路径长度变化，但通过合成波束指向一些位置已知的定标源，有可能在较宽的视场范围内实现电离层定标。这类低频阵包括 LOFAR、默奇森宽场阵列（Lonsdale et al.，2009）和阿伦望远镜阵列（Welch et al.，2009）等。

Ellingson（2005）描述了一种 100MHz 以下的偶极子阵列。只需要将天线和接收机适当匹配，使得系统噪声主要受天线接收的天空背景分量影响，就可以实现最佳灵敏度。与良好匹配的偶极子天线相比，适度匹配偶极子天线的优势是其适用频率范围宽得多。为评估适度匹配倒 V 偶极子的性能，令 γ 为接收的天空背景辐射功率与接收机自身噪声功率之比，可得出

$$\gamma \approx e_{\mathrm{r}} \frac{T_{\mathrm{sky}}}{T_{\mathrm{rec}}} \left(1 - |\Gamma^2|\right) \tag{5.22}$$

其中 $e_{\mathrm{r}}(<1)$ 为效率因子，主要受地面和偶极子的欧姆损耗影响；T_{sky} 是天空的噪声亮温；T_{rec} 是接收机噪声温度；Γ 是天线与接收机端口的电压反射系数。Γ 由下式计算：

$$\Gamma = \frac{Z_{\mathrm{rec}} - Z_{\mathrm{ant}}}{Z_{\mathrm{rec}} + Z_{\mathrm{ant}}} \tag{5.23}$$

其中 Z_{ant} 和 Z_{rec} 分别为天线端口和接收机端口的阻抗。当系统温度主要由天空亮温决定时，有可能使 γ 值大于 10。T_{sky} 与背景辐射强度 $I_\nu \left(\mathrm{W \cdot m^{-2} \cdot Hz^{-1} \cdot sr^{-1}}\right)$ 有关，关系式为 $T_{\mathrm{sky}} = c^2 I_\nu / 2k\nu^2$，其中 c 为光速，k 为玻尔兹曼常量。天空背景辐射强度 I_ν 是频率的函数，由 Dulk 等（2001）基于 Cane（1979）的观测给出：

$$I_\nu = I_{\mathrm{g}} \nu^{-0.52} \frac{1 - \mathrm{e}^{-\tau(\nu)}}{\tau(\nu)} + I_{\mathrm{eg}} \nu^{-0.80} \mathrm{e}^{-\tau(\nu)} \tag{5.24}$$

其中 $I_{\mathrm{g}} = 2.48 \times 10^{-20}$ $\mathrm{W \cdot m^{-2} \cdot Hz^{-1} \cdot sr^{-1}}$ 是银河的强度分量，$I_{\mathrm{eg}} = 1.06 \times 10^{-20}$ $\mathrm{W \cdot m^{-2} \cdot Hz^{-1} \cdot sr^{-1}}$ 是河外星系分量，$\tau(\nu) = 5.0\nu^{-2.1}$。除强度更高的银盘外，这一模型适用于广泛天区。在 Ellingson（2005）描述的系统中，Z_{rec} 介于 200～800 Ω 时，偶极子宽带响应可用。Stewart 等（2004）也描述了一种倒 V 偶极子设计，与单线臂偶极子相比，增加了导电臂的宽度，减小了阻抗的频率依赖性。

5.7.2 中频段和高频段阵列

中频段范围大致为 0.3～2GHz，这个频段主要有两种可行的单元天线方案。当频率不大于 1GHz 时，可以使用带接地网的半波偶极子或者使用维瓦尔第（Vivaldi）天线（Schaubert and Chio，1999）来构成孔径阵列（van Ardenne et al.，2009），波长较短时更适用维瓦尔第天线。维瓦尔第天线由铝片或覆铜绝缘板制成。两套正交安装的维瓦尔第单元可用于全极化观测。相邻维瓦尔第单元的间距大约为 $\lambda/2$，每平方波长接收面积大约需要 4 个放大器。也就是说，工作在 1GHz 时，每平方米接收面积需要 44 个放大器。孔径阵列能够实现多波束观测，并能快速灵活地调整指向。

5.7.2.1 相控阵馈源

当工作频段在约 700MHz 以上时，单波束或多波束的抛物面碟形天线比孔径阵列更实用，这是由于接收面积一定时，碟形天线不需要使用大量低噪声放大器和相控器件。采用焦平面馈源阵，即在主反射面的焦平面上放置一些独立的馈源，通常不可能将馈源安装得足够密集来满足波束之间没有缝隙的要求。因此，通常使用相控馈源阵列会更好，即将密集的焦平面接收单元构成相控阵。任一天线波束都是利用相控来合成一定数量的馈源信号。通过合成设计，可以实现波束间距优化，有效覆盖天空。与焦平面馈源阵相比，相控阵馈源需要使用波束合成器。每个馈源单元须端接一个独立的匹配放大器，但是单元互耦是难以避免的，所有设计和调试相控阵馈源通常比焦平面馈源阵更复杂。关于相控阵馈源的一般性分析可见 van Ardenne 等（2009）以及 Roshi 和 Fisher（2016）。

相控阵馈源可以使用前面介绍的维瓦尔第系统，也可以使用棋盘状导体（Hay et al.，2007）。棋盘方案可以理解为电路板上的一系列导电单元，单元布局类似于国际象棋的黑方块。两个导电方块的对角接点并不直接相连，而是分别馈入平衡放大器的两个输入端。导电表面和非导电表面的形状相同，因此是互补的。自由空间中这样的导电方块可以良好匹配，放大器连接的两角的负载阻抗为 377Ω。当被用作馈源阵时，须将棋盘层安装在地平面上，地平面会导致阻抗产生频率依赖性。在这个频率范围，可以对馈源的输入级放大器进行低温制冷，以降低系统温度。

如果在干涉阵列中使用相控阵馈源，每个波束都需要使用独立的相关器，这对信号处理提出了巨大挑战。默奇森射电天文台的 ASKAP（澳大利亚平方千米阵列探路者）是第一个针对相控阵馈源而特殊设计的干涉仪。系统中有 36 个双极化波束，工作频段为 0.7～1.8GHz（Hay et al.，2007；Hotan et al.，2014）。在 Westerbork 望远镜上也安装了一个 52 单元相控阵馈源，称为 APERTIF（焦平面孔径阵列），工作波长为 21cm（van Cappellen and Bakker 2010；van Cappellen et al.，2011；Ivashina et al.，2011）。

5.7.2.2　天线口径优化

对于给定的总接收面积，可以使用大量的小口径天线（称为大 N 小 d 方案），也可以使用少量的大口径天线（称为小 n 大 D 方案）。选定天线口径是个复杂的问题。选择小口径天线时，观测视场大，可以提高巡天效率；但选择大口径天线时，可以比较容易地在被测源附近找到相位定标源。

成本分析也是选定天线口径的一个重要因素。成本优化要面对的关键现实是，口径为 D 的抛物面天线的成本近似正比于 $D^{2.7}$（Meinel，1979）。由于 D 的指数大于 2，因此在总接收面积不变的前提下，单元天线口径增大，则成本增加。另一方面，小天线构成的大阵列需要使用更多的接收机和大规模相关器。因此可以写出粗略的造价模型：

$$C + f_1 n_a D^{2.7} + f_2 n_a + f_3 n_a^2 \qquad (5.25)$$

其中 n_a 为天线单元的数量；f_1 为天线价格因子；f_2 为接收机价格因子；f_3 为相关器价格因子。这里我们假设相关器的造价与 n_a^2 成正比。对于给定的阵列接收面积 A，有

$$n_a = \frac{A}{(\pi \eta D^2 / 4)} \qquad (5.26)$$

其中 η 为孔径效率。把式（5.26）代入式（5.25），可以得到 C 最小时的 D 值。D 的典型值在 4～20m。ALMA 项目建议书中的天线口径为 6～15m，最终决定使用 12m 天线就是考虑了成本和很多其他因素。

5.7.3　超大阵列的发展

Westerbork 综合孔径射电望远镜、VLA 和其他类似的设备展示了综合孔径技术在高分辨率成像和大量源编目研究等方面的强大能力。此后，20 世纪 90 年代后期出现了接收面积达 1km² 的阵列概念。这种阵列的接收面积比当时的其他阵列提高了 2 个数量级，同时为满足经济可行性，需要采取重大的技术创新。这一阵列概念的初始目标是使星系中的中性氢观测的红移范围提高了一个量级，达到 $z \sim 2$。目前的方案是建设多个阵列，以覆盖 70MHz 到 25GHz 以上的频率范围，基线最长可达 5000km。这个设备统称为平方千米阵列（SKA），将给行星形成到宇宙学的广阔的天文问题研究带来巨大的影响。Carilli 和 Rawlings（2004）以及 Bourke 等（2015）提出了设备的科学目标。Hall（2004）和 Dewdney 等（2009）给出了设备的技术细节。在这种超大型阵列概念牵引下，已经开发了几个较小的阵列，用于测试其实用性和可能的关键技术性能，包括

天线和相关器的设计。这些小阵列包括：位于西澳大利亚的 ASKAP（DeBoer et al.，2009），使用了 12m 口径天线和棋盘状相控阵馈源，可以进行多波束观测，见 5.7.2.1 节；南非的卡鲁地区建设了低成本的 12m 碟形反射面和单馈源天线阵列 MeerKAT（米尔和卡鲁阵列望远镜），覆盖频率范围 0.7～10GHz（Jonas，2009）。

5.7.4　直接傅里叶变换望远镜

射电天文观测时，标准操作是先测量入射电场的相关函数，然后通过傅里叶变换来获取源的强度分布。一种替代方法是用均匀分布天线阵直接测量入射电场，并作傅里叶变换，然后计算模值的平方，就可以获得图像。无论是相关函数法，还是傅里叶变换法，都需要保证在工作频带上满足奈奎斯特采样定理。傅里叶变换法只是夫琅禾费衍射方程的简单应用，该方程关联了口径场分布和远场分布，见第 15 章。因此，使用这种技术的仪器有时也被称为数字镜头。同时，夫琅禾费方程也是全息法测量抛物面天线表面精度的理论基础，如 17.3 节。

Daishido 等（1984）介绍了一种 11GHz 直接傅里叶变换望远镜原理样机。由于设备操作等效于用相控阵合成波束指向天空中的格点，被称为相控阵望远镜。使用巴特勒矩阵对傅里叶变换带来了一些影响。早稻田大学开发了一种 64 单元阵列（8×8 均匀网格），用大视场对瞬态源进行搜索（Nakajima et al.，1992，1993；Otobe et al.，1994）。开发另一部脉冲星观测设备时，进一步提高了信号处理能力（Daishido et al.，2000；Takeuchi et al.，2005）。

随着大规模阵列技术的发展，人们重新对直接傅里叶变换望远镜产生了兴趣。直接傅里叶变换阵列可以使用 FFT 算法，在计算速度上具有优势，计算速度与 $n_a \log_2 n_a$ 成比例，其中 n_a 为天线单元数量。Tegmark 和 Zaldarriaga（2009，2010）对直接傅里叶变换望远镜的性能进行了详细分析。为了挑战中性氢红移宽视场测量，即测量再电离时期的信号特征（见 10.7.2 节），他们称自己的设备为快速傅里叶变换望远镜。Zheng 等（2014）为进行同样的测量，建造了 8×8 阵列原理样机，工作频率为 150MHz。

均匀格点天线布局的直接傅里叶变换望远镜具有短基线高度冗余的特点。这种情况类似于 8.8.5 节的数字 FFT 谱仪，其中大间距的等效基线数量相对较少。Tegmark 和 Zaldarriaga（2010）以及 Morales（2011）探索了一些降低间距均匀性要求的方法。

直接傅里叶变换望远镜存在的问题之一是定标。由于系统不执行基于基线的测量，因此不能直接使用传统的幅度和相位闭合关系的自定标技术。解决定标问题有几种方法，最直接的方法是以仪器和大气波动的时间尺度将射电图像序列变换回可见度函数，并利用第 11 章介绍的技术进行校准。也可以使用辅助测量来提供定标信息。更精密的定标方法还在研究中（Foster et al., 2014; Beardsley et al., 2016）。

扩 展 阅 读

Baars, J.W.M., The Paraboloidal Reflector Antenna in Radio Astronomy and Communication, Springer, New York（2007）

Balanis, C.A., Antenna Theory Analysis and Design, Wiley, New York, 1982（1997）

Collin, R.E., Antennas and Radiowave Propagation, McGraw-Hill, New York（1985）

Imbriale, W.A., and Thorburn, M., Eds., Proc. IEEE, Special Issue on Radio Telescopes, 82, 633-823（1994）

Johnson, R.C., and Jasik, H., Eds., Antenna Engineering Handbook, McGraw-Hill, New York（1984）

Kraus, J.D., Antennas, McGraw-Hill, New York, 1950, and 2nd ed., McGraw-Hill, New York, 1988. The 3rd ed. is Kraus, J.D., and Marhefka, R.J., Antennas for All Applications, McGraw-Hill, New York（2002）

Love, AW, Ed., Reflector Antennas, IEEE Press, Institute of Electrical and Electronics Engineers, New York（1978）

Milligan, T.A., Modern Antenna Design, McGraw-Hill, New York（1985）

Stutzman, W.L., and Thiele, G.A., Antenna Theory and Design, 2nd ed., Wiley, New York（1998）

参 考 文 献

Arsac, J., Nouveau réseau pour l'observation radioastronomique de la brillance sur le soleil à 9530 Mc/s, Compt. Rend. Acad. Sci., 240, 942-945（1955）

Baars, J.W.M., The Paraboloidal Reflector Antenna in Radio Astronomy and Communication, Springer, New York（2007）

Baars, J.W.M., D'Addario, L.R., Thompson, A.R., Eds., Proc. IEEE, Special Issue on Advances in Radio Telescopes, 97, 1369-1548（2009）

Baars, J.W.M., and Hooghoudt, B.G., The Synthesis Radio Telescope at Westerbork: General Layout and Mechanical Aspects, Astron. Astrophys., 31, 323-331（1974）

Beardsley, A.P., Thyagarajan, N., Bowman, J.D., and Morales, M.F., An Efficient Feedback Calibration Algorithm for Direct Imaging Radio Telescopes, Mon. Not. R. Astron. Soc., in press（2016）, arXiv: 1603.02126

Blythe, J.H., A New Type of Pencil Beam Aerial for Radio Astronomy, Mon. Not. R. Astron. Soc.

117, 644-651（1957）

Bourke, T.L., Braun, R., Fender, R., Govoni, F., Green, J., Hoare, M., Jarvis, M., Johnston-Hollitt, M., Keane, E., Koopmans, L., and 14 coauthors, Advancing Astrophysics with the Square Kilometre Array, 2 vols., Dolman Scott Ltd., Thatcham, UK （2015）（available at http://www.skatelescope.org/books）

Bracewell, R.N., Interferometry of Discrete Sources, Proc. IRE, 46, 97-105（1958）

Bracewell, R.N., Interferometry and the Spectral Sensitivity Island Diagram, IRE Trans. Antennas Propag., AP-9, 59-67（1961）

Bracewell, R.N., Radio Astronomy Techniques, in Handbuch der Physik, Vol. 54, S. Flugge, Ed., Springer-Verlag, Berlin（1962）, pp. 42-129

Bracewell, R.N., Optimum Spacings for Radio Telescopes with Unfilled Apertures, in Progress in Scientific Radio, Report on the 15th General Assembly of URSI, Publication 1468 of the National Academy of Sciences, Washington, DC（1966）, pp. 243-244

Bracewell, R.N., Two-Dimensional Imaging, Prentice-Hall, Englewood Cliffs, NJ（1995）

Bracewell, R.N., The Fourier Transform and Its Applications, McGraw-Hill, New York（2000）（earlier eds. 1965, 1978）.

Bracewell, R.N., Colvin, R.S., D'Addario, L.R., Grebenkemper, C.J., Price, K.M., and Thompson, A.R., The Stanford Five-Element Radio Telescope, Proc. IEEE, 61, 1249-1257（1973）

Bracewell, R.N., and Roberts, J.A., Aerial Smoothing in Radio Astronomy, Aust. J. Phys., 7, 615-640（1954）

Bracewell, R.N., and Thompson, A.R., The Main Beam and Ringlobes of an East-West Rotation-Synthesis Array, Astrophys. J., 182, 77-94（1973）

Braude, S. Ya., Megn, A.V., Ryabov, B.P., Sharykin, N.K., and Zhouck, I.N., Decametric Survey of Discrete Sources in the Northern Sky, Astrophys. Space Sci., 54, 3-36（1978）

Brigham, E.O., The Fast Fourier Transform and Its Applications, Prentice Hall, Englewood Cliffs, NJ（1988）

Burke, B.F., Orbiting VLBI: A Survey, in VLBI and Compact Radio Sources, Fanti, R., Kellermann, K., and Setti, G., Eds., Reidel, Dordrecht, the Netherlands（1984）

Cane, H.V., Spectra of the Nonthermal Radio Radiation from the Galactic Polar Regions, Mon. Not. R. Astron. Soc., 149, 465-478（1979）

Carilli, C., and Rawlings, S., Eds., Science with the Square Kilometre Array, New Astron. Rev., 48, 979-1605（2004）

Chow, Y.L., On Designing a Supersynthesis Antenna Array, IEEE Trans. Antennas Propag., AP-20, 30-35（1972）

Chu, T.-S., and Turrin, R.H., Depolarization Effects of Offset Reflector Antennas, IEEE Trans. Antennas Propag., AP-21, 339-345（1973）

Cornwell, T.J., A Novel Principle for Optimization of the Instantaneous Fourier Plane Coverage of

Correlation Arrays, IEEE Trans. Antennas Propag., 36, 1165-1167（1988）

Daishido, T., Ohkawa, T., Yokoyama, T., Asuma, K., Kikuchi, H., Nagane, K., Hirabayashi, H., and Komatsu, S., Phased Array Telescope with Large Field of View to Detect Transient Radio Sources, in Indirect Imaging: Measurement and Processing for Indirect Imaging, Roberts, J.A., Ed., Cambridge Univ. Press, Cambridge, UK（1984）, pp. 81-87

Daishido, T., Tanaka, N., Takeuchi, H., Akamine, Y., Fujii, F., Kuniyoshi, M., Suemitsu, T., Gotoh, K., Mizuki, S., Mizuno, K., Suziki, T., and Asuma, K., Pulsar Huge Array with Nyquist Rate Digital Lens and Prism, in Radio Telescopes, Butcher, H.R., Ed., Proc. SPIE, 4015, 73-85（2000）

DeBoer, D.R., Gough, R.G., Bunton, J.D., Cornwell, T.J., Beresford, R.J., Johnston, S., Feain, I.J., Schinckel, A.E., Jackson, C.A., Kesteven, M.J., and nine coauthors, Australian SKA Pathfinder: A High-Dynamic Range Wide-Field of View Survey Telescope, Proc. IEEE, 97, 1507-1521（2009）

de Vos, M., Gunst, A.W., and Nijboer, R., The LOFAR Telescope: System Architecture and Signal Processing, Proc. IEEE, 97, 1431-1437（2009）

Dewdney, P.E., Hall, P.J., Schilizzi, R.T., and Lazio, T.J.L.W., The Square Kilometre Array, Proc. IEEE, 97, 1482-1496（2009）

Dulk, G.A., Erickson, W.C., Manning, R., and Bougeret, J.-L., Calibration of Low-Frequency Radio Telescopes Using Galactic Background Radiation, Astron. Astrophys., 365, 294-300（2001）

Ellingson, S.W., Antennas for the Next Generation of Low-Frequency Radio Telescopes, IEEE Trans. Antennas Propag., 53, 2480-2489（2005）

Elmer, M., Jeffs, B.J., Warnick, K.F., Fisher, J.R., and Norrod, R.D., Beamformer Design Methods for Radio Astronomical Phased Array Feeds, IEEE Trans. Antennas Propag., 60, 903-914（2012）

Erickson, W.C., Mahoney, M.J., and Erb, K., The Clark Lake Teepee-Tee Telescope, Astrophys. J. Suppl., 50, 403-420（1982）

Foster, G., Hickish, J., Magro, A., Price, D., and Zarb Adami, K., Implementation of a Direct-Imaging and FX Correlator for the BEST-2 Array, Mon. Not. R. Astron. Soc., 439, 3180-3188（2014）

Frater, R.H., Brooks, J.W., and Whiteoak, J.B., The Australia Telescope-Overview, in J. Electric. Electron. Eng. Australia, Special Issue on the Australia Telescope, 12, 103-112（1992）

Golomb, S.W., How to Number a Graph, in Graph Theory and Computing, Read, R.C., Ed., Academic Press, New York（1972）, pp. 23-27

Hall, P.J., Ed., The Square Kilometre Array: An Engineering Perspective, Experimental Astron., 17（1-3）（2004）（also as a single volume, Springer, Dordrecht, the Netherlands, 2005）

Hamaker, J.P., O'Sullivan, J.D., and Noordam, J.E., Image Sharpness, Fourier Optics, and Redundant Spacing Interferometry, J. Opt. Soc. Am., 67, 1122-1123 (1977)

Hay, S.G., O'Sullivan, J.D., Kot, J.S., Granet, C., Grancea, A., Forsythe, A.R., and Hayman, D.H., Focal Plane Array Development for ASKAP, in Antennas and Propagation, Proc. European Conf. on Ant. and Prop. (2007)

Hirabayashi, H., Hirosawa, H., Kobayashi, H., Murata, Y., Edwards, P.G., Fomalont, E.B., Fujisawa, K., Ichikawa, T., Kii, T., Lovell, J.E.J., and 43 coauthors, Overview and Initial Results of the Very Long Baseline Interferometry Space Observatory Program, Science, 281, 1825-1829 (1998)

Hjellming, R.M., The Design of Aperture Synthesis Arrays, Synthesis Imaging in Radio Astronomy, Perley, R.A., Schwab, F.R., and Bridle, A.H., Eds., Astron. Soc. Pacific. Conf. Ser., 6, 477-500 (1989)

Ho, P.T.P., Moran, J.M., and Lo, K.-Y., The Submillimeter Array, Astrophys. J. Lett., 616, L1-L6 (2004)

Högbom, J.A., and Brouw, W.N., The Synthesis Radio Telescope at Westerbork, Principles of Operation, Performance, and Data Reduction, Astron. Astrophys., 33, 289-301 (1974)

Hotan, A.W., Bunton, J.D., Harvey-Smith, L., Humphreys, B., Jeffs, B.D., Shimwell, T., Tuthill, J., Voronkov, M., Allen, G., Amy, S., and 91 coauthors, The Australian Square Kilometre Array Pathfinder: System Architecture and Specifications of the Boolardy Engineering Test Array, Publ. Astron. Soc. Aust., 31, e041 (15pp) (2014)

Ingalls, R.P., Antebi, J., Ball, J.A., Barvainis, R., Cannon, J.F., Carter, J.C., Charpentier, P.J., Corey, B.E., Crowley, J.W., Dudevoir, K.A., and six coauthors, Upgrading of the Haystack Radio Telescope for Operation at 115 GHz, Proc. IEEE, 82, 742-755 (1994)

Ishiguro, M., Minimum Redundancy Linear Arrays for a Large Number of Antennas, Radio Sci., 15, 1163-1170 (1980)

Ivashina, M.V., Iupikov, O., Maaskant, R., van Cappellen, W.A., and Oosterloo, T., An Optimal Beamforming Strategy for Wide-Field Survey with Phased-Array-Fed Reflector Antennas, IEEE Trans. Antennas Propag., 59, 1864-1875 (2011)

Jonas, J.L., MeerKAT—The South African Array with Composite Dishes and Wide-Band Single Pixel Feeds, Proc. IEEE, 97, 1522-1530 (2009)

Kardashev, N.S., Khartov, V.V., Abramov, V.V., Avdeev, V.Yu., Alakoz, A.V., Aleksandrov, Yu.A., Ananthakrishnan, S., Andreyanov, V.V., Andrianov, A.S., Antonov, N.M., and 120 coauthors, "RadioAstron": A Telescope with a Size of 300000km: Main Parameters and First Observational Results, Astron. Reports, 57, 153-194 (2013)

Keto, E., The Shapes of Cross-Correlation Interferometers, Astrophys. J., 475, 843-852 (1997)

Kogan, L., Level of Negative Sidelobes in an Array Beam, Publ. Astron. Soc. Pacific, 111,

510-511（1999）

Koles，W.A.，Frehlich，R.G.，and Kojima，M.，Design of a 74-MHz Antenna for Radio Astronomy，Proc. IEEE，82，697-704（1994）

Lal，D.V.，Lobanov，A.P.，and Jiménez-Monferrer，S.，Array Configuration Studies for the Square Kilometre Array：Implementation of Figures of Merit Based on Spatial Dynamic Range，Square Kilometre Array Memo 107（2009）

Lawrence，C.R.，Herbig，T.，and Readhead，A.C.S.，Reduction of Ground Spillover in the Owens Valley 5.5m Telescope，Proc. IEEE，82，763-767（1994）

Leech，J.，On Representation of 1，2，⋯，n by Differences，J. London Math. Soc.，31，160-169（1956）

Lobanov，A.P.，Imaging with the SKA：Comparison to Other Future Major Instruments，Square Kilometre Array Memo 38（2003）

Lonsdale，C.J.，Cappallo，R.J.，Morales，M.F.，Briggs，F.H.，Benkevitch，L.，Bowman，J.D.，Bunton，J.D.，Burns，S.，Corey，B.E.，deSouza，L.，and 38 coauthors，The Murchison Widefield Array：Design Overview，Proc. IEEE，97，1497-1506（2009）

Mangum，J.G.，Baars，J.W.M.，Greve，A.，Lucas，R.，Snel，R.C.，Wallace，P.，and Holdaway，M.，Evaluation of the ALMA Prototype Antennas，Publ. Astron. Soc. Pacific，118，1257-1301（2006）

Mathur，N.C.，A Pseudodynamic Programming Technique for the Design of Correlator Supersynthesis Arrays，Radio Sci.，4，235-244（1969）

Mayer，C.E.，Emerson，D.T.，and Davis，J.H.，Design and Implementation of an Error-Compensating Subreflector for the NRAO 12m Radio Telescope，Proc. IEEE，82，756-762（1994）

Meinel，A.B.，Multiple Mirror Telescopes of the Future，in the MMT and the Future of Ground-Based Astronomy，Weeks，T.C.，Ed.，SAO Special Report 385（1979），pp. 9-22

Mills，B.Y.，Cross-Type Radio Telescopes，Proc. IRE Aust.，24，132-140（1963）

Moffet，A.T.，Minimum-Redundancy Linear Arrays，IEEE Trans. Antennas Propag.，AP-16，172-175（1968）

Morales，M.F.，Enabling Next-Generation Dark Energy and Epoch of Reionization Radio Observatories with the MOFF Correlator，Pub. Astron. Soc. Pacific，123，1265-1272（2011）

Nakajima，J.，Otobe，E.，Nishibori，K.，Watanabe，N.，Asuma，K.，and Daishido，T.，First Fringe with the Waseda FFT Radio Telescope，Pub. Astron. Soc. Japan，44，L35-L38（1992）

Nakajima，J.，Otobe，E.，Nishibori，K.，Kobayashi，H.，Tanaka，N.，Saitoh，T.，Watanabe，N.，Aramaki，Y.，Hoshikawa，T.，Asuma，K.，and Daishido，T.，One-Dimensional Imaging with the Waseda FFT Radio Telescope，Pub. Astron. Soc. Japan，45，477-485（1993）

Napier，P.J.，Bagri，D.S.，Clark，B.G.，Rogers，A.E.E.，Romney，J.D.，Thompson，

A.R., and Walker, R.C., The Very Long Baseline Array, Proc. IEEE, 82, 658-672 (1994)

Napier, P.J., Thompson, A.R., and Ekers, R.D., The Very Large Array: Design and Performance of a Modern Synthesis Radio Telescope, Proc. IEEE, 71, 1295-1320 (1983)

National Radio Astronomy Observatory, A Proposal for a Very Large Array Radio Telescope, National Radio Astronomy Observatory, Green Bank, WV, Vol. 1 (1967); Vol. 3, Jan. 1969.

Otobe, E., Nakajima, J., Nishibori, K., Saito, T., Kobayashi, H., Tanaka, N., Watanabe, N., Aramaki, Y., Hoshikawa, T., Asuma, K., and Daishido, T., Two-Dimensional Direct Images with a Spatial FFT Interferometer, Pub. Astron. Soc. Japan, 46, 503-510 (1994)

Padin, S., Cartwright, J.K., Mason, B.S., Pearson, T.J., Readhead, A.C.S., Shepherd, M.C., Sievers, J., Udomprasert, P.S., Holzapfel, W.L., Myers, S.T., and five coauthors, First Intrinsic Anisotropy Observations with the Cosmic Background Imager, Astrophys. J. Lett., 549, L1-L5 (2001)

Papoulis, A., Signal Analysis, McGraw-Hill, New York (1977), p. 74

Perley, R., Napier, P., Jackson, J., Butler, B., Carlson, B., Fort, D., Dewdney, P., Clark, B., Hayward, R., Durand, S., Revnell, M., and McKinnon, M., The Expanded Very Large Array, Proc. IEEE, 97, 1448-1462 (2009)

Preston, R.A., Burke, B.F., Doxsey, R., Jordan, J.F., Morgan, S.H., Roberts, D.H., and Shapiro, I.I., The Future of VLBI Observations in Space, in Very-Long-Baseline Interferometry Techniques, Biraud, F., Ed., Cépaduès E'ditions, Toulouse, France (1983), pp. 417-431

Rabiner, L.R., and Gold, B., Theory and Application of Digital Signal Processing, Prentice-Hall, Englewood Cliffs, NJ (1975), p. 50

Rademacher, H., and Toeplitz, O., The Enjoyment of Mathematics, Princeton Univ. Press, Princeton, NJ (1957)

Raimond, E., and Genee, R., Eds., The Westerbork Observatory, Continuing Adventure in Radio Astronomy, Kluwer, Dordrecht, the Netherlands (1996)

Roshi, D.A., and Fisher, J.R., A Model for Phased Array Feed, Electronics Div. Internal Report 330, National Radio Astronomy Observatory, Charlottesville, VA (2016)

Rudge, A.W., and Adatia, N.A., Offset-Parabolic-Reflector Antennas: A Review, Proc. IEEE, 66, 1592-1618 (1978)

Ruze, J., Antenna Tolerance Theory-A Review, Proc. IEEE, 54, 633-640 (1966)

Ryle, M., The New Cambridge Radio Telescope, Nature, 194, 517-518 (1962)

Ryle, M., and Hewish, A., The Synthesis of Large Radio Telescopes, Mon. Not. R. Astron. Soc., 120, 220-230 (1960)

Ryle, M., Hewish, A., and Shakeshaft, J.R., The Synthesis of Large Radio Telescopes by the Use of Radio Interferometers, IRE Trans. Antennas Propag., 7, S120-S124 (1959)

Schaubert, D.H., and Chio, T.H., Wideband Vivaldi Arrays for Large Aperture Arrays, in Perspectives on Radio Astronomy: Technologies for Large Arrays, Smolders, A.B., and van Haarlem, M.P., Eds., ASTRON, Dwingeloo, the Netherlands, pp. 49-57 (1999)

Seielstad, G.A., Swenson, G.W., Jr., and Webber, J.C., A New Method of Array Evaluation Applied to Very Long Baseline Interferometry, Radio Sci., 14, 509-517 (1979)

Snel, R.C., Mangum, J.G., and Baars, J.W.M., Study of the Dynamics of Large Reflector Antennas with Accelerometers, IEEE Antennas Propag. Mag., 49, 84-101 (2007)

Stewart, K.P., Hicks, B.C., Ray, P.S., Crane, P.C., Kassim, N.E., Bradley, R.F., and Erickson, W.C., LOFAR Antenna Development and Initial Observations of Solar Bursts, Planetary Space Sci., 52, 1351-1355 (2004)

Swarup, G., Ananthakrishnan, S., Kapahi, V.K., Rao, A.P., Subrahmanya, C.R., and Kulkarni, V.K., The Giant Metrewave Radio Telescope, Current Sci. (Current Science Association and Indian Academy of Sciences), 60, 95-105 (1991)

Swenson, G.W., Jr. and Kellermann, K.I., An Intercontinental Array-A Next-Generation Radio Telescope, Science, 188, 1263-1268 (1975)

Swenson, G.W., Jr., and Mathur, N.C., The Circular Array in the Correlator Mode, Proc. IREE Aust., 28, 370-374 (1967)

Takeuchi, H., Kuniyoshi, M., Daishido, T., Asuma, K., Matsumura, N., Takefuji, K., Niinuma, K., Ichikawa, H., Okubo, R., Sawano, A., and four coauthors, Asymmetric Sub-Reflectors for Spherical Antennas and Interferometric Observations with an FPGA-Based Correlator, Pub. Astron. Soc. Japan, 57, 815-820 (2005)

Tegmark, M., and Zaldarriaga, M., The Fast Fourier Transform Telescope, Phys. Rev. D, 79, 08530 (2009)

Tegmark, M., and Zaldarriaga, M., Omniscopes: Large Area Telescope Arrays with Only $N \log N$ Computational Cost, Phys. Rev. D, 82, 103501 (10 pp) (2010)

Thomasson, P., MERLIN, Quart. J. R. Astron. Soc., 27, 413-431 (1986)

Thompson, A.R., and Bracewell, R.N., Interpolation and Fourier Transformation of Fringe Visibilities, Astron. J., 79, 11-24 (1974)

Thompson, A.R., Clark, B.G., Wade, C.M., and Napier, P.J., The Very Large Array, Astrophys. J. Suppl., 44, 151-167 (1980)

Unser, M., Sampling-50 Years After Shannon, Proc. IEEE, 88, 569-587 (2000)

van Ardenne, A, Bregman, J.D., van Cappellen, W.A., Kant, G.W., and Bij de Vaate, J.G., Extending the Field of View with Phased Array Techniques: Results of European SKA Research, Proc. IEEE, 97, 1531-1542 (2009)

van Cappellen, W.A., and Bakker, L., APERTIF: Phased Array Feeds for the Westerbork Synthesis Radio Telescope, in Proc. IEEE International Symposium on Phased Array Systems and Technology (ARRAY), Boston, MA, Oct. 12-15 (2010), pp. 640-647

van Cappellen, W.A., Bakker, L., and Oosterloo, T.A., Experimental Results of the APERTIF

Phased Array Feed, in Proc. 30th URSI General Assembly and Scientific Symposium, Istanbul, Turkey, Aug. 13-20 (2011), 4 pp

van Haarlem, M.P., Wise, M.W., Gunst, A.W., Heald, G., McKean, J.P., Hessels, J.W.T., de Bruyn, A.G., Nijboer, R., Swinbank, J., Fallows, R., and 191 coauthors, LOFAR: The LOw-Frequency ARray, Astron. Astrophys., 556, A2 (53pp) (2013)

Walker, R.C., VLBI Array Design, in Indirect Imaging, J. A. Roberts, Ed., Cambridge Univ. Press, Cambridge, UK (1984), pp. 53-65

Welch, J., Backer, D., Blitz, L., Bock, D., Bower, G.C., Cheng, C., Croft, S., Dexter, M., Engargiola, G., Fields, E., and 36 coauthors, The Allen Telescope Array: The First Widefield, Panchromatic, Snapshot Radio Camera for Radio Astronomy and SETI, Proc. IEEE, 97, 1438-1447 (2009)

Welch, W.J., Thornton, D.D., Plambeck, R.L., Wright, M.C.H., Lugten, J., Urry, L., Fleming, M., Hoffman, W., Hudson, J., Lum, W.T., and 27 coauthors, The Berkeley-Illinois-Maryland Association Millimeter Array, Publ. Astron. Soc. Pacific, 108, 93-103 (1996)

Wild, J.P., A New Method of Image Formation with Annular Apertures and an Application in Radio Astronomy, Proc. R. Soc. Lond. A, 286, 499-509 (1965)

Wild, J.P., Ed., Proc. IREE Aust., Special Issue on the Culgoora Radioheliograph, 28, No. 9 (1967)

Williams, W.F., High Efficiency Antenna Reflector, Microwave J., 8, 79-82 (1965) [reprinted in Love (1978); see Further Reading]

Wootten, A., and Thompson, A.R., The Atacama Large Millimeter/Submillimeter Array, Proc. IEEE, 97, 1463-1471 (2009)

Zheng, H., Tegmark, M., Buza, V., Dillon, J., Gharibyan, H., Hickish, J., Kunz, E., Liu, A., Losh, J., Lutomirski, A., and 28 coauthors, Mapping Our Universe in 3D with MITEoR, in Proc. IEEE International Symposium on Phased Array Systems and Technology, Waltham, MA (2013), pp.784-791

Zheng, H., Tegmark, M., Buza, V., Dillon, J.S., Gharibyan, H., Hickish, J., Kunz, E., Liu, A., Losh, J., Lutomirski, A., and 27 coauthors, MITEoR: A Scalable Interferometer for Precision 21 cm Cosmology, Mon. Not. R. Astron. Soc., 445, 1084-1103 (2014)

6 接收系统响应

本章讨论接收系统响应，接收系统用于接收天线信号并放大和滤波，且测量不同天线对的互相关。本章将说明系统基本参数如何影响输出。前述章节已经介绍了一些参数的影响，本章将给出更深入的分析，并须在系统设计（第7、8章）中加以考虑。在天线到相关器输出之间的处理链路中的某点，信号的形式将从模拟信号转化为数字信号，后续用计算机类硬件系统处理数字信号。信号形式的改变并不会影响处理过程的数学分析，因此本章不会加以讨论。然而，数字化本身会带来量化噪声，将在第8章进行分析。

6.1 变频、条纹旋转和复相关器

6.1.1 变频

除了一些工作频率低于100MHz的观测系统，在大部分射电天文设备中，天线接收信号都会与本地振荡器（Local Oscillator，LO）混频，以降低频率。这种操作被称为变频或超外差变频。实际中通过变频，可以在中频执行大部分信号处理过程，中频信号更适合放大、传输、滤波、延迟、记录等处理。观测频率大于50GHz的设备一般要在变频前进行低噪声放大，以获得最佳灵敏度。

变频是在混频器中执行的，混频器将输入信号与本振波形同时加载到具有非线性电压-电流响应的电路单元。这种非线性单元可以是图6.1（a）所示的二极管。用二极管两端电压 V 的幂级数来表示其输出电流 i：

$$i = a_0 + a_1 V + a_2 V^2 + a_3 V^3 + \cdots \tag{6.1}$$

令 V 等于本振电压 $b_1 \cos(2\pi \nu_{LO} t + \theta_{LO})$ 和傅里叶分量 $b_2 \cos(2\pi \nu_s t + \phi_s)$ 的输入信号之和。由于 V 有二阶项，因此混频器输出包含乘积式：

$$b_1 \cos(2\pi \nu_{LO} t + \theta_{LO}) \times b_2 \cos(2\pi \nu_s t + \phi_s)$$

$$= \frac{1}{2} b_1 b_2 \cos\left[2\pi(\nu_s + \nu_{LO})t + \phi_s + \theta_{LO}\right]$$

$$+ \frac{1}{2} b_1 b_2 \cos\left[2\pi(\nu_s - \nu_{LO})t + \phi_s - \theta_{LO}\right] \tag{6.2}$$

因此，二极管的电流包含了 ν_s 和 ν_{LO} 的和频及差频分量。式（6.1）中的其他项会产生其他频率分量，如 $3\nu_{LO} \pm \nu_s$ 等，但图6.1中的滤波器 H 只允许特定的频带通过。基于合理的设计，可以避免那些不需要的频率分量落入滤波器通带内。一般情况下，要转换的信号电压远远小于本振信号电压，因此谐波分量和互调分量（例如，输入信号不同频率分量互乘所产生的杂散信号）通常远小于有用分量。

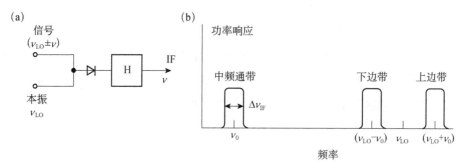

图 6.1　射电接收系统中的频率变换。（a）混频器和滤波器 H 的简图，滤波器 H 限定了中频（IF）通带。图中的非线性单元为二极管。（b）信号频谱中的上边带和下边带都被转换到中频，频率 ν_0 为中频通带的中心频率

在大多数情况下，频率转换是将信号频率转换到较低的频率，因此需要重视式（6.2）右侧的第二项。滤波器 H 定义了以 ν_0 为中心的中频（IF）通带，如图 6.1（b）所示。经变频后，以 $\nu_{LO}-\nu_0$ 和 $\nu_{LO}+\nu_0$ 为中心的带通信号都会落入滤波器通带。这两个频段就是图 6.1（b）所示的上边带和下边带。如果只需要一个边带的射频信号，可在混频器前使用适当的滤波器滤除另外一个边带。一些情况下两个边带都需要，得到的是双边带响应。

6.1.2　单边带系统响应

图 6.2 给出两单元综合孔径阵列 m 和 n 构成的基本接收系统。此处我们主要关心变频的影响。随着地球自转，天线对天空中的源进行跟踪，源信号到达两个天线的几何延迟 τ_g 是连续变化的。通过连续调整设备的可变延迟 τ_i，可以补偿几何延迟 τ_g，使两路信号同时到达相关器。信号经过的接收通道中包括放大器和滤波器，天线 m 和 n 接收通道的整体幅度（电压）响应分别为 $H_m(\nu)$ 和 $H_n(\nu)$，其中 ν 表征相关器输入端的频率分量，对应的天线端口频率为 $\nu_{LO}\pm\nu$。接收系统处理的电压波形包括宇宙噪声和接收系统噪声两部分。一般情况下，在通带内这两种过程不随频率变化。因此相关器输入信号频谱主要受接收系统响应影响。令 ϕ_m 为天线 m 信号路径上的相位变化，受 τ_g 和本振相位影响；令 ϕ_n 为天线 n 信号路径上包含 τ_i 的相位变化。ϕ_m、ϕ_n 以及表征放大器和滤波器的设备相位共同决定了宇宙信号到达相关器输入端的相位，负相位代表相

位滞后（信号延迟）。若源的可见度为 $\mathcal{V}(u,v)=|\mathcal{V}|e^{j\phi_v}$，将式（3.5）中的相位差 $2\pi\boldsymbol{D}_\lambda\cdot\boldsymbol{s}_0$ 替换为通用项 $\phi_n-\phi_m$，可以很容易得出干涉仪对源的响应。因此，带宽为 $d\nu$ 的相关器输出响应可写成

$$dr=\text{Re}\left\{A_0\,|\,\mathcal{V}\,|\,H_m(\nu)H_n^*(\nu)e^{j(\phi_n-\phi_m-\phi_v)}d\nu\right\}\tag{6.3}$$

其中 ϕ_v 为可见度的相位，系统全带宽响应为

$$r=\text{Re}\left\{A_0\,|\,\mathcal{V}\,|\int_{-\infty}^{\infty}H_m(\nu)H_n^*(\nu)e^{j(\phi_n-\phi_m-\phi_v)}d\nu\right\}\tag{6.4}$$

式中积分项包括了正频率和负频率，并假设在全带宽内 $\mathcal{V}$ 没有明显变化。式（6.4）代表复相关函数的实部，本节稍后将介绍同时获取实部和虚部的方法。

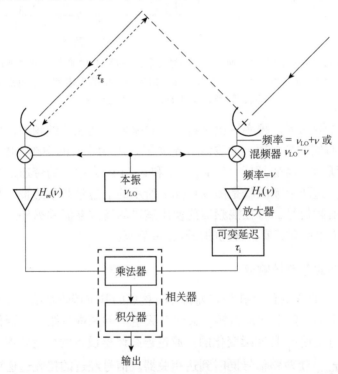

图 6.2　综合孔径阵列中两单元基本接收系统。在计算机控制下，可以连续调整可变延迟 τ_i，以补偿几何延迟 τ_g。频率响应函数 $H_m(\nu)$ 和 $H_n(\nu)$ 代表信号通道中所有放大器和滤波器的全带通特性

6.1.3　上边带接收

上边带接收时，要利用接收机输入端的滤波器或放大器选通频带，通带由相关器输入频率（频率 ν）加上本振频率 ν_{LO} 定义。图 6.2 中，频率为 $\nu_{LO}+\nu$ 的信号经过几何延迟 τ_g 进入天线 m，因此发生 $2\pi(\nu_{LO}+\nu)\tau_g$ 的相移。在变频时，

混频器将其与本振相位 θ_m 相减。因此可得

$$\phi_m(\nu) = -2\pi(\nu_{LO} + \nu)\tau_g - \theta_m \qquad (6.5)$$

进入天线 n 的信号与本振相位 θ_n 相减，且频率为 ν 的信号还要经历设备延迟 τ_i，产生的相移为 $2\pi\nu\tau_i$。因此天线 n 的总相移为

$$\phi_n(\nu) = -2\pi\nu\tau_i - \theta_n \qquad (6.6)$$

由式（6.4）~（6.6）可得相关器的输出为

$$r_u = \mathrm{Re}\left\{A_0 \,|\,\mathcal{V}\,| \, \mathrm{e}^{\mathrm{j}\left[2\pi\nu_{LO}\tau_g + (\theta_m - \theta_n) - \phi_\nu\right]} \int_{-\infty}^{\infty} H_m(\nu)H_n^*(\nu)\mathrm{e}^{\mathrm{j}2\pi\nu\Delta\tau}\mathrm{d}\nu\right\} \qquad (6.7)$$

式（6.7）积分项的实部是（埃尔米特）互功率谱 $H_m(\nu)H_n^*(\nu)$ 的傅里叶变换的实数分量，傅里叶变换自变量为延迟补偿误差 $\Delta\tau = \tau_g - \tau_i$，$\Delta\tau$ 在接收通带内引入线性相位变化。我们假设观测带宽内 $\mathcal{V}$ 没有明显变化。例如，假设中频通道是以频率 ν_0 为中心、带宽为 $\Delta\nu_{IF}$ 的矩形通带，且两接收链路具有相同的相位响应，则对于正频率，

$$|H_m(\nu)| = |H_n(\nu)| = \begin{cases} H_0, & |\nu - \nu_0| < \dfrac{\Delta\nu_{IF}}{2} \\ 0, & |\nu - \nu_0| > \dfrac{\Delta\nu_{IF}}{2} \end{cases} \qquad (6.8)$$

利用附录 3.1 中的等式（A3.6）计算埃尔米特函数 $H_m H_n$，可得

$$\int_{-\infty}^{\infty} H_m(\nu)H_n^*(\nu)\mathrm{e}^{\mathrm{j}2\pi\nu\Delta\tau}\mathrm{d}\nu = 2\mathrm{Re}\left\{\int_{\nu_0 - (\Delta\nu_{IF}/2)}^{\nu_0 + (\Delta\nu_{IF}/2)} H_0^2 \mathrm{e}^{\mathrm{j}2\pi\nu\Delta\tau}\mathrm{d}\nu\right\}$$

$$= 2H_0^2\Delta\nu_{IF}\left[\frac{\sin(\pi\Delta\nu_{IF}\Delta\tau)}{\pi\Delta\nu_{IF}\Delta\tau}\right]\cos 2\pi\nu_0\Delta\tau \qquad (6.9)$$

一般情况下，可以定义设备增益因子 $G_{mn} = |G_{mn}|\mathrm{e}^{\mathrm{j}\phi_G}$ 如下：

$$A_0\int_{-\infty}^{\infty} H_m(\nu)H_n^*(\nu)\mathrm{e}^{\mathrm{j}2\pi\nu\Delta\tau}\mathrm{d}\nu = G_{mn}(\Delta\tau)\mathrm{e}^{\mathrm{j}2\pi\nu_0\Delta\tau}$$

$$= |G_{mn}(\Delta\tau)|\mathrm{e}^{\mathrm{j}(2\pi\nu_0\Delta\tau + \phi_G)} \qquad (6.10)$$

其中 G_{mn} 与 $\Delta\tau$ 的关系为式（6.9）辛克函数。相位 ϕ_G 是由两个接收通道中的放大器和滤波器相位响应的差异引起的。设备总相位 ϕ_G 中并不包含本振相位 θ_m 和 θ_n 的影响，这是因为上边带和下边带的本振相位符号相反。

将式（6.10）代入式（6.7），可得上边带接收时

$$r_u = |\mathcal{V}|\,|G_{mn}(\Delta\tau)|\cos\left[2\pi(\nu_{LO}\tau_g + \nu_0\Delta\tau) + (\theta_m - \theta_n) - \phi_\nu + \phi_G\right] \qquad (6.11)$$

当源在天空运动穿越条纹方向图时，余弦函数中的 $2\pi\nu_{LO}\tau_g$ 项会产生准正弦振荡。振荡相位决定于延迟误差 $\Delta\tau$、两路本振信号的相对相位、信号通道的相位响应以及可见度函数本身的相位。振荡频率为 $\nu_{LO}\mathrm{d}\tau_g/\mathrm{d}t$ 的分量经常被称为固

有条纹频率。产生振荡的原因是延迟 τ_g 和 τ_i 发生在不同频率上，即输入射频信号延迟为 τ_g，中频延迟为 τ_i，这两个频率差为 ν_{LO}。因此，即使这两个延迟时间相等，它们引入的相移也不同，并且这两个延迟都随地球自转逐渐增加或减少。

6.1.4　下边带接收

现在考虑接收天线的下边带信号的情况，下边带频率为 ν_{LO} 减去相关器输入频率。下边带相位为

$$\phi_m = 2\pi(\nu_{LO} - \nu)\tau_g + \theta_m \tag{6.12}$$

及

$$\phi_n = -2\pi\nu\tau_i + \theta_n \tag{6.13}$$

这几项和 ϕ_v 的相位符号与上边带情况不同，下边带天线信号的相位增加会使相关器信号相位减小。相关器输出表达式为

$$r_i = \mathrm{Re}\left\{ A_0 \mid V \mid \mathrm{e}^{-j\left[2\pi\nu_{LO}\tau_g + (\theta_m - \theta_n) - \phi_v\right]} \int_{-\infty}^{\infty} H_m(\nu)H_n^*(\nu)\mathrm{e}^{j2\pi\Delta\tau}\mathrm{d}\nu \right\} \tag{6.14}$$

类似上边带的信号处理可得

$$r_i = \mid V \mid \mid G_{mn}(\Delta\tau) \mid \cos\left[2\pi(\nu_{LO}\tau_g - \nu_0\Delta\tau) + (\theta_m - \theta_n) - \phi_v - \phi_G\right] \tag{6.15}$$

6.1.5　多次变频

实际系统中，天线到相关器之间的信号可能经过几次变频。下边带变频（本振频率减去输入频率）会导致信号频谱反转，即输入的高频分量会出现在输出的低频端，反之亦然。如果多变频未产生净反转（即偶数次下变频），则式（6.11）仍然有效，但要用多级本振的组合频率代替式中 ν_{LO}。类似地，也要用相应的多级本振的相位组合来代替 θ_m 和 θ_n。

6.1.6　延迟跟踪和条纹旋转

一般利用计算机控制来调整图 6.2 中的延迟补偿 τ_i，须补偿的延迟量是天线位置和被观测视场相位中心位置的函数。进行补偿时，可以指定阵列中的一个天线作为延迟参考，并调整其他天线的设备延迟，使得来自相位参考方向的波前被不同天线接收后，信号同时到达相关器。

为控制相关器输出的、正弦变化的条纹频率，可以在其中一个接收机的本振信号上插入连续变化的相位。式（6.11）和（6.15）表明，以一定的速率调整 $\theta_m - \theta_n$，使 $\left[2\pi\nu_{LO}\tau_g + (\theta_m - \theta_n)\right]$ 项的 2π 余数保持不变，就可以将固有条纹频率降低到零。这种补偿需要在 θ_n 项增加一个，或者在 θ_m 项减去一个频率

$2\pi\nu_{\mathrm{LO}}\left(\mathrm{d}\tau_{\mathrm{g}}\,/\,\mathrm{d}t\right)$。注意，令式（4.9）的干涉仪基线第三分量，即 w 项，等于 $c\tau_{\mathrm{g}}$（以波长为单位）即可估算 $\mathrm{d}\tau_{\mathrm{g}}\,/\,\mathrm{d}t$。例如，间距为 1km 的东西向基线，$\mathrm{d}\tau_{\mathrm{g}}\,/\,\mathrm{d}t$ 的最大值为 2.42×10^{-10}，因此条纹频率一般远小于射频频率。如 8.2.1 节所述，为保证信息不失真，对相关器的每路输出都要至少以两倍输出信号频率（奈奎斯特率）进行采样，因此降低输出频率可以减少处理数据量。对于 VLBI 这样需要毫角秒级角度分辨率的天线间距，固有条纹频率 $\nu_{\mathrm{LO}}\mathrm{d}\tau_{\mathrm{g}}\,/\,\mathrm{d}t$ 会超过 10kHz。阵列中包含不止一个天线对时，有可能将每个输出的频率等比例降低，也可能将其降低到零频。一般希望能降低到零频，即条纹消除（fringe stopping）。条纹消除需要采取一些特殊技术来提取输出信号的幅度和相位，例如 6.1.7 节介绍的复相关器。

6.1.7　单乘法器和复相关器

当条纹频率降低到零时，一种测量相关器输出信号幅度和相位的方法如图 6.3 所示。测量需要使用两个相关器，其中一个相关器配置了正交移相网络。对于带宽有限信号，相移和延迟不能等价。将信号馈入两个独立混频器，并用相位正交的本振进行混频，也可以实现移相。将 $H_m(\nu)$ 替换为 $H_m(\nu)\mathrm{e}^{-\mathrm{j}\pi/2}$，可得第二个相关器输出的表达式。由式（6.10），其效果是在 ϕ_{G} 项增加了 $-\pi/2$，因此式（6.11）和式（6.15）中的余弦函数变为 $\pm$ sine 函数。另一种比较图 6.3 中两个相关器输出的方法是，首先分析复相关器输出的实部：

$$r_{\mathrm{real}}=\mathrm{Re}\left\{\mathcal{V}\int_{-\infty}^{\infty}H_m(\nu)H_n^*(\nu)\mathrm{d}\nu\right\}=\mathrm{Re}\{\mathcal{V}\}\int_{-\infty}^{\infty}H_m(\nu)H_n^*(\nu)\mathrm{d}\nu \qquad(6.16)$$

由于 $H_m(\nu)$ 和 $H_n^*(\nu)$ 是埃尔米特函数，则 $H_m(\nu)H_n^*(\nu)$ 也是埃尔米特函数，因此上式积分为实数。相关器的输出虚部正比于

$$r_{\mathrm{imag}}=\mathrm{Re}\left\{\mathcal{V}\int_{-\infty}^{\infty}H_m(\nu)H_n^*(\nu)\mathrm{e}^{-\mathrm{j}\pi/2}\mathrm{d}\nu\right\}=\mathrm{Im}\{\mathcal{V}\}\int_{-\infty}^{\infty}H_m(\nu)H_n^*(\nu)\mathrm{d}\nu \qquad(6.17)$$

因此，相关器的两个输出分别是可见度函数 $\mathcal{V}$ 的实部和虚部。

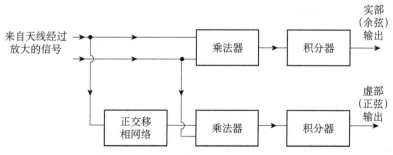

图 6.3　用两个相关器测量可见度函数的实部和虚部。这种部件称为复相关器

两个相关器及正交移相网络一般统称为复相关器，两个输出分别为余弦和正弦输出，或者实部和虚部输出。观测连续谱时，调整延迟补偿量，使 $\Delta\tau = 0$，且条纹旋转保持在 $2\pi\nu_{LO}\tau_g + (\theta_m - \theta_n) = 0$ 状态。此时，余弦和正弦输出分别代表 $G_{mn}\mathcal{V}(u,v)$ 的实部和虚部。使用复相关器后，就不需要依靠地球自转扫描干涉条纹来测量可见度了。复相关器的一个重要特点是，余弦和正弦输出中的噪声波动是相互独立的，如 6.2.2 节所讨论。

在 8.8 节将讨论谱相关器系统，即使用一定数量的相关器来测量相关函数随时间偏置或时延[即式（3.27）中的 τ]的变化。经过正交移相并输入相关器，测量得到的以 τ 为变量的相关函数，是未经正交移相测量的相关函数的希尔伯特变换（Lo et al.，1984）。

6.1.8 双边带系统响应

双边带（Double-Sideband，DSB）接收系统是一种能够同时接收上边带和下边带响应的系统。由式（6.11）和（6.15）可得双边带输出为

$$r_d = r_u + r_l = 2|\mathcal{V}|\,|G_{mn}(\Delta\tau)|\cos(2\pi\nu_0\Delta\tau + \phi_G)$$
$$\times\cos\left[2\pi\nu_{LO}\tau_g + (\theta_m - \theta_n) - \phi_v\right] \tag{6.18}$$

与单边带的结果相比有明显不同。条纹频率项的相位，即包含 $2\pi\nu_{LO}\tau_g$ 的余弦项，不再受 $\Delta\tau$ 或 ϕ_G 影响，但这两项出现在条纹幅度项中：

$$|G_{mn}(\Delta\tau)|\cos(2\pi\nu_0\Delta\tau + \phi_G) \tag{6.19}$$

如果设备延迟 τ_i 保持不变，$\Delta\tau$ 连续变化，则式（6.19）中的余弦项造成条纹振荡的余弦幅度调制。同时，如图 6.4 所示，由于式（6.19）余弦项的调制作用，互相关（条纹幅度）比单边带情况下降得更快，在单边带情况下，条纹幅度只受 $G_{mn}(\Delta\tau)$ 影响。因此，对几何延迟和设备延迟的匹配精度要求也相应提高。由于通道的相位响应对上、下边带信号的影响幅度相同、相位相反，因此条纹相位不再依赖于通道的相位响应。

复相关器检测的双边带系统响应的余弦输出如式（6.18），且用 $\phi_G - \pi/2$ 替代 ϕ_G，可得正弦输出为

$$(r_d)_{sine} = 2|\mathcal{V}|\,|G_{mn}(\Delta\tau)|\sin(2\pi\nu_0\Delta\tau + \phi_G)$$
$$\times\cos\left[2\pi\nu_{LO}\tau_g + (\theta_m - \theta_n) - \phi_v\right] \tag{6.20}$$

如果调整 $2\pi\nu_0\Delta\tau + \phi_G$ 使实部输出[式（6.18）]或虚部输出[式（6.20）]最大，则另外一路输出等于零。因此，观测连续谱源时，由于两个边带的信号强度相等，所以复相关器不能提高灵敏度。但对于后续讨论的边带分离模式，复相关器是有用的。

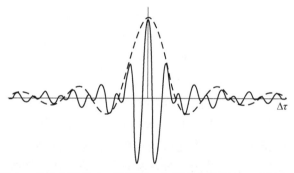

图 6.4 双边带系统中，条纹幅度为 $\Delta\tau$ 的函数，如图中实线所示。此例中，两个边带的中心频率之差为三倍中频带宽，即 $\nu_0 = 1.5\Delta\nu_{\mathrm{IF}}$，且中频响应为矩形。图中虚线给出中频响应相同的单边带系统的等效函数

　　为了可视化展现单边带（Single-Sideband，SSB）和双边带干涉系统的区别，图 6.5 在复平面上表现了相关器输出。图 6.5（a）为单边带系统相关器输出，复相关器的输出用矢量 r 来表示。如果未采用条纹消除，则每当几何延迟 τ_{g} 变化一个波长（即如果设备延迟跟踪几何延迟，本振频率会变化一个波长）时，矢量 r 就旋转 2π。径向矢量在实轴和虚轴上的投影表征复相关器的实部和虚部输出，二者是相位正交的正弦条纹频率。如果使用条纹消除技术，则 r 保持在固定位置角。图 6.5（b）表示双边带情况，矢量 r_{u} 和 r_{l} 分别表征上边带和下边带输出分量。此时 τ_{g} 的变化导致 r_{u} 和 r_{l} 反向旋转。为证明这一结论，注意相关器输出的实部如式（6.11）和式（6.15），且用 $\phi_{\mathrm{G}} - \pi/2$ 代替 ϕ_{G} 可得对应的虚部。则 $(\theta_m - \theta_n) = 0$（条纹不转动）时，要考虑 τ_{g} 微小变化的影响。

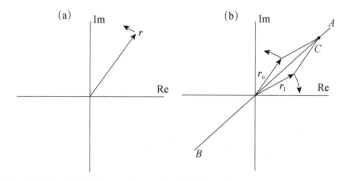

图 6.5 用复平面表征相关器的输出。（a）单边带接收系统和（b）双边带接收系统。图（b）中的点 C 代表上边带和下边带的相关器输出之和

　　表征上、下边带相关器输出的两个反向旋转矢量在某个角度重合，该角度由设备相位决定，在图 6.5 中用直线表示。因此，和矢量沿着 AB 方向振荡，且相关器实部和虚部输出的正弦条纹保持同相。现在，假定调整式（6.18）中的相

位项 $2\pi\nu_0\Delta\tau + \phi_G$ ，使实部输出的条纹幅度最大。这种调整的作用是旋转 AB ，使直线与实轴重合。此时复相关器的虚部输出不包含信号，只是噪声。由式（6.18）可见，矢量振幅沿着实轴振荡，矢量的相位即为可见度相位 ϕ_v 。令条纹振荡，并用正弦波拟合实部输出波形，就可以恢复相位 ϕ_v 。在条纹已经消除后，也可能通过对一个天线的本振相位作 $\pi/2$ 切换，来确定条纹的幅度和相位。在式（6.18）中，可用 $\theta_m \to (\theta_m - \pi/2)$ 来表示相位切换操作，使式中的第二个余弦函数变成正弦函数，因此可以求解方括号中的参数。但是，用这种方法不能同时测量相关器输出的余弦分量和正弦分量，因此数据有效积分时间是单边带且使用复相关器情况的一半。在图 6.5（b）中，本振信号切换 $\pi/2$ 使得 r_u 和 r_l 反向分别旋转 $\pi/2$ ，因此两个边带输出的矢量和仍然保持在 AB 线上。6.2.5 节将讨论不同接收系统的相对灵敏度。

6.1.9　多次变频的双边带系统

多次变频的双边带干涉仪系统响应比多次变频的单边带系统响应更复杂，这里用图 6.6 所示系统加以说明。注意，如果经过第一级变频后，又进行了多次单边带变频才得到中频信号，则图 6.6 中每个天线的第二级混频器表征多个混频器的级联，且 ν_2 表征多个本振频率之和，但要注意上、下边带变频需要使用适当的正负号。确定信号相位项需要考虑的因素与式（6.5）和（6.6）的推导类似。因此可得

$$\phi_m = \mp 2\pi\left(\nu_1 \pm \nu_2 \pm \nu\right)\tau_g \mp \theta_{m1} - \theta_{m2} \qquad (6.21)$$

及

$$\phi_n = -2\pi\left(\nu_2 + \nu\right)\tau_{i1} - 2\pi\nu\tau_{i2} \mp \theta_{n1} - \theta_{n2} \qquad (6.22)$$

其中上面的符号对应于每个天线的第一、第二级混频器都是上边带变频，下面的符号代表每个天线的第一级混频器为下边带变频、第二级混频器为上边带变频。然后，按照前面的例子进行推导，即用式（6.21）和（6.21）代替式（6.4）中的 θ_m 和 θ_n ，像式（6.7）一样分离出 $H_m H_n^*$ 关于频率 ν 的积分项，然后用式（6.10）代替积分项，可得

$$r_u = |\mathcal{V}||G_{mn}(\Delta\tau)|\cos\Big[2\pi\nu_1\tau_g + 2\pi\nu_2\left(\tau_g - \tau_{i1}\right) + 2\pi\nu_0\Delta\tau$$
$$+ \left(\theta_{m1} - \theta_{n1}\right) + \left(\theta_{m2} - \theta_{n2}\right) - \phi_v + \phi_G\Big] \qquad (6.23)$$

且

$$r_l = |\mathcal{V}||G_{mn}(\Delta\tau)|\cos\Big[2\pi\nu_1\tau_g - 2\pi\nu_2\left(\tau_g - \tau_{i1}\right) - 2\pi\nu_0\Delta\tau$$
$$+ \left(\theta_{m1} - \theta_{n1}\right) - \left(\theta_{m2} - \theta_{n2}\right) - \phi_v - \phi_G\Big] \qquad (6.24)$$

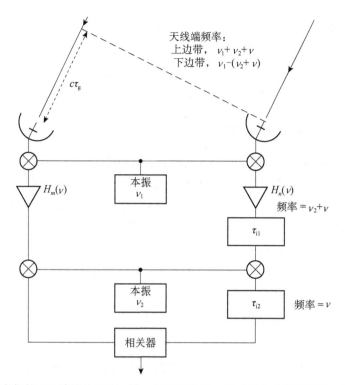

图 6.6 两级变频的双天线接收系统，第一级为双边带，第二级为上边带变频。图中包含两个延迟补偿量 τ_{i1} 和 τ_{i2}，以便在推导双边带系统响应时，可以分析相对于第一级变频的延迟位置的影响。在实际设计中，只需要使用一级延迟补偿。总的频率响应 H_m 和 H_n 定义为相应的相关器输入频率 ν 的函数

可得双边带系统的响应为

$$
\begin{aligned}
r_{\mathrm{d}} &= r_{\mathrm{u}} + r_{\mathrm{l}} \\
&= 2\,|\,\mathcal{V}\,|\,|G_{mn}(\Delta\tau)|\cos\Big\{2\pi\big[\nu_2\big(\tau_{i1}-\tau_{\mathrm{g}}\big)-\nu_0\Delta\tau\big]-\big(\theta_{m2}-\theta_{n2}\big)-\phi_{\mathrm{G}}\Big\} \\
&\quad \times \cos\big[\nu_1\tau_{\mathrm{g}}+\big(\theta_{m1}-\theta_{n1}\big)-\phi_v\big]
\end{aligned}
\tag{6.25}
$$

其中 $\Delta\tau=\tau_{\mathrm{g}}-\tau_{i1}-\tau_{i2}$。注意，式中第二个余弦项是输出条纹方向图的相位，只受第一级本振相位影响。因此，进行条纹旋转时，必须对第一级本振移相。式（6.25）中的第一个余弦函数会影响条纹幅度，需要考虑两种情况如下。

（1）用双边带混频器后面的第一级延迟 τ_{i1} 做补偿，且 $\tau_{i2}=0$。此时，式（6.25）中第一个余弦函数中 $\tau_{i1}-\tau_{\mathrm{g}}\approx 0$，且如果两个通道的响应一致性好，$\phi_{\mathrm{G}}$ 会很小，则只需对 θ_{m2} 和 θ_{n2} 做均衡，就能使条纹幅度最大化。这种情况和式（6.18）的单级变频类似。

（2）用末级混频器之后的延迟 τ_{i2} 做补偿，且 $\tau_{i1}=0$。（在数字域做延迟补偿

的任何阵列都属于这种情况，目前几乎所有能够运行的阵列都包含数字补偿。）此时，在式（6.25）中 τ_g 变化时，为了使第一个余弦函数值接近 1，就需要 θ_{m2} 和 θ_{n2} 的相位连续变化。这种相移不影响输出条纹振荡的相位，只影响其幅度[例如参见 Wright 等（1973）]。

6.1.10 双边带系统的条纹消除

考虑阵列中的两个天线如图 6.6 所示，且在相关器输入端用设备延迟来补偿 τ_g，则 $\tau_{i1} = 0$。可以把干涉仪条纹想象为其中一个天线端口信号的多普勒频移，因此在相关器合成时产生拍频。假设到天线 m（图中的左边天线）信号路径上的几何延迟 τ_g 随时间增大，即相对于天线 n，天线 m 与源的距离越来越远，则源发出的波前频率为 ν_{RF} 的信号被天线 m 接收时的频率为 $\nu_{RF}\left(1 - \mathrm{d}\tau_g / \mathrm{d}t\right)$。如果信号频率在上边带，其到达相关器输入端的频率为

$$\nu_{RF}\left(1 - \frac{\mathrm{d}\tau_g}{\mathrm{d}t}\right) - \nu_1 - \nu_2 \qquad (6.26)$$

为了消除条纹，我们需要相应地减小天线 n 的信号频率，以保证到达相关器的两路信号频率相同。为达到这一目的，我们可以将天线 n 的两个本振频率增大 $\left(1 + \mathrm{d}\tau_g / \mathrm{d}t\right)$ 倍。注意，这相当于 θ_{n1} 增加 $2\pi\left(\mathrm{d}\tau_g / \mathrm{d}t\right)\nu_1$，且 θ_{n2} 增加 $2\pi\left(\mathrm{d}\tau_g / \mathrm{d}t\right)\nu_2$，即式（6.25）中两个余弦函数值保持不变所需的本振相位变化率。因此，天线 n 的信号在 $\nu_{RF} - (\nu_1 + \nu_2)\left(1 + \mathrm{d}\tau_g / \mathrm{d}t\right)$ 频率处经过 τ_{i2} 延迟，且由于延迟可以连续调整且恒等于 τ_g，信号频率相应地降低到原始频率的 $\left(1 - \mathrm{d}\tau_g / \mathrm{d}t\right)$。因此，来自天线 n 的信号到达相关器输入端的频率为

$$\left[\nu_{RF} - (\nu_1 + \nu_2)\left(1 + \frac{\mathrm{d}\tau_g}{\mathrm{d}t}\right)\right]\left(1 - \frac{\mathrm{d}\tau_g}{\mathrm{d}t}\right) \qquad (6.27)$$

当忽略上式中 $\mathrm{d}\tau_g / \mathrm{d}t$ 的二次项时，式（6.27）等于式（6.26）（回顾一下前面的实例，对于 1km 基线，$\mathrm{d}\tau_g / \mathrm{d}t$ 的最大可能值为 2.42×10^{-10}）。对于下边带情况，只需反转 ν_{RF} 和 ν_1 的符号，并保证相关器两路输入信号频率相等，式（6.26）和式（6.27）同样适用。因此，总的效应是两个边带产生的条纹都被消除。

6.1.11 双边带和单边带系统的相对优点

在干涉仪中使用双边带接收的主要原因是，在某些情况下，只能用双边带器件来实现最低的接收机噪声温度。当频率提升到约 100GHz 以上时，制造低

噪声放大器的难度持续增加，接收系统通常采用超导-绝缘-超导（Superconductor-Insulator-Superconductor，SIS）型混频器[例如参见文献 Tucker和 Feldman（1995）]作为输入级，并配合使用低噪声 IF 放大器。混频器和中频放大器都通过低温制冷，使混频器获得超导性，并使中频放大器噪声最小。如果在天线和混频器之间放置一个边带滤波器，接收的信号功率将会减半，但是混频器和 IF 放大器产生的噪声不会减少。因此，在中频的信噪比（Signal-to-Noise Ratio，SNR）减小，这种情况下，只有保留两个边带，才能获得最优的连续谱灵敏度。回顾历史，20 世纪 60 年代和 20 世纪 70 年代早期，在厘米波段采用了双边带系统 [例如参见文献 Read（1961）]，有时用退化参数放大器作为输入级。这类放大器天然就是双边带器件，Vander Vorst 和 Colvin（1966）讨论了这类器件在干涉仪中的应用。

双边带系统也有一些劣势。比如，需要提高延迟补偿精度；可能需要调整多个本振信号的相位和频率；如果两个边带都存在谱线，则解译谱线数据更为困难；需要的无干扰带宽翻倍。另外，带宽有限信号的模糊效应更加严重，在6.3 节将予以讨论。双边带存在的这些问题，促进了上边带和下边带响应分离方案的发展。

6.1.12 边带分离

为说明如何从双边带接收系统相关器输出中分离出两个边带的响应，我们首先考察式（6.11）和式（6.15）的上边带和下边带响应之和。即

$$r_{\mathrm{d}} = r_{\mathrm{u}} + r_{\mathrm{l}} = |\mathcal{V}||G_{mn}(\Delta\tau)|\Big\{\cos\Big[2\pi\big(\nu_{\mathrm{LO}}\tau_{\mathrm{g}} + \nu_0\Delta\tau\big) + \theta_{mn} - \phi_v + \phi_{\mathrm{G}}\Big]$$
$$+\cos\Big[2\pi\big(\nu_{\mathrm{LO}}\tau_{\mathrm{g}} - \nu_0\Delta\tau\big) + \theta_{mn} - \phi_v - \phi_{\mathrm{G}}\Big]\Big\} \qquad (6.28)$$

其中 $\theta_{mn} = \theta_m - \theta_n$。式（6.28）表征复相关器输出的实部。将式（6.28）重新写为

$$r_{\mathrm{d}} = |\mathcal{V}||G_{mn}|(\cos\psi_{\mathrm{u}} + \cos\psi_{\mathrm{l}}) \qquad (6.29)$$

其中 ψ_{u} 和 ψ_{l} 分别代表式（6.28）两个方括号中的表达式。上述讨论的响应表征干涉仪的正常输出，称之为条件 1。用 $\phi_{\mathrm{G}} - \pi/2$ 替换 ϕ_{G}，可得相关器输出的虚部表达式。条件 2 是对天线 m 的第一本振信号引入 $\pi/2$ 相移，因此 θ_{mn} 变成 $\theta_{mn} - \pi/2$。由式（6.28）和式（6.29）可得两种条件下相关器的输出为

条件1

$$r_1 = |\mathcal{V}||G_{mn}|(\cos\psi_{\mathrm{u}} + \cos\psi_{\mathrm{l}}) \qquad (6.30)$$
$$r_2 = |\mathcal{V}||G_{mn}|(\sin\psi_{\mathrm{u}} - \sin\psi_{\mathrm{l}})$$

条件2 $(\theta_{mn} \to \theta_{mn} - \pi/2)$

$$r_3 = |\mathcal{V}||G_{mn}|(\sin\psi_\mathrm{u} + \sin\psi_\mathrm{l})$$
$$r_4 = |\mathcal{V}||G_{mn}|(-\cos\psi_\mathrm{u} + \cos\psi_\mathrm{l})$$

（6.31）

其中 r_1 和 r_3 代表相关器的实部输出；r_2 和 r_4 代表相关器的虚部输出。因此，上边带系统响应的复函数表达式为

$$|\mathcal{V}||G_{mn}|(\cos\psi_\mathrm{u} + \mathrm{j}\sin\psi_\mathrm{u}) = \frac{1}{2}\big[(r_1 - r_4) + \mathrm{j}(r_2 + r_3)\big] \qquad (6.32)$$

同理，下边带系统响应的复函数表达式为

$$|\mathcal{V}||G_{mn}|(\cos\psi_\mathrm{l} + \mathrm{j}\sin\psi_\mathrm{l}) = \frac{1}{2}\big[(r_1 + r_4) - \mathrm{j}(r_2 - r_3)\big] \qquad (6.33)$$

如果能够对本振信号周期性地进行 $\pi/2$ 切换，则可由式（6.32）和（6.33）分别得到上边带和下边带响应。

B. G. Clark 提出了一种类似的基于条纹频率的边带分离方法。该方法基于如下事实：第一本振的少量频移对两个边带的相关器输出产生相同的频移，但后级本振的少量频移会使一个边带的条纹频率增大，同时使另外一个边带的条纹频率减小。考虑阵列中的两个天线，基于式（6.26）和式（6.27）的相关讨论，消除其条纹。现在假设天线 n 的第一本振频率增加 $\delta\nu$，且第二本振频率减少 $\delta\nu$。上边带信号的条纹频率不会发生变化，即条纹仍然被消除。对于下边带信号，第二混频器输出的信号频率将减小 $2\delta\nu$。下边带输出将包含条纹频率 $2\delta\nu(1 - \mathrm{d}\tau_\mathrm{g}/\mathrm{d}t) \approx 2\delta\nu$，如果 $(2\delta\nu)^{-1}$ 远小于相关器的积分时间，或者积分时间为条纹周期的整数倍，则经过平均后，下边带输出将被平均为一个小的残差。如果第二本振频率增加 $\delta\nu$ 而不是降低 $\delta\nu$，则下边带条纹被消除，而上边带输出经平均后变成小的残差。在包含 n_a 个天线的阵列中应用这种方法时，每个天线需要不同的频偏量，可以将天线 n 的频率频移 $n\delta\nu$ 来实现，其中 n 从 0 到 $n_\mathrm{a} - 1$。这种边带分离方法的优势之一是，只需要用可调本振消除条纹，不需要特殊设计硬件。与 $\pi/2$ 相位切换不同的是，这种方法会损失一个边带。但是，如前所述，这种边带分离法只分离信号的相干分量，不能分离噪声。为分离噪声，可以将接收机输入级的 SIS 混频器安装在附录 7.1 描述的单边带分离电路中。用这种方法，混频电路的边带隔离度只能达到 ~15dB，这足以去除大部分的无用边带噪声，但不足以去除强谱线。经过混频器抑制后，再进一步使用 Clark 技术，可以有效地增加边带抑制。

在 VLBI 观测中，也可以利用条纹频率效应实现边带分离。VLBI 系统中，通常在数据回放过程中进行条纹旋转。因此，条纹旋转会减小一个边带的条纹频率，而同时增大另一个边带的条纹频率。如果通过条纹旋转消除一个边带的

条纹,且由于基线极长,另一个边带的条纹频率会很大,因此对相关器输出做时间平均,就可以将条纹频率效应减小到可忽略的水平。将数据两次回放到相关器,通过适当的条纹旋转,每次就可以得到一个边带输出。

6.2 噪 声 响 应

接收系统的极限灵敏度主要由系统噪声决定。我们现在讨论系统对噪声的响应,以及噪声对灵敏度的限制。首先研究噪声对相关器输出的影响,以及其导致的可见度 ν 实部和虚部的不确定性。这就需要计算给定流量密度源的峰值响应,并计算综合孔径图像中的均方根噪声水平。最后,我们讨论噪声造成的 ν 的幅度和相位的均方根波动。

6.2.1 相关器对信号和噪声的处理

假设观测视场范围内只包含一个位于相位参考点的点源。令相关器输入端来自 m 和 n 天线通道的信号波形分别为 $V_m(t)$ 和 $V_n(t)$,则相关器输出为

$$r = \langle V_m(t)V_n(t) \rangle \tag{6.34}$$

其中三个函数都是实函数,尖括号代表数学期望值,实际上期望值近似等于有限时间平均值。为计算 r 中信号分量和噪声分量的相对功率水平,首先计算二者的自相关函数,并计算其功率谱。式(6.34)中信号乘积的自相关函数为

$$\rho_r(\tau) = \langle V_m(t)V_n(t)V_m(t-\tau)V_n(t-\tau) \rangle \tag{6.35}$$

可用下面的四阶矩关系来推导上式:

$$\langle z_1 z_2 z_3 z_4 \rangle = \langle z_1 z_2 \rangle \langle z_3 z_4 \rangle + \langle z_1 z_3 \rangle \langle z_2 z_4 \rangle + \langle z_1 z_4 \rangle \langle z_2 z_3 \rangle \tag{6.36}$$

其中 z_1 、 z_2 、 z_3 和 z_4 是均值为零的联合高斯随机变量。因此

$$\begin{aligned}
\rho_r(\tau) &= \langle V_m(t)V_n(t) \rangle \langle V_m(t-\tau)V_n(t-\tau) \rangle \\
&+ \langle V_m(t)V_m(t-\tau) \rangle \langle V_n(t)V_n(t-\tau) \rangle \\
&+ \langle V_m(t)V_n(t-\tau) \rangle \langle V_m(t-\tau)V_n(t) \rangle \\
&= \rho_{mn}^2(0) + \rho_m(\tau)\rho_n(\tau) + \rho_{mn}(\tau)\rho_{mn}(-\tau)
\end{aligned} \tag{6.37}$$

其中 ρ_m 和 ρ_n 分别是两个信号 V_m 和 V_n 的非归一化自相关函数, ρ_{mn} 是二者的互相关函数。式中每个 V 项都是信号分量 s 和噪声分量 n 之和,为了评估这两个分量对相关器输出的影响,我们将其代入式(6.37)。由于非相关分量乘积的期望值为零,因此可以忽略信号项和噪声项之积,以及不同天线的噪声电压项之积。可得

$$\rho_{\rm r}(\tau) = \langle s_m(t)s_n(t)\rangle \langle s_m(t-\tau)s_n(t-\tau)\rangle$$
$$+ \langle s_m(t)s_m(t-\tau)+n_m(t)n_m(t-\tau)\rangle \langle s_n(t)s_n(t-\tau)+n_n(t)n_n(t-\tau)\rangle$$
$$+ \langle s_m(t)s_n(t-\tau)\rangle \langle s_m(t-\tau)s_n(t)\rangle \tag{6.38}$$

等号右侧的三行分别对应于式（6.37）最后一行的三项。为分析接收系统频率响应各个 $\rho(\tau)$ 项的影响，我们需要将它们转换成功率谱。依据维纳-欣钦定理，我们应该考察式（6.37）和（6.38）右侧各项的傅里叶变换。

式（6.37）中的第一项 $\rho_{mn}^2(0)$ 为常数项，其傅里叶变换是位于频率域原点的狄拉克函数，其幅度为 $\rho_{mn}^2(0)$。由式（6.38）可见，$\rho_{mn}^2(0)$ 只包含信号项，可以很方便地用天线温度来表示。根据傅里叶变换积分定理可知，$\rho_{mn}(0)$ 等于 $\rho_{mn}(\tau)$ 傅里叶变换的无穷积分。因此，$\rho_{mn}^2(0)$ 的傅里叶变换为

$$k^2 T_{Am} T_{An} \left[\int_{-\infty}^{\infty} H_m(\nu)H_n^*(\nu)\mathrm{d}\nu\right]^2 \Delta(\nu) \tag{6.39}$$

其中 k 为玻尔兹曼常量；T_{Am} 和 T_{An} 是源贡献的天线温度分量；$H_m(\nu)$ 和 $H_n(\nu)$ 分别为两个通道的频率响应；$\Delta(\nu)$ 为接收带宽。

式（6.37）第二项 $\rho_m(\tau)\rho_n(\tau)$ 的傅里叶变换是 ρ_m 和 ρ_n 各自傅里叶变换的卷积，即

$$k^2 (T_{Sm}+T_{Am})(T_{Sn}+T_{An}) \int_{-\infty}^{\infty} H_m(\nu)H_m^*(\nu)H_n(\nu'-\nu)H_n^*(\nu'-\nu)\mathrm{d}\nu \tag{6.40}$$

其中 T_{Sm} 和 T_{Sn} 是系统温度。注意，该项的幅度正比于总噪声温度之积。

式（6.37）中第三项 $\rho_{mn}(\tau)\rho_{mn}(-\tau)$ 的傅里叶变换是 $\rho_{mn}(\tau)$ 和 $\rho_{mn}(-\tau)$ 各自傅里叶变换的卷积，并且由于 ρ_{mn} 是实数，$\rho_{mn}(-\tau)$ 的傅里叶变换是 $\rho_{mn}(\tau)$ 傅里叶变换的复共轭。因此，$\rho_{mn}(\tau)\rho_{mn}(-\tau)$ 的傅里叶变换为

$$k^2 T_{Am} T_{An} \int_{-\infty}^{\infty} H_m(\nu)H_n^*(\nu)H_m^*(\nu'-\nu)H_n(\nu'-\nu)\mathrm{d}\nu \tag{6.41}$$

由于不同天线的接收机噪声不相关，所以跟式（6.37）一样，式（6.39）只包含天线温度。

式（6.39）表征相关器输出的信号功率，而式（6.40）和式（6.41）表征相关器输出的噪声功率。对相关器输出做时间平均，可以建模为从 0 到 $\Delta\nu_{\rm LF}$ 的带通滤波器。输出带宽 $\Delta\nu_{\rm LF}$ 比相关器输入带宽小几个或多个数量级。因此，可以假设输出噪声的谱密度等于其零频分量的谱密度，即式（6.40）和式（6.41）中的 $\nu'=0$。基于上述考虑，且 $H_m(\nu)$ 和 $H_n(\nu)$ 都是埃尔米特函数，则相关器输出经过平均后，信号电压和均方根噪声电压之比为

$$\mathcal{R}_{\mathrm{sn}} = \frac{\sqrt{T_{Am}T_{An}}\displaystyle\int_{-\infty}^{\infty}H_m(\nu)H_n^*(\nu)\mathrm{d}\nu}{\sqrt{(T_{Am}+T_{Sm})(T_{An}+T_{Sn})+T_{Am}T_{An}}\sqrt{2\Delta\nu_{\mathrm{LF}}\displaystyle\int_{-\infty}^{\infty}|H_m(\nu)|^2|H_n(\nu)|^2\mathrm{d}\nu}} \quad (6.42)$$

其中 $2\Delta\nu_{\mathrm{LF}}$ 是包括负频率的时间平均等效带宽。通常，单相关器输出的信噪比（$\mathcal{R}_{\mathrm{sn}}$）不需要优于几个百分点的估值精度。事实上，由于天线跟踪时接收的地面辐射变化和大气对 T_{S} 的时变吸收特性，通常很难高精度地定义 T_{S}。因此，将 $H_m(\nu)$ 和 $H_n(\nu)$ 都近似为带宽 $\Delta\nu_{\mathrm{IF}}$ 的矩形函数通常就可以满意。同理，在计算灵敏度时，通常更关心接近检测门限的源，即 $T_{\mathrm{A}}\ll T_{\mathrm{S}}$。通过上述简化，式（6.42）变成

$$\mathcal{R}_{\mathrm{sn}} = \sqrt{\frac{T_{Am}T_{An}}{T_{Sm}T_{Sn}}}\sqrt{\frac{\Delta\nu_{\mathrm{IF}}}{\Delta\nu_{\mathrm{LF}}}} \quad (6.43)$$

图 6.7 给出矩形通带近似的信号和噪声谱。注意，输入谱 $|H_m(\nu)|^2$ 和 $|H_n(\nu)|^2$ 都包含关于 ν 的原点对称的正频率和负频率分量。因此，可以认为输出的噪声谱正比于 $|H_m(\nu)|^2$ 和 $|H_n(\nu)|^2$ 的卷积或互相关函数。

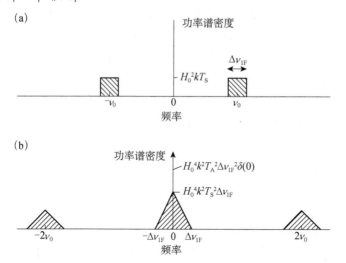

图 6.7　（a）相关器输入谱；（b）相关器输出谱。输入通带是宽度为 $\Delta\nu_{\mathrm{IF}}$ 的矩形。图（b）给出的是相乘运算产生的信号完整谱，包括两倍输入频率的噪声通带。相关器输出端的平均电路只允许非常接近于 0 的频率分量通过，其中包括有用信号，以及狄拉克函数形状的频谱，图中用箭头表示。此处假设 $T_{\mathrm{A}}\ll T_{\mathrm{S}}$

相关器输出带宽取决于数据平均时间 τ_a，这是由于平均可以视为与单位面积、宽度为 τ_a 的矩形函数的时域卷积。平均电路的功率响应是频率的函数，正比于矩形函数傅里叶变换的平方，即 $\sin^2(\pi\tau_a\nu)/(\pi\tau_a\nu)^2$。包括正、负频率的等效带宽为

$$2\Delta\nu_{\mathrm{LF}} = \int_{-\infty}^{\infty} \frac{\sin^2(\pi\tau_a\nu)}{(\pi\tau_a\nu)^2}\mathrm{d}\nu = \frac{1}{\tau_a} \tag{6.44}$$

代入式（6.43）可得

$$\mathcal{R}_{\mathrm{sn}} = \sqrt{\left(\frac{T_{Am}T_{An}}{T_{Sm}T_{Sn}}\right)2\Delta\nu_{\mathrm{IF}}\tau_a} \tag{6.45}$$

值得注意的是，$2\Delta\nu_{\mathrm{IF}}\tau_a$ 是在时间 τ_a 内信号的独立样本数。

如果源为无极化的，且每个天线只响应总流量密度 S 的一半，则接收功率密度为

$$kT_{\mathrm{A}} = \frac{1}{2}AS \tag{6.46}$$

其中 A 为天线的有效接收面积。如果两个天线及其系统温度完全相同，则由式（6.45）和式（6.46）可得

$$\mathcal{R}_{\mathrm{sn}} = \frac{AS}{kT_{\mathrm{S}}}\sqrt{\frac{\Delta\nu_{\mathrm{IF}}\tau_a}{2}} \tag{6.47}$$

Blum（1959），Colvin（1961）和 Tiuri（1964）通过类似的推导也得出了一样的结果。一般情况下，假设 $T_{\mathrm{A}} \ll T_{\mathrm{S}}$ 得到的式（6.47）是我们需要的结果。另一种极端情况是观测非常强的不可分辨源，此时 $T_{\mathrm{A}} \gg T_{\mathrm{S}}$，则 $\mathcal{R}_{\mathrm{sn}} = \sqrt{\Delta\nu_{\mathrm{IF}}\tau_a}$。这种情况下，SNR 取决于接收信号的电平波动，与天线面积无关。Anantharamaiah 等（1989）讨论了极强源观测的噪声水平。

由图 6.7，我们可以看出式（6.47）中 $\sqrt{\Delta\nu_{\mathrm{IF}}\tau_a}$ 因子的来源，正是该因子使得射电天文能够以非常高的灵敏度进行观测。相关器本身的噪声来自于两个输入信号频谱分量之间的拍频，因此噪声分散在 $\Delta\nu_{\mathrm{IF}}$ 范围。图 6.7 的三角形噪声频谱仅仅正比于单位频率间隔内的拍数。然而，经过平均后，输出带宽内仅有极小的拍频噪声。需要注意的是，这里所说的信号带宽 $\Delta\nu_{\mathrm{IF}}$ 是指相关器的输入信号带宽。在双边带系统中，相关器的输入带宽只有接收总带宽的一半。

这里还要介绍另一个影响 SNR 的因子。如果信号经过量化和数字化后才进入相关器，就必须考虑量化过程的量化效率 η_{Q}，因此式（6.47）变成

$$\mathcal{R}_{\mathrm{sn}} = \frac{AS\eta_{\mathrm{Q}}}{kT_{\mathrm{S}}}\sqrt{\frac{\Delta\nu_{\mathrm{IF}}\tau_a}{2}} \tag{6.48}$$

或者用天线温度表示如下：

$$\mathcal{R}_{\mathrm{sn}} = \frac{T_{\mathrm{A}}\eta_{\mathrm{Q}}}{T_{\mathrm{S}}}\sqrt{2\Delta\nu_{\mathrm{IF}}\tau_a} \tag{6.49}$$

如第 8 章所讨论，η_{Q} 的值介于 0.637 和 1 之间，见表 8.1。在 VLBI 观测中，还

存在其他信噪比损失，将在 9.7 节进行讨论。

6.2.2 复可见度测量噪声

为了准确理解 $\mathcal{R}_{sn}$ 的含义，注意到推导式（6.48）和（6.49）时，并没有考虑信号分量到达相关器的延迟，且假设信号通道的相位响应是完全相同的。这种条件意味着源是位于干涉方向图的中心条纹，且响应是干涉条纹的峰值幅度，表征可见度的模值。用流量密度来表示相关器输出的均方根噪声水平 σ 时，令一个不可分辨源的条纹幅度峰值等于 σ，将 $\mathcal{R}_{sn} = 1$ 代入式（6.48），并用 σ 代替 S：

$$\sigma = \frac{\sqrt{2}kT_S}{A\eta_Q}\bigg/\sqrt{\Delta\nu_{IF}\tau_a} \tag{6.50}$$

其中 σ 的单位为 $W \cdot m^{-2} \cdot Hz^{-1}$。考虑设备使用了复相关器，并如前所述，将相关器输出的振荡降低到零频。我们下面将说明：相关器输出的实部和虚部的噪声波动是不相关的。假设天线指向冷空，则只有噪声波形 n_m，n_n 和 n_m^H 会进入图 6.3 中的相关器，其中 n_m^H 是 n_m 的希尔伯特变换，用正交移相实现。实部和虚部之积的期望值是 $\langle n_m n_n n_m^H n_n \rangle$，根据式（6.36）并注意到 $\langle n_m n_n \rangle$、$\langle n_m n_m^H \rangle$ 和 $\langle n_m^H n_n \rangle$ 必须全部为零，则 $\langle n_m n_n n_m^H n_n \rangle$ 为零。因此，实部输出和虚部输出的噪声是不相关的。[①]

如图 6.8 所示，可以用复平面上的矢量表示复可见度测量值的信号分量和噪声分量。其中 $\mathcal{V}$ 代表在无噪声情况下测量的可见度，这里假设 $\mathcal{V}$ 矢量指向 x 轴（或者说实轴）；$\boldsymbol{Z}$ 代表可见度和噪声的矢量和，即 $\mathcal{V} + \varepsilon$。$\boldsymbol{Z}$ 和 ε 都是由相应的实部和虚部分量合成的矢量。ε 的分量都是均值为零、方差为 σ^2 的独立高斯随机变量。因此，矢量 $\boldsymbol{Z}$ 两个分量的均方根噪声都为 σ，并且

$$\langle |\boldsymbol{Z}|^2 \rangle = |\mathcal{V}|^2 + 2\sigma^2 \tag{6.51}$$

由于 ε 的实部和虚部都贡献了噪声，上式添加了因子 2。如果只使用单乘法器作为相关器，可以对其中一路输入周期性地做正交移相，因此实部和虚部测量各占观测时间的一半。所以，数据量是复相关器的一半，并且可见度测量噪声增加 $\sqrt{2}$ 倍。

---

① 相关器输出的噪声是频率分量 $|\nu_m - \nu_n|$ 的集合，其中 ν_m 和 ν_n 分别是相关器输入 n_m 和 n_n 的频率分量。虚部输出的分量相对于实部分量有 $\pi/2$ 相移。注意，对于任意一对输入分量，虚部输出的相移符号取决于 $\nu_m > \nu_n$ 或 $\nu_m < \nu_n$，可能取相反的符号。因此，相关器输出的两个噪声波形并不是希尔伯特变换对，不能用一个输出来推导另一个输出。

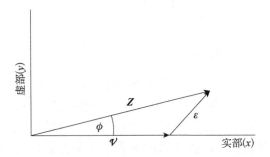

图 6.8　复数 Z 是真实复可见度 $\mathcal{V}$ 与噪声 ε 模量之和。噪声的实部和虚部分量的均方根误差为 σ，ϕ 是噪声导致的相位偏差

6.2.3　综合孔径图像的信噪比

在理解噪声引入的可见度误差之后，下一步就要考虑图像的信噪比。考虑阵列有 n_{p} 个天线对，并假设可见度数据在时间 τ_{a} 内平均，且整个观测的持续周期为 τ_0。则 (u,v) 平面内独立数据点的总数为

$$n_{\mathrm{d}} = n_{\mathrm{p}} \frac{\tau_0}{\tau_{\mathrm{a}}} \tag{6.52}$$

对位于视场中心的不可分辨源进行成像时，可见度数据是同相合成的，因此，可以期待图像的 SNR 比式（6.48）和（6.49）给出的信噪比大 $\sqrt{n_{\mathrm{p}}\tau_0/\tau_{\mathrm{a}}}$ 倍。在数据合成权重相同时，这种简单考虑是能给出正确结果的。现在我们推导任意权重数据的一般情况。

测量数据的集合可以表示为

$$\sum_{i=1}^{n_{\mathrm{d}}} \left[{}^2\delta(u-u_i, v-v_i)(\mathcal{V}_i + \varepsilon_i) + {}^2\delta(u+u_i, v+v_i)(\mathcal{V}_i^* + \varepsilon_i^*) \right] \tag{6.53}$$

其中 ${}^2\delta$ 为二维狄拉克函数，ε_i 是第 i 次测量的复噪声。每个这样的数据点都会出现在 (u,v) 平面的两个位置，关于 (u,v) 平面的原点对称。对式（6.53）中的数据做傅里叶变换之前，要为每个数据点分配一个权重 w_i（10.2.2 节将讨论如何选取加权因子）。为简化计算，我们假设源是不可分辨的，且位于图像的相位参考点，所以可见度 $\mathcal{V}$ 等于其流量密度 S，是恒定的实数。因此，图像中心点的强度为

$$I_0 = \frac{\sum_{i=1}^{n_{\mathrm{d}}} w_i(\mathcal{V} + \varepsilon_{\mathrm{R}i})}{\sum w_i} \tag{6.54}$$

其中 $\varepsilon_{\mathrm{R}i}$ 为噪声 ε_i 的实部。注意，在图像中心处，ε_i 与其共轭分量相加时虚部互相抵消。对于图像中心附近的数据点，ε 实部与虚部的均方根噪声水平相同。

由于 $\langle \varepsilon_{Ri} \rangle = 0$，$I_0$ 的期望值为

$$\langle I_0 \rangle = \mathcal{V} = S \qquad (6.55)$$

强度估计的方差 σ_m^2 为

$$\sigma_m^2 = \langle I_0^2 \rangle - \langle I_0 \rangle^2 = \frac{\sum w_i^2 \langle \varepsilon_{Ri}^2 \rangle}{\left(\sum w_i\right)^2} \qquad (6.56)$$

由于不同 (u,v) 位置的噪声项不相关，即当 $i \neq j$ 时，$\langle \varepsilon_{Ri} \varepsilon_{Rj} \rangle = 0$，由式（6.54）可以直接推导得出式（6.56）。我们定义下式的平均加权因子 w_{mean} 和均方根加权因子 w_{rms}^2：

$$w_{mean} = \frac{1}{n_d} \sum w_i \qquad (6.57)$$

以及

$$w_{rms}^2 = \frac{1}{n_d} \sum w_i^2 \qquad (6.58)$$

每个 (u,v) 的均方根噪声贡献都为 $\langle \varepsilon_{Ri}^2 \rangle = \sigma^2$，其中 σ 定义如式（6.50）。因此，由式（6.55）～（6.58）可以计算 SNR 如下：

$$\frac{\langle I_0 \rangle}{\sigma_m} = \frac{S\sqrt{n_d}}{\sigma} \frac{w_{mean}}{w_{rms}} \qquad (6.59)$$

由式（6.50），可以计算复相关器阵列的 SNR 为

$$\frac{\langle I_0 \rangle}{\sigma_m} = \frac{AS\eta_Q \sqrt{n_d \Delta\nu_{IF}\tau_a}}{\sqrt{2}kT_S} \frac{w_{mean}}{w_{rms}} \qquad (6.60)$$

如果用上所有天线对进行合成，则 $n_p = \frac{1}{2} n_a (n_a - 1)$，其中 n_a 为天线数量。根据式（6.52）$n_d = n_p \tau_0 / \tau_a$，可得

$$\frac{\langle I_0 \rangle}{\sigma_m} = \frac{AS\eta_Q \sqrt{n_a(n_a-1)\Delta\nu_{IF}\tau_0}}{2kT_S} \frac{w_{mean}}{w_{rms}} \qquad (6.61)$$

用流量密度表征均方根噪声电平时，令式（6.61）中的 $I_0 / \sigma_m = 1$。则 S 代表一个峰值响应等于其均方根噪声电平的点源的流量密度。如果我们用 S_{rms} 来表征这一特定的 S 值，则

$$S_{rms} = \frac{2kT_S}{A\eta_Q \sqrt{n_a(n_a-1)\Delta\nu_{IF}\tau_0}} \frac{w_{rms}}{w_{mean}} \qquad (6.62)$$

如果所有加权因子 w_i 的值相等，则 w_{mean} / w_{rms}，这种情况被称为使用自然加权。根据式（6.61），自然加权的 SNR 等于天线口径为 $\sqrt{n_a(n_a-1)}A$ 的全功率接收机

的灵敏度，当 n_a 很大时，天线口径逼近 $n_a A$。单天线系统的灵敏度分析参见附录 1.1。

前文讨论了点源灵敏度，如式（6.62）。当源的尺寸大于合成波束的宽度时，就需要用到亮温灵敏度的概念。合成波束内展源的平均强度为 $I\left(\mathrm{W \cdot m^{-2} \cdot Hz^{-1} \cdot sr^{-1}}\right)$ 时，接收的流量密度（单位为 $\mathrm{W \cdot m^{-2} \cdot Hz^{-1}}$）为 $I\Omega$，其中 Ω 是合成波束的有效固体角。因此，强度等于均方根噪声的展源电平为 S_{rms}/Ω。注意，随着合成波束变窄，亮温灵敏度变差，因此微弱展源时最好使用密集阵列。尽管如此，测量均匀的背景辐射要使用单天线全功率接收机，这是因为相关干涉仪不能响应这种背景辐射。

除均匀加权外，$w_{\mathrm{mean}}/w_{\mathrm{rms}}$ 因子小于 1。尽管 SNR 受加权因子影响，但这种依赖性并不很严格。探测大尺度冷空背景下的点源时，采用自然加权能够使灵敏度最优，但也可能使合成波束明显展宽。用自然加权改善灵敏度的意义通常不大。例如，天线间距均匀递增的东西向阵列，数据点的采样密度与其到 (u,v) 原点的距离成反比，为实现均匀的数据密度，加权因子要满足 $w_{\mathrm{mean}}/w_{\mathrm{rms}} = 2\sqrt{2}/3 = 0.94$。这种情况下，自然加权将产生不利的波束形状，其波束响应在偏离波束中心很远处仍保持为正，并且下降得很缓慢。

在第 10 章将回顾可见度数据傅里叶变换的各种方法，只要适当选取 w_{mean} 和 w_{rms} 值，式（6.61）和式（6.62）推导的结论仍然适用。广泛使用的方法是在 (u,v) 域对可见度数据做卷积，以获取矩形网格点的可见度值。通常，网格化处理后，相邻网格点的数据不再统计独立，并且在图像中引入信号和噪声的锥化效应。空间频谱混叠也会引起图像各像素信噪比的变化（图 10.5 及其相关说明将讨论混叠效应）。这种情况下，上述推导的结论仍然适用于图像原点附近，锥化和混叠对图像原点处的影响不大。利用帕塞瓦尔定理来分析可见度数据的噪声，可以计算图像的均方根噪声水平。

实际上，一些影响信噪比的因子是很难精确计算的。例如，T_S 会随着天线仰角而略微变化。还有一些效应会减弱干涉仪对源的响应，却不会降低对噪声的响应，但只会对远离 (l,m) 原点的图像区域产生明显影响。这类效应包括接收机有限带宽和可见度平均导致的模糊效应，将在本章稍后讨论；基线非共面效应，将在 11.7 节讨论。

同样需要注意的是，很多设备用独立的 IF 放大器和相关器来接收和处理正交极化信号（交叉线极化或反向圆极化）。而上述推导中，每个天线只提供一路信号，因此观测无极化源时，双极化总信噪比是单极化信噪比的 $\sqrt{2}$ 倍。

6.2.4 可见度幅度和相位噪声

在综合孔径成像时，我们通常习惯使用复可见度数据 $\mathcal{V}$ 的实部和虚部形式，但有时必须采用幅度和相位形式。可见度和噪声之和表示为 $\boldsymbol{Z} = Z\mathrm{e}^{\mathrm{j}\phi}$，这里我们适当选择实轴，使 ϕ 等于 $\boldsymbol{Z}$ 和 $\mathcal{V}$ 的相位差，如图 6.8 所示。因此，当 $T_\mathrm{A} \ll T_\mathrm{S}$（即源贡献的天线亮温远小于系统温度）时，可见度函数的幅度和相位的概率分布分别为

$$p(Z) = \frac{Z}{\sigma^2}\exp\left(-\frac{Z^2+|c|^2}{2\sigma^2}\right)I_0\left(\frac{Z|\mathcal{V}|}{\sigma^2}\right), \quad Z > 0 \qquad (6.63\mathrm{a})$$

$$p(\phi) = \frac{1}{2\pi}\exp\left(-\frac{|\mathcal{V}|^2}{2\sigma^2}\right)\left\{1+\sqrt{\frac{\pi}{2}}\frac{|\mathcal{V}|\cos\phi}{\sigma}\exp\left(\frac{|\mathcal{V}|^2\cos^2\phi}{2\sigma^2}\right)\right.$$

$$\left.\times\left[1+\mathrm{erf}\left(\frac{|\mathcal{V}|\cos\phi}{\sqrt{2}\sigma}\right)\right]\right\} \qquad (6.63\mathrm{b})$$

其中 erf 为误差函数（Abramowitz and Stegun，1968）。

$$\mathrm{erf}\left(\frac{x}{\sqrt{2}}\right) = \frac{2}{\sqrt{\pi}}\int_0^x \mathrm{e}^{-t^2/2}\mathrm{d}t \qquad (6.63\mathrm{c})$$

其中 I_0 为修正的零阶贝塞尔函数，σ 由式（6.50）给出。幅度的概率分布与含噪声的正弦波概率分布相同，由 Rice（1944，1945）、Vinkiur（1965）和 Papoulis（1965）推导得出，后两者也推导了相位的概率分布。$p(Z)$ 有时被称为莱斯分布，当 $\mathcal{V}=0$ 时，退化为瑞利分布。$p(Z)$ 和 $p(\phi)$ 的曲线如图 6.9 所示。比较 $|\mathcal{V}|/\sigma=0$ 和 $|\mathcal{V}|/\sigma=1$ 两条曲线可知，测量可见度相位比测量可见度幅度更容易探测到微弱的信号。

$|\mathcal{V}|/\sigma \ll 1$ 和 $|\mathcal{V}|/\sigma \gg 1$ 两种情况下，$p(Z)$ 和 $p(\phi)$ 的近似表示式、Z 和 ϕ 的各阶矩及其均方根偏差，都在 9.3 节给出。均方根相位偏差 σ_ϕ 是一个非常有用的量，特别是在天体测量和设备调试时。当 $|\mathcal{V}|/\sigma \gg 1$ 时，σ_ϕ 的表达式为 $\sigma_\phi \approx \sigma/|\mathcal{V}|$ [式（9.67）]。由图 6.8 也可直观地得出这一结论。将式（6.50）代入 σ_ϕ 的表达式，令 $|\mathcal{V}|$ 等于源的流量密度 S（如果源是不可分辨的，则这种假设是合适的），并用式（6.46）来关联流量密度和天线温度，可得

$$\sigma_\phi = \frac{T_\mathrm{S}}{\eta_\mathrm{Q}T_\mathrm{A}\sqrt{2\Delta\nu_\mathrm{IF}\tau_\mathrm{a}}} \qquad (6.64)$$

当 $T_\mathrm{S}/\sqrt{2\Delta\nu_\mathrm{IF}\tau_\mathrm{a}} \ll T_\mathrm{A} \ll T_\mathrm{S}$ 时上式成立，大部分观测都可以满足这一条件，也可以根据这一条件，来判定干涉仪测量的相位噪声是否源自接收机噪声。大气、系统不稳定性也会额外贡献相位噪声，使用 VLBI 时，频率标准也会贡献相位噪声。

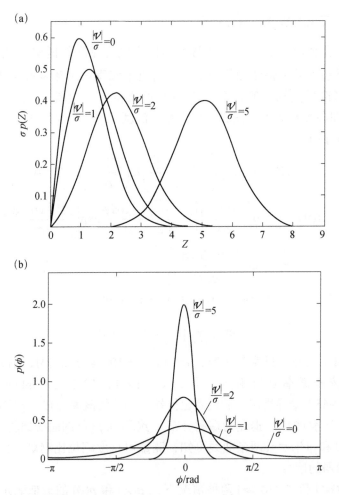

图 6.9 将测量的复可见度看作 SNR 的函数，（a）幅度的概率分布，（b）相位的概率分布。其中 $|\mathcal{V}|$ 是信号分量的模值。引自 Moran（1976）

6.2.5 不同干涉仪的相对灵敏度

下面我们用图 6.8 相关器输出的信号模值与均方根噪声之比，即 $\mathcal{V}/\varepsilon$，作为灵敏度的测度，来比较几种不同干涉仪的灵敏度。所有情况下，积分时间和中频带宽等参量都相同。为便于对比双边带和单边带系统，方便地引入如下因子：

$$\alpha = \frac{双边带系统的双边带系统温度}{单边带系统的系统温度} \tag{6.65}$$

如前所述，接收机系统温度可以定义为：假想一个无噪声接收机，其输入端加载一个热源，使无噪声接收机输出的噪声电平等于实际接收机输出的电平，则实际接收机系统温度等于热源的噪声温度。[如果不适用瑞利-金斯近似，可以用式（1.4）计算等效噪声温度。]对于双边带接收机，如果热源是双边带的，则用于定义双边带系统温度；如果热源是单边带的，则用于定义单边带系统温度。基于上述定义，单边带噪声温度是双边带噪声温度的两倍。

对于单边带系统，相关器一路输出（如果是复相关器，则为实部或虚部的一路输出）经过时间 τ_a 平均后，其均方根噪声为 σ，由式（6.50）定义。相应的噪声功率为 σ^2。双边带系统相关器一路输出的均方根噪声为 $2\alpha\sigma$。所有分析中，都假定信号来自不可分辨源。对于单边带系统，令相关器输出的信号电压为 v，如图6.8所示。对于只有单边带输入信号的双边带系统，相关器输出的信号为 v；当双边带都有输入信号时，相关器输出的信号为 $2v$。

下面讨论不同系统的相对灵敏度，并在表6.1汇总。Rogers（1976）也给出了类似的结果。

（1）使用复相关器的单边带系统。输出信号为 v，且每路相关器输出的均方根噪声为 σ。如图6.9和式（6.51）所示，信号幅度和均方根噪声之比为 $v/(\sqrt{2}\sigma)$。我们以该比值作为标准，来定义其他系统的相对灵敏度。

（2）单边带系统和使用单乘法器的简单相关器条纹拟合。为测量复可见度的实部和虚部两个量，不能做条纹消除，条纹表现为频率 v_f、幅度为 v 的正弦波。与信号并存的还有均方根幅度为 σ 的噪声。幅度和相位测量基于"条纹拟合"，即基于最小二乘法并用正弦波拟合相关器输出。处理过程还包括将相关器输出波形分别乘以 $\cos(2\pi v_f t)$ 和 $\sin(2\pi v_f t)$，并以 τ_a 为周期进行积分。积分输出分别表征互相关的实部分量和虚部分量。我们分别计算条纹拟合对信号和噪声的影响，并且不失一般性，假设条纹与余弦分量同相，此时信号的正弦分量为零。这样我们就可以分别计算条纹拟合对信号和噪声分量各自的影响。相关器输出带宽 Δv_c 足以让条纹频率波形通过，并以采样间隔 $\tau_s = 1/(2\Delta v_c)$ 进行采样和量化。在积分时间 τ_a 内，样本数为 $N = 2\Delta v_c \tau_a$。因此，信号余弦分量的幅度为

$$\frac{1}{N}\sum_{i=1}^{N} v\cos^2\left(2\pi i v_f \tau_s\right) = \frac{v}{2} + \frac{v}{2N}\sum_{i=1}^{N}\cos\left(4\pi i v_f \tau_s\right) \tag{6.66}$$

右侧第二项是条纹拟合的最终影响，如果积分时间 τ_a 等于整数个条纹频率半周期，影响近似为零。随着 $v_f \tau_a$ 的增加，影响也会相对减小。此处假设在时间 τ_a 内有很多个条纹周期（十个及以上），则可以忽略最终影响。为推导条纹拟合对噪声的影响，我们将噪声采样样本表征为 $n(i\tau_s)$ 并与余弦函数相乘，来计算方差（均方值）。在时间 τ_a 内平均后可得

$$\frac{1}{N}\left[\sum_{i=1}^{N}n(i\tau_{\mathrm{s}})\cos(2\pi iv_{\mathrm{f}}\tau_{\mathrm{s}})\right]^{2}$$

$$=\frac{1}{N}\sum_{i=1}^{N}\sum_{k=1}^{N}n(i\tau_{\mathrm{s}})\cos(2\pi iv_{\mathrm{f}}\tau_{\mathrm{s}})n(k\tau_{\mathrm{s}})\cos(2\pi kv_{\mathrm{f}}\tau_{\mathrm{s}}) \quad\quad （6.67）$$

我们需要计算上式的期望值，并用尖括号表征。只有 $i=k$ 的项才会对期望值有贡献。因此，噪声的方差为

$$\left\langle\frac{1}{2N}\sum_{i=1}^{N}n^{2}(i\tau_{\mathrm{s}})\left[1+\cos(4\pi iv_{\mathrm{f}}\tau_{\mathrm{s}})\right]\right\rangle=\frac{\sigma^{2}}{2} \quad\quad （6.68）$$

结果表明，噪声功率 σ^2 的一半出现在条纹拟合的相关器输出余弦分量中。同样可以证明，噪声功率的另一半出现在正弦分量中。两个分量合成后的均方根噪声为 σ，且条纹拟合后的信噪比为 $v/(2\sigma)$。这种系统的相对灵敏度为 $1/\sqrt{2}$。

（3）使用简单相关器且本振 $\pi/2$ 切换的单边带系统。这种系统具有条纹消除能力，测量可见度时，对一路本振实施 $\pi/2$ 相位切换 [例如将式（6.11）或式（6.15）中的 $\theta_n \to \theta_n + \pi/2$]，使相关器分时输出互相关函数的实部和虚部，并分别进行时间平均。两种相位状态下的信号分别为 $v\cos(\phi_v)$ 和 $v\sin(\phi_v)$，且每项的均方根噪声都为 $\sqrt{2}\sigma$（由于每种状态的积分时间减少到 $\tau/2$，因此添加 $\sqrt{2}$ 因子）。所以，信号模值是 v，且两个分量的均方根噪声是 2σ。这种系统的信噪比为 $v/(2\sigma)$，相对灵敏度为 $1/\sqrt{2}$。

（4）使用简单相关器和条纹拟合的双边带系统。我们考虑在两个边带都有信号的连续谱源，并假定设备延迟已适当调整，使幅度为 v 的条纹频率余弦波形全部由相关器（实部）输出。即式（6.18）中的 $\cos(2\pi v_0\Delta\tau_{\mathrm{a}}+\phi_{\mathrm{G}})$ 因子等于1。这种状态下，双边带系统的信号幅度为 $2v$，均方根噪声为 $2\alpha\sigma$。按第二种情况做条纹拟合，可以发现这种系统的信号幅度增加一倍并等于 v。均方根噪声增加到 2α 倍。因此，这种系统的信噪比为 $v/(2\alpha\sigma)$，相对灵敏度为 $1/(\sqrt{2}\alpha)$。

（5）使用简单相关器且本振 $\pi/2$ 切换的双边带系统。这种系统可以实现条纹消除，像第三种系统一样实施 $\pi/2$ 相位切换就可以确定可见度相位。（双边带系统必须对第一本振做相位切换。）因为是双边带系统，信号幅度为 $2v$，且由于分时复用乘法器，需要在两种相位状态下分别积分，所以每个分量的平均时间减小到 $\tau_{\mathrm{a}}/2$，因此相关器输出的均方根噪声电平增加到 $2\sqrt{2}\alpha\sigma$。信号的正弦和余弦分量的均方根电平都为 $2\sqrt{2}\alpha\sigma$，因此这种系统的信噪比为 $v/(2\alpha\sigma)$，相对灵敏度为 $1/(\sqrt{2}\alpha)$。

（6）对双边带系统的一个边带做本振 $\pi/2$ 切换，且相关后实施边带分离。

这种系统使用复相关器，用式（6.30）～（6.33）实施边带分离。这里我们仅考虑上边带，忽略下边带项。分量 r_1、r_2、r_3 和 r_4 的幅度是 V 乘以 $\cos\psi_u$ 或 $\sin\psi_u$。因此，由式（6.30）和式（6.31），并忽略下边带项，式（6.32）的右侧变为 $\frac{1}{2}(2V\cos\psi_u + j2V\sin\psi_u)$，其模值为 V。因为系统为双边带，且本振切换使得有效积分时间为 $\tau_a/2$，r_1、r_2、r_3 和 r_4 的均方根噪声均为 $2\sqrt{2}\alpha\sigma$。所以跟第 5 种系统一样，式（6.32）右侧的均方根噪声为 $2\sqrt{2}\alpha\sigma$。这种系统的信噪比为 $V/(2\sqrt{2}\alpha\sigma)$，且相对灵敏度为 $1/(2\alpha)$。这种系统适用于只有一个边带有信号的应用，如谱线观测。对于连续谱源，可以分别测量两个边带的互相关，且如果对两个边带的结果做平均，相对灵敏度变为 $1/(\sqrt{2}\alpha)$。在对式（6.32）和（6.33）右侧做平均后，将消除 r_2 和 r_4 项，这和上述第 5 种单相关器且本振做相位切换的系统一致。

（7）使用双边带系统和复相关器的 VLBI 观测。VLBI 有时使用双边带系统做观测，并在数据回放时插入条纹旋转，如 6.1 节所述。此时，一个边带的条纹被消除，而另外一个边带条纹频率很高，在对相关器输出做积分后滤除。因此，一次数据回放可以获取单边带系统的信号，且实部和虚部输出的噪声都为双边带系统的噪声，也即每个独立边带的信噪比为 $V/(2\sqrt{2}\alpha\sigma)$，相对灵敏度为 $1/(2\alpha)$。

（8）基于时间偏置的互相关测量。在 8.8 节将介绍数字谱相关器利用延迟来测量互相关。在延迟型相关器中，通过引入不同的设备延迟，来测量不同时间偏置的互相关。互相关是两个信号相对时延的函数，其傅里叶变换是频率函数的互相关，这就是谱线测量的要求。如 6.1.7 节所述，这种测量必须使用简单相关器。两个信号的时间延迟范围要覆盖正延迟和负延迟，测量的互相关函数包含奇对称分量和偶对称分量。通过傅里叶变换，就能够获取以频率为自变量的互相关函数的实部分量和虚部分量。只要时延范围与信号带宽的倒数相当或更大，就可以实现完全灵敏度，见表 9.7。注意，表 6.1 中并未包含 8.3.3 节讨论的量化损失。Mickelson 和 Swenson（1991）使用简单相关器测量时延的函数，并验证了其灵敏度。

在表 6.1 列举的各种系统中，最常用的是使用复相关器的单边带系统，这是由于其灵敏度高，并可以避免复杂的双边带操作。主要考虑到讨论的完整性，才在表中包含第 2 和 3 种系统。如前所述，频率高达数百 GHz 时，最灵敏的接收机输入级可能就是 SIS 混频器。SIS 混频器天然具有双边带响应，如果必要可以通过滤波或采用边带分离措施去除一个边带（附录 7.1）。表 6.1 中最重要的双边带系统是 6a 和 6b。附录 6.1 讨论了部分去除无用边带的情况。

表 6.1　不同类型接收机系统的相对信噪比

序号	接收机系统类型	相对信噪比
1	使用复相关器的单边带系统	1
2	使用简单相关器的单边带系统	$\dfrac{1}{\sqrt{2}}$
3	使用简单相关器、条纹消除的单边带系统	$\dfrac{1}{\sqrt{2}}$
4	使用简单相关器[a]和条纹拟合，观测连续谱信号的双边带系统	$\dfrac{1}{\sqrt{2}\alpha}$
5	使用简单相关器、条纹消除和 $\pi/2$ 相位切换，观测连续谱信号的双边带系统	$\dfrac{1}{\sqrt{2}\alpha}$
6a	使用条纹消除、边带分离[式（6.30）～（6.33）]，且只有一个边带有信号的双边带系统	$\dfrac{1}{2\alpha}$
6b	同 6a 的双边带系统，但信号为连续谱，且两个边带的可见度数据合成	$\dfrac{1}{\sqrt{2}\alpha}$
7a	使用复相关器的双边带系统做 VLBI 测量，并对高频率条纹做平均去除一个边带	$\dfrac{1}{2\alpha}$
7b	同 7a，但信号是连续谱，对每个边带单独做相关，并做两个边带合成	$\dfrac{1}{\sqrt{2}\alpha}$
8	单边带系统使用一组简单相关器的数字谱相关器，测量的互相关是时延量的函数（见 8.8 节）	1

a 对于使用复相关器的双边带系统，见图 6.5 的图注。

6.2.6　系统温度参数 α

我们已经知道，双边带系统主要用于毫米波和亚毫米波段，接收机输入级一般是制冷 SIS 混频器。滤除无用边带并在相应的输入端接低温负载，可以将双边带系统转化为单边带系统。如果大气损耗很大且接收机温度较低，则系统噪声主要来自天线，用低温负载端接一个边带，可以将接收机噪声降低约一半。此时，单边带系统的系统温度近似等于双边带系统的双边带系统温度，α 值[定义见式（6.65）]趋于 1。反之，如果大气和天线损耗很小，系统噪声主要来自混频器和 IF 级，则低温负载端接对接收机噪声电平的影响和冷空接近。单边带系统的系统温度近似等于双边带系统的一个边带的系统温度，是双边带系统温度的两倍。此时，α 值趋于 1/2。简而言之：如果大气噪声远大于接收机噪声，则 α 值趋于 1；但如果接收机噪声远大于大气噪声，则 α 值趋于 1/2。然而要注意的是，α 值并不限定在 $1/2 < \alpha < 1$ 范围内。例如，如果天线噪声很小，但未对单边带系统的镜频边带端接负载做制冷，则负载会注入较高的噪声电平，此时 α 值会小于 $1/2$。如果将前端调谐至大气吸收谱线附近，但双边带系统的另一个边带落入大气噪声增强的频率区间，则 α 值会大于 1。

6.3 带宽效应

如 6.2 节所述，接收系统对宽带宇宙信号的灵敏度随系统带宽增加而改善。这里主要研究带宽对可测的条纹角度范围和条纹幅度的影响。这是由于条纹频率随接收的射频频率而变化，条纹频率定义为天空上每弧度张角包含的条纹周期数。如果在带宽范围内对单频响应做积分，在到达相关器输入端时间延迟相同的方向上，会出现条纹幅度增强；而在其他方向上，条纹相位会随通带内的频率而变化。如果在包含干涉仪基线的平面内进行测量，这种效应会使条纹幅度随偏离等相位方向的角度而减小，类似于天线波束导致的幅度变化（Swenson and Mathur，1969），有时被称为延迟波束。利用这种效应可以将干涉仪响应限定在天空中的一定区域，因此减小了源混淆的概率，当条纹方向图同时记录到两个或多个源时，会发生源混叠。此类应用实例可以参见一些工作频率低于 100MHz 的早期干涉仪（Goldstein，1959；Douglas et al.，1973）。

6.3.1 连续谱成像模式

2.2 节讨论了带宽对条纹幅度的影响。式（2.3）给出了用长度为 D 的东西向基线和带宽为 $\Delta \nu$ 的矩形通带观测点源的条纹表达式。条纹幅度正比于下面的因子：

$$R_b' = \frac{\sin(\pi D l \Delta \nu / c)}{\pi D l \Delta \nu / c} \tag{6.69}$$

对于最长基线为 D 的阵列，其合成波束宽度 θ_b 近似等于 $\lambda_0 / D = c / \nu_0 D$，其中 ν_0 是观测频率，λ_0 是观测波长（注意，在本节中 ν_0 为射频（RF）输入通带的中心频率，不是 IF 通带）。因此，式（6.69）可写成

$$R_b' \approx \frac{\sin(\pi \Delta \nu l / \nu_0 \theta_b)}{\pi \Delta \nu l / \nu_0 \theta_b} \tag{6.70}$$

参数 $\Delta \nu l / \nu_0 \theta_b$ 等于相对带宽 $\Delta \nu / \nu_0$ 乘以源到 (l, m) 原点的角距，角距以波束宽度定义，即 l / θ_b。如果该参数等于 1，则 $R_b' = 0$ 且测量的可见度降低到零。要使 R_b' 接近等于 1，就需要 $\Delta \nu l / \nu_0 \theta_b \ll 1$。因此，为了避免低估长基线的可见

度，就要限定成像的角度范围，角度范围与相对带宽成反比。

现在我们通过分析合成图像的扭曲，来深入考察带宽效应。首先，回顾阵列响应方程如下：

$$\mathcal{V}(u,v)W(u,v) \leftrightarrow I(l,m) ** b_0(l,m) \qquad (6.71)$$

其中 $\leftrightarrow$ 代表傅里叶变换，双星号代表二维卷积。其中条纹可见度与特定观测时的阵列空间灵敏度函数 $W(u,v)$ 相乘。对式（6.71）左侧做傅里叶变换，可得强度分布 $I(l,m)$ 与合成波束函数 $b_0(l,m)$ 的卷积。为简化起见，我们忽略了单元天线主波束以及离散傅里叶变换的轻微影响。这里的合成波束定义为 $W(u,v)$ 的傅里叶变换。

在连续谱观测模式，用带宽 $\Delta\nu$ 测量的可见度数据被视为用中心频率 ν_0 的单频接收系统测量的数据。因此，将中心频率 ν_0 对应的 u 和 v 值分配给带宽内的所有频率分量。通带内另一频率 ν 的实际空间频率坐标 u_ν 和 v_ν 与其分配值 u 和 v 的关系为

$$(u,v) = \left(\frac{u_\nu \nu_0}{\nu}, \frac{v_\nu \nu_0}{\nu}\right) \qquad (6.72)$$

以 ν 为中心的窄带频率分量对测量可见度的贡献为

$$\mathcal{V}_\nu(u,v) = \mathcal{V}_\nu\left(\frac{u_\nu \nu_0}{\nu}, \frac{v_\nu \nu_0}{\nu}\right) \leftrightarrow \left(\frac{\nu}{\nu_0}\right)^2 I\left(\frac{l\nu}{\nu_0}, \frac{m\nu}{\nu_0}\right) \qquad (6.73)$$

这里使用了傅里叶变换的相似性定理[①]。因此，对可见度测量的影响是：在 (l,m) 域，测量的强度是真实强度分布以尺度因子 ν/ν_0 缩放，且强度值以尺度因子 $(\nu/\nu_0)^2$ 缩放。反演的强度分布是与频率 ν_0 对应的合成波束 $b_0(l,m)$ 的卷积。我们曾经假设波束形状不随频率明显改变，并使用同样的空间灵敏度函数 $W(u,v)$ 来表征整个通带的空间灵敏度。适当加权后做通带积分，可得全通带总体波束响应为

$$I_b(l,m) = \left[\frac{\int_0^\infty \left(\frac{\nu}{\nu_0}\right)^2 |H_{RF}(\nu)|^2 I\left(\frac{l\nu}{\nu_0}, \frac{m\nu}{\nu_0}\right) d\nu}{\int_0^\infty |H_{RF}(\nu)|^2 d\nu}\right] ** b_0(l,m) \qquad (6.74)$$

需要注意的是，必须对整个射频通带进行积分，用下标 RF 表示，对于双边带系

---

①　如果函数 $f(x)$ 的傅里叶变换为 $F(s)$，则 $f(ax)$ 的傅里叶变换为 $|a|^{-1}F(s/a)$，Bracewell（2000）。

统，积分要覆盖两个边带。我们假设所有天线的通带函数 $H_{RF}(\nu)$ 都相同。式（6.74）强度函数中的 l 和 m 值都与 ν/ν_0 因子相乘，做通带积分时该因子会随频率变化，在中心频率该因子等于1。因此，我们可以把式（6.74）方括号中的积分项理解为对大量不同尺度因子的图像序列的平均运算。每幅图像的尺度因子等于 ν/ν_0，且观测带宽决定了 ν 值范围。图像序列在原点对齐，因此与波束卷积之前，频率积分效应会导致强度分布的径向模糊。(l,m) 处点源的响应会被因子 $\sqrt{l^2+m^2}\,\Delta\nu/\nu_0$ 拉伸。离开原点一定距离时，拉伸效应会大于合成波束宽度，模糊效应会抑制天空的分布特征，因此观测视场受到了限制。测量的强度是模糊的分布与合成波束的卷积。

由式（6.74）可以推断反演的强度分布的细节特征。例如，假设在距离波束中心较远距离上存在一个圆对称的环瓣，则远离波束中心的源的环瓣响应落在图像原点附近。那么原点附近的环瓣响应会被展宽吗？由于远离中心的源会被拉长，在平行于源和原点连线的方向上环瓣会变模糊，如图 6.10 所示。因此原点附近的环瓣会被展宽，但沿环瓣旋转 90° 的位置不会被展宽。

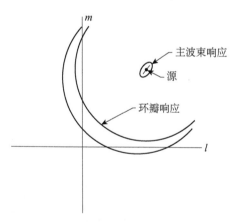

图 6.10 带宽效应导致 (l_1,m_1) 处的点源径向模糊。图中同时给出了主波束和环瓣（即形如图 5.15 的旁瓣）的模糊效应

为估计带宽效应对远离中心的源的幅度抑制，计算与原点距离 r_1 的点源和位于原点的点源的峰值响应之比是非常有用的。由于我们研究的效应是径向模糊，因此只需要考虑穿过 (l,m) 原点的径向强度分布，如图 6.11（a）所示。分析中使用理想参数：通带是带宽为 $\Delta\nu$ 的矩形函数，合成波束是标准差为 $\sigma_b = \theta_b/\sqrt{8\ln 2}$ 的圆对称高斯函数，其中 θ_b 为半功率波束宽度。为简化起见，忽略式（6.74）积分式分子中的 $(\nu/\nu_0)^2$ 因子。卷积展现为一维（径向）处理过

程，如图 6.11（b）所示。用面积归一化、从 $r_1(1-\Delta\nu/2\nu_0)$ 到 $r_1(1+\Delta\nu/2\nu_0)$ 的矩形函数来表征径向拉伸的源。波束由函数 $\mathrm{e}^{-r^2/2\sigma_b^2}$ 表征，在主轴方向归一化为 1。如图 6.11 所示，当波束中心对准源时，可得 R_b 如下：

$$R_b = \frac{\nu_0}{r_1\Delta\nu}\int_{r_1(1-\Delta\nu/2\nu_0)}^{r_1(1+\Delta\nu/2\nu_0)} \mathrm{e}^{-(r-r_1)^2/2\sigma_b^2}\mathrm{d}r$$

$$= \sqrt{2\pi}\frac{\sigma_b\nu_0}{r_1\Delta\nu}\mathrm{erf}\left(\frac{r_1\Delta\nu}{2\sqrt{2}\sigma_b\nu_0}\right)$$

$$= 1.0645\frac{\theta_b\nu_0}{r_1\Delta\nu}\mathrm{erf}\left(0.8326\frac{r_1\Delta\nu}{\theta_b\nu_0}\right) \tag{6.75}$$

R_b 曲线是参数 $r_1\Delta\nu/\theta_b\nu_0$ 的函数，该参数等于源到原点的距离（以波束宽度归一化）乘以相对带宽，如图 6.12 所示。参数值为 0.2 和 0.5 时，响应幅度分别下降了 0.9% 和 5.5%。

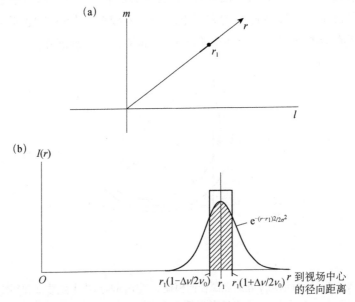

图 6.11　使用宽带接收系统的阵列对与 (l,m) 平面原点距离为 r_1 的点源的响应。（a）位于 r_1 处的点源（狄拉克函数）被径向展宽，变成单位面积的矩形函数，如图中的粗线所示。（b）沿 r 方向的强度分布截面。合成波束用高斯函数表示。点源响应的峰值强度正比于阴影区面积

　　如果将接收通带表示为等效带宽 $\Delta\nu$ 的高斯函数（即标准差 $=\Delta\nu/2.5066$），则幅度衰减因子为

$$R_b = \frac{1}{\sqrt{1+(0.939r_1\Delta v / \theta_b v_0)^2}} \quad (6.76)$$

图6.12中也给出了这一函数的曲线。比较图中两条曲线，可以看出衰减因子与通带形状的依赖关系。

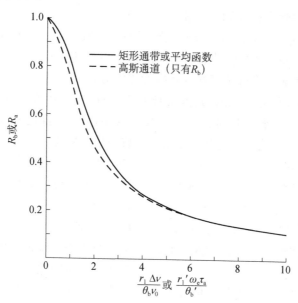

图6.12　点源响应峰值的相对幅度是点源到视场中心的距离的函数，也是相对带宽（或平均时间）的函数

6.3.2　多通道系统宽场成像

用多通道系统观测也可实现宽场成像（例如8.8.2节描述的谱线系统）。在这种情况下，通带被窄带滤波器组或数字多通道相关器分割成一定数量的通道。每个通道独立测量可见度，因此可以准确缩放u和v值，且每个通道都可以独立成像。u和v的尺度缩放导致空间灵敏度函数随通道频率而变化，频率为v时，合成波束为$(v/v_0)^2 b_0(lv/v_0, mv/v_0)$，其中$b_0(l,m)$是单音频率$v_0$的合成波束。不同通道的图像序列可通过累加合成，如果做等权重加权，则N个通道的共同作用表征为

$$I(l,m) ** \left[\frac{1}{N}\sum_{i=1}^{N}\left(\frac{v_i}{v_0}\right)^2 b_0\left(\frac{lv_i}{v_0}, \frac{mv_i}{v_0}\right)\right] \quad (6.77)$$

这种情况下，不存在强度分布模糊，但波束本身会出现径向模糊，恰好可以抑制远距离副瓣。因此，这种观测模式很适合宽场成像。多频点综合可以增加(u,v)域测量点数，因此可以改善合成波束，将在11.6节进行讨论。

6.4 可见度平均效应

6.4.1 可见度平均时间

在大多数综合孔径阵列中，相关器在连续时间 τ_a 内做平均并输出一个值，因此相关器输出是间隔 τ_a 的实数或复数序列。比较大的 τ_a 有利于降低相关器的读出数据率。依据 5.2.1 节讨论的采样定理可以确定 τ_a 的上限，在此作简单解释。利用傅里叶变换将可见度数据转换为强度分布时，数据点之间通常间隔 Δu 和 Δv，如图 5.3 所示。如果成像视场在 l 和 m 方向上的角宽度都为 θ_f，则 $\Delta u = \Delta v = 1/\theta_f$。在平均时间 τ_a 内，基线矢量在 (u,v) 平面的移动距离不应超过 Δu，否则可见度值就不能完全表征亮温函数的角度变化。

假设最长基线为东西向，并且被测源位于高赤纬，这种情况下基线矢量运动最快。如果基线长度为 D_λ 个波长，基线矢量在 (u,v) 平面内的扫描轨迹近似为圆形，矢量顶端运动速度为每单位时间 $\omega_e D_\lambda$ 个波长，其中 ω_e 为地球自转角速度。因此，我们要求 $\tau_a \omega_e D_\lambda < 1/\theta_f$，这实际上就要求 $\tau_a \approx C/(\omega_e D_\lambda \theta_f)$，其中因子 C 合适的取值范围为 0.1～0.5。注意，$D_\lambda \theta_f$ 约等于一维视场内能容纳的波束的数量，因此 τ_a 的值必须小于地球旋转一弧度所需时间除以波束数量。尽管较短基线的平均时间可以更长，但大多数综合孔径阵列中，所有相关器的输出都是同时读取的，读取速率受最长基线约束。另外一个需要考虑的问题是，如果 τ_a 不是很大，则剔除偶发干扰损失的信息更少。大型阵列的 τ_a 范围通常选为几十毫秒到几十秒。在 10.2.3 节将讨论从 (u,v) 平面轨迹的采样数据计算 $(\Delta u, \Delta v)$ 网格点数据的方法。

6.4.2 时间平均的影响

本节将深入分析时间平均对反演强度分布的影响。为了减少数据量，我们可以认为 τ_a 间隔内测量的可见度值是在积分周期的中心时刻获取的。例如，每个平均周期起始时刻的测量值，会被分配一个 $\tau_a/2$ 时长之后的 u 和 v，并计入可见度数据。实际上，获取的图像是大量图像的平均，图像的时间偏移量从 $-\tau_a/2$ 逐渐变化到 $\tau_a/2$。这种时间偏移只影响到分配的 (u,v) 值，不同于影响接收系统的时钟误差。

考虑一个不可分辨源，用狄拉克函数来表示。为简化分析，我们考虑东西向基线的观测情况，并考察其在 (u',v') 平面及天空上相应的 (l',m') 平面（见 4.2 节）的效应。如图 6.13（a）所示，矢量以角速度 ω_e 旋转，产生圆弧轨迹。首先考虑东西向线阵情况，图 4.1 定义的天线间距分量 (X,Y,Z) 中，只有 Y 分量是非零值。如图 6.13（b）所示，圆弧形间距轨迹以 (u', v') 原点为中心，且时间偏移 δt 相当于将 (u', v') 轴旋转一个角度 $\omega_e \delta t$。源的可见度由两组正弦波纹构成，分别为实部和虚部：

$$\delta\left(l_1', m_1'\right) \leftrightarrow \cos 2\pi\left(u'l_1' + v'm_1'\right) - \mathrm{j}\sin 2\pi\left(u'l_1' + v'm_1'\right) \tag{6.78}$$

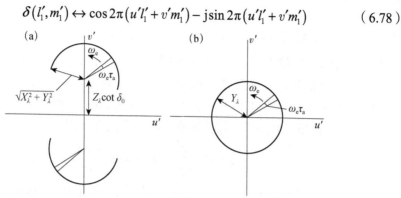

图 6.13　(u', v') 平面的间距轨迹。（a）一般阵列情况和（b）东西向基线情况。为清晰起见，夸大了平均时间内的旋转角度 $\omega_e \tau_a$：例如，平均时间为 30s 时，角度应为 7.5′

波纹的角度由点源位置角 $\psi' = \arctan\left(m_1'/l_1'\right)$ 决定，如图 6.14 所示。改变 ψ' 会使波纹相应地旋转，反之亦然。因此，对于东西向阵列，时间偏移对应着 (l', m') 平面强度分布的同比旋转。时间平均的效应是产生圆周向模糊，类似于接收带宽的影响，但模糊的方向互相垂直。如图 6.14（a）所示，如果用极坐标 (r', ψ') 表示 (l', m') 平面内的位置，就可以用天空亮温 $I_a(r', \psi')$ 来表示数据平均后获取的图像：

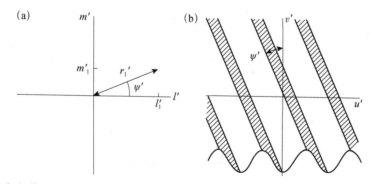

图 6.14　（a）位于 (l_1', m_1') 的点源及（b）相应的可见度函数的实部。正弦波纹表征 (u', v') 平面的可见度，在 (l', m') 平面的源所在位置处，波脊与径向矢量 r_1' 正交

$$I_a\left(r', \psi'\right) = \left[\frac{1}{\omega_e \tau_a} \int_{-\omega_e \tau_a/2}^{\omega_e \tau_a/2} I\left(r', \psi'\right) \mathrm{d}\psi'\right] ** b_0\left(r', \psi'\right) \tag{6.79}$$

其中 b_0 为合成波束。

在 (l', m') 平面最容易分析点源响应峰值的衰减比例。利用东西向阵列观测时，只要跟踪时间约 12h，(u', v') 平面内的间距轨迹就近似为完整的圆环，因此 (l', m') 平面的合成波束廓线近似为圆形。如果我们像计算带宽效应一样，用高斯函数表征合成波束，则图 6.12 中表征矩形带宽的曲线也可以用来表征平均效应。带宽效应的展宽函数沿径向分布，宽度为 $r_1 \Delta \nu / \nu_0$；平均效应的展宽函数沿圆周方向分布，宽度为 $r_1' \omega_e \tau_a$。注意到在 (l', m') 平面 $r_1' = \sqrt{l_1^2 + m_1^2 \sin^2 \delta_0}$，并且 (l', m') 平面的综合波束宽度等于 (l, m) 平面的东西向波束宽度，因此可以把式（6.75）和图 6.12（实线）中的 $r_1 \Delta \nu / \theta_b \nu_0$ 替换为 $r_1' \omega_e \tau_a / \theta_b'$，以表征平均效应。所以，由式（6.75）可得平均效应导致点源响应的衰减因子

$$R_a = 1.0645 \frac{\theta_b'}{r_1' \omega_e \tau_a} \mathrm{erf} \left(0.8326 \frac{r_1' \omega_e \tau_a}{\theta_b'} \right) \tag{6.80}$$

一般情况下，应选取 τ_a 使得图像中任意一点的 R_a 接近为 1，这样我们就可以用高斯函数幂级数的前两项积分来近似误差函数，即

$$R_a \approx 1 - \frac{1}{3} \left(\frac{0.8326 \omega_e \tau_a}{\theta_b'} \right)^2 \left(l_1^2 + m_1^2 \sin^2 \delta_0 \right) \tag{6.81}$$

可以用上式来检查 τ_a 是否过大。

需要提一下式（6.81）预示的两个特性。第一，如果源接近 m' 轴且位于低赤纬，平均的影响很小。这种情况下，可见度正弦波纹的波脊近似与 u' 轴平行，经过坐标变换 $u' = u \csc \delta_0$，u 方向的变化周期被高倍展宽。作为比较，任何基线矢量在时间 τ_a 内移动的弧度都很小，因此平均对可见度幅度的影响很小。第二，对位于 l' 轴上的源，R_a 与 δ_0 无关。这种情况下波脊与 v 轴平行，且 v 轴方向上的尺度展宽不影响波纹周期。

如果阵列包含非东西向基线，这些基线对应的 (u', v') 平面轨迹中心偏离原点，如图 6.13（a）所示，时间偏移不能再简单地等效于坐标轴旋转。但是，这些基线可能不会使可见度更加模糊，因此其影响可能不会像长度相当的东西向阵列那样严重。

6.5　巡 天 速 度

为了最大化大型仪器的使用效率，就要考虑最佳的巡天流程，即在很大天区范围内搜索各种类型的射电源，包括瞬态源。在 2GHz 以下的观测频段，平方公里阵列（SKA）提出的关键科学目标中，有四种需求要对很大天区进行成像观测，分别为：

（1）搜索双中子星（或黑洞）合并的脉冲信号，对引力波进行研究；

（2）测量大量射电星系的法拉第旋转，以探测星系内和星系间的磁场；

（3）对大量红移超过 $Z \approx 1.5$ 的中性氢星系进行成像，研究星系演化，并对暗能量的性质做出进一步限定；

（4）探测瞬态事件，例如探测伽马射线爆的余晖。

针对巡天观测速度优化的设备参数与针对灵敏度优化的参数不同（Bregman，2005）。首先考虑对独立的连续谱源进行观测，源的角宽度远小于单站[①]波束宽度。我们可以采用式（6.62）的均方根噪声表达式，作为积分时间 τ 内两站最小可检测流量密度 S_{min} 的测度：

$$S_{min} = \frac{2kT_S}{A\sqrt{(\Delta v \tau)}} \tag{6.82}$$

其中 A 为单站的接收面积，等于式（6.62）中的 $A\eta_Q$。n_s 个站构成的阵列包含 $n_s(n_s - 1)/2 \approx n_s^2/2$ 个相干信号对，因此式（6.82）的右侧要乘以 $\sqrt{2}/n_s$ 因子。巡天速度，即单位时间内的观测次数为

$$1/\tau = \frac{A^2 \Delta v S_{min}^2 n_s^2}{8k^2 T_S^2} \tag{6.83}$$

进而，考虑在满足灵敏度电平 S_{min} 的情况下，覆盖天空特定固体角范围的速度。由于 A 是单站的面积，单站波束的固体角为 λ^2/A sr，其中 λ 为波长。如果每个站同时形成 n_{sb} 个波束，则观测的瞬时视场范围为

$$F_v = \lambda^2 n_{sb}/A \tag{6.84}$$

式（6.83）给出了以流量密度电平 S_{min} 覆盖固体角 F_v 所需时间 τ 的倒数，对应的巡天速度为

$$F_v/\tau = \frac{\lambda^2 A \Delta v S_{min}^2 n_s^2 n_{sb}}{8k^2 T_S^2} \text{ sr/单位时间} \tag{6.85}$$

巡天探测谱线特征时，式（6.83）和式（6.85）中的 Δv 表征谱线的带宽。因此，如果必须对频率进行搜索，可以将接收系统的带宽作为式（6.85）的附加因子来计算巡天速度。

比较式（6.83）和式（6.85），可以看出视场对巡天的影响。巡天速度正比于瞬时波束数量，但单站孔径面积 A 的影响不大。降低观测频率会增大波束宽度，所以式中的波长因子需要取平方，但是只有当银河背景辐射亮温远小于系统温度时，降低观测频率（增加观测波长）提高巡天速度才是有益的，

---

① 对于接收面积很大的阵列，比较实际的方案是采用大量小口径天线，而不是采用少量大口径天线。为了减少互相关信号对的数量，小口径天线通常要聚集成簇。天线簇通常被称为"站"，单站内的天线信号会首先在单元天线视场内合成一定数量的波束。各站对应波束的信号再进行相关处理，获得可见度数据。

才能提高巡天速度。基于 Dulk 等（2001）的银河背景模型，在 $10\sim1000\text{MHz}$ 范围内银河亮温近似正比于 $\nu^{-2.5}$，所以在背景辐射主导 T_S 的频段，巡天速度的频率依赖性近似正比于 ν^3。离银盘较远的方向上，500MHz 的背景亮温约为 20K，1GHz 约为 2K，如果接收机对 T_S 的贡献为 $\sim20\text{K}$，这两个频率的最大巡天速度会有很大不同。

注意，上述讨论假设灵敏度只受系统噪声的影响。如果考虑是动态范围限制的灵敏度，则 (u,v) 覆盖密度可能变成最重要的因素，增大 n_s 和 τ 可以改善 (u,v) 覆盖。这两种情况下，增加测站数量都可以提高性能。

增加测站数量和增加单站波束数量都可以提高巡天速度。但整个阵列相关器系统的规模正比于 n_s^2，也正比于 n_sb，因此，增加测站数量或者波束数量都要求扩大相关器的规模。增加单站孔径面积 A 有可能需要增加单站子阵的天线数量，因此会增加单站波束合成硬件。唯一不需要升级设备的信号处理能力，又能够加快巡天速度的方法，就是降低系统温度 T_S。然而，当使用抛物面天线时，复杂的相控多波束馈源会恶化系统温度。即使采用低温制冷技术，多波束系统也显著高于单波束系统的制冷要求。因此，在总价一定的前提下，优化阵列性能需要综合考虑接收系统各模块的性能。

附录 6.1　部分抑制边带

使用混频器作为输入级的单边带系统中，可以通过几种方法抑制无用（镜像）边带。可用方法包括波导滤波器、Martin-Puplett 干涉仪（Martin and Puplett，1969；Payne，1989）、可调反向片，或者用两个混频器的边带分离架构（如附录 7.1 所述）。各种现实问题，特别是在毫米波段，会限制边带抑制的效果。用接收机功率增益来定义时，镜像边带的响应与有用（信号）边带响应的比值为 ρ，其中 $0<\rho<1$。实际系统中，ρ 可以达到约 1/10。

在谱线观测时，有用的谱线只出现在信号边带中，镜像边带引入的噪声会使相关器输出的均方根噪声增大 $(1+\rho)$ 倍。因此灵敏度会相应降低（图 A6.1）。

连续谱观测时，镜像边带也为相关器贡献了信号分量和噪声。假设两个边带的可见度相同，采用了条纹消除，用第一本振的 $\pi/2$ 相位切换来测量复可见度。系统使用复相关器，为简化分析，考虑设备相位已准确校准，使图 6.5（b）中的直线 AB 和实轴重合。则本振零相移的复相关器输出表示为

$$C_0 = G_{mn}\left(\mathcal{V} + \rho\mathcal{V}^*\right) \tag{A6.1}$$

本振相位 $\pi/2$ 切换的输出为

$$C_{\pi/2} = G_{mn}\left(\text{j}\mathcal{V} - \text{j}\rho\mathcal{V}^*\right) \tag{A6.2}$$

其中 G_{mn} 为信号边带的增益，所以 ρG_{mn} 为镜像边带的增益。注意 $C_{\pi/2}$ 表达式中，$\pi/2$ 切换使得两个边带的矢量在复平面上反向旋转 $\pi/2$（图 A6.1），所以两个边带的 j 因子符号相反。所以，可见度的最优估计为

$$\mathcal{V} = \frac{1}{2G_{mn}}\left[\frac{1}{1+\rho^2}(C_0 - jC_{\pi/2}) + \frac{\rho}{1+\rho^2}(C_0 + jC_{\pi/2})^*\right] \quad (\text{A6.3})$$

方括号中的第一项代表信号边带响应，第二项代表镜像边带响应。相关器输入端的噪声总功率[即式（A6.3）方括号中的两项之和]正比于 $(1+\rho)$，因此方括号中第一项的噪声正比于 $(1+\rho)/(1+\rho^2)$。类似地，第二项的噪声正比于 $\rho(1+\rho)/(1+\rho^2)$。因此，由式（A6.3）估计 $\mathcal{V}$ 值的总噪声正比于 $(1+\rho)^2/(1+\rho^2)$。以均方根噪声电平定义的灵敏度正比于最后一项倒数的平方根，即 $\sqrt{(1+\rho^2)}/(1+\rho)$。当 $\rho \approx 1/10$ 或更小时，ρ^2 项很小，所以灵敏度恶化因子约为 $(1+\rho)^{-1}$（Thompson and D'Addario，2000）。

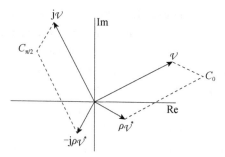

图 A6.1　式（A6.1）和（A6.2）中的各参数表示为复平面上的矢量。这里忽略了常数增益因子 G_{mn}。如果 ρ 已知且测量得到 C_0 和 $C_{\pi/2}$，式（A6.3）可以给出 $\mathcal{V}$ 的最优估计

参 考 文 献

Abramowitz, M., and Stegun, I.A., Eds., Handbook of Mathematical Functions, National Bureau of Standards, Washington, DC（1968）

Anantharamaiah, K.R., Ekers, R.D., Radhakrishnan, V., Cornwell, T.J., and Goss, W.M., Noise in Images of Very Bright Sources, in Synthesis Imaging in Radio Astronomy, Perley, R.A., Schwab, F.R., and Bridle, A.H., Eds., Astron. Soc. Pacific Conf. Ser., 6, 431-442 （1989）

Blum, E.J., Sensibilité des Radiotélescopes et Récepteurs à Corrélation, Ann. Astrophys., 22, 140-163（1959）

Bracewell, R.N., The Fourier Transform and Its Applications, McGraw-Hill, New York（2000） （also see earlier eds. 1965, 1978）

Bregman, J.D., System Optimization of Multibeam Aperture Synthesis Arrays for Survey Performance, in The Square Kilometre Array: An Engineering Perspective, Hall, P.J., Ed., Springer, Dordrecht（2005）

Colvin, R.S., "A Study of Radio Astronomy Receivers," Ph.D. thesis, Stanford Univ., Stanford, CA（1961）

Douglas, J.N., Bash, F.N., Ghigo, F.D., Moseley, G.F., and Torrence, G.W., First Results from the Texas Interferometer: Positions of 605 Discrete Sources, Astron. J., 78, 1-17 （1973）

Dulk, G.A., Erickson, W.C., Manning, R., and Bougeret, J.-L., Calibration of Low-Frequency Radio Telescopes Using Galactic Background Radiation, Astron. Astrophys., 365, 294-300（2001）

Goldstein, S.J., Jr., The Angular Size of Short-Lived Solar Radio Disturbances, Astrophys. J., 130, 393-399（1959）

Lawson, J.L., and Uhlenbeck, G.E., Threshold Signals, Radiation Laboratory Series, Vol. 24, McGraw-Hill, New York（1950）, p. 68

Lo, W.F., Dewdney, P.E., Landecker, T.L., Routledge, D., and Vaneldik, J.F., A Cross-Correlation Receiver for Radio Astronomy Employing Quadrature Channel Generation by Computed Hilbert Transform, Radio Sci., 19, 1413-1421（1984）

Martin, D.H., and Puplett, E., Polarized Interferometric Spectrometry for the Millimeter and Submillimeter Spectrum, Infrared Phys., 10, 105-109（1969）

Mickelson, R.L., and Swenson, G.W., Jr., A Comparison of Two Correlation Schemes, IEEE Trans. Instrum. Meas., IM-40, 816-819（1991）

Middleton, D., An Introduction to Statistical Communication Theory, McGraw-Hill, New York （1960）, p. 343

Moran, J.M., Very Long Baseline Interferometric Observations and Data Reduction, in Methods of Experimental Physics, Vol. 12, Part C（Astrophysics: Radio Observations）, Meeks, M. L., Ed., Academic Press, New York（1976）, pp. 228-260

Papoulis, A., Probability, Random Variables and Stochastic Processes, McGraw-Hill, New York（1965）

Payne, J.M., Millimeter and Submillimeter Wavelength Radio Astronomy, Proc. IEEE, 77, 993-1017（1989）

Read, R.B., Two-Element Interferometer for Accurate Position Determinations at 960Mc, IRE Trans. Antennas Propag., AP-9, 31-35（1961）

Rice, S.O., Mathematical Analysis of Random Noise, Bell Syst. Tech. J., 23, 282-332 （1944）; 24, 46-156, 1945（repr. in Noise and Stochastic Processes, Wax, N., Ed., Dover, NY, 1954）

Rogers, A.E.E., Theory of Two-Element Interferometers, in Methods of Experimental Physics, Vol. 12, Part C（Astrophysics: Radio Observations）, Meeks, M.L., Ed., Academic Press,

New York（1976）, pp. 139-157（see Table 1）

Swenson, G.W., Jr., and Mathur, N.C., On the Space-Frequency Equivalence of a Correlator Interferometer, Radio Sci., 4, 69-71（1969）

Thompson, A.R., and D'Addario, L.R., Relative Sensitivity of Double- and Single-Sideband Systems for Both Total Power and Interferometry, ALMA Memo 304, National Radio Astronomy Observatory（2000）

Tiuri, M.E., Radio Astronomy Receivers, IEEE Trans. Antennas Propag., AP-12, 930-938 （1964）Tucker, J.R., and Feldman, M.J., Quantum Detection at Millimeter Wavelengths, Rev. Mod. Phys., 57, 1055-1113（1985）

Vander Vorst, A.S., and Colvin, R.S., The Use of Degenerate Parametric Amplifiers in Interferom etry, IEEE Trans. Antennas Propag., AP-14, 667-668（1966）

Vinokur, M., Optimisation dans la Recherche d'une Sinusoide de Période Connue en Présence de Bruit, Ann. d'Astrophys., 28, 412-445（1965）

Wozencraft, J.M., and Jacobs, I.M., Principles of Communication Engineering, Wiley, New York（1965）p. 205

Wright, M.C.H., Clark, B.G., Moore, C.H., and Coe, J., Hydrogen-Line Aperture Synthesis at the National Radio Astronomy Observatory: Techniques and Data Reduction, Radio Sci., 8, 763-773（1973）

7 系 统 设 计

本章将更深入地研究干涉系统设计中的一些问题。讨论主要涉及干涉系统中信号以模拟形式存在的部分。干涉系统技术发展趋势为，在接收链路中，将天线接收的信号尽早地从模拟信号转变为数字信号，通过使用数字信号处理技术，可以避免低电平信号失真，并能够充分利用数字装备和计算机快速发展的优势。本章将讨论三个主要方面：①对天线输出信号进行低噪声放大，减小加性噪声的影响；②将参考时钟和相参信号从中央通信节点传输到各个天线的稳相传输系统；③消除相关器输出杂散响应的同步相位切换系统。上述分析可以帮助我们定义系统参数的容限，以保证系统的灵敏度和精度指标。

7.1　接收链路的主要电子学子系统

电子学硬件实现的最优技术和部件是随着现代电子技术的发展快速变化的，下列文献梳理了不同时期的实际技术方向。例如以下文献：Read（1961）；Elsmore 等（1966）；Baars 等（1973）；Bracewell 等（1973）；Wright 等（1973）；Welch 等（1977，1996）；Thompson 等（1980）；Batty 等（1982）；Erickson 等（1982）；Napier 等（1983）；Sinclair 等（1992）；Young 等（1992）；以及 Napier 等（1994）；de Vos 等（2009）；Perley 等（2009）；Wootten 和 Thompson（2009）；Prabu 等（2015）。清单中给出较早期的论文是为了帮助了解主要技术发展。

图 7.1 给出综合孔径阵列中一部天线配套的接收系统的简化框图。这里要注意，接收系统越早对模拟信号进行数字化，就越能保证大部分信号处理过程是在数字域进行的。一些非常早期的干涉仪出现时，还没有数字化技术，输出是显示在图形记录仪上的。VLA 的原型系统在中心机房进行数字化，然后再调整延迟并进行相关处理。此后的 VLA 系统（Perley et al.，2009）中，信号是在天线处做数字化。

7.1.1　低噪声输入级

为了使射电天文接收机的噪声温度最小化，通常要对能够影响噪声温度的接收机前级放大器和混频器进行低温制冷。低噪声输入级与制冷系统，有时也包括馈源喇叭，经常需要一体化封装，这种独立的模块通常被称为前端。有源器件一般是晶体管放大器，或毫米波的超导–绝缘–超导（Superconductor-Insulator-Superconductor，SIS）混频器及后随晶体管放大器。相关讨论见下列文献：Reid 等（1973）；Weinreb 等（1977a）；Weinreb 等（1982）；Casse 等（1982）；Phillips 和 Woody（1982）；Tiuri 和 Raisanen（1986）；Payne（1989）；Phillips（1994）；Payne 等（1994）；Webber 和 Pospieszalski（2002）；Pospieszalski（2005）。

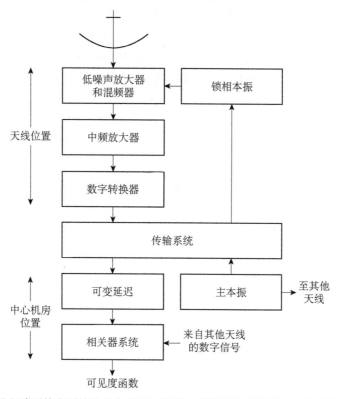

图 7.1 综合孔径阵列接收系统的基本单元。此处，天线接收信号首先变频到中频信号（IF）并数字化，通过光纤传输到中心机房，最后反演可见度数据。在早期设计的系统和一些小型系统中，IF 信号通过模拟链路传输到中心机房，并在机房中进行数字化。图中 LO 表示本地振荡器（即通常接收系统中的本振）

在讨论接收机的噪声电平时，首先要考虑是否满足瑞利–金斯近似条件。瑞利–金斯近似要满足 $h\nu / kT \ll 1$，其中 h 为普朗克常量，T 为热噪声源温度。如式（1.1）的有关讨论，近似条件可写成 $\nu(\text{GHz}) \ll 20T$，其中 T 为系统噪声温度，单位为 K。用接收机输入端的纯阻性匹配负载的物理温度可以方便地定义噪声功率。满足瑞利–金斯近似时，物理温度为 T 的端接电阻的噪声功率为 $kT\Delta\nu$，其中 k 为玻尔兹曼常量，在带宽 $\Delta\nu$ 内测量噪声（Nyquist，1928）。温度 1K 代表的功率谱密度为 $(1 / k)$ W·Hz^{-1}。接收机温度 T_R 是系统内部产生的噪声功率的测度，等于在假想的无噪声接收机（其他条件完全一致）输入端的匹配电阻在接收机输出端产生的噪声功率。系统噪声温度 T_S 为总噪声电平的测度，包括 T_R、天线以及所有天线和接收机之间的有损部件的噪声功率：

$$T_S = T'_A + (L-1)T_L + LT_R \qquad (7.1)$$

式中，T'_A 是大气和其他无用噪声源贡献的天线温度；L 是从天线到接收机之间传输线的功率损失因子[定义为输入功率/输出功率]；T_L 为传输线温度。定义接收机噪声温度时要注意，实际上接收机输入端总会连接一些阻抗源，阻抗源本身也是噪声源。因此，接收机输出噪声包括两种分量，即式（7.1）中输入端天线和传输线产生的噪声以及接收机自身产生的噪声。

7.1.2　噪声温度测量

通常使用 Y 因子法测量接收机的噪声温度。测量中使用的热噪声源一般为阻抗匹配的阻性负载，用波导或同轴线与接收机输入端相连接。接收机输入端先后连接到温度为 T_{hot} 和 T_{cold} 的两个负载。两种测量条件下的接收机输出功率之比为 Y 因子：

$$Y = \frac{T_R + T_{hot}}{T_R + T_{cold}} \qquad (7.2)$$

因此，

$$T_R = \frac{T_{hot} - YT_{cold}}{Y-1} \qquad (7.3)$$

负载噪声温度的常用值为 $T_{hot} = 290K$（环境温度），$T_{cold} \approx 77K$（液氮温度）。要想精确测量 T_R，还需要注意液氮的沸点会受到环境压力的影响。

接收机温度可以用信号经过的各级部件的噪声温度来表示[例如参见 Kraus（1966）]：

$$T_R = T_{R1} + T_{R2}G_1^{-1} + T_{R3}(G_1G_2)^{-1} + \cdots \qquad (7.4)$$

式中，T_{Ri} 是接收链路第 i 级部件的噪声温度；G_i 是其功率增益。如果第一级是混频器而不是放大器，则 G_1 可能会小于 1，那么第二级的噪声温度会变得非常关键。

对于毫米波和短毫米波低温制冷接收机，瑞利-金斯近似会引入较大误差。噪声的功率谱密度（单位带宽的功率）不再线性正比于辐射体或源的温度。比值 h/k 等于 $0.048\ \text{K} \cdot \text{GHz}^{-1}$，因此 $T = 4\ \text{K}$（液氦的温度）且 $\nu = 83\text{GHz}$ 时，$h\nu/kT = 1$。因此，随着频率升高和温度降低，量子效应越来越显著。在这些条件下，用单位带宽的噪声功率除以 k 可以计算有效噪声温度，不再使用物理温度。当量子效应变得显著时，有两个公式可用于计算热源的有效温度。一个是普朗克公式，另一个为 Callen-Welton 公式（Callen and Welton，1951）。对于端接热负载的单模波导，或端接阻性负载的传输线，有效噪声温度的两个计算公式如下：

$$T_{\text{Planck}} = T\left[\frac{\frac{h\nu}{kT}}{e^{h\nu/kT} - 1}\right] \tag{7.5}$$

$$T_{\text{C\&W}} = T\left[\frac{\frac{h\nu}{kT}}{e^{h\nu/kT} - 1}\right] + \frac{h\nu}{2k} \tag{7.6}$$

其中 T 为物理温度。由公式（7.5）和（7.6）可得

$$T_{\text{C\&W}} = T_{\text{Planck}} + \frac{h\nu}{2k} \tag{7.7}$$

Callen-Welton 公式等于普朗克公式加上代表额外半个光子的 $h\nu/2k$。半光子是物体在绝对零度时的噪声电平，被称为零点起伏噪声。图 7.2 给出了 230GHz 频率下，瑞利-金斯、普朗克和 Callen-Welton 公式中的物理温度和噪声温度之间的关系。需要注意的是，当 $h\nu/kT \ll 1$ 时，我们可以令 $\exp(h\nu/kT) - 1 \approx (h\nu/kT) + \frac{1}{2}(h\nu/kT)^2$，此时 Callen-Welton 公式退化为瑞利-金斯公式，但普朗克公式计算的结果会比 Callen-Welton 公式结果小 $h\nu/2k$。

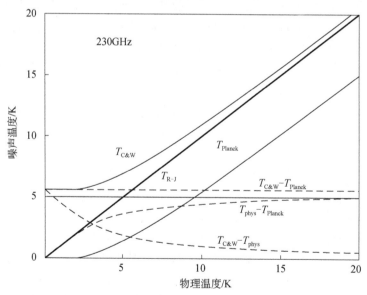

图 7.2 黑体辐射频率为 230GHz 时，瑞利-金斯（R-J）、普朗克和 Callen-Welton（C&W）公式计算的噪声温度与物理温度关系曲线。图中虚线给出三种计算公式之差。温度较高时，瑞利-金斯曲线收敛到 Callen-Welton 曲线，普朗克曲线始终比 Callen-Welton 曲线低 $h\nu/2k$。结果来自文献 Kerr 等（1997）

使用式（7.3）计算接收机噪声温度时，T_{hot} 和 T_{cold} 值应为普朗克或 Callen-

Welton 公式计算得出的噪声温度，而不是负载的物理温度（除非满足瑞利-金斯近似条件）。因此，使用普朗克公式计算可得

$$T_{\text{R(Planck)}} = \frac{T_{\text{hot (Planck)}} - Y T_{\text{cold(Planck)}}}{Y - 1} \tag{7.8}$$

Callen-Welton 公式的计算结果类似。由式（7.4）～（7.6），可得

$$T_{\text{R(Planck)}} = T_{\text{R(C\&W)}} + \frac{h\nu}{2k} \tag{7.9}$$

使用接收机噪声温度数据时，知道该结果是根据普朗克公式或 Callen-Welton 公式计算得出，还是负载的物理温度（即瑞利-金斯近似），是非常重要的。如果是基于 Callen-Welton 公式，用独立部件的物理温度计算噪声温度，则温度之和比普朗克公式的结果大 $h\nu/2k$，见式（7.7）。然而，如果用 Callen-Welton 公式计算接收机的噪声温度，结果会比用普朗克公式小 $h\nu/2k$，见式（7.9）。由于系统温度是输入噪声温度和接收机噪声温度之和，因此无论选择哪个公式进行计算，得到的系统噪声温度都是相同的。但为了避免混淆，在计算噪声温度过程中始终使用同一个公式是非常重要的。

许多学者对零点起伏噪声的本质表达了不同的见解，零点起伏噪声是来源于接收机连接的匹配负载还是来源于接收机输入级，也存在不同的观点，例如参见文献：Tucker 和 Feldman（1985）；Zorin（1985）以及 Wengler 和 Woody（1987）。在量子效应非常显著的频段，射电天文接收机的输入级一般使用 SIS 混频器，Tucker（1979）给出了 SIS 工作的量子力学解释。Kerr 等（1997）以及 Kerr（1999）汇总了不同作者关于噪声温度研究的结论。

概括来说，由 Callen-Welton 公式预测的辐射电平等于普朗克辐射电平与零点起伏噪声 $h\nu/2k$ 之和。$h\nu/2k$ 分量可以归因于绝对零度的黑体或匹配负载的辐射功率。采用 Callen-Welton 公式计算得出的放大器噪声温度比采用普朗克公式计算得出的噪声温度小 $h\nu/2k$。但是，用 Callen-Welton 公式计算得出的天线噪声温度比用普朗克公式算得的结果大 $h\nu/2k$。不论使用哪个公式，输入噪声温度和接收机噪声温度之和，即系统噪声温度都是相同的。由于系统噪声温度决定了射电望远镜的灵敏度，这些细节的差异看起来并不重要。但是，在选择接收机输入级的放大器或混频器时，了解噪声温度是如何定义的，还是非常重要的。

除了电子器件产生噪声外，接收系统的噪声还包括来自天线的噪声分量。这些噪声来自宇宙射电源、宇宙背景辐射、地球大气辐射，地面辐射，以及天线旁瓣接收的辐射等。由于大气的不透明度，也会贡献一部分系统噪声，将在第 13 章讨论。

7.1.3　本地振荡器

如第 6 章所述，需要在天线处或信号到达相关器路径上的某一点使用本地振荡器（Local Oscillator，LO）。不同天线的本振信号必须保持相位同步，以保持信号的相干性。不同天线的对应点的本振相位不需要完全相同，但相位差必须足够稳定，以便进行定标。为保持不同天线的本振信号同步，需要中央主本振分配一个或多个参考频率到所有需要的位置点，可以用这些参考频率来锁定其他振荡器，进而可以通过频率综合得到各个混频器所需的频率。

某些混频器需要完成特定的相移来实现条纹旋转（或条纹消除），如 6.1 节所述，以及如 7.5 节中所述的相位切换。利用数字合成技术进行移相通常是最好的选择，通过数字合成，可以按需生成具有特定频率偏移及相位变化的信号频率（如几兆赫兹）。将合成的信号作为锁相环的参考频率，就可将该参考频率变换为本振频率。

7.1.4　IF 及信号传输子系统

信号在低噪声前端放大后，会经过各种 IF 放大器和传输系统，然后到达相关器。可以采用同轴电缆或平行传输线、波导、光纤或者利用微波通信链路将信号从天线传输到中央处理单元。短距离传输通常选择电缆，但是长距离传输时，可能需要使用很多传输线放大器来补偿电缆损耗，光纤传输的损耗小得多，一般优先选择光纤传输。VLA 原型系统建设（Weinreb et al.，1977b；Archer et al.，1980）采用了低损耗 TE$_{01}$ 模波导，此后几年光纤传输技术得到了发展，当前 VLA 系统[①]使用的是光纤传输（Perley et al.，2009）。为减小温度变化，电缆和光纤可埋在 1~2m 深的地下。由于电缆损耗的影响，电缆传输的信号带宽通常被限制在几十或几百兆赫兹范围。同样地，无线链路传输带宽受频谱资源限制。光纤是超宽带信号传输的最佳选择。

一些干涉仪（大部分都是早期系统）将信号以模拟波形的形式从天线传输到中心机房。为了减小滤波器温度漂移和延迟控制误差导致的相位误差，通常在传输时使用可实现的最低中频频率。因此，末级 IF 放大器可能采用一个低通滤波器来定义基带响应[②]。滤波器低频端截止频率为高频端截止频率的百分之几。

[①]　经过接收系统升级后。
[②]　有些情况会使用镜像抑制混频器（附录 7.1）变频到基带，但无用边带的抑制度可能很难超过 30dB。

7.1.5　光纤传输

对于远距离传输宽带信号，使用光纤传输系统具有极大的优势。信号被调制到光载波并沿玻璃纤维传输。光载波的波长范围一般为 1300～1550nm。光纤传输损耗最小，比射频传输线的损耗小得多，波长为 1550nm 左右时衰减大约为 0.2dB · km^{-1}，在波长为 1300nm 时衰减约为 0.4dB · km^{-1}。在光纤中，玻璃芯被低折射指数的玻璃包层所包围。因此，当光波相对光纤轴以很小的夹角进入玻璃芯时，就能以全内反射方式传播。如果玻璃芯直径约 50μm，则能够支持多模传输。不同模的光传输速度会有微小差别，这就限制了多模光纤的性能。如果玻璃芯的直径降低到约 10μm，则只能传播 HE_{11} 模。最远距离、最高频率和带宽的光传输需要使用这种单模光纤。在 1550nm 波长，波长变化 1nm 对应的带宽约为 125GHz。光纤的低损耗和大带宽能力推动了大观测带宽和长基线的单元直连型阵列的发展。在光纤中，信号能以模拟信号形式或数字脉冲串形式传播。设计光传输系统需要了解激光调制器和光解调器，二者分别用于产生光载波和解调恢复调制信号。更多内容见参考文献：Agrawal（1992）、Borella 等（1997）和 Perley 等（2009）。

在实际应用中，传输带宽和距离都受限于光发射端产生光信号的激光器噪声，以及光接收端的检波二极管和放大器噪声。大多数射电天文观测为避免模拟信号传输导致的灵敏度恶化，传输的信号功率谱密度（单位为 W · Hz^{-1}）必须比传输系统本身的噪声功率谱密度大 20dB 以上。然而，总信号功率受限于调制器和解调器响应的非线性。对于频谱平坦的信号而言，信号功率和带宽成正比，因此就导致了信号带宽受限。实际上，一对收发系统可以在几十千米距离达到 10～20GHz 的带宽。可以使用光放大器（大部分工作波长约 1550nm）增加传输距离。

在调制过程中，载波功率与调制电压成正比。基于这一特性，能显著削弱光纤传输系统较小的无用分量的影响。例如，光纤中由反射造成的一些小的光信号分量，如果反射分量的功率比主分量的功率小 x dB，则经光电探测器解调后，信号功率中反射分量的功率比主分量的功率小 $2x$ dB。这一效应同样适用于隔离度有限的光耦、隔离器和其他部件。微波传输线的驻波响应随频率变化，光纤中这种效应要弱得多。

应用光纤时必须考虑速度色散效应 $\mathcal{D}$，通常以 ps · km^{-1} · nm^{-1} 定义。光纤中，波长差为 $\Delta\lambda$ 的两个单色光波传播距离为 ℓ 时，传输时间差等于 $\mathcal{D}\Delta\lambda\ell$。图 7.3 给出了两种类型光纤的色散特性。曲线 1 是早期广泛使用的光纤类型，曲线 2 代表一种新的设计，使零色散波长移动到 1550nm，与最小损耗波长一致。这一针对 1550nm 波长的性能优化，使光导纤维圆柱形波导的色散与同一波长玻璃的固有色散相互抵消。

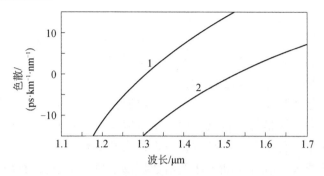

图 7.3 两种不同设计的单模光纤的色散系数 D 曲线,横坐标为光学波长

考虑一个宽带信号的特定频率分量 ν_{m},将其调制到光载波上。调幅信号产生两个距离载波频率差 $\pm\nu_{\mathrm{m}}$ 的边带。由于速度色散,两个边带及载波在光纤中的传输速度略有差别,在接收端表现为到达时间的相对偏移。这种时间相对偏移会导致高频模拟信号的幅度衰减,也会导致数字脉冲信号的脉冲展宽。因此,不论是模拟传输还是数字传输,色散与噪声都会限制传输带宽-距离积。附录 7.2 给出模拟信号的色散效应分析。

7.1.6 延迟和相关器子系统

延迟补偿和相关器可以用模拟或数字技术来实现。模拟延迟系统由一组延迟开关单元组成,延迟单元的时延量用二进制数设置,其中第 n 个单元的时延量为 $2^{n-1}\tau_0$,τ_0 为最小时延量。N 个延迟单元的延迟范围从 0 到 $(2^N-1)\tau_0$,步进为 τ_0。有些设备使用不同长度的同轴电缆或光纤来补偿最多 $1\mu\mathrm{s}$ 的时延。Allen 和 Frater(1970)讨论了相关器的模拟乘法电路设计。Padin(1994)描述了一种宽带模拟相关器。随着数字电路的发展,时钟频率越来越高,实际设计中通常对中频信号做数字化处理,通常在数字域实现延迟和信号相关,这将在第 8 章讨论。

7.2 本振和相位稳定性

7.2.1 环路相位测量方法

将中心机房的参考频率分发到各个天线,并将各个天线的振荡器与参考频率锁相,可以实现不同天线的振荡器同步。将电缆或者光缆埋在地下,可以保证信号路径具有极高的传输稳定性。埋藏深度 1～2m 时,几乎可以完全消除温度的日变化，但是温度年变化影响一般只会降低到原来的 $1/2 \sim 1/10$。Valley（1965）讨论了土壤温度变化与埋藏深度的关系。例如，温度系数为 $10^{-5}\mathrm{K}^{-1}$ 的 10km 长电缆埋在地下，温度日变化约为 0.1K，因此电缆长度变化为 1cm。温度变化同样会影响从天线接收机到地表的 50m 长电缆，温度日变化约为 20K。旋转关节和柔性电缆也会带来相位变化。

通过监控已知频率信号在路径上的相位变化，可以确定路径长度的变化。这就必须要双向传输信号，也就是说从主本振发出信号并再次返回，以主本振作为参考来测量相位变化。这种测相技术称为环路相位测量。由测相系统驱动的硬件移相器或者在软件中插入相关器数据修正量，可以实时修正相位变化，也可以在数据后处理时修正。还可以在传输线上反向发送两个信号并做合成，以生成一个相位变化极小的信号。为了说明最后一种方法，考虑将一个信号注入无损传输线的近端，在远端的电压信号为 $V_0 \cos(2\pi\nu t)$。在距离远端 ℓ 处，信号为 $V_1 = V_0 \cos 2\pi\nu(t + \ell/v)$，其中，$v$ 是沿传输线传播的相速度。假设信号在远端反射时相位不变。在与远端距离 ℓ 的同一点上，反射信号为 $V_2 = V_0 \cos 2\pi\nu(t - \ell/v)$，总信号电压为

$$V_1 + V_2 = 2V_0 \cos(2\pi\nu t)\cos\left(\frac{2\pi\nu\ell}{v}\right) \tag{7.10}$$

式（7.10）中第一项余弦函数代表射频信号，其相位（模 π 运算）与 ℓ 和传输线长度的变化无关。第二项余弦函数是驻波幅度项。实际上，由于衰减和各种不希望有的反射效应，工程上很难实现这种系统，需要考虑更为复杂的方案。后续我们主要讨论电缆传输，但基本原理也适用于其他系统。Thompson 等（1968）给出了包括微波链路在内的一般性分析。

7.2.2　Swarup-Yang 系统

随着设备的发展，设计出了几种不同的环路方案，Swarup 和 Yang（1961）提出的方案是最早的方案之一。基于这种方案的系统如图 7.4 所示。发出的信号在天线的已知反射点被部分反射，用探测器测量反射分量的相对相位，就可以监控主本振到反射点的路径长度变化。反射信号的相位要与参考信号的相位进行比较。利用可移动探针抽取输出信号，可以改变参考信号的相位。由于传输线上可能存在多种其他反射效应，因此需要识别出所需的分量。为了识别所需分量，需要使用一个调制反射器，例如，与传输线松散耦合的二极管。利用方波电压控制调制反射器在导通态和截止态切换，再用一个同步探测器分离出反射信号的调制分量。

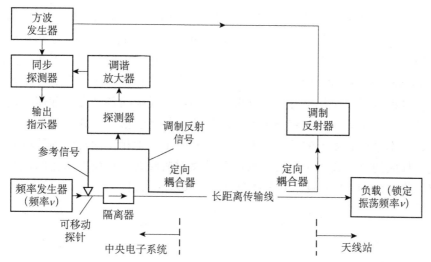

图 7.4 基于 Swarup-Yang（1961）方案的传输线长度变化测量系统。同步检波器输出是参考（出射）信号与探测器处反射信号相位差的正弦函数。当两个信号相位正交时，输出为零，因此输出为零时探针所在位置就是反射信号相位的测度。由于传输线近端使用了隔离器，所以探针只能采集到信号的出射分量

传输线长度增加 $\Delta\ell$ 时，探针位置需要移动 $2\Delta\ell$ 才能使同步检波器输出零值。此时天线端频率为 ν_1 的信号相位增加了 $2\pi\Delta\ell\nu_1/v$，其中 v 为传输线上的相速度。这样，就可以计算出同一条传输线上的本振相位和中频相位变化，并用以修正可见度相位。

7.2.3 频偏环路系统

图 7.5 所示为第二种方案，可以直接测量环路相位。频率为 ν_1 和 ν_2 的两个信号沿相反方向传输，信号频差要很小，但要能比较容易地分离两个频率的信号。这种类型的系统被广泛使用，下面将详细分析其性能。需要注意的是，尽管定向耦合器和环形器能够分离出传输线上反向传输的同频信号，但它们对无用方向信号的抑制度只比有用方向信号小 20～30dB。−30dB 的无用分量级别可以导致 1.8° 的相位误差。但是通过频率偏移，能够以高得多的隔离度分离信号。

天线端频率为 ν_2 的振荡器与 ν_1 和 $\nu_1-\nu_2$ 两个信号的差频相位锁定，ν_1 和 $\nu_1-\nu_2$ 是通过传输线发送到天线端的。差频 $\nu_1-\nu_2$ 远小于 ν_1 和 ν_2。频率为 ν_2 的信号传回主振荡器位置，用于环路相位比较。

在天线端，频率为 ν_1 和 $\nu_1-\nu_2$ 的两个信号的相位相对于中心站的相位变化分别为 $2\pi\nu_1L/v$ 和 $2\pi(\nu_1-\nu_2)L/v$，其中 L 为电缆长度。天线端频率为 ν_2 的振

荡器受锁相环限制，其相位等于这两个信号的相位差，即 $2\pi\nu_2 L/v$。ν_2 信号回传到中央机房的相位变化也是 $2\pi\nu_2 L/v$，因此测量的环路相位差为 $4\pi\nu_2 L/v$。现在假设传输线长度变化一个小的比例 β，则相对于主振荡器，天线端振荡器 ν_2 的信号相位变化为 $2\pi\nu_2 L(1+\beta)/v$。ν_2 所需的修正量等于测量的环路相位的一半。这种方案存在几个方面的问题，包括传输线中的各种反射和速度色散会造成环路测相误差。误差将导致天线端振荡器的相位偏置，如果相位偏置保持稳定，则不会造成太大的问题。然而，在实际工程中相位偏置会随环境温度而变化。最大的误差通常是由传输线的各种反射造成的，对反射误差的控制能力决定了差频 $\nu_1-\nu_2$ 的上限。下面我们讨论对频差的限制。

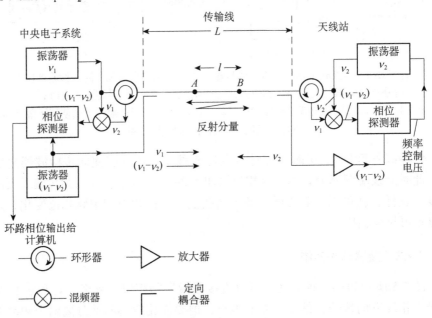

图 7.5　天线处振荡器 ν_2 的锁相方案。频率为 ν_1 和 $\nu_1-\nu_2$ 的信号被传输到天线端，并用作本地振荡器的锁相参考。ν_1 和 ν_2 几乎相等，因此 $\nu_1-\nu_2$ 很小。频率为 ν_2 的信号返回中央机房用于环路相位测量

　　如图 7.5 所示，假设传输线上相距 ℓ 的 A 点和 B 点存在反射，会有什么影响？假设两点的电压复反射系数分别为 ρ_A 和 ρ_B，并假设频率 ν_1 和 ν_2 的电压复反射系数相同。信号 ν_1 和 ν_2 经电缆传输后，会包含一个 A 点的一次反射分量和一个 B 点的一次反射分量。假设电压复反射系数 ρ_A 和 ρ_B 很小，可以忽略每个点的多次反射。频率 ν_1 到达天线时，反射分量与直通分量的幅度（电压）之比为

$$\Lambda = |\rho_A||\rho_B|10^{-\ell\alpha/10} \tag{7.11}$$

其中 α 为电缆的（功率）衰减系数，单位为每米衰减的 dB 数。注意，电压衰减

等于功率衰减的平方根。反射分量与直通分量的相位差（模2π）为

$$\theta_1 = 4\pi\ell\nu_1\upsilon^{-1} + \phi_A + \phi_B \qquad (7.12)$$

其中ϕ_A和ϕ_B是ρ_A和ρ_B的相角（即$\rho_A = |\rho_A|\mathrm{e}^{\mathrm{j}\phi_A}$，以此类推），$\upsilon$是传输线中的相速度。图7.6给出反射分量和直通分量及其相位差θ_1的矢量图。由于存在反射分量，所以合成向量的相位偏转ϕ_1：

$$\phi_1 \approx \tan\phi_1 = \frac{\varLambda\sin\theta_1}{1 + \varLambda\cos\theta_1} \qquad (7.13)$$

类似地，反射分量也会导致频率为ν_2的合成向量的相位偏转ϕ_2，相应的表达式与式（7.12）和（7.13）相同，但需将下标1替换成2。

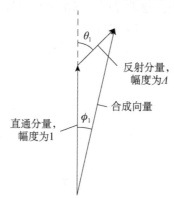

图7.6　频率为ν_1的信号在电缆中传输时的分量矢量图

存在反射效应ϕ_1和ϕ_2时，长度为L的电缆的环路相位为

$$4\pi\nu_2 L\upsilon^{-1} + \phi_1 + \phi_2 \qquad (7.14)$$

如果线长度均匀增加到$L(1+\beta)$，角度ϕ_1和ϕ_2分别随ℓ的非线性变化为$\phi_1 + \delta\phi_1$和$\phi_2 + \delta\phi_2$。则环路相位变成

$$4\pi\nu_2 L\upsilon^{-1}(1+\beta) + \phi_1 + \delta\phi_1 + \phi_2 + \delta\phi_2 \qquad (7.15)$$

（由于$\nu_1 - \nu_2$比ν_1和ν_2小得多，频率比较低时反射效应可能很小，这里忽略了频率为$\nu_1 - \nu_2$的信号的反射效应。同时，$\nu_1 - \nu_2$随电缆长度的相位变化率也很小。）为修正传输线长度增加引起的相位变化，修正量为环路相位变化量的一半，即

$$2\pi\nu_2\beta L\upsilon^{-1} + \frac{1}{2}(\delta\phi_1 + \delta\phi_2) \qquad (7.16)$$

然而，准确的修正量应该等于天线端ν_2的相位变化量，即

$$2\pi\nu_2\beta L\upsilon^{-1} + \delta\phi_2 \qquad (7.17)$$

因此，相位修正误差为

$$\frac{1}{2}(\delta\phi_1 + \delta\phi_2) - \delta\phi_2 = \frac{1}{2}(\delta\phi_1 - \delta\phi_2) \tag{7.18}$$

如果 ν_1 和 ν_2 相等，相位修正误差等于零。所以，可以根据最大相位容差来定义允许的最大频差。

由式（7.13），可得 ϕ_1 和 ϕ_2 相角之差如下：

$$\phi_1 - \phi_2 = \frac{\partial\phi_1}{\partial\nu_1}(\nu_1 - \nu_2)$$

$$= \frac{4\pi\ell\nu^{-1}\Lambda\cos\theta_1(1 + \Lambda\cos\theta_1) + 4\pi\ell\nu^{-1}\Lambda^2\sin^2\theta_1}{(1 + \Lambda\cos\theta_1)^2}(\nu_1 - \nu_2) \tag{7.19}$$

为保证相位误差在容限之内，要求反射分量的幅度 Λ 远小于 1，因此可以忽略式（7.19）分子中的 Λ^2 项，且分母近似等于 1。所以，

$$\phi_1 - \phi_2 \approx 4\pi\ell\nu^{-1}\Lambda(\nu_1 - \nu_2)\cos\theta_1 \tag{7.20}$$

$\phi_1 - \phi_2$ 随传输线长度的变化量为

$$\delta\phi_1 - \delta\phi_2 = \beta\ell\frac{\partial}{\partial\ell}(\phi_1 - \phi_2)$$

$$= 4\pi\nu^{-1}\Lambda\left[\cos\theta_1 - 0.1\ell\alpha(\ln 10)\cos\theta_1 - 4\pi\nu^{-1}\ell\nu_1\sin\theta_1\right]$$

$$\times(\nu_1 - \nu_2)\beta\ell \tag{7.21}$$

式（7.21）方括号项的最大值由其中的第三项决定，量级为传输线波长数。如果忽略其他两个小量，则相位误差如下：

$$\frac{1}{2}(\delta\phi_1 - \delta\phi_2) \approx 8\pi^2\nu^{-2}|\rho_A||\rho_B|\beta\ell^2 10^{-\alpha\ell/10}\nu_1(\nu_1 - \nu_2)\sin\theta_1 \tag{7.22}$$

当

$$\ell = 20(\alpha\ln 10)^{-1} \tag{7.23}$$

时，$\ell^2 10^{-\alpha\ell/10}$ 因子有最大值。该因子有最大值的原因是：当 ℓ 值较小时，频率或电缆长度变化对角度 θ 的影响很小；当 ℓ 值较大时，反射分量会极大地衰减。$\ell^2 10^{-\alpha\ell/10}$ 最大值等于：

$$\left[\ell^2 10^{-\alpha\ell/10}\right]_{\max} = 10.21\alpha^{-2} \tag{7.24}$$

损耗因子 α 不同的低损耗电缆对应的 $\ell^2 10^{-\alpha\ell/10}$ 函数随 ℓ 的变化曲线如图 7.7 所示。显然，减小电缆损耗会增大式（7.22）的环路相位修正误差。

反射效应类型取决于所用传输线类型及其使用方式。例如，对于天线可移动的阵列来说，需要将同轴线沿着天线移动点位埋设。这种电缆的反射主要来自电缆与天线站的连接器。除了离中心站最近的天线，主本振与天线之间存在一个或多个互连环路，用于旁路那些未使用的点位。如果在电缆上有 n 个连接器，则会有 $N = n(n-1)/2$ 对连接器之间会产生反射。另外，如果相应反射分量

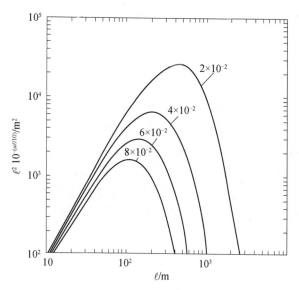

图 7.7　四种传输线损耗因子 α dB·m^{-1} 对应的 $\ell^2 10^{-\alpha\ell/10}$ 函数变化曲线。该函数是式（7.22）
　　　　给出的环路相位误差因子

矢量是随机合成的，则由式（7.22）可得相位修正的总均方根误差为

$$\delta\phi_{rms} = \sqrt{32}\pi^2 v^{-2} \mid \rho \mid^2 \beta v_1(v_1 - v_2) F(\alpha, \ell) \qquad (7.25)$$

其中

$$F(\alpha, \ell) = \sqrt{\sum_{i=1}^{n}\sum_{k<i} \ell_{ik}^4 10^{-2\alpha\ell_{ik}/10}} \qquad (7.26)$$

总均方根值用于计算 $\sin\theta_1$，且所有连接器的反射系数均用均值 $\mid \rho \mid$ 近似。

　　举例说明，假设干涉仪的设计工作频率约 100GHz，且使用 10 个点位的线性构型，点位等间距递增，最远的点位距离主本振 1km。互连的振荡器电缆中传输 $v_1 = 2$GHz 的参考频率信号，且电缆的反射系数为 $\mid \rho \mid = 0.1$，损耗为 $\alpha = 0.06$dB·m^{-1}，速度 $v = 2.4 \times 10^8$m·s^{-1}，电长度的温度系数为 10^{-5}K^{-1}。由式（7.26）计算可得 $F(\alpha, \ell) = 1.1 \times 10^4$。电缆的温度变化 0.1K 时，$\beta = 10^{-6}$。如果要求 100GHz 的相位误差小于 1°，则 $\delta\phi_{rms}$ 不能超过 0.02°，且由式（7.25），v_1 和 v_2 的频差不能大于 1.6MHz。

7.2.4　自动校正系统

　　J. Granlund（National Radio Astronomy Observatory，NRAO，1967）提出了一种有趣的环路方案，如图 7.8 所示。这种方案特别适合于为线阵上的多个点位提供稳定的参考频率。用两个稳定振荡器产生 v_1 和 v_2 两个频率，并从传输线两端分别注入信号，同样使频差 $\nu_1 - \nu_2$ 很小。在某个中间点位，用定向耦合器提取这两个信号，并相乘得到和频。在图 7.8 的天线站处，和频信号的相位为

$$2\pi\nu_1\ell_1 v^{-1} + 2\pi\nu_2\left(L-\ell_1\right)v^{-1} = 2\pi\nu_1 L v^{-1} - 2\pi\left(\nu_1-\nu_2\right)\left(L-\ell_1\right)v^{-1} \quad (7.27)$$

传输线上位于 ℓ_1 和 ℓ_2 的两个点位上，和频信号的相位之差为

$$\Delta\phi = 2\pi\left(\nu_1-\nu_2\right)\left(\ell_1-\ell_2\right)v^{-1} \quad (7.28)$$

如果 ν_1 和 ν_2 相等，则相位差为零，但是，仅靠定向耦合器的方向性很难有效分离两个同频信号，因此需要保持一定的频差。在这种情况下，传输线长度变化的影响并没有被明确地测量出来，但可以自动实现相位修正，仅残留式（7.28）中的小量。跟前一个方案一样，电缆中的反射会产生相位误差，且反射限制了频差上限。Little（1969）介绍了图 7.8 方案的实际应用。

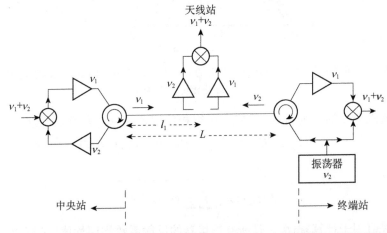

图 7.8　J. Granlund（NRAO，1967）提出的方案，可以沿着一条传输线，为沿途的点位提供频率为 $\nu_1 + \nu_2$ 的参考信号。图中给出其中的一个天线站

7.2.5　光纤传输 LO 信号

上述讨论的大多数 LO 方案中，都可以用光纤代替电缆或传输线。下面给出一些光纤传输的特性。

● 环路系统的双向传输可以选择不同的光波长，以便于信号分离。在天线端，可使用特殊的调制设备将主本振发来的激光信号频率偏移几十兆赫兹，并注入反向光纤中。或者，也可以使用单独的激光器产生反向信号。使用光纤传输要着重考虑色散和温度漂移对激光波长的影响，特别是在两端使用了独立激光器的情况下。但是，如果激光器的波长非常接近于光纤的零色散波长，则可以忽略色散误差。

● 如 7.1 节所述，光波隔离器和定向耦合器的性能远好于相应的微波器件。

通过精心设计，有可能使用高性能光学器件分离光纤中波长相同的双向传播信号。在一些环路测相系统中将射频信号调制到光载波进行传输，在光接收端使用镀银反射镜将部分光波信号反射回光纤，用于环路相位测量。在光发射端可能需要使用光隔离器衰减反向信号的强度。将激光信号反射回激光器输出端会干扰激光器的正常工作。

● 一般情况下，柔性多芯光缆中每根光纤的等效长度差异很小，与一捆同轴电缆相比，同一根光缆中光纤的相位匹配要好得多。因此，根据测相精度要求，也可以用两根独立的光纤分别传输上行和下行信号，实现环路测相。

● 用恒定的张力缠绕光纤，对光纤电长度的影响小于对光缆进行弯曲的影响。但是缠绕会使发射信号的幅度发生小的变化，这是由光收机对光波线偏振角的剩余灵敏度决定的。

● 在光波波段测量环路相位是有可能平衡光纤中的路径长度的。实际上，在远小于 1s 的时间尺度上，光纤长度变化就可以达到波长量级，因此需要用环路相位控制一个长度可调器件来实现环路的自动修正。

● 可以将同一光纤中传输的两个激光信号的差频用作 LO 频率。将两个激光信号同时加载到光电二极管，就可以得到需要的射频频率。光电二极管输出的射频功率可以达到几微瓦，足够用作 SIS 混频器的本振。这种方案特别适合于毫米波和亚毫米波接收机（Payne et al.，1998）。

● 标准光纤长度变化的温度系数约为 $7 \times 10^{-6}\,\mathrm{K}^{-1}$。由 Sumitomo 公司为特殊应用研制的高稳定度光纤的温度系数比标准光纤小一个数量级，已经被用于亚毫米波阵列（Submillimeter Array，SMA）且不需要使用环路修正系统（Moran，1998）。

7.2.6 锁相环和参考频率

这里需要简要介绍 LO 系统的研制要点。上面介绍的两种方案都使用锁相环控制天线端的振荡器。锁相环的详细设计见 Gardner（1979），此处只讨论环路本征频率的选取。本征频率需要比鉴相器输入信号频率小约一个数量级，否则锁相环响应速度过快，可能会导致鉴相频率出现不必要的相位调制。图 7.5 所示的系统中，鉴相器输入信号频率是频差 $\nu_1 - \nu_2$，输入信号的频率上限由传输线反射决定。另外，环路响应的噪声带宽正比于本征频率。这些因素决定了锁相环本征频率的上限值，转而也限制了振荡器的选型。与稳定性好的振荡器相比，（非锁定时）相位稳定性较差的振荡器要选择本征频率更高的环路。晶体控制振荡器的稳定性好，要求的环路本征频率仅为几赫兹。由于环路噪声带宽相应地很小，所以特别适用于长传输线。在天线端使用晶体控制振荡器时，还有可能以脉冲形式发送参考频率，而不需要连续发送。这样就可以分时传送双向信号，不需要保留双向信号的频差。尽管如此，当信号传送方向反转时，电缆端点的电路阻抗变化可能会限制环路相位测量的精度。几个大型阵列设计了这种环路系统（Thompson et al., 1980; Davies et al., 1980）。

除了要将每个天线的锁相振荡器锁定到参考频率（图 7.4 中参考频率为 ν，图 7.5 中参考频率为 ν_2，图 7.8 中参考频率为 $\nu_1 + \nu_2$），还要对参考频率做倍频和分频，以生成所需的变频本振。倍频时，相位变化与频率成正比。从频率标准到第一本振频率的整个倍频链中，一般而言，从中心机房到天线的传输频率的选择并不是最关键的。然而，如果传输过程会显著增加噪声，则最好选择高频传输，以避免传输噪声导致的相差翻倍。

要使倍频电路引起的相位变化最小，就要减小温度的影响，就这点来说，值得讨论一下图 7.9 的方案。例如，要将系统调谐到多个离散频点，则生成包含很多谐波分量的"梳状"谱可能是有益的。将基频信号加载到变容二极管就可以得到"梳状"谱，但变容二极管的导通电压随温度变化，因此每个波形周期导通电压的相位是变化的，这使得产生的谐波相位也发生变化。图 7.9 给出的电路可以消除这种变化的影响。输入频率为 ν 的基频波形并未直接加载到谐波发生器，而是用于锁定一个频率为 ν 的振荡器，再用振荡器驱动谐波发生器。与输入频率做鉴相的振荡器频率波形是利用谐波混频获取的，即选择变容二极管的两个相邻谐波分量并用混频二极管做合成。锁相环使输出波形的相位相对于输入频率 ν 保持恒定，并能够调节振荡器的输出相位以补偿变容二极管导通电压的相位变化。

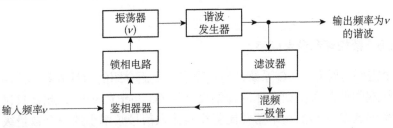

图 7.9　产生频率 ν 的谐波"梳状"谱方案，将谐波发生器嵌入一个锁相环，可以消除谐波发生器的相位变化。滤波器选通两个谐波信号并用混频二极管合成，来产生频率为 ν 的信号

在单元互连型阵列中，主本振相位噪声的低频分量会使每个天线端的 LO 出现类似的低频相位噪声，因此这些噪声分量为相关器贡献的相对相位趋于相互抵消。然而，由于从主本振到每个天线的参考信号存在时间延迟，以及从混频器到相关器的中频信号存在时间延迟（含用于补偿几何延迟的可变延迟），相位噪声分量会发生相位变化。因此，只有频率足够低，使天线之间的相位变化很

小的相位噪声频率分量才能够有效对消。LO 信号锁相环的带宽也会限制主本振相位噪声对消的频率范围。实际设备的主本振相位噪声对消的有效频率上限为从几十赫兹到几百千赫兹，取决于具体设备的参数。

7.2.7　滤波器的相位稳定性

用于本振频率选择的可调滤波器相位也会随温度变化。在 3dB 带宽 Δv 范围内，滤波器相位响应 ϕ 大约变化 $n\pi/2$，其中 n 为滤波器的阶数。因此中心频率 v_0 处，相位随频率的变化率为

$$\left.\frac{\partial \phi}{\partial v}\right|_{v_0} = \frac{n\pi k_1}{2\Delta v} \qquad (7.29)$$

其中 k_1 是约等于 1 的常数，取值取决于滤波器设计。滤波器中心频率随物理温度 T 而变化：

$$\frac{\partial v_0}{\partial T} = k_2 v_0 \qquad (7.30)$$

其中 k_2 是常数，受膨胀系数及滤波器介电常数影响。因此，相位随温度的变化率为

$$\frac{\partial \phi}{\partial T} = \left.\frac{\partial \phi}{\partial v}\right|_{v_0} \frac{\partial v_0}{\partial T} = n k_1 k_2 \left(\frac{\pi}{2}\right)\left(\frac{v_0}{\Delta v}\right) \qquad (7.31)$$

$v_0/\Delta v$ 因子是滤波器的 Q 值。组合常数 $k_1 k_2$ 可以凭经验确定，中心频率介于 1MHz 到 1GHz 的管状带通滤波器的典型值在 $10^{-5}\,\mathrm{K}^{-1}$ 量级。例如，如果允许滤波器的温度变化 1K，且要求滤波器导致的相位变化不超过 0.1°，则六阶滤波器的相对带宽不能小于 $n/100$ 或 5.4%。因此，使用窄带滤波器要注意。由于温漂的影响，窄带滤波器要慎用。要从频率间隔很近的一组谐波分量中挑出某一特定频率，应优先考虑锁相振荡器，而不是滤波器。

7.2.8　相位误差的影响

表现为快变相位误差的 LO 电路等产生的噪声会导致信号幅度损失，进而影响灵敏度。这些误差还可能影响可见度相位，但由于可见度平均可以有效减小相位快速变化的影响，因此对可见度相位的影响很小。为了评估灵敏度损失，用 $V_m \mathrm{e}^{\phi_m(t)}$ 和 $V_n \mathrm{e}^{\phi_n(t)}$ 分别表示两个天线到达相关器输入端的信号，其中 ϕ 项分别为天线 m 和 n 的相位误差。则相关器输出为

$$r = \left\langle V_m \mathrm{e}^{\phi_m(t)} V_n^* \mathrm{e}^{\phi_n(t)} \right\rangle \qquad (7.32)$$

其中尖括号代表期望值。如果 $\Delta\phi = [\phi_m(t) - \phi_n(t)]$ 为相位误差，则有

$$r = V_m V_n^* [\langle \cos \Delta\phi \rangle + j\langle \sin \Delta\phi \rangle] \qquad (7.33)$$

如果 $\Delta\phi$ 的概率分布函数是零均值的偶函数（大多数情况如此），则正弦项时间平均的期望值为零。然后，利用余弦项级数展开的前两项可得均方根相位误差 $\Delta\phi_{rms}$ 表征的输出为

$$r \approx \left[1 - \frac{1}{2}\Delta\phi_{rms}^2\right] \qquad (7.34)$$

$\Delta\phi_{rms}$ 小于 37° 时，余弦近似的精度为 1%。当 $\Delta\phi_{rms} = 8.1°$ 时，灵敏度损失 1%。

7.3　信号通道的频率响应

7.3.1　最优响应

在数字化之前，综合孔径阵列中的信号可能会经过若干放大器、滤波器、混频器等部件，这些部件的性能会随温度变化。但是，随着数字技术发展，在接收系统前级尽早做数字化，就可以减小温漂的影响。另外，对于谱线观测等使用的多通道相关器，可以单独调整每一个通道的增益，使整个接收通带具有平坦响应。但是，低噪声输入级后面可能还会用放大电路将信号电平提高到约 20dBm 量级或更高，然后再做数字采样，因此，考虑模拟器件增益漂移的影响是非常重要的。

除非天体源信号覆盖了很大的相对带宽，一般情况下信号和噪声在 IF 通带内的频谱大体上是平坦的，接收设备的频率响应就决定了数字采样（早期系统中到达模拟相关器输入端）的信号谱宽。令 $H(\nu) = |H(\nu)| e^{j\phi(\nu)}$ 为电压-频率响应函数，则宇宙信号贡献的天线 m 和 n 的相关器输出正比于：

$$\frac{1}{2}\int_{-\infty}^{\infty} H_m(\nu) H_n^*(\nu) d\nu = \mathrm{Re}\left[\int_0^{\infty} H_m(\nu) H_n^*(\nu) d\nu\right]$$
$$= \mathrm{Re}\left[\int_0^{\infty} |H_m(\nu)||H_n(\nu)| e^{j(\phi_m - \phi_n)} d\nu\right] \qquad (7.35)$$

推导中利用了附录 3.1 中式（A3.6）的关系式，$H_m H_n^*$ 是埃尔米特共轭的，下标符号代表天线编号。这里我们关心观测信噪比与信号通道频率响应的依赖性。实际上，通道频率响应只在有限的频带宽度 $\Delta\nu$ 内有非零值。由式（6.42），可以定义 $\mathcal{F}$ 因子等于实际通带相对于带宽 $\Delta\nu$ 的矩形通带的 SNR：

$$\mathcal{F} = \frac{\mathrm{Re}\left[\int_0^{\infty} H_m(\nu) H_n^*(\nu) d\nu\right]}{\sqrt{\Delta\nu \int_0^{\infty} |H_m(\nu)|^2 |H_n(\nu)|^2 d\nu}} \qquad (7.36)$$

当 $|H_m(\nu)|$ 和 $|H_n(\nu)|$ 在 $\Delta\nu$ 内是常数，即通带幅度响应是矩形函数时，上式有最大值。在此基础上，如果两个天线的 $\phi(\nu)$ 相同，则 $\mathcal{F}$ 等于 1。因此，带宽有限时矩形通带的灵敏度最高。注意，式中 $H_m H_n^*$ 的积分也同样用于计算复相关器的实部和虚部，因此也适用于计算可见度的模。

接收通带还给综合孔径阵列响应带来一些其他影响，其中最重要的是会造成综合响应的细节模糊，从而限制了有效成像视场范围。这种效应已在 6.3 节进行了讨论。对于给定的灵敏度，矩形通带的频谱分布最紧凑，因此模糊最小。

当然，严格的矩形通带只是一种理想情况。实际中，响应的特定设计和滤波器阶数决定了通带边缘的陡峭程度。如式（7.31）所示，极点数越多，$\partial\phi/\partial T$ 越大，响应越接近矩形。要评估实际通带响应的容差，就必须考虑两种效应：即信噪比恶化和确定独立天线增益因子时引入的误差，后文将会介绍。

7.3.2 频率响应失真的容差：灵敏度的恶化

首先考虑对灵敏度的影响。式（7.36）定义了恶化因子 $\mathcal{F}$ 等于 $H_m(\nu)$ 和 $H_n(\nu)$ 与带宽 $\Delta\nu$ 的矩形通带响应的相对 SNR。在研制接收系统时，一般希望保持带内平坦且边沿陡峭，但实际上，电缆的插损和反射等效应会导致带内频率响应的坡度和纹波等效应，而不同天线存在的这种效应是不同的。为评估这些影响，可以从理想矩形通带开始，并加入各种失真响应来计算因子 $\mathcal{F}$。失真包括以下几种类型：

（1）带内的幅度坡度，以对数表示幅度随频率线性变化；

（2）正弦幅度纹波，传输线反射可能导致纹波；

（3）通带中心频率偏移；

（4）相位响应的变化是频率的函数；

（5）延迟设置误差，引入随频率线性变化的相位分量。

上述（1）～（4）项失真主要适用于以模拟形式存在的信号，因此在早期系统设计中非常重要，早期系统一般在末级做数字化。表 7.1 中的第一列给出上述效应的频率响应表达式。表中第二列给出了信噪比恶化因子 $\mathcal{F}$，下标 m 和 n 代表相应天线的参数值。表 7.1 中的表达式已经用于推导每种效应的最大可容忍失真，表 7.2 给出了灵敏度损失不超过 2.5%（$\mathcal{F}=0.975$）时，对通带失真的限制。D'Addario（2003）讨论了 ALMA 阵列通带失真的严格限制。

表 7.1　与理想矩形响应的频率特性偏差及相应的 $\mathcal{F}$ 和 G_{mn} 表达式

频率响应	信噪比恶化因子，$\mathcal{F}$	天线对增益，G_{mn}
幅度倾斜 [a] $\left|H(\nu)\right|^2 = H_0^2 \mathrm{e}^{\sigma(\nu-\nu_0)}\prod\left(\dfrac{\nu-\nu_0}{\Delta\nu}\right)$	$\sqrt{\dfrac{4\left[\mathrm{e}^{(\sigma_m+\sigma_n)\Delta\nu/2}-1\right]}{\Delta\nu(\sigma_m+\sigma_n)\left[\mathrm{e}^{(\sigma_m+\sigma_n)\Delta\nu/2}+1\right]}}$	$\dfrac{2G_0}{\Delta\nu(\sigma_m+\sigma_n)}\left[\mathrm{e}^{(\sigma_m+\sigma_n)\Delta\nu/4}-\mathrm{e}^{-(\sigma_m+\sigma_n)\Delta\nu/4}\right]$
正弦波纹 $H(\nu)=H_0\left[1+\gamma\mathrm{e}^{\mathrm{j}2\pi(\nu-\nu_0)\tau}\right]$ $\prod\left(\dfrac{\nu-\nu_0}{\Delta\nu}\right)$	$\left[\dfrac{1+2\,\mathrm{Re}\left(\gamma_m\gamma_n^\star\right)+\left|\gamma_m\gamma_n\right|^2}{1+\left|\gamma_m\right|^2+\left|\gamma_n\right|^2+2\,\mathrm{Re}\left\{\gamma_m\gamma_n^\star\right\}+\left|\gamma_m\gamma_n\right|^2}\right]^{1/2}$ （见注释 b）	$G_0\left[1+\dfrac{2}{\pi}\left(\gamma_m+\gamma_n^\star\right)+\gamma_m\gamma_n^\star\right]$ （见注释 c）
中心频率偏移 [d] $H(\nu)=H_0\prod\left(\dfrac{\nu-\delta\nu-\nu_0}{\Delta\nu}\right)$ $\times\mathrm{e}^{\mathrm{j}N\pi(\nu-\delta\nu-\nu_0)/\Delta\nu}$	$\sqrt{1-\dfrac{\delta\nu_m-\delta\nu_n}{\Delta\nu}}$	$G_0\left[1-\dfrac{\delta\nu_m-\delta\nu_n}{\Delta\nu}\right]\mathrm{e}^{\mathrm{j}N\pi(\delta\nu_m-\delta\nu_n)/\Delta\nu}$
相位变化 $H(\nu)=H_0\prod\left(\dfrac{\nu-\nu_0}{\Delta\nu}\right)\mathrm{e}^{\mathrm{j}\phi(\nu)}$	$1-\dfrac{1}{2}\left\langle\phi_{mn}^2\right\rangle$ $\phi_{mn}(\nu)=\phi_m(\nu)-\phi_n(\nu)-\left\langle\phi_m(\nu)-\phi_n(\nu)\right\rangle$ （见注释 e）	$G_0\left[1-\dfrac{1}{2}\left\langle\phi_{mn}^2\right\rangle\right]$
延迟设置误差 $H(\nu)=H_0\mathrm{e}^{\mathrm{j}2\pi\nu\tau}\prod\left(\dfrac{\nu-\nu_0}{\Delta\nu}\right)$	$\dfrac{\sin\left[\pi\Delta\nu(\tau_m-\tau_n)\right]}{\pi\Delta\nu(\tau_m-\tau_n)}$	$G_0\left[\dfrac{\sin\pi\Delta\nu(\tau_m-\tau_n)}{\pi\Delta\nu(\tau_m-\tau_n)}\right]\mathrm{e}^{\mathrm{j}2\pi\Delta\nu(\tau_m-\tau_n)}$ （见注释 f）

a 当 $|x|\leqslant\dfrac{1}{2}$ 时，单位矩形函数 $\prod(x)$ 等于 1，当 $|x|>\dfrac{1}{2}$ 时，$\prod(x)$ 等于 0。参数定义：H_0 和 G_0 为增益常数，σ 为坡度参数，ν_0 为通带中心频率，γ 为正弦纹波分量的相对幅度，$\delta\nu$ 为频率偏差，τ 为延迟误差。

b 当 $\Delta\nu\tau$ 为整数值时成立（即通带内包含整数个纹波周期）。

c $\Delta\nu\tau=\dfrac{1}{2}$（即通带内包含半个纹波周期）。

d 通带边到边相位差 $N\pi$ 的线性相位响应。

e 尖括号 $\langle\ \rangle$ 代表通带内的均值。

f 相位项对应于基带响应（中心频率 $=\Delta\nu/2$）。

表 7.2　频率响应容差实例

失真类型	标准	
	信噪比恶化 2.5%	最大增益误差 1%
幅度坡度	通带边到边：3.5dB	通带边到边：2.7dB
正弦波纹	峰峰值：2.9dB	峰峰值：2.0dB
中心频率偏移	$0.05\,\Delta\nu$	$0.007\,\Delta\nu$
相位失真	$\phi_{mn}=12.8°\mathrm{rms}$	$\phi_{mn}=9.1°\mathrm{rms}$
延迟设置误差	$0.12/\Delta\nu$	$0.05/\Delta\nu$

7.3.3 频率响应失真的容差：增益误差

第二种效应是定标过程引入的误差，也要求对频率响应偏差进行限制。如果忽略噪声项，一对天线的相关器输出可表示为

$$r_{mn} = G_{mn} \mathcal{V}_{mn} \tag{7.37}$$

其中 $\mathcal{V}_{mn}$ 是源本身的复可见度，据此可以计算强度分布，G_{mn} 是两个通道的频率响应共同决定的增益因子。我们假设频率响应包含了天线和电子学部件的全部特征，用天线对 (m,n) 观测视场中心的单位流量密度的点源时，G_{mn} 正比于相关器输出。在实际应用中，通过观测可见度已知的定标源可以确定 G_{mn} 值。虽然可以用测量的天线对增益直接修正相关器输出数据，但用定标值来确定独立天线的（电压）增益因子 $g = |g|e^{j\phi}$，使得

$$G_{mn} = g_m g_n^* \tag{7.38}$$

会更具优势。这是由于大型天线阵列中的天线对数量远大于天线数量[n_a 个天线最多有 $n_a(n_a-1)/2$ 个天线对]，并不是所有定标数据都要用到。这就为定标过程带来很大的灵活性，例如，对阵列最长基线可分辨的源，对于短基线可能是不可分辨的，因此仍可以用于确定天线增益。这一原理推动了自适应定标技术的发展，如 11.3 节所述。

一般来说，如式（7.38）这样的参数化，要求所有天线的频率响应完全一致，或者只相差一个恒定的乘性因子。在满足这一条件的情况下，可以定义增益因子为

$$g = \sqrt{\int_0^\infty |H(\nu)|^2 \, d\nu} \tag{7.39}$$

实际上频率响应是不同的，选择合适的 g 值，并使下式最小化：

$$\sum \left| G_{mn} - g_m g_n^* \right|^2 \tag{7.40}$$

可得式（7.38）的近似解。观测同一定标源可测量的所有 G_{mn} 对应的天线对 (m,n) 都要参与求和运算。在定标后观测未知源时，用 $g_m g_n^*$ 代替式（7.37）中所有天线对的 G_{mn}，无论该天线对是否进行过直接定标。为避免这种方法引入的误差，估值残差

$$\varepsilon_{mn} = G_{mn} - g_m g_n^* \tag{7.41}$$

必须很小，这就要求频率响应的一致性非常好。所以，我们关心的是天线频率响应偏差的一致性，而不是与理想频率响应的偏差。

利用天线阵的群响应模型——即计算天线对的增益，对每个天线的增益做最优拟合，并计算残差——就可以合理分配通带失真的容差。表 7.1 第三列给出了不同类型失真的天线对增益，表 7.2 给出容差实例。容差在一定程度上还取决于响应模型失真的分布情况，表 7.2 中的容差是有意选择残差最大的失真分布函

数的结果。VLA 早期运行时使用的准则是：灵敏度最大损失 2.5% 和增益误差最大 1%，如表 7.2 所示（Thompson and D'Addario，1982）。根据灵敏度和动态范围要求，也可能需要选择更严格的准则。对于任何观测设备来说，在对仪器进行源模型响应的仿真时，都可以人为在模型可见度数据中加入不同量级的仿真误差，以确定增益误差的可接受范围。Bagri 和 Thompson（1991）讨论了 VLA 中增益误差的来源及影响。

7.3.4　单边带和双边带系统的延迟及相位误差

一般来说，源的入射波前到达阵列中每个天线的路径长度是不同的。波前到达不同天线的时间差被称为几何延迟 τ_g。为了补偿几何延迟的不同，需要对每个天线接收的信号插入一个设备延迟 τ_i，以保证所有天线的 $\tau_g + \tau_i$ 相等。这样，就保证了来自相位参考点的同一入射波前信号能够同时到达相关器的输入端口。由于几何延迟和设备延迟分别在不同频率影响信号，且延迟量改变和调整时会导致相位变化，因此相关器输出会存在条纹。理想情况下，设备延迟是可以连续调整的，并假设接收机不做变频，则相关器输出不会出现条纹振荡。实际上，情况是非常复杂的。如果在对信号做数字化以后再插入设备延迟，则可以方便地把采样间隔 τ_s 作为粗调步长。奈奎斯特频率采样时，$\tau_s = 1/2\Delta\nu$，其中 $\Delta\nu$ 为信号带宽。

7.3.5　延迟误差和容差

在多个天线构成的阵列中，指定一个天线作为参考，其他天线相对于参考天线各自调节延迟。我们假设波前最后抵达的天线为参考天线，参考天线的设备延迟保持为固定值。天线的总延迟为几何延迟和设备延迟之和，每个天线的总延迟与参考天线总延迟的差值即为延迟误差。当延迟误差大于 $\pm\tau_s/2$ 时，对延迟调整一个采样周期 τ_s。因此，天线单元的延迟误差在 $\pm\tau_s/2$ 范围内均匀分布。以信号采样间隔为单位做延迟粗调，工程上可以用先入先出（FIFO）存储器实现。延迟粗调可以实现设备的长时延调整，但粗调后的延迟误差仍然很大，如果不进一步减小误差，就会造成严重的灵敏度损失。例如，在 VLA 原型系统中，通过进一步调整采样定时信号实现的延迟精调步长为 $\tau_0 = \tau_s/16$。采样之间的间隔仍然为 τ_s，需要精调时，将采样时刻提前或延后 τ_0。当延迟误差达到 $\tau_0/2$ 时，将设备延迟调整 τ_0，如图 7.10 的阶梯函数所示。由图 7.10 可见，延迟误差的概率分布是 $\pm\tau_0/2$ 范围内的均匀分布。对一对天线来说，通常可以假设发生延迟调整的时刻是不相关的（通常，每个天线的几何延迟变化率是不同的），因此延迟误差的联合概率分布是三角函数，极大值为 $\pm\tau_0$，如图 7.11 所

示。延迟误差的均方根值为

$$\left[\frac{\int_0^{\tau_0} p(\Delta\tau)\Delta\tau^2 \mathrm{d}\Delta\tau}{\int_0^{\tau_0} p(\Delta\tau)\mathrm{d}\Delta\tau}\right]^{1/2} = \frac{\tau_0}{\sqrt{6}} \qquad (7.42)$$

其中 $p(\Delta\tau)$ 为 $\Delta\tau$ 的概率分布表达式，如图 7.11 所示。

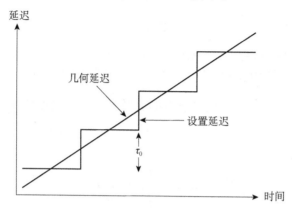

图 7.10　以 τ_0 为步长调整设备延迟以补偿几何延迟的示意图。图中阶梯函数的垂线代表设备延迟的调整时刻，水平线代表信号采样的时间间隔。在相对较小的周期内，可以用时间的线性函数表示几何延迟。两个坐标轴都是时间轴，但是时间尺度不同，例如，对 1km 长的东西向基线，图中代表几何延迟的直线的斜率为 $0.24\mathrm{ns}\cdot\mathrm{s}^{-1}$，两个坐标轴的时间尺度相差 10^{10} 量级

7.3.6　相位误差及其灵敏度恶化

延迟误差 $\Delta\tau$ 导致的信号相位误差为 $2\pi\nu\Delta\tau$，使用模拟延迟的系统在中频通道插入延迟，ν 为中频频率。最常见的系统是对信号通带做奈奎斯特采样，此时 ν 为基带频率，频率范围从 0 至 $\Delta\nu$。对于谱相关器来说，频率最高的子带中心频率接近于通带最高频率 $\Delta\nu$。对频率最高的子带进行奈奎斯特采样，天线对的最大延迟误差 τ_0 导致的相位误差为 $2\pi\Delta\nu\tau_0 = (\tau_0/\tau_s)\pi$。因此相位误差的概率分布是图 7.11 的三角函数，最大值为 $\pm(\tau_0/\tau_s)\pi$。根据式（7.42），均方根相位误差等于最大延迟误差除以 $\sqrt{6}$。

在分析延迟误差对灵敏度的影响时，要注意延迟误差 $\Delta\tau$ 对频率为 ν 的信号产生的相位误差为 $2\pi\nu\Delta\tau$。令精调步长与粗调步长 τ_s 的比值为 α，则三角加权的延迟误差余弦函数的平均值就决定了灵敏度，

$$\frac{2}{\alpha\tau_s}\int_0^{\alpha\tau_s}\left(1-\frac{\Delta\tau_s}{\alpha\tau_s}\right)\cos(2\pi\nu\Delta\tau)\mathrm{d}\Delta\tau = \left[\frac{\sin(\pi\nu\alpha\tau_s)}{\pi\nu\alpha\tau_s}\right]^2 \qquad (7.43)$$

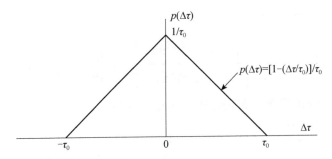

图 7.11　一对天线的延迟误差 $\Delta\tau$ 的概率分布函数 $p(\Delta\tau)$ 。τ_0 为设备延迟的最小调整步长。
图中 $p(\Delta\tau)$ 的表达式为 $\Delta\tau \geqslant 0$ 时的概率分布函数

上式是中心频率为 ν 、很窄通带的灵敏度，例如谱线观测等场景。连续谱观测时，带宽由 $N\Delta\nu$ 增加到 $(N+1)\Delta\nu$ 时，其中 N 为任意整数（包括零），则对通带响应做平均，可得灵敏度为

$$\frac{1}{\Delta\nu}\int_0^{\Delta\nu\alpha\tau_s}\left[\frac{\sin(\pi\nu\alpha\tau_s)}{\pi\nu\alpha\tau_s}\right]^2 \mathrm{d}\nu = \frac{2}{\alpha}\int_0^{\frac{\alpha}{2}}\left[\frac{\sin(\pi x)}{\pi x}\right]^2 \mathrm{d}x \qquad (7.44)$$

为了便于计算积分式，上式中，我们令 $\Delta\nu\tau_s=\dfrac{1}{2}$ ，且 $\nu\alpha\tau_s=x$ [①]。当只使用延迟粗调步长（$\alpha=1$）时，式（7.44）等于 0.774，正如前面提到的，只使用粗调而不采取进一步措施，灵敏度损失是无法接受的。表 7.3 给出一些带内平均的相位误差和灵敏度损失值。

表 7.3　全通带响应（$0\sim\Delta\nu$）观测连续谱源时的信噪比（灵敏度）损失值

$\alpha=\tau_0/\tau_s$	ϕ_{rms}	SNR 损失
1/4	10.6°	1.7%
1/8	5.30°	0.43%
1/16	2.65°	0.11%
1/32	1.33°	0.027%

7.3.7　减小延迟误差的其他方法

从概念上来说，要将延迟误差导致的灵敏度损失控制在某一容限[②]（如

---

①　当相位误差很小时，可以方便地令 $\langle\cos(\phi)\rangle \approx \left(1-\langle\phi^2\rangle/2\right)$ ，其中 $\phi=2\pi\nu\alpha\Delta\tau$ ，且 $\langle\ \rangle$ 代表均值。然后注意 $\Delta\tau$ 和 ν 是独立变量，所以 $\langle\phi^2\rangle=(2\pi)^2\langle\Delta\tau^2\rangle\langle\nu^2\rangle$ 。由式（7.42）可得 $\langle\Delta\tau^2\rangle=\tau_0^2/6$ ，且基带响应的 $\langle\nu^2\rangle=\Delta\nu^2/3$ 。

②　干涉仪系统有各种效应会限制灵敏度。一些效应影响较大，如孔径效率和量化效率；还有一些效应影响较小，如频率响应的相位失真、LO 噪声、时钟误差和延迟误差等。影响较小的效应的综合效果可能会很严重，因此对每一个效应都理应进行相对严格的限制，例如本节建议的 1%。

1%）内，最直接的方法是选择尽可能小的调整步长。对于宽带观测系统来说这种要求不易实现，因为宽带接收意味着在数字化时需要更高的采样率。D'Addario（2003）提出一种减小相位误差的可能方案，只要增加或减小一个延迟步长 τ_0，就调整 LO 相位对相应信号插入一个符号相反的相位跳变 $2\pi\nu_0\tau_0$[①]。这里的 ν_0 为 IF 的中心频率，在这一频点上相位误差被完全抵消。通过计算相对于通带中心的频率的均方值 $\left\langle (\nu-\nu_0)^2 \right\rangle$，就可以确定全通带的总效应：

$$\left\langle (\nu-\nu_0)^2 \right\rangle = \frac{1}{\Delta\nu} \int_{\nu_0-\Delta\nu/2}^{\nu_0+\Delta\nu/2} (\nu-\nu_0)^2 \mathrm{d}\nu = \frac{\Delta\nu^2}{12} \qquad (7.45)$$

上式结论适用于任何带宽为 $\Delta\nu$ 的 IF 通带。由设备延迟引入的相位变化贡献了一个频偏分量，可以用这个频偏消除干涉仪条纹，考虑到延迟误差效应，必须插入一个平滑频偏量 $2\pi\nu_0\mathrm{d}\tau_\mathrm{g}/\mathrm{d}t$，其中 τ_g 为几何延迟。抑制延迟误差操作可以与条纹旋转频偏一起加载到 LO 上[②]。同时插入相位跳变和频偏会产生一个锯齿形相位分量，在通道中心，延迟误差引入的锯齿可以精确消除。如果在不做精调的情况下使用这种方法，即 $\tau_0=\tau_\mathrm{s}$，灵敏度损失为 ~13%，因此必须结合精调使用这种方法。

7.3.8 多通道（谱线）相关器系统

在多通道相关器中，输入带宽被细分为许多通道，再对频率相同通道的信号做互相关。通道数量通常为 2 的整数次幂且一般为 1024 或者更多。任一通道内频率的相对变化很小。因此，在任意时刻延迟误差 $\Delta\tau$ 的效应是引入一个相位误差为 $2\pi\Delta\tau\nu_\mathrm{c}$，其中 ν_c 为通道中心频率。由于单个通道的频率变化很小，这就避免了宽带（连续谱）情况由相位误差随频率变化而导致的信号幅度损失。延迟误差随时间变化使得相位误差也是时变的，可以在相关器的每个通道插入相位修正因子来修正相位误差。因此，当使用多通道相关器时，如果能够用其他处理方法修正相位，就可能避免使用比 τ_s 更精细的步长。单元天线的最大延迟误差为 $\tau_\mathrm{s}/2=1/(2\Delta\nu)$，且频率最高的通道的中心频率约等于 $\Delta\nu$，因此最大相位误差等于 π。延迟误差变化一个周期的时间等于 $\frac{\mathrm{d}\tau}{\mathrm{d}t}\Big/\tau_\mathrm{s} = \frac{\mathrm{d}\tau}{\mathrm{d}t}\Delta\nu\Big/2$。（注意，阵列中每个天线的延迟变化率 $\frac{\mathrm{d}\tau}{\mathrm{d}t}$ 是不同的。）误差变化周期比一个条纹周期大

---

① VLA 发展的早期，考虑到但并未实施这种减小延迟误差的方法。原创思想归功于 B. G. Clark。
② 在双边带系统中，必须在第一 LO 实施条纹旋转，但抑制延迟相位误差所需的频偏量必须加载到第二或后级本振，因此就像延迟引入的相位误差一样，施加到 IF 通道的每个边带分量的频偏符号相同。

2×（天线端信号频率/0～Δν 区间内的基带信号频率）倍。在任意时刻，某个天线信号的相位误差等于 2π×（延迟误差）×（基带 0～Δν 内的通道频率）。如果在相关器输出做修正，则必须包括天线对中每个天线的修正量。

Carlson 和 Dewdney（2000）设计了一种能够处理宽带信号（宽带干涉数字架构，WIDAR）的多通道相关器方案。天线输出信号做奈奎斯特采样，然后将通带划分成 N_c 个通道。适合于每个通道的奈奎斯特采样率等于原始采样率除以 N_c，并在滤波器输出将采样率调整为通道的奈奎斯特率。各通道的滤波器输出分别送入独立的互相关器进行处理。采用这种方法，处理总带宽不受单个相关器处理能力的限制。N_c=32 就足以将延迟误差造成的灵敏度损失减小到可接受的程度。在相关器输入端调整信号相位能够去除延迟误差导致的相位误差，还能够用于消除条纹。由于信号经过了滤波处理后，样本是复数形式，因此在相关器输入端调节相位是可行的。多通道相关器提供了剔除干扰通道的手段，因此广泛应用于谱线和连续谱观测。

7.3.9　双边带系统

此前考虑的是单边带（Single-Sideband，SSB）系统的情况。对于双边带（Double-Sideband，DSB）系统，有一些差异是必须加以考虑的（Thompson and D'Addario，2000）。对 SSB 系统，相位误差的主要影响是导致相关矢量的旋转，如图 6.5（a）所示，因此引入相关器输出相位误差，如前几节所述[①]。对于 DSB 系统来说，延迟误差会导致相关矢量出现两个边带分量，且二者在复平面上反向旋转，如图 6.5（b）所示，其中直线 AB 代表延迟误差为零时相关矢量的相位角[②]。两个分量矢量和的幅度正比于 $\cos(2\pi\nu_0\Delta\tau)$，其中 ν_0 为 IF 中心频率，但设备延迟变化时互相关的相位不变。

设想一种几何延迟快速变化的情况，使得相关器输出的最小平均时间内，延迟误差的符号发生多次变化。对于图 6.5（a）的 SSB 系统，相关矢量的相位随两个天线的误差模式变化（图 6.5（a）中的小箭头代表相位矢量的变化，当相位误差符号变化时，小箭头方向反转）而往复摆动。对于图 6.5（b）的 DSB 系统，代表两个边带响应的两个矢量相位角沿相反方向运动。SSB 和 DSB 两种情况下，与时间平均矢量（图 6.5（b）中直线 AB）垂直的相关分量互相抵消，且相关的幅度正比于矢量与平均相位之差的余弦函数的时间平均。在时间平均周期内，SSB 系统的相位误差会改变符号，等效灵敏度损失与 DSB 系统相同。但是要注意，对于单边带系统，灵敏度是在时间平均过程中产生损失，而双边带系统是在相关过程立刻产生灵敏度损失。因此，SSB 系统是在时间平均时产生灵敏度损失，而 DSB 系统在互相关时就已经产生了灵敏度损失。因此，SSB 系统在互相关之后还有可能修正相位误差，而 DSB 系统只有当边带响应可分离的时候才有可能修正相位误差。

如果我们假设延迟误差是准常数，或者随时间变化很缓慢，则对 DSB 系统的容差要求更严格。这种误差对早期干涉仪有重要影响，早期系统的模拟延迟系统使用同轴电缆或超声器件，模拟器件对温度变化敏感，难以精确定标。数字化系统采用高精度主时钟控制延迟，只有步进调节会带来严重的误差。使用数字延迟时，延迟误差对 SSB 系统和 DSB 系统的影响大致相同，但同样 DSB 系统只有当边带能够分离时，才能在相关后做误差修正。

除了会导致灵敏度损失，延迟引入的相位误差还会产生可见度相位的测量误差。对于相位误差来说，时间平均后的误差比瞬时误差的影响更严重。如 5.2.2 节，只做简单的网格平均时，有效积分时间与基线矢量穿越一个网格的时间相当。在综合孔径阵列中，要对每个天线的延迟做补偿，以保证源掠过天空时，每个天线相对于某一相位参考点的延迟相等。如果天线间距很大，大部分网格的穿越时间内，延迟量可能会变化几个步长，因而经过数据平均后相位误差会减小。但要注意，任意一对天线的几何延迟变化率正比于 u，且基线矢量穿越 v 轴时，延迟变化率等于零。

总之，表 7.2 中的容差适用于从天线到相关器输入的整个系统。滤波器指标定义了通道特性，但需要考虑 7.2.7 节的温度效应。前级单元的频率选择性应该满足射频干扰抑制的最低要求。与模拟滤波相比，采样后做数字滤波，在数字域定义通带具有很多优势（Prabu et al.，2015）。

7.4 极化失配误差

观测无极化源时，当两天线的极化特性相同时响应值最大。由于存在天线结构公差，两个天线的极化特性会存在小的偏差。这些偏差会引入天线增益分配误差，与频率响应偏差的影响类似。为考察极化的影响，我们计算两个任意极化天线对随机极化源的响应，源极化由式（4.29）中的斯托克斯参量 I_v 定义。有关符号用极化椭圆来定义（见图 4.8 及相关文字说明）。主轴位置角为 ψ，轴

比为 $\tan\chi$，下标 m 和 n 代表阵列中的两个天线。例如，考虑两个天线具有相同的标称圆极化，即 $\chi_m = \pi/4 + \Delta\chi_m$ 和 $\chi_n = \pi/4 + \Delta\chi_n$，其中 Δ 代表相应参数与理想值的偏差。极化响应为

$$G_{mn} = G_0 \Big[\cos(\psi_m - \psi_n)\cos(\Delta\chi_m - \Delta\chi_n)$$
$$+ j\sin(\psi_m - \psi_n)\cos(\Delta\chi_m + \Delta\chi_n) \Big] \tag{7.46}$$

其中 $\psi_m - \psi_n$ 和 Δ 项代表加工容差且都很小。因此，可以做三角函数展开并只保留一阶项和二阶项。则式（7.42）变成

$$G_{mn} = G_0 \left\{ 1 - \frac{1}{2}\Big[(\psi_m - \psi_n)^2 + (\Delta\chi_m - \Delta\chi_n)^2 \Big] + j(\psi_m - \psi_n) \right\} \tag{7.47}$$

类似 7.3 节的频率响应分析过程，将极化参数加入一组天线模型并确定天线对增益、最优拟合天线增益及增益残差。为简化起见，假设参数 χ 和 ψ 的分布范围接近。计算可得，χ 和 ψ 的误差达到 $\pm 3.6°$ 时，最大增益残差为 1%。$\Delta\chi = 3.6°$ 相当于极化椭圆的轴比等于 1.13，在波束中心附近满足这一圆极化偏差的馈源并不难加工。利用类似方法分析线极化天线，容差也在同一量级（Thompson，1984）。

7.5 相 位 切 换

7.5.1 降低杂散信号响应

在第 1 章中介绍了二元干涉仪的相位切换技术，作为早期干涉仪中模拟信号相乘的一种方法，其原理如图 1.8 所示。但是后期设备中，相关器代替了平方律检波器。尽管现在使用了更直接的方法实现信号相乘，但相位切换技术对消除相关器的微小系统偏差仍然有用，系统偏差主要来自于电子学模块的非理想性或杂散信号。由于振荡器的组合谐波分量可能会落入观测频带或者某级 IF 频带内，因此有可能泄漏进入电子学系统，任何复杂的接收系统都难以完全消除杂散信号。杂散信号电平很低，难以通过简单的方法直接测试，但可能足以在输出信号中产生杂散分量。如果阵列包含有 n_a 个天线，接收带宽为 $\Delta\nu$，持续观测时间为 τ，最小可检测信号的极限功率电平是噪声电平的 $\left(n_a\sqrt{\Delta\nu\tau} \right)^{-1}$ 倍量级，例如 $n_a = 27$，$\Delta\nu = 50\text{MHz}$，$\tau = 8\text{h}$，可以检测到比噪声电平低 75dB 的信号。在 IF 系统之间互耦的少量噪声也能产生类似的影响。杂散信号产生的可见度分量只随时间缓慢变化，因此其影响主要表现为图像原点附近的杂散结构。如果杂散是未经相位切换就进入了信号通道，则同步检波器输出分量不随开关

频率而变化，通过相位切换，通常可以将其幅度抑制几个数量级。

7.5.2 相位切换的实现

本节讨论多单元阵列中所有天线对的信号都进行互乘情况下的相位切换问题。相位切换可表征为接收信号乘以一个周期函数，函数值在+1 和−1 之间周期变化。设第 m 和第 n 个天线的周期函数分别为 $f_m(t)$ 和 $f_n(t)$。对这两个天线的相关器输出做同步检波，需要一个参考信号 $f_m(t)f_n(t)$，且乘法器输出的任何不变的、未经相位切换的分量经时间 τ 积分后，衰减因子为

$$\frac{1}{\tau}\int_0^\tau f_m(t)f_n(t)\mathrm{d}t \qquad (7.48)$$

对于 $f_m(t)$ 和 $f_n(t)$ 两个周期波形，如果二者的最小正交周期为 τ_{or}，则 τ 等于 τ_{or} 的整数倍时，衰减因子等于零。由于跟踪延迟补偿会引起相位和杂散信号的慢变化，实际上输出中的无用分量可能不会保持不变。但只要在周期 τ_{or} 内无用分量的变化很小，就可以通过同步检波极大地抑制无用分量。如果相对切换时刻影响两个切换函数的正交性，则应调整时序使相关器输入端的两个切换函数保持正交。因此，可能需要在天线端调整切换时序，以补偿随着源在天空运动而插入的时变设备延迟。

对于包含 n_a 个天线的阵列，实施相位切换需要有 n_a 个互相正交的二态函数。频率正比于 2 的整数次幂的方波波形是相互正交的，此时 τ_{or} 等于最小非零频率的周期[1]。在相位切换过程中，τ_{or} 等于数据积分时间，典型值为几秒，但特殊情况下可能小至 10ms。最短切换间隔 τ_{sw} 等于最高频率方波的半周期。技术上，τ_{or}/τ_{sw} 不超过两个数量级是比较易于实现的。如果阵列中的一个天线不做相位切换，则 $\tau_{or}/\tau_{sw}=2^{n_a-1}$。如果两个同频方波的相位相差四分之一个周期，则两个方波是正交的。如果正交性要求也包括同频方波，则 $\tau_{or}/\tau_{sw}=2^{n+1}$，其中 n 是大于或等于 $(n_a-3)/2$ 的最小整数。用这种方法可以减小 τ_{or}/τ_{sw} 值，但相关器的相对切换时序会影响正交性，使用非同频方波波形则不需要考虑时序。对于大型阵列，这两类正交函数的 τ_{or}/τ_{sw} 都很大，会带来种种不便。例如 $n_a=27$ 时，非同频方波的 τ_{or}/τ_{sw} 值为 10^8 量级，同频方波为 10^4 量级。

注意正交性的基本条件是：对于任意时间偏移的一对非同频方波波形，如果它们不包含频率相同的傅里叶分量，则二者正交。方波的特性是所有偶数阶傅里叶分量的系数均为零，奇数阶分量的系数均为非零。因此，虽然频率正比于 1，2，3，…的正弦波是相互正交的，但这些频率的方波通常并不相互正交。

---

① 这种波形有时被称为 Rademacher 函数。

例如，频率为 1、2 和 4 的方波信号没有同频傅里叶分量，是正交的；而频率为 1、3 和 5 的方波信号有同频傅里叶分量，相互间并不正交。D'Addario（2001）通过一般性分析表明，频率最低的 N 个相互正交的方波集中，包含的频率正比于 2^n，其中 $n = 0$，1，$\cdots$，$(N-1)$，即上述讨论的方波集。由于正交集中不同的方波信号不包含同频傅里叶分量，因此相对时序偏差不影响其正交性。同样要注意的是，并不需要严格保持相位切换的正交性。如果每个积分周期包含 k 个方波周期，且 k 是大于 100 的质数，则通过相位切换可以将无用响应降低至原来的 $\dfrac{1}{10^4}$ 甚至更低。

　　包含很多天线的阵列的相位切换波形首选 Walsh 函数。Walsh 函数是矩形波形，+1 和 -1 的切换间隔是基本时间周期的可变因数，如图 7.12 所示。关于 Walsh 函数（Walsh，1923；Fowle，1904）的描述参见 Harmuth（1969，1972）或 Beauchamp（1975）。有多种命名和排序的不同的 Walsh 函数可用。其中一种系统（Harmuth，1972）中，将偶对称函数表示为 $\mathrm{cal}(k,t)$，奇对称函数表示为 $\mathrm{sal}(k,t)$。其中 t 是时间，等于时基 T 的分数，T 是函数波形重复间隔；k 为序数，等于时基 T 内函数过零次数的一半。序数不同的 Walsh 函数是相互正交的，序数相同的 cal 和 sal 函数也是正交的，但存在一个时间偏置。要保持正交性，就要求每个 Walsh 函数的时基对齐，因此不允许有时间偏置。序数为 2 的整数次幂的 Walsh 函数是方波。如果阵列中有一个天线不切换，且只使用 cal 函数或 sal 函数，则所需的最大序数为 $n_a - 1$。则 $\tau_{\mathrm{or}} / \tau_{\mathrm{sw}} = 2n$，其中 n 是 $2^n \geqslant n_a - 1$ 的最小幂指数。如果同时使用 cal 和 sal 函数，则 n 是 $2^n \geqslant (n_a - 1)/2$ 的最小幂指数。例如，当 $n_a = 64$ 时，第一种情况下 $\tau_{\mathrm{or}} / \tau_{\mathrm{sw}} = 128$，第二种情况下 $\tau_{\mathrm{or}} / \tau_{\mathrm{sw}} = 64$。另一种 Walsh 函数命名为 $\mathrm{wal}(n,t)$，其中包含 cal 和 sal 函数，且 $\mathrm{cal}(n,t) = \mathrm{wal}(2n,t)$，$\mathrm{sal}(n,t) = \mathrm{wal}(2n-1,t)$。

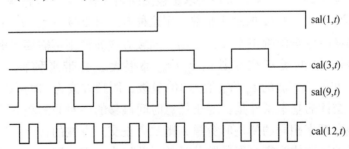

图 7.12　四种 Walsh 函数实例。上图所示为一个时基周期，每个函数在一个时基周期后重复。在一个周期内，sal 函数为奇对称，cal 函数为偶对称。每个函数的值都在 1 和 -1 之间切换。括号中的第一个数值为函数的序数，等于时基周期内函数过零次数的一半，t 是时基的分数

生成 Walsh 函数的一种方法是使用 Hadamard 矩阵，最低阶矩阵为

$$H_2 = \begin{bmatrix} 1 & 1 \\ 1 & -1 \end{bmatrix} \tag{7.49}$$

将 H_2 的每个元素都替换成该元素与 H_2 矩阵之积［等效于做外积，见式（4.48）］可以生成高阶 Hadamard 矩阵。例如，重复两次该过程，可得 8 阶矩阵

$$H_8 = \begin{bmatrix} 1 & 1 & 1 & 1 & 1 & 1 & 1 & 1 \\ 1 & -1 & 1 & -1 & 1 & -1 & 1 & -1 \\ 1 & 1 & -1 & -1 & 1 & 1 & -1 & -1 \\ 1 & -1 & -1 & 1 & 1 & -1 & -1 & 1 \\ 1 & 1 & 1 & 1 & -1 & -1 & -1 & -1 \\ 1 & -1 & 1 & -1 & -1 & 1 & -1 & 1 \\ 1 & 1 & -1 & -1 & -1 & -1 & 1 & 1 \\ 1 & -1 & -1 & 1 & -1 & 1 & 1 & -1 \end{bmatrix} \begin{array}{l} \mathrm{cal}(0,t), \mathrm{pal}(0,t) \\ \mathrm{sal}(4,t), \mathrm{pal}(4,t) \\ \mathrm{sal}(2,t), \mathrm{pal}(2,t) \\ \mathrm{cal}(2,t), \mathrm{pal}(6,t) \\ \mathrm{sal}(1,t), \mathrm{pal}(1,t) \\ \mathrm{cal}(3,t), \mathrm{pal}(5,t) \\ \mathrm{cal}(1,t), \mathrm{pal}(3,t) \\ \mathrm{sal}(3,t), \mathrm{pal}(7,t) \end{array} \tag{7.50}$$

矩阵中每行对应的 Walsh 函数在该行右侧标注，用这种方式生成的 Walsh 函数，可以通过符号取反来获得偶序数的函数。相位检波器输出的波形为两个天线各自相位切换函数之积。这样两个 Walsh 函数之积仍为 Walsh 函数，积函数的序数大于或等于两个原函数序数之差。

Walsh 函数也可由方波函数相乘产生。这里令方波函数为 $\mathrm{Sq}(n,t)$，其中 n 为整数，方波的半周期为 $T/2^n$，即在时基 T 内有 2^{n-1} 个整周期。函数 $\mathrm{Sq}(0,t)$ 的值为常数 1。在图 7.12 的例子中，$\mathrm{sal}(1,t)$ 是方波函数，$\mathrm{cal}(3,t)$ 和 $\mathrm{sal}(9,t)$ 分别是 $\mathrm{sal}(1,t)$ 与另一个方波函数之积。当把 Walsh 函数看作是方波函数之积时，可以方便地使用 Paley 提出的 Walsh 函数定义 $\mathrm{pal}(n,t)$（Paley，1932）。整数 n 称为 Walsh 函数的自然阶数。等于方波函数 $\mathrm{Sq}(i,t)$，$\mathrm{Sq}(j,t)$，$\cdots$，$\mathrm{Sq}(m,t)$ 之积的 Walsh 函数 $\mathrm{pal}(n,t)$ 的自然阶数为 $n = 2^{i-1} + 2^{j-1} + \cdots + 2^{m-1}$。两个 Walsh 函数之积是另一个 Walsh 函数，其自然阶数等于两个 Walsh 函数分量的二进制自然阶数之和（即不进位的加法）。

表 7.4 给出一组 Walsh 函数的自然阶数及构成该函数的方波函数。两个 Walsh 函数之积可表示为方波函数分量之积，例如，

$$\begin{aligned} \mathrm{pal}(7,t) \times \mathrm{pal}(10,t) &= [\mathrm{Sq}(1,t) \times \mathrm{Sq}(2,t) \times \mathrm{Sq}(3,t)] \times [\mathrm{Sq}(2,t) \times \mathrm{Sq}(4,t)] \\ &= \mathrm{Sq}(1,t) \times \mathrm{Sq}(2,t) \times \mathrm{Sq}(2,t) \times \mathrm{Sq}(3,t) \times \mathrm{Sq}(4,t) \\ &= \mathrm{Sq}(1,t) \times \mathrm{Sq}(3,t) \times \mathrm{Sq}(4,t) \\ &= \mathrm{pal}(13,t) \end{aligned} \tag{7.51}$$

上式应用了 Walsh 函数或方波函数乘积的一个特性，即自身相乘等于 1。自然序

为 7 和 10 的 Walsh 函数的二进制自然序分别为 0111 和 1010，无进位的二进制相加结果为 1101，等于 13，即为积函数的自然阶数。

表 7.4　一些 Walsh 函数的方波分量

自然阶数分配	方波分量					序数分配
	Sq(0,t)	Sq(1,t)	Sq(2,t)	Sq(3,t)	Sq(4,t)	
pal（0, t）	1					cal（0, t）
pal（1, t）		1				sal（1, t）
pal（2, t）			1			sal（2, t）
pal（3, t）		1	1			cal（1, t）
pal（4, t）				1		sal（4, t）
pal（5, t）		1		1		cal（3, t）
pal（6, t）			1	1		cal（2, t）
pal（7, t）		1	1	1		sal（3, t）
pal（8, t）					1	sal（8, t）
pal（9, t）		1			1	cal（7, t）
pal（10, t）			1		1	cal（6, t）
pal（11, t）		1	1		1	cal（7, t）
pal（12, t）				1	1	cal（4, t）
pal（13, t）		1		1	1	sal（5, t）
pal（14, t）			1	1	1	sal（6, t）
pal（15, t）		1	1	1	1	cal（5, t）

　　将 Walsh 函数视为方波函数之积，有助于洞悉 Walsh 函数相位切换对于消除无用分量的有效性（Emerson，1983，2009）。设 $\mathcal{U}(t)$ 为接收系统中无用分量的响应，例如中频信号的互扰或者采样量化误差。假设 $\mathcal{U}(t)$ 出现在相位切换之后，则后级利用相位切换波形做同步检波时，$\mathcal{U}(t)$ 变成 $\mathcal{U}(t)\mathrm{pal}(n,t)$ 且在后续平均过程中被极大衰减。假设 $\mathrm{pal}(n,t)$ 是 m 个方波函数 Sq(i,t)，Sq(j,t)，$\cdots$，Sq(m,t) 之积，则 $\mathcal{U}(t)$ 乘以 $\mathrm{pal}(n,t)$ 可以等效为 $\mathcal{U}(t)$ 顺序乘以每个方波函数。另外，假设方波函数的周期远小于 $\mathcal{U}(t)$ 变化的时间尺度。所以，经过第一次相乘和平均，杂散电压的平均残差为

$$\mathcal{U}_1(t)=\frac{\left[\mathcal{U}(t)+\delta t\dfrac{\mathrm{d}\mathcal{U}}{\mathrm{d}t}\right]-\mathcal{U}(t)}{2}=\frac{\delta t}{2}\frac{\mathrm{d}\mathcal{U}}{\mathrm{d}t}=\frac{T}{2^{i+1}}\frac{\mathrm{d}\mathcal{U}}{\mathrm{d}t} \tag{7.52}$$

式中 δt 是方波函数的半周期，即 $T/2^i$。$\mathcal{U}_1$ 是一个 Sq(i,t) 周期的结果，但如果假

设 $\mathcal{U}(t)$ 是慢变化，则可以认为 $\mathcal{U}_1$ 等于 Walsh 时基 T 内的均值。用 $\mathcal{U}_1$ 代替式
（7.52）中的 $\mathcal{U}$，可得与第二个方波函数相乘的结果：

$$\mathcal{U}_2(t) = \frac{T}{2^{j+1}}\frac{\mathrm{d}\mathcal{U}_1}{\mathrm{d}t} = \frac{T^2}{2^{i+j+2}}\frac{\mathrm{d}^2\mathcal{U}}{\mathrm{d}t^2} \tag{7.53}$$

与第 m 个方波函数分量相乘可得

$$\mathcal{U}_m(t) = \frac{T^m}{2^{(1+2+\cdots+m)}}\frac{\mathrm{d}^m\mathcal{U}}{\mathrm{d}t^m} \tag{7.54}$$

可见，只有 $\mathcal{U}$ 的高阶导数被保留下来。

　　pal(n,t) 中的 n 为 2 的整数次幂的 Walsh 函数消除无用响应的效率最低，因为这种情况下 pal(n,t) 只是一个方波函数。从表 7.4 可以看出，$n = 2^k - 1$（k 为正整数）的 pal(n,t) 包含的方波分量最多。对于少量天线构成的阵列，不需要使用大量不同的切换函数，可以选择能够最有效抑制无用分量的 Walsh 函数。类似地，一些单天线应用中，Walsh 函数比方波函数效率更高，例如，在天空源和参考位置之间的波束切换（Emerson，1983）。另外一种可能的相位切换函数集是 m -序列，由 Keto（2000）提出，用于需要 90° 和 180° 相位切换的情形。

7.5.3　相位切换的定时精度

　　设计相位切换系统时需要考虑切换时序的容差。一般来说，定时精度应远小于任一切换函数的最小切换间隔。例如 ALMA［阿塔卡马大型毫米波/亚毫米波阵列，Wootten（2003），Wootten 和 Thompson（2009）］使用了两套相位切换操作，其中一套嵌入了另一套（Emerson，2007）。用 $\pi/2$ 相位切换进行边带分离时，采用了时基 2.048s 的 128 元素 Walsh 函数集，且最小切换间隔为 16ms。另一套 128 元素集用于 π 移切换，时基为 16ms，且最小切换间隔为 125μs。因此时序误差必须远小于 125μs。

　　通常，为了保持 Walsh 函数的正交性，要求函数之间没有时间偏置。在天线端执行第一级切换，即尽量在信号路径的前级做切换。可以在天线端做数字化，也可以将信号以模拟形式发送到中心站再做数字化。图 7.13 给出主要的系统延迟，其中 τ_g 是几何延迟，τ_{tr} 是传输（从天线到处理系统）延迟，τ_i 是设备补偿延迟。与时序或相位切换相比，模拟电路或数字电路的延迟通常非常小，可以忽略。接收系统有三种主要的时序要求。

　　（1）所有天线从入射波前到相关器输入的总延迟 $\tau_g + \tau_{tr} + \tau_i$ 必须相等，以保持有用信号的相关性。这是通过调整设备延迟 τ_i 实现的。

　　（2）第一级和第二级要保证相位跳变时间一致，以确保有用信号的相位切

换能精确对消。例如，如果在中心处理节点做第二级相位切换，则相对于第一级切换，第二级切换要增加一个相对延迟 τ_{tr}。

（3）任一信号路径上的第一级和第二级相位切换都需要加上该天线的几何延迟 τ_g，以确保来自不同天线的无用分量同时在相关器输入端做切换。当天线跟踪源时，τ_g 是时变的。

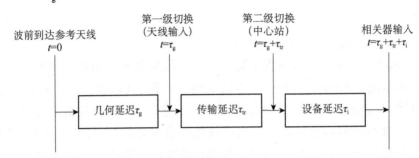

图 7.13　阵列中足以影响 Walsh 函数相位切换精度的延迟量。其中 t 为信号波前到达延迟参考天线的时刻。图中给出了传输延迟后的第二级切换，当信号以模拟形式发送到中心站时应考虑传输延迟。如果在天线端做数字化，第一级和第二级切换都配置在传输延迟之前

上述第二条要求只与从天线到相关器的同一信号路径上的相对切换精度有关。由于只与同一个 Walsh 函数两次切换的偏置有关，因此这是最简单的情况。考虑第一级与第二级切换的相对时序存在一个小的时间偏置 δ。每次切换时，这个时间偏置使得相关器输出电压出现一个反转时段 δ，抵消掉一个时长相同的未反转时段。因此，每反转一次，有效信号损失了 2δ 时长。灵敏度损失平均为 $2n_t\delta/\tau_{tb}$，其中 n_t 为时基 τ_{tb} 内的反转次数（即 Walsh 序数的两倍）。因此，相关损失容忍极限为 1%时，根据给定的时基和最大序数可以计算 δ 的容差。由于相关损失正比于 n_t，选择 Walsh 集中序数最小的切换函数有助于减小灵敏度损失。对于天线数量和基线长度都不是很大的阵列，通常可以无须对切换时序做 τ_g 延迟（如上述第（3）条）。这样会引入 τ_g 的时序误差，最长基线的误差最大。几何延迟最大的天线应选择 n_t 值最小的切换函数，这样能够将时序误差的影响降至最小。

上述第（1）条和第（3）条要求与不同天线的相对切换时刻有关，也即不同 Walsh 函数的时序误差。时序误差导致不同天线 Walsh 函数的正交性损失，因此影响无用分量的抑制效果。与前面讨论的两个相同 Walsh 函数的时序误差相比，不同天线的情况复杂得多。正交性损失取决于两函数的序数，且二者的序数处于 Walsh 函数集的中间范围时，正交性损失最大，见 Emerson（2005）。偶序数和奇序数函数对在存在时序偏置时仍保持正交，但一个 Walsh 函数集

中，这样的函数对不会超过一半。剩余的函数对中，在存在时序误差时有一些函数对仍保持正交，如一些数值试验所示，也有一些不再保持正交［如 Emerson（2005）中的图 3 所示］。显然，阵列中使用数量相等的偶序数和奇序数函数是有益的，这样可以使大约一半天线对的正交性不受时序误差的影响。

7.5.4　相位切换和条纹旋转与延迟调整的相互作用

用相位切换来降低杂散信号响应的有效性取决于无用信号是从哪一点进入信道的。下面介绍最有可能引入干扰的三种情况。

（1）无用信号从天线进入，或者从信道中相位切换、条纹旋转和延迟补偿之前的某点进入。这种情况下，无用信号和有用信号一起做相位切换，并不会被同步检波抑制（虽然在 VLBI 等情况下，条纹频率很高，无用信号可能受到条纹旋转的抑制）。外界的干扰就属于这种情况，其影响将在第 16 章讨论。

（2）无用信号在相位切换之后，但在条纹旋转和延迟补偿之前的某点进入信道。条纹旋转移相的作用是将相关器输出有用信号的条纹频率降低到零，对杂散信号的作用是使其相关器输出表现出相位参考点处点源的固有条纹频率分量。这一分量随后与 Walsh 函数做同步检波。如果固有条纹频率短暂地与 Walsh 函数的某个傅里叶分量同频，则会出现杂散响应。

（3）杂散信号在相位切换和条纹旋转之后、延迟补偿之前进入信道。这种情况下，由于延迟补偿的变化，杂散信号会产生相移。产生的相关器输出分量的频率等于用 IF 观测且做延迟补偿时引入的固有条纹频率。因此，杂散分量频率比固有条纹频率低一到三个数量级，且容易避免与 Walsh 函数的傅里叶分量同频。

从以上分析可以看出，尽量在信号通道前级实施相位切换和条纹旋转通常是有利的。Granlund 等（1978）介绍了 VLA 原型系统使用的相位切换方案，如图 7.14 所示。在天线端对本振而不是信号通道实施相位切换更容易，这样可以避免宽带相位切换。信号经末级 IF 放大器输出后做数字化，然后在数字域做延迟和相乘。这种系统中，经过相位切换后仍可能残留缓慢的相位漂移，可以在数字采样器中做同步检波去除。在数字域做同步检波只需要反转数字信号数据的符号位，且只需要对 n_a 个信号通道而不是对 $n_a(n_a-1)/2$ 个相关器输出做处理。

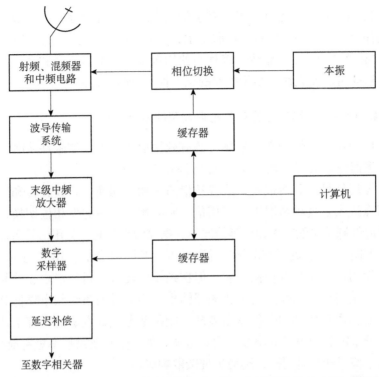

图 7.14　VLA 原型系统中一个接收通道的简化原理图。由计算机产生 Walsh 函数并周期地馈入缓存器，再输出用作相位切换和数字采样器符号反转电路的时钟。来自文献：Granlund 等（1978），© 1978 IEEE

7.6　自动电平控制与增益定标

　　大多数综合孔径阵列都使用自动电平控制（Automatic Level Control，ALC）电路保持总信号电平恒定，即在一些关键点保持宇宙信号与系统噪声之和恒定。先检测总信号的一小部分电平并与预设值比较，以生成反馈控制信号送给信号链路的增益控制单元。需要保持信号电平恒定的关键点包括微波或光波传输 IF 信号的调制器，以及模拟相关器或数字采样器的输入电平等。关于数字采样器电平容差的讨论见 8.5.1 节。

　　ALC 环路的作用是保持 $|g|^2(T_S+T_A)\Delta\nu$ 值恒定，其中 g 是从天线到增益控制点的电压增益，T_S 是系统温度，T_A 是源贡献的天线温度分量。因此，需要控制 $|g|^2$ 反比于 (T_S+T_A) 变化，天线跟踪源时指向变化，旁瓣接收的地面辐射和大气衰减都会对 (T_S+T_A) 有很大影响。为了测量增益变化，可以将宽带噪声源信号注入接收机的输入端。噪声源以几赫兹到几百赫兹的频率反复开关，再用

同步检波器采样和检测其输出分量。噪声源开时，系统总温度会增加一个定标分量 T_C，为了避免系统灵敏度降低，T_C 通常不大于 T_S 的百分之几。噪声源开/关分量的幅度可以直接用来测量系统增益，当 $T_A \ll T_S$ 时，噪声源开/关的信号电平之比等于 $1 + T_C / T_S$，利用该比值可以连续测量 T_S 的变化。这种方法不能修正结构形变导致的天线增益变化，必须周期性地观测射电源来单独标定天线增益。

7.7　条　纹　旋　转

　　成像之前，必须去除相关器数据的条纹振荡。这一过程有时被称为条纹消除（即消除随天空指向变化的条纹运动）。如第6章所述，可以使 LO 频率偏置一个条纹频率来消除条纹。多天线阵列中每个天线与公共参考天线形成的固有条纹频率即为该天线的 LO 频率偏置量。在相关器中对所有信号插入相位修正量也可以消除条纹。如果在相关处理时在互乘之前插入修正量，需要在 n_a 个天线信号中都插入修正量 [例如参见 Carlson 和 Dewdney（2000）]，然而在互乘后，就必须对所有 $n_a^2 / 2$ 个天线对插入修正量。但是，互乘之前需要对进入相关器的每个信号样本插入修正量，而对互积做修正，可以在对互积做有限时间积分后插入修正量。（积分时间不能太长，以免条纹振荡被积分抑制。）对条纹振荡做时间平均等效于将频率 ν_f 的正弦条纹与宽度等于积分时间 τ_{av} 的矩形函数做卷积。$\nu_f \tau_{av} = 0.078$ 时灵敏度损失为 1%，$\nu_f \tau_{av} = 0.111$ 时灵敏度损失为 2%。作为近似准则，平均时间不能大于～1/10 条纹周期。DSB 系统中必须对第一本振做 LO 频率偏置，或者当相关器做条纹消除时，必须先分离边带。边带分离见 6.1.12 节。

附录 7.1　边带分离混频器

　　边带分离混频器或镜像抑制混频器的原理如图 A7.1 所示。$\cos(2\pi\nu_u t)$ 和 $\cos(2\pi\nu_l t)$ 项分别代表上边带和下边带频率的输入波形。输入信号送给两个混频器，两个频率为 ν_{LO} 的 LO 波形相位正交。混频器生成信号和 LO 波形之积，滤波器只允许 ν_{LO} 和 ν_u、ν_l 的差频通过。下部的混频器输出还要经过一个 $\pi / 2$ 相位延迟网络。由点 A 和点 B 处的波形表达式可见，如果用一个加法网络将这两点的波形相加，可得上边带响应。类似地，如果使用差分网络，可得下边带响应。这两种情况下，无用边带响应的抑制精度都取决于相位正交关系、混频器和滤波器频率响应的匹配性以及相位延迟网络的插损。实际上，从几个吉赫兹

变频到基带，一般能够抑制到−20dB。精心设计的系统能够抑制到−30dB
（Archer，1981）。

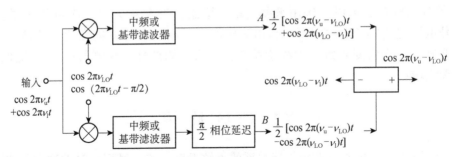

图 A7.1　边带分离（镜像抑制）混频器的原理框图。由 A 和 B 输出之和可得上边带响应，
由输出之差可得下边带响应

附录 7.2　光纤中的色散

将信号频率分量 v_{m} 调制到光载波 $A\sin\left(2\pi v_{\mathrm{opt}}t+\phi\right)$ 上，并通过光纤传输，光纤输出的信号强度可以表示为

$$A^2\left[1+m\cos\left(2\pi v_{\mathrm{m}}t\right)\right]\sin^2\left(2\pi v_{\mathrm{opt}}t+\phi\right)$$

$$=A^2\sin^2\left(2\pi v_{\mathrm{opt}}t+\phi\right)+\frac{A^2 m}{2}\sin\left[2\pi\left(v_{\mathrm{opt}}+v_m\right)\left(t-\Delta t\right)+\phi\right]\sin\left(2\pi v_{\mathrm{opt}}t+\phi\right)$$

$$+\frac{A^2 m}{2}\sin\left[2\pi\left(v_{\mathrm{opt}}-v_m\right)\left(t+\Delta t\right)+\phi\right]\sin\left(2\pi v_{\mathrm{opt}}t+\phi\right)\qquad（A7.1）$$

其中 m 为调制指数。上式类似于通信中常用的幅度调制表达式，区别在于载波功率随调制信号线性变化。因此，式左侧要使用载波平方表达式。为了表示传播速度随频率变化的效应，频率为 $v_{\mathrm{opt}}\pm v_{\mathrm{m}}$ 的项的时间偏置了 $\pm\Delta t$。Δt 可取正值也可取负值，取决于图 7.3 中色散系数 $\mathcal{D}$ 的符号。式（A7.1）中的每项都正比于光功率，因此也与调制幅度成正比。对式（A7.1）右侧每项的正弦乘积项做恒等变换，并忽略直流和光频项，得到光接收机的输出幅度为

$$\frac{A^2 m}{4}\left\{\cos\left[2\pi v_{\mathrm{m}}\left(t+\Delta t\right)-2\pi v_{\mathrm{opt}}\Delta t\right]+\cos\left[2\pi v_{\mathrm{m}}\left(t-\Delta t\right)-2\pi v_{\mathrm{opt}}\Delta t\right]\right\}$$

$$=\frac{A^2 m}{2}\left\{\cos\left[2\pi\left(v_{\mathrm{m}}t-v_{\mathrm{opt}}\Delta t\right)\right]\cos\left(2\pi v_{\mathrm{m}}\Delta t\right)\right\}\qquad（A7.2）$$

频率为 v_{opt} 的光波在自由空间的波长为 λ_{opt}，两个频率 v_{opt} 与 $v_{\mathrm{opt}}+v_{\mathrm{m}}$ 的波长差为 $\lambda_{\mathrm{opt}}^2 v_{\mathrm{m}}/c$（考虑 $v_{\mathrm{m}}\ll v_{\mathrm{opt}}$）。若 $\mathcal{D}$ 为色散系数，ℓ 为光纤长度，则 $\Delta t=\mathcal{D}\ell\lambda_{\mathrm{opt}}^2 v_{\mathrm{m}}/c$，且 $v_{\mathrm{opt}}\Delta t=\mathcal{D}\ell\lambda_{\mathrm{opt}}v_{\mathrm{m}}$。因此，解调后可得

$$\frac{A^2 m}{2}\left\{\cos\left[2\pi\nu_{\mathrm{m}}\left(t - \mathcal{D}\ell\lambda_{\mathrm{opt}}\right)\right]\cos\left(2\pi\nu_{\mathrm{m}}^2\mathcal{D}\ell\lambda_{\mathrm{opt}}^2 / c\right)\right\} \tag{A7.3}$$

Δt 诱发的载波频率 ν_{opt} 的相位变化出现在调制频率的相位项中，如式（A7.2）的第一个余弦函数。由式（A7.3）可见，在频率为 ν_{m} 时，这个相位项等效于时间延迟 $\mathcal{D}\ell\lambda_{\mathrm{opt}}$。这个延迟远大于 Δt，表征光纤中的相位差和群速度。第二个余弦项改变了调制分量 ν_{m} 的幅度。例如，当色散系数 $\mathcal{D} = 2\mathrm{ps}\cdot\mathrm{km}^{-1}\cdot\mathrm{nm}^{-1}$)（注意此值等于 $2\times10^{-6}\mathrm{s}\cdot\mathrm{m}^{-2}$），$\ell = 50\mathrm{km}$，$\lambda_{\mathrm{opt}} = 1550\mathrm{nm}$，且 $\nu_{\mathrm{m}} = 10\mathrm{GHz}$ 时，可得到 $\Delta t = 8\mathrm{ps}$，$\mathcal{D}\ell\lambda_{\mathrm{opt}} = 155\mathrm{ns}$，且相对于调制频谱的低频端，频率 ν_{m} 的响应减小了 1.1dB。注意上面分析中，我们假设完全是由调制频谱造成了激光的频率展宽，这对于外接调制器的高品质激光源是合理的。二极管激光器通过改变两端电压进行调制，会导致无用频率调制，进一步扩展光谱。

附录7.3 混叠采样

对频率从 $n\Delta\nu$ 到 $(n+1)\Delta\nu$ 的通带做奈奎斯特采样，其中 n 为整数，采样数据的频带从 0 到 $\Delta\nu$，与采样器输入通带的频率无关[①]。这种现象被称为混叠采样。为说明这种效应，考虑通带 0 到 $\Delta\nu$ 内任意幅度和相位的傅里叶分量 $A\sin(2\pi\nu t + \phi)$。用奈奎斯特频率对该通带做采样，采样时刻为 $t = m / (2\Delta\nu)$，其中 $m = 0, 1, 2, \cdots$。该分量的采样值为 $A\sin(\phi)$，$A\sin\left(\dfrac{\pi\nu}{\Delta\nu} + \phi\right)$，$A\sin\left(\dfrac{2\pi\nu}{\Delta\nu} + \phi\right)$，$\cdots$。现在假设同样的输入通带被变频为 $\Delta\nu$ 到 $2\Delta\nu$。频率提高了 $\Delta\nu$，则原分量变成

$$A\sin[2\pi(\nu + \Delta\nu)t + \phi] = A\sin(2\pi\nu t + \phi)\cos(2\pi\nu t) + A\cos(2\pi\nu t + \phi)\sin(2\pi\nu t) \tag{A7.4}$$

同样地，在 $t = m / (2\Delta\nu)$ 时刻采样，可得 $A\sin(\phi)$，$-A\sin\left(\dfrac{\pi\nu}{\Delta\nu} + \phi\right)$，$A\sin\left(\dfrac{2\pi\nu}{\Delta\nu} + \phi\right)$，$\cdots$分量。除了 m 为奇数值的项的符号反转，采样结果与前面相同。进一步研究表明，n 为奇数值时会发生这种符号反转。由于互相关对的两个信号都发生符号反转，不影响二者之积。因此，对于任意 n 值，相关器的输出都与基带信号采样的结果相同。所以，对 $n\Delta\nu$ 到 $(n+1)\Delta\nu$ 的通带进行采样，等效于将该通带变频 $n\Delta\nu$，有时称之为混叠采样。

---

① 举例说明这种情况，VLA 和 ALMA 都使用了响应边到边频率比为 1：2 的末级模拟 IF 电路，这是由于 IF 比基带更容易保持增益的平坦度。

参 考 文 献

Agrawal, G.P., Fiber-Optic Communication Systems, Wiley, New York（1992）

Allen, L.R., and Frater, R.H., Wideband Multiplier Correlator, Proc. IEEE, 117, 1603-1608
（1970）

Archer, J.W., Caloccia, E.M., and Serna, R., An Evaluation of the Performance of the VLA
Circular Waveguide System, IEEE Trans. Microwave Theory Tech., MTT-28, 786-791
（1980）

Archer, J.W., Granlund, J., and Mauzy, R.E., A Broadband UHF Mixer Exhibiting High
Image Rejection Over a Multidecade Baseband Frequency Range, IEEE J. Solid-State Circuits,
SC-16, 385-392（1981）

Baars, J.W.M., van der Brugge, J.F., Casse, J.L., Hamaker, J.P., Sondaar, L.H., Visser,
J.J., and Wellington, K.J., The Synthesis Radio Telescope at Westerbork, Proc. IEEE, 61,
1258-1266（1973）

Bagri, D.S., and Thompson, A.R., Hardware Considerations for High Dynamic Range
Imaging, Radio Interferometry: Theory, Techniques and Applications, IAU Colloq. 131, T.
J. Cornwell and R. A. Perley, Eds., Astron. Soc. Paciffic Conf. Ser., 19, 47-54（1991）

Batty, M.J., Jauncey, D.L., Rayner, P.T., and Gulkis, S., Tidbinbilla Two-Element
Interferometer, Astron. J., 87, 938-944（1982）

Beauchamp, K.G., Walsh Functions and Their Applications, Academic Press, London（1975）

Borella, M.S., Jue, J.P., Banergee, D., Ramamurthy, B., and Mukherjee, B., Optical
Components for WDM Lightwave Networks, Proc. IEEE, 85, 1274-1307（1997）

Bracewell, R.N., Colvin, R.S., D'Addario, L.R., Grebenkemper, C.J., Price, K.M., and
Thompson, A.R., The Stanford Five-Element Radio Telescope, Proc. IEEE, 61, 1249-1257
（1973）

Callen, H.B., and Welton, T.A., Irreversibility and Generalized Noise, Phys. Rev., 83, 34-40
（1951）

Carlson, B.R., and Dewdney, P.E., Effificient Wideband Digital Correlation, Electronics
Lett., 36, 987-988（2000）

Casse, J.L., Woestenburg, E.E.M., and Visser, J.J., Multifrequency Cryogenically Cooled
Front End Receivers for the Westerbork Synthesis Radio Telescope, IEEE Trans. Microwave
Theory Tech., MTT-30, 201-209（1982）

Coe, J.R., Interferometer Electronics, Proc. IEEE, 61, 1335-1339（1973）

D'Addario, L.R., Orthogonal Functions for Phase Switching and a Correction to ALMA Memo
287, ALMA Memo 385, National Radio Astronomy Observatory（2001）

D'Addario, L.R., Passband Shape Deviation Limits, ALMA Memo 452, National Radio
Astronomy Observatory（2003）

Davies, J.G., Anderson, B., and Morison, I., The Jodrell Bank Radio-Linked Interferometer

Network, Nature, 288, 64-66（1980）

de Vos, M., Gunst, A.W., and Nijboer, R., The LOFAR Telescope: System Architecture and Signal Processing, Proc. IEEE, 97, 1431-1437（2009）

Elsmore, B., Kenderdine, S., and Ryle, M., Operation of the Cambridge One-Mile Diameter Radio Telescope, Mon. Not. R. Astron. Soc., 134, 87-95（1966）

Emerson, D.T., The Optimum Choice of Walsh Functions to Minimize Drift and Cross-Talk, Working Report 127, IRAM, Grenoble, July 18（1983）

Emerson, D.T., Walsh Function Demodulation in the Presence of Timing Errors, Leading to Signal Loss and Crosstalk, ALMA Memo 537, National Radio Astronomy Observatory （2005）

Emerson, D.T., Walsh Function Defifinition for ALMA, ALMA Memo 565, National Radio Astronomy Observatory（2007）

Emerson, D.T., Walsh Function Choices for 64 Antennas, ALMA Memo 586, National Radio Astronomy Observatory（2009）

Erickson, W.C., Mahoney, M.J., and Erb, K., The Clark Lake Teepee-Tee Telescope, Astrophys. J. Suppl., 50, 403-420（1982）

Fowle, F.F., The Transposition of Electrical Conductors, Trans. Am. Inst. Elect. Eng., 23, 659-689 （1904）

Gardner, F.M., Phaselock Techniques, 2nd ed., Wiley, New York（1979）

Granlund, J., Thompson, A.R., and Clark, B.G., An Application of Walsh Functions in Radio Astronomy Instrumentation, IEEE Trans. Electromag. Compat., EMC-20, 451-453（1978）

Harmuth, H.F., Applications of Walsh Functions in Communications, IEEE Spectrum, 6 （11）, 82-91（1969）

Harmuth, H.F., Transmission of Information by Orthogonal Functions, 2nd ed., Springer-Verlag, Berlin（1972）

Kerr, A.R., Suggestions for Revised Defifinitions of Noise Quantities, Including Quantum Effects, IEEE Trans. Microwave Theory Tech., 47, 325-329（1999）

Kerr, A.R., Feldman, M.J., and Pan, S.-K., Receiver Noise Temperature, the Quantum Noise Limit, and the Role of Zero-Point Fluctuations, Proc. 8th Int. Symp. Space Terahertz Technology （1997）, pp. 101-111; also available as MMA Memo 161, National Radio Astronomy Obser vatory（1997）

Keto, E., Three-Phase Switching with m-Sequences for Sideband Separation in Radio Interferometry, Publ. Astron. Soc. Pacifific, 112, 711-715（2000）

Kraus, J.D., Radio Astronomy, 2nd ed., Cygnus-Quasar Books, Powell, OH（1986）

Little, A.G., A Phase-Measuring Scheme for a Large Radiotelescope, IEEE Trans. Antennas Propag., AP-17, 547-550（1969）

Moran, J.M., The Submillimeter Array, in Advanced Technology MMW, Radio, and Terahertz Telescopes, Phillips, T.G., Ed., Proc. SPIE, 3357, 208-219（1998）

Napier, P.J., Bagri, D.S., Clark, B.G., Rogers, A.E.E., Romney, J.D., Thompson, A.R., and Walker, R.C., The Very Long Baseline Array, Proc. IEEE, 82, 658-672 (1994)

Napier, P.J., Thompson, A.R., and Ekers, R.D., The Very Large Array: Design and Performance of a Modern Synthesis Radio Telescope, Proc. IEEE, 71, 1295-1320 (1983)

National Radio Astronomy Observatory, A Proposal for a Very Large Array Radio Telescope, Vol. II, National Radio Astronomy Observatory, Green Bank, WV (1967), ch. 14

Nyquist, H., Thermal Agitation of Electric Charge in Conductors, Phys. Rev., 32, 110-113 (1928)

Padin, S., A Wideband Analog Continuum Correlator for Radio Astronomy, IEEE Trans. Instrum. Meas., IM-43, 782-784 (1994)

Paley, R.E.A.C., A Remarkable Set of Orthogonal Functions, Proc. London Math. Soc., 34, 241-279 (1932)

Payne, J.M., Millimeter and Submillimeter Wavelength Radio Astronomy, Proc. IEEE, 77, 993-1071 (1989)

Payne, J.M., D'Addario, L., Emerson, D.T., Kerr, A.R., and Shillue, B., Photonic Local Oscillator for the Millimeter Array, in Advanced Technology MMW, Radio, and Terahertz Telescopes, Phillips, T.G., Ed., Proc. SPIE, 3357, 143-151 (1998)

Payne, J.M., Lamb, J.W., Cochran, J.G., and Bailey, N.J., A New Generation of SIS Receivers for Millimeter-Wave Radio Astronomy, Proc. IEEE, 82, 811-823 (1994)

Perley, R., Napier, P., Jackson, J., Butler, B., Carlson, B., Fort, D., Dewdney, P., Clark, B., Hayward, R., Durand, S., Revnell, M., and McKinnon, M., The Expanded Very Large Array, Proc. IEEE, 97, 1448-1462 (2009)

Phillips, T.G., Millimeter and Submillimeterwave Receivers, in Astronomy with Millimeter and Submillimeter Wave Interferometry, Ishiguro, M., and Welch, W.J., Eds., Astron. Soc. Pacifific Conf. Ser., 59, 68-77 (1994)

Phillips, T.G., and Woody, D.P., Millimeter- and Submillimeter-Wave Receivers, Ann. Rev. Astron. Astrophys., 20, 285-321 (1982)

Pospieszalski, M.W., Extremely Low-Noise Amplifification with Cryogenic FET's and HFET's: 1970-2004, Microw. Mag., 6, 62-75 (2005)

Prabu, T., Srivani, K.S., Roshi, D.A., Kamini, P.A., Madhavi, S., Emrich, D., Crosse, B., Williams, A.J., Waterson, M., Deshpande, A.A., and 48 coauthors, A Digital Receiver for the Murchison Widefifield Array, Experimental Astron., 39, 73-93 (2015)

Read, R.B., Two-Element Interferometer for Accurate Position Determinations at 960 Mc, IRE Trans. Antennas Propag., AP-9, 31-35 (1961)

Reid, M.S., Clauss, R.C., Bathker, D.A., and Stelzried, C.T., Low Noise Microwave Receiving Systems in a Worldwide Network of Large Antennas, Proc. IEEE, 61, 1330-1335 (1973)

Sinclair, M.W., Graves, G.R., Gough, R.G., and Moorey, G.G., The Receiver System, J. Elect. Electronics Eng. Aust., 12, 147-160 (1992)

Swarup, G., and Yang, K.S., Phase Adjustment of Large Antennas, IEEE Trans. Antennas Propag., AP-9, 75-81 (1961)

Thompson, A.R., Tolerances on Polarization Mismatch, VLB Array Memo 346, National Radio Astronomy Observatory (1984)

Thompson, A.R., Clark, B.G., Wade, C.M., and Napier, P.J., The Very Large Array, Astrophys. J. Suppl., 44, 151-167 (1980)

Thompson, A.R., and D'Addario, L.R., Frequency Response of a Synthesis Array: Performance Limitations and Design Tolerances, Radio Sci., 17, 357-369 (1982)

Thompson, A.R., and D'Addario, L.R., Relative Sensitivity of Double- and Single- Sideband Systems for Both Total Power and Interferometry, ALMA Memo 304, National Radio Astronomy Observatory (2000)

Thompson, M.C., Wood, L.E., Smith, D., and Grant, W.B., Phase Stabilization of Widely Separated Oscillators, IEEE Trans. Antennas Propag., AP-16, 683-688 (1968)

Tiuri, M.E., and Räisänen, A.V., Radio-Telescope Receivers, in Radio Astronomy, 2nd ed., J. D. Kraus, Cygnus-Quasar Books, Powell, OH (1986), ch. 7

Tucker, J.R., Quantum Limited Detection in Tunnel Junction Mixers, IEEE J. Quantum Elect., QE-15, 1234-1258 (1979)

Tucker, J.R., and Feldman, M.J., Quantum Detection at Millimeter Wavelengths, Rev. Mod. Phys., 57, 1055-1113 (1985)

Valley, S.L., Ed., Handbook of Geophysics and Space Environments, Air Force Cambridge Research Laboratories, Bedford, MA (1965), pp. 3-20-3-22

Walsh, J.L., A Closed Set of Orthogonal Functions, Ann. J. Math., 55, 5-24 (1923)

Webber, J.C., and Pospieszalski, M.W., Microwave Instrumentation for Radio Astronomy, IEEE Trans. Microwave Theory Tech., MTT-50, 986-995 (2002)

Weinreb, S., Balister, M., Maas, S., and Napier, P.J., Multiband Low-Noise Receivers for a Very Large Array, IEEE Trans. Microwave Theory Tech., MTT-25, 243-248 (1977a)

Weinreb, S., Fenstermacher, D.L., and Harris, R.W., Ultra-Low-Noise 1.2- to 1.7-GHz Cooled GaSaFET Amplififiers, IEEE Trans. Microwave Theory Tech., MTT-30, 849-853 (1982)

Weinreb, S., Predmore, R., Ogai, M., and A. Parrish, Waveguide System for a Very Large Antenna Array, Microwave J., 20, 49-52 (1977b)

Welch, W.J., Forster, J.R., Dreher, J., Hoffman, W., Thornton, D.D., and Wright, M.C.H., An Interferometer for Millimeter Wavelengths, Astron. Astrophys., 59, 379-385 (1977)

Welch, W.J., Thornton, D.D., Plambeck, R.L., Wright, M.C.H., Lugten, J., Urry, L., Fleming, M., Hoffman, W., Hudson, J., Lum, W.T., and 27 coauthors, The Berkeley-

Illinois-Maryland- Association Millimeter Array, Publ. Astron. Soc. Pacifific, 108, 93-103 (1996)

Wengler, M.J., and Woody, D.P., Quantum Noise in Heterodyne Detection, IEEE J. Quantum Electr., QE-23, 613-622 (1987)

Wootten, A., Atacama Large Millimeter Array (ALMA), in Large Ground-Based Telescopes, Oschmann, J.M., and Stepp, L.M., Eds., Proc. SPIE, 4837, 110-118 (2003)

Wootten, A., and Thompson, A.R., The Atacama Large Millimeter/Submillimeter Array, Proc. IEEE, 97, 1463-1471 (2009)

Wright, M.C.H., Clark, B.G., Moore, C.H., and Coe, J., Hydrogen-Line Aperture Synthesis at the National Radio Astronomy Observatory: Techniques and Data Reduction, Radio Sci., 8, 763-773 (1973)

Young, A.C., McCulloch, M.G., Ables, S.T., Anderson, M.J., and Percival, T.M., The Local Oscillator System, Proc. IREE Aust., 12, 161-172 (1992)

Zorin, A.B., Quantum Noise in SIS Mixers, IEEE Trans. Magn., MAG-21, 939-942 (1985)

8　数字信号处理

数字技术替代模拟技术，在长基线数据传输、实施延迟补偿、测量信号的互相关等方面具有明显优势。数字延迟电路的延迟精度取决于系统定时脉冲的精度，与模拟延迟线相比，数字延迟更容易实现精度达到几十或几百皮秒的长延迟。此外，数字信号处理过程中不会产生信号失真，虽然会额外产生量化误差，但其影响是容易计算的。反之，模拟系统需要用开关控制，以便在信号通道中增加或取消模拟延迟，很难将通道频率响应保持在容差范围之内。数字相关器很容易实现高动态范围，谱线观测所需要的多通道数字相关器也容易实现。而模拟多通道相关器需要先利用模拟滤波器组将信号通带细分成很多通道。温度变化时，模拟滤波器组会造成系统相位漂移。最后，除了高比特率（高速采样和处理）情况外，数字电路比模拟电路容易调试，并且更容易批量复制用于大型阵列。

模拟信号的数字化需要对信号波形做周期采样，并将采样值量化，以便用有限比特位的二进制表征每个采样电压值。采样样本的比特位数一般不会很大，特别是需要用高采样率采集宽带信号的情况。然而，低精度量化会带来灵敏度损失，这是因为将模拟信号转换成有限位的数字量时，必然会引入"量化噪声"分量。大部分情况下，量化噪声导致的灵敏度损失很小，与数字处理带来的其他优势相比可以忽略。设计数字相关器时，需要在灵敏度和电路复杂度之间折中，量化精度是其中重要的考量。

有两种方法可以用于评估随机噪声信号的频谱，如图 8.1 所示。第一种通过测量信号的自相关函数，并在给定的积分时间内，用傅里叶变换计算其功率谱。第二种方法是先对信号做傅里叶变换，并取其模值的平方。第一种方法得到功率谱的谱分辨率约等于自相关函数延迟次数的倒数。第二种方法必须对采样数据流进行分段处理，来控制谱分辨率，谱分辨率约为数据段长度的倒数。在积分时间内，所有数据段的功率谱累加，可得积分时间内的功率谱。这两种方法也同样适用于干涉处理。既可以先计算互相关函数，再通过傅里叶变换转化为互相关谱（被称为 XF 技术），也可以将一路信号的傅里叶变换与另一路信号傅里叶变换的共轭相乘，得到互相关谱（被称为 FX 技术）。本章对这两种方法做深入分析。

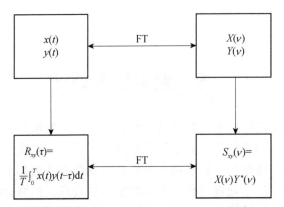

图 8.1　在周期 T 内，两个随机过程 $x(t)$ 和 $y(t)$ 与它们的互相关函数 $R_{xy}(\tau)$ 及互功率谱 $S_{xy}(\nu)$ 之间的关系。如果 $x(t)$ 和 $y(t)$ 是同一函数，则 $R_{xx}(\tau)$ 是其自相关函数，$S_{xx}(\nu)$ 是其功率谱。空间分布与空间频率的关系见图 5.5

从 20 世纪 60 年代开始，射电天文领域开始使用数字信号处理技术，Weinreb（1963）研制了数字 64 通道自相关器，使用了奈奎斯特采样和 1bit 量化[①]。虽然在一些早期数学文献（最早可以追溯到 19 世纪早期的高斯）中打下了一定的基础，但在那个时代，现代快速傅里叶算法（FFT）还没有被发现（Cooley and Tukey，1965）。实际上，自早期数字自相关器后的二十多年，所有基于单天线和干涉测量的射电谱仪都继续使用自相关和互相关方法。直到 20 世纪 90 年代，随着大型谱处理系统（频率通道数多、基线数量多）的出现，FX 技术的优势才逐步显现。所有现代干涉仪都具备谱分析能力，谱分析不仅用于谱线观测，还用于抑制射频干扰（RFI）的影响，以及抑制设备带宽模糊的影响。

8.1　二维高斯概率分布

二维正态概率分布函数是所有信号分析的核心。假设 x 和 y 是均值为零、方差为 σ^2 的联合高斯随机变量，则一个变量在 x 到 $x+\mathrm{d}x$ 之间分布，同时另外一个变量在 y 到 $y+\mathrm{d}y$ 之间分布的概率为 $p(x,y)\mathrm{d}x\mathrm{d}y$，其中 $p(x,y)$ 为

$$p(x,y) = \frac{1}{2\pi\sigma^2\sqrt{1-\rho^2}}\exp\left[\frac{-\left(x^2+y^2-2\rho xy\right)}{2\sigma^2\left(1-\rho^2\right)}\right] \qquad (8.1)$$

相关系数 ρ 等于 $\langle xy\rangle \big/ \sqrt{\langle x^2\rangle\langle y^2\rangle}$，$\langle\;\rangle$ 代表数学期望，在通常的各态历经性假设下，近似等于大量样本的平均值。概率分布函数的形状如图 8.2 所示，注意

---

① Goldstein（1962）用类似设备来探测金星的雷达回波。

$-1 \leqslant \rho \leqslant 1$。当 $|\rho| \ll 1$ 时，指数展开可得

$$p(x,y) \approx \left[\frac{1}{\sigma\sqrt{2\pi}} \exp\left(\frac{-x^2}{2\sigma^2} \right) \right] \left[\frac{1}{\sigma\sqrt{2\pi}} \exp\left(\frac{-y^2}{2\sigma^2} \right) \right] \left(1 + \frac{\rho xy}{\sigma^2} \right) \qquad (8.2)$$

当 $\rho = 0$ 时，表达式退化为两个高斯函数之积。式（8.1）也可写成如下形式：

$$p(x,y) = \frac{1}{\sigma\sqrt{2\pi}} \exp\left(\frac{-x^2}{2\sigma^2} \right) \frac{1}{\sigma\sqrt{2\pi(1-\rho^2)}} \exp\left[\frac{-(y-\rho x)^2}{2\sigma^2(1-\rho^2)} \right] \qquad (8.3)$$

如果在 $-\infty$ 到 $+\infty$ 范围内对上式关于 y 做积分，则二维分布函数退化为变量 x 的高斯函数。当 ρ 接近 1 时，式（8.3）变成变量 x 的高斯函数和变量 $y-x$ 的高斯函数之积，以 $y-x$ 为变量的高斯函数的标准差为 $\sigma\sqrt{1-\rho^2}$，当 ρ 接近 1 时标准差趋于零。式（8.1）和式（8.2）将用于研究不同类型采样器和相关器的响应。对于使用自相关器的单口径天线，要测量的量是自相关函数 $R(\tau) = \langle v(t)v(t-\tau) \rangle$，其中 v 是接收信号。这种情况可以理解为 $x = v(t)$ 和 $y = v(t-\tau)$。

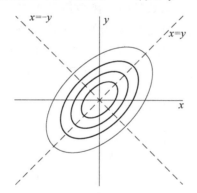

图 8.2　式（8.1）的二维高斯概率密度分布的等概率密度廓线。等概率密度廓线通过 $x^2 + y^2 - 2\rho xy = $ 常数来计算。当 $\rho = 0$ 时，廓线为圆形，当 $\rho = 1$ 时，退化成直线 $x = y$，当 $\rho = -1$ 时，退化成直线 $x = -y$

8.2　周　期　采　样

8.2.1　奈奎斯特采样率

对于带宽有限信号，即其功率谱只在有限频率范围内有非零值，当采样率足够高时，采样过程不会导致信息丢失，即符合 5.2.1 节讨论的采样定理。这里我们对时间的函数做采样，需要避免频率域的频谱混叠。对于截止频率为 $\Delta\nu$ 的矩形（低通）基带频谱，包括负频率在内的频谱宽度为 $2\Delta\nu$。只要采样间隔不大于 $1/(2\Delta\nu)$，即采样率大于或等于 $2\Delta\nu$ 的样本就可以完全定义被采样函数。

临界采样频率 $2\Delta\nu$ 被称为波形的奈奎斯特采样率[①]。进一步的讨论见文献
Bracewell（2000）或 Oppenheim 和 Schafer（1975）。应用在射电天文一些数字
系统中的模拟波形具有基带频谱，并以奈奎斯特率进行采样。对于矩形带通信
号，由维纳-欣钦定理可知，信号自相关函数和信号功率谱互为傅里叶变换。信
号自相关函数为

$$R_{\infty}(\tau) = \frac{\sin(2\pi\Delta\nu\tau)}{2\pi\Delta\nu\tau} \tag{8.4}$$

其中下标 ∞ 代表非量化采样（即精度不受限于有限量化电平数量）。奈奎斯特采
样也可应用于带通频谱，当只在 $n\Delta\nu$ 到 $(n+1)\Delta\nu$ 范围内频谱有非零值时，n 为
正整数，奈奎斯特采样率仍为 $2\Delta\nu$。因此，奈奎斯特采样要求频谱通带的上、
下边频是信号带宽的整数倍。在这个通带内具有平坦谱的信号的自相关函数为

$$R_{\infty}(\tau) = \frac{\sin(\pi\Delta\nu\tau)}{\pi\Delta\nu\tau} \cos\left[2\pi\left(n+\frac{1}{2}\right)\Delta\nu\tau\right] \tag{8.5}$$

当时间间隔 τ 为 $1/(2\Delta\nu)$ 的整数倍时，函数值等于零。因此，对于矩形通带信
号，奈奎斯特采样的相邻样本之间不相关。采样频率大于或小于奈奎斯特率分
别被称为过采样和欠采样。对任意信号，调整其中心频率使其频谱符合上述讨
论的带通采样要求，就能以最小采样率避免频谱混叠。

8.2.2　非量化波形的样本相关

　　现在研究一个假想的相关器的响应，即对输入信号做奈奎斯特采样，但不
做量化。由于单乘法器的组合可以实现复相关器，如图 6.3 所示，这里只需考虑
单乘法器相关器。这个假想系统可以视为样本保留了模拟电压，或者用大量比
特位做电压编码，可以忽略量化误差。因为采样过程没有信息丢失，可以认为
数字相关测量的信噪比与模拟相关测量的信噪比相同。在实际应用中，无须研
制非量化采样的相关器。但是，讨论量化采样和非量化采样的相关结果，有助
于我们理解量化处理的影响。

　　两个带限信号的波形为 $x(t)$ 和 $y(t)$，按照奈奎斯特率进行采样，在相关器
内部用乘法器做每一对采样值的乘法运算，相关器输出正比于两个采样值幅度
之积。积分器能够以要求的积分时间对乘法输出做平均。则 $x(t)$ 和 $y(t)$ 两个波
形零时延的归一化互相关系数为

$$\rho = \frac{\langle x(t)y(t)\rangle}{\sqrt{\langle[x(t)]^2\rangle\langle[y(t)]^2\rangle}} \tag{8.6}$$

（不要将互相关系数 ρ 与 x 或 y 的自相关函数 R_{∞} 混淆。）由于 x 和 y 的方差都等

---

　　① Shannon（1949）引用了几篇与该结论研究相关的文献，其中最早的是 Nyquist（1928）。

于 σ^2，则

$$\langle x(t)y(t)\rangle = \rho\sigma^2 \tag{8.7}$$

左侧是两个波形之积的均值，因此可以表征相关器输出。N_{N} 个样本的数字相关器输出等于：

$$r_\infty = N_{\mathrm{N}}^{-1}\sum_{i=1}^{N_{\mathrm{N}}} x_i y_i \tag{8.8}$$

其中下标 N 代表奈奎斯特采样。因为采样值 x_i 和 y_i 与连续波形 $x(t)$ 和 $y(t)$ 一样服从高斯统计分布，显然可得

$$\langle r_\infty\rangle = \rho\sigma^2 \tag{8.9}$$

因此，相关器输出是互相关系数 ρ 的线性测度。相关器输出的方差为

$$\sigma_\infty^2 = \langle r_\infty^2\rangle - \langle r_\infty\rangle^2 \tag{8.10}$$

且

$$\begin{aligned}\langle r_\infty^2\rangle &= N_{\mathrm{N}}^{-2}\sum_{i=1}^{N_{\mathrm{N}}}\sum_{k=1}^{N_{\mathrm{N}}}\langle x_i y_i x_k y_k\rangle\\&= N_{\mathrm{N}}^{-2}\sum_{i=1}^{N_{\mathrm{N}}}\langle x_i y_i\rangle^2 + N_{\mathrm{N}}^{-2}\sum_{i=1}^{N_{\mathrm{N}}}\sum_{k\neq i}\langle x_i y_i x_k y_k\rangle\end{aligned} \tag{8.11}$$

这里我们将 $i=k$ 和 $i\neq k$ 的项分开。式（8.11）右侧第一个求和项等于 $\sigma^4\left(1+2\rho^2\right)/N_{\mathrm{N}}^{-1}$：可以由式（8.3）推导

$$\int_{-\infty}^{\infty}\int_{-\infty}^{\infty} x^2 y^2 p(x,y)\mathrm{d}x\mathrm{d}y = \sigma^4\left(1+2\rho^2\right) \tag{8.12}$$

式（8.11）中的第二个求和项可以容易地用式（6.36）四阶矩关系推导。因为每个信号的相邻样本是不相关的（假定是矩形通带），有 $\langle x_i y_i x_k y_k\rangle = \langle x_i y_i\rangle\langle x_k y_k\rangle$，则第二个求和项的值为 $\left(1-N_{\mathrm{N}}^{-1}\right)\rho^2\sigma^4$。代入式（8.10）可得

$$\begin{aligned}\sigma_\infty^2 &= \left(1+2\rho^2\right)\sigma^4 N_{\mathrm{N}}^{-1} + \left(1-N_{\mathrm{N}}^{-1}\right)\rho^2\sigma^4 - \rho^2\sigma^4\\&= \sigma^4 N_{\mathrm{N}}^{-1}\left(1+\rho^2\right)\end{aligned} \tag{8.13}$$

非量化采样的信噪比为

$$\mathcal{R}_{\mathrm{sn}\infty} = \frac{\langle r_\infty\rangle}{\sigma_\infty} = \frac{\rho\sqrt{N_{\mathrm{N}}}}{\sqrt{\left(1+\rho^2\right)}} \approx \rho\sqrt{N_{\mathrm{N}}} \tag{8.14}$$

当 $\rho\ll 1$ 时，上式中的近似关系成立。需要注意，许多实际应用都满足 $\rho\ll 1$ 的条件。$\rho\gtrsim 0.2$ 的情况参见 8.3.6 节。（此处计算的相关器输出的信噪比主要用于分析弱信号。）当测量周期为 τ 时，$N_{\mathrm{N}} = 2\Delta\nu\tau$，通常在 $10^6\sim 10^{12}$ 量级。由式

（8.14），信号可检测门限为 $\rho\sqrt{N_N} \approx 1$，即 $\rho \approx 10^{-6}\sim 10^{-3}$。用信号带宽和测量周期表示的信噪比 $\mathcal{R}_{\text{sn}\infty} = \rho\sqrt{2\Delta\nu\tau}$。用完全相同的天线和接收机观测点源时，$\rho$ 等于天线温度与系统温度之比，即 T_A/T_S。因此，非量化样本的结果与式（6.45）的连续信号输入模拟相关器且 $T_A \ll T_S$ 的结果相同。

在结束非量化采样的讨论之前，我们还应考虑非奈奎斯特采样的影响。此时同一信号的相邻样本不再相互独立。我们考虑以 β 倍奈奎斯特率采样[①]，样本数为 $N = \beta N_N$，采样间隔为 $\tau_s = (2\beta\Delta\nu)^{-1}$。样本间隔为 $q\tau_s$ 时，其中 q 为整数，由式（8.4）可知，矩形通带响应的相关系数等于

$$R_\infty(q\tau_s) = \frac{\sin(\pi q/\beta)}{\pi q/\beta} \qquad (8.15)$$

因为样本不是相互独立的，我们必须考虑如何评估式（8.11）右侧第二个求和项。对于 $q = |i-k|$ 很小的项，$R_\infty(q\tau_s)$ 将很大，这些项的额外贡献为

$$\left[\sigma^2 R_\infty(q\tau_s)\right]^2 \qquad (8.16)$$

式（8.11）第二个求和项中包含有 $N(N-1)$ 项，其中除了极少数项，大多数项的 R_∞^2 值很小。由式（8.15）可知，R_∞^2 的最大值等于 $(\beta/\pi q)^2$，当 $q = 10^3$ 时，R_∞^2 约为 10^{-6} 量级。但是如上所述，N 值很可能高达 $10^6\sim10^{12}$。因此，式（8.11）第二个求和项中，实际上独立的第 i 个和第 k 个样本的贡献基本没变。R_∞^2 较大的样本之积的额外贡献等于

$$2\sigma^4 N^{-2}\sum_{q=1}^{N-1}(N-q)R_\infty^2(q\tau_s) \approx 2\sigma^4 N^{-1}\sum_{q=1}^{\infty}R_\infty^2(q\tau_s) \qquad (8.17)$$

因此相关器输出的方差变为

$$\sigma_\infty^2 = \sigma^4 N^{-1}\left[1+2\sum_{q=1}^{\infty}R_\infty^2(q\tau_s)\right] \qquad (8.18)$$

且相关测量的信噪比等于（见附录8.1）

$$\mathcal{R}_{\text{sn}\infty} = \frac{\rho\sqrt{\beta N_N}}{\sqrt{1+2\sum_{q=1}^{\infty}R_\infty^2(q\tau_s)}} \qquad (8.19)$$

将该结果与式（8.14）奈奎斯特采样情况做一对比，当 β 为 $\frac{1}{2},\frac{1}{3},\frac{1}{4},\cdots$ 时对应欠采样的情况，此时 $R_\infty = 0$ 且式（8.19）的分母等于1。因此，灵敏度会降低，这也符合样本数减少而灵敏度降低的预期。过采样时 $\beta > 1$，式（8.19）分母中 R_∞^2

---

① β 又称为过采样因子。

求和项等于 $(\beta-1)/2$ ，详见附录 8.1。此时，式（8.19）的分母等于 $\sqrt{\beta}$ ，因此灵敏度与奈奎斯特采样时相同。这一结论是符合预期的，由于奈奎斯特采样没有信息丢失，因此增加样本数没有什么贡献。量化采样的结果与此不同，将在后续章节介绍。

8.3　量 化 采 样

一些采样方案中，信号先量化再采样；其他方案中，信号先采样再量化。理想情况下两种方案的结果是一样的，分析信号处理过程可以选择最方便的顺序。假设一个带限信号首先被量化，然后再被采样。量化过程会使信号波形产生新的频率分量，量化后的信号不再是带限的。实际工程中，以奈奎斯特率对连续信号波形量化采样，量化过程将会产生信息丢失，因此灵敏度将低于非量化采样。另外，由于量化是非线性过程，不能假设量化波形的相关测量值与希望得到的相关系数 ρ 呈线性关系。因此，做数字信号处理需要对以下三点进行研究：①真实相关系数 ρ 与测量的相关值之间的关系；②灵敏度损失；③过采样可以在何种程度上恢复量化损失的灵敏度。这三方面的研究可以参见：Weinreb（1963），Cole（1968），Bums 和 Yao（1969），Cooper（1970），Hagen 和 Farley（1973），Bowers 和 Klingler（1974），Jenet 和 Anderson（1998）及Gwinn（2004）。

注意：讨论量化采样一般是指奈奎斯特采样，意为对非量化波形按奈奎斯特采样率进行采样。在后面的讨论也遵从这一用法。

8.3.1　二阶量化

二阶量化采样（1bit）是射电天文应用的最简单形式（Weinreb，1963）。现在虽然通常使用高阶量化，本小节仍然从二阶量化开始介绍。二阶采样的量化特性曲线如图 8.3 所示。量化过程只检测输入瞬时电压的符号。很多采样器先放大信号电压，使信号穿越零电平时更加陡峭，这样可以减小采样时刻碰巧信号符号翻转所带来的误差。

二阶相关器由乘法器电路及计数器组成，计数器对乘法器输出做累加。当输入信号为正电压时，量化赋值为+1；当输入信号为负电压时，量化赋值为−1。当乘法器的两个输入值相同时，输出为+1，当乘法器的两个输入值相反时，输出为−1。按照奈奎斯特率或奈奎斯特率的整倍数进行采样，且相关器处理 N 个样本时，二阶量化的相关系数为

$$\rho_2 = \frac{\left(N_{11} + N_{\bar{1}\bar{1}}\right) - \left(N_{\bar{1}1} + N_{1\bar{1}}\right)}{N} \qquad （8.20）$$

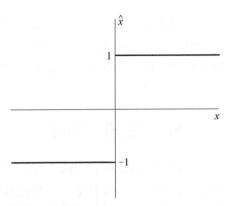

图 8.3　二阶量化特性曲线。横坐标 x 为输入电压，纵坐标 $\hat{x}$ 为量化输出

其中 N_{11} 是两个采样值均为 +1 的乘积的数量，$N_{1\bar{1}}$ 是 x 采样值为 +1、y 采样值为 −1 的乘积的数量，以此类推。式（8.20）的分母等于两路信号的所有样本对都具有相同符号时，相关器的输出。利用式（8.1）得二维概率分布，可以关联二阶量化相关系数 ρ_2 和非量化信号的相关系数 ρ，因此，

$$P_{11} = \frac{N_{11}}{N} = \frac{1}{2\pi\sigma^2\sqrt{1-\rho^2}} \int_0^\infty \int_0^\infty \exp\left[\frac{-\left(x^2+y^2-2\rho xy\right)}{2\sigma^2\left(1-\rho^2\right)}\right] \mathrm{d}x\mathrm{d}y \qquad (8.21)$$

其中 P_{11} 是两个非量化信号电压同时大于零的概率。改变式（8.21）的积分区间可以获取其他所需要的概率，即 $N_{\bar{1}\bar{1}}$ 的积分范围为 $\int_{-\infty}^0 \int_{-\infty}^0$，$P_{\bar{1}1}$ 的积分范围为 $\int_{-\infty}^0 \int_0^\infty$，$P_{1\bar{1}}$ 的积分范围为 $\int_0^\infty \int_{-\infty}^0$。由于 $P_{11} = P_{\bar{1}\bar{1}}$，$P_{\bar{1}1} = P_{1\bar{1}}$，因此，

$$\rho_2 = 2\left(P_{11} - P_{1\bar{1}}\right) \qquad (8.22)$$

附录 8.2 计算了式（8.21）的积分，由该计算可得

$$P_{11} = \frac{1}{4} + \frac{1}{2\pi}\arcsin\rho \qquad (8.23)$$

同理，

$$P_{1\bar{1}} = \frac{1}{4} - \frac{1}{2\pi}\arcsin\rho \qquad (8.24)$$

因此，

$$\rho_2 = \frac{2}{\pi}\arcsin\rho \qquad (8.25)$$

式（8.25）被称为范弗莱克关系[①]，据此可以用测量的相关系数 ρ_2 计算 ρ。当 ρ

---

① J. H. van Vleck 在第二次世界大战期间为了实现电磁堵塞，研究了强整流噪声功率谱，并在秘密报告中首先得出这一结论。这项工作解密后，该工作的简要总结发表在 MIT 辐射实验室第 24 卷报告中（Lawson and Uhlenbeck，1950）。van Vleck 和 Middleton（1966）进行了更完整的分析。

很小时，ρ 与 ρ_2 成正比。

为了确定相关测量的信噪比，需要计算相关器输出 r_2 的方差 σ_2^2，

$$\sigma_2^2 = \langle r_2^2 \rangle - \langle r_2 \rangle^2 \tag{8.26}$$

其中

$$r_2 = N^{-1} \sum_{i=1}^{N} \hat{x}_i \hat{y}_i \tag{8.27}$$

本章中符号"∧"代表量化信号波形。由于 $\rho_2 = \langle \hat{x}\hat{y} \rangle$，由式（8.27）可得 $\langle r_2 \rangle = \rho_2$。因此，$r_2$ 是 ρ_2 的无偏估计。$\langle r_2^2 \rangle$ 的表达式与式（8.11）的非量化波形表达式等价：

$$\langle r_2^2 \rangle = N^{-2} \sum_{i=1}^{N} \langle \hat{x}_i^2 \hat{y}_i^2 \rangle + N^{-2} \sum_{i=1}^{N} \sum_{k \neq i} \langle \hat{x}_i \hat{y}_i \hat{x}_k \hat{y}_k \rangle \tag{8.28}$$

二阶量化时 $\hat{x}_i$ 和 $\hat{y}_i$ 取值为 ± 1，因此式（8.28）右侧第一个求和项等于 N^{-1}。第二个求和项的情形与非量化采样类似。用量化波形方差的平方代替式（8.17）中的因子 σ^4，二阶量化时方差为 1。除了少数项，其他项的 $q = |i-k|$ 值很大，因此同一个波形第 i 个和第 k 个样本不相干。这些项的总贡献近似等于 ρ_2^2。样本 i 和 k 相关的项的额外贡献近似等于

$$2N^{-1} \sum_{q=1}^{\infty} R_2^2 (q\tau_s) \tag{8.29}$$

其中 $R_2(\tau)$ 是经过二阶量化后信号的自相关函数。因此，

$$\sigma_2^2 = N^{-1} + (1 - N^{-1})\rho_2^2 + 2N^{-1} \sum_{q=1}^{\infty} R_2^2 (q\tau_s) - \rho_2^2 \tag{8.30a}$$

$$\approx N^{-1} \left[1 + 2 \sum_{q=1}^{\infty} R_2^2 (q\tau_s) \right] \tag{8.30b}$$

这里我们更关心接近于最小可检测门限的信号，因此上式推导中假设 $\rho_2 \ll 1$，从而可以忽略 $-N^{-1}\rho_2^2$ 项。所以信噪比为

$$\mathcal{R}_{sn2} = \frac{\langle r_2 \rangle}{\sigma_2} = \frac{2\rho\sqrt{N}}{\pi\sqrt{1 + 2\sum_{q=1}^{\infty} R_2^2 (q\tau_s)}} \tag{8.31}$$

该式与式（8.14）给出的奈奎斯特率下非量化采样信噪比的比值定义了量化信号相关处理的效率因子：

$$\eta_2 = \frac{\mathcal{R}_{sn2}}{\mathcal{R}_{sn\infty}} = \frac{2\sqrt{\beta}}{\pi\sqrt{1 + 2\sum_{q=1}^{\infty} R_2^2 (q\tau_s)}} \tag{8.32}$$

上式推导使用了 $N = \beta N_N$，即观测时间与奈奎斯特采样时的观测时间相同，只是采样率变化 β 倍。

式（8.25）给出一对信号在二阶量化前后相关系数之间的关系。这个结论也适用于延迟不同的同一信号自相关的情况。因此有

$$R_2(q\tau_s) = \frac{2}{\pi}\arcsin\left[R_\infty(q\tau_s)\right] \qquad (8.33)$$

式（8.15）给出了以 β 倍奈奎斯特率采样矩形基带频谱信号的自相关函数 $R_\infty(q\tau_s)$，代入式（8.33）可得

$$R_2(q\tau_s) = \frac{2}{\pi}\arcsin\left[\frac{\beta\sin(\pi q / \beta)}{\pi q}\right] \qquad (8.34)$$

因此，使 $R_\infty(q\tau_s)$ 等于零的 $q\tau_s$ 值，同样也使 $R_2(q\tau_s)$ 等于零（主值源自式中的反正弦函数），且 $\beta = 1, \frac{1}{2}, \frac{1}{3}, \cdots$ 时均有

$$\sum_{q=1}^{\infty} R_2^2(q\tau_s) = 0 \qquad (8.35)$$

这些情况下的信噪比均等于 $2/\pi(=0.637)$ 因子乘以式（8.15）给出的非量化采样信噪比。对于 $\beta = 2$ 和 $\beta = 3$ 的过采样情况，用式（8.32）和（8.34）计算可得信噪比分别为 0.744 和 0.773。值得注意的是，过采样在增加信噪比的同时增加了比特率，相对而言，要想增加信噪比，高阶量化增加的比特率较少。如果比特率增加一倍，就可以进行四阶量化，此时信噪比因子等于 0.881，见 8.3.3 节。比特率增加到三倍时，可以进行 8 阶量化，此时的信噪比因子为 0.963。同时要注意的是，上述计算假定式（8.28）中 i 不等于 k 时，$\rho_2 \ll 1$，即隐含了计算结果与信号通带形状有关。当 $\beta \geqslant 2$ 时，自相关函数 $R_2(q\tau_s)$ 进一步引入通带形状依赖性。

前面已经提到，量化处理会产生附加频谱分量。由于功率谱与式（8.25）的自相关函数是傅里叶变换关系，我们可以比较量化前后信号的功率谱来分析其效应。图 8.4 给出原始矩形噪声功率谱与二阶量化后的功率谱。原始带限频谱中的一部分能量转变为低电平展宽频谱，电平随频率增加缓慢降低。

8.3.2　四阶量化

利用两比特数字量对采样值的幅度进行量化时，信噪比损失小于一比特量化的情况。两比特采样会得到四个量化电平，一些学者对其特性进行了研究，代表性文献如 Cooper（1970）以及 Hagen 和 Farley（1973）。四阶量化特性如图 8.5 所示，量化门限为 $-v_0$、0 和 v_0。四种量化状态分别赋值为 $-n$、-1、$+1$ 和

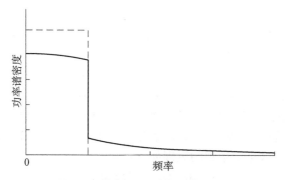

图 8.4 矩形通带噪声在二阶量化前后的频谱。非量化频谱具有低通形状，如图中的虚线所示。量化后的频谱如图中的实线所示。两个波形的功率电平相等（即曲线下的面积相等），且式（8.25）关联两个频谱的傅里叶变换

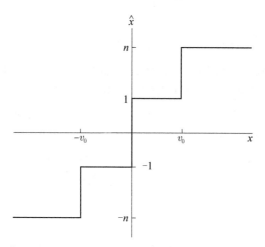

图 8.5 四级量化特性曲线，最大和最小电平的加权因子为 n。横坐标是非量化电压 x，纵坐标是量化输出 $\hat{x}$，v_0 为量化门限电压

$+n$，其中 n 并不一定是整数，可通过选择 n 值来优化性能。两个样本之积的值包括 ± 1、$\pm n$ 或 $\pm n^2$。类似于式（8.20）定义的二阶量化相关系数，四阶量化相关系数 ρ_4 的表达式为

$$\rho_4 = \frac{2n^2 N_{nn} - 2n^2 N_{n\bar{n}} + 4n N_{1n} - 4n N_{1\bar{n}} + 2N_{11} - 2N_{1\bar{1}}}{\left(2n^2 N_{nn} + 2N_{11}\right)_{\rho=1}} \quad (8.36)$$

其中下标符号上的横线表示该值为负。分子与相关器输出成正比，且两个波形相同，即 $\rho=1$ 时，分子与分母具有相同形式。从相应的联合概率密度可以计算不同量化电平组合的数值，例如，

$$N_{nn} = NP_{nn} = \frac{N}{2\pi\sigma^2\sqrt{1-\rho^2}} \int_{v_0}^{\infty} \int_{v_0}^{\infty} \exp\left[\frac{-\left(x^2+y^2-2\rho xy\right)}{2\sigma^2\left(1-\rho^2\right)}\right] \mathrm{d}x\mathrm{d}y \quad (8.37)$$

和二阶量化类似，改变积分式中的积分区间可以获取其他量化电平组合的数值。当 $\rho \ll 1$ 时，可以用式（8.2）概率分布的近似形式简化计算过程。

尽管可按照前面的方式，用式（8.36）计算 ρ_4，但这里使用另一种方法来快速推导结果。基于 Price（1958）提出的原理，Hagen 和 Farley（1973）提出了这种处理方法。这里要用到的原理如下：

$$\frac{\mathrm{d}\langle r_4 \rangle}{\mathrm{d}\rho} = \sigma^2 \left\langle \frac{\partial \hat{x}}{\partial x} \frac{\partial \hat{y}}{\partial y} \right\rangle \quad (8.38)$$

其中 r_4 为非归一化相关器输出；$\hat{x}$ 和 $\hat{y}$ 为相关器输入的量化信号。对于四阶量化采样，有

$$\frac{\partial \hat{x}}{\partial x} = (n-1)\delta\left(x+v_0\right) + 2\delta(x) + (n-1)\delta\left(x-v_0\right) \quad (8.39)$$

其中 δ 为狄拉克函数，类似地可以得到 $\partial \hat{y}/\partial y$ 的表达式。式（8.39）是图 8.5 中函数的导数。为了计算式（8.38）右侧两导数乘积的期望值，必须将乘积所得九项的幅度乘以其发生概率。因此，例如，$(n-1)^2\delta\left(x+v_0\right)\delta\left(y+v_0\right)$ 项的幅度等于 $(n-1)^2$，其发生概率为

$$\frac{1}{2\pi\sigma^2\sqrt{1-\rho^2}} \exp\left[\frac{-2v_0^2}{2\sigma^2(1+\rho)}\right] \quad (8.40)$$

合并等概率项，可得

$$\frac{\mathrm{d}\langle r_4 \rangle}{\mathrm{d}\rho} = \frac{1}{\pi\sqrt{1-\rho^2}} \left\{ (n-1)^2\left[\exp\left(\frac{-v_0^2}{\sigma^2(1+\rho)}\right) + \exp\left(\frac{-v_0^2}{\sigma^2(1-\rho)}\right)\right] \right.$$
$$\left. + 4(n-1)\exp\left(\frac{-v_0^2}{2\sigma^2\left(1-\rho^2\right)}\right) + 2 \right\} \quad (8.41)$$

及

$$\langle r_4 \rangle = \frac{1}{\pi}\int_0^{\rho} \frac{1}{\sqrt{1-\xi^2}} \left\{ (n-1)^2\left[\exp\left(\frac{-v_0^2}{\sigma^2(1+\xi)}\right) + \exp\left(\frac{-v_0^2}{\sigma^2(1-\xi)}\right)\right] \right.$$
$$\left. + 4(n-1)\exp\left(\frac{-v_0^2}{2\sigma^2\left(1-\xi^2\right)}\right) + 2 \right\} \mathrm{d}\xi \quad (8.42)$$

式中 ξ 为虚拟积分变量。为获取相关系数 ρ_4，必须将 $\langle r_4 \rangle$ 除以相同四阶量化波形的相关器输出期望值，此时 ρ_4 可写成如式（8.36）的形式：

$$\rho_4 = \frac{\langle r_4 \rangle}{\Phi + n^2(1-\Phi)} \qquad (8.43)$$

其中 Φ 为非量化电平在 $\pm v_0$ 之间的概率，即

$$\Phi = \frac{1}{\sigma\sqrt{2\pi}} \int_{-v_0}^{v_0} \exp\left(\frac{-x^2}{2\sigma^2}\right) dx = \mathrm{erf}\left(\frac{v_0}{\sigma\sqrt{2}}\right) \qquad (8.44)$$

式（8.42）～（8.44）提供的 ρ_4 与 ρ 之间的关系等效于二阶量化时的范弗莱克关系。

一般选取使弱信号的信噪比达到最大的 n 和 v_0 值。当 $\rho \ll 1$ 时，式（8.42）和（8.43）退化为

$$(\rho_4)_{\rho \ll 1} = \rho \frac{2[(n-1)E+1]^2}{\pi\left[\Phi + n^2(1-\Phi)\right]} \qquad (8.45)$$

其中 $E = \exp\left(-v_0^2/2\sigma^2\right)$。$r_4$ 的测量方差为

$$\sigma_4^2 = \langle r_4^2 \rangle - \langle r_4 \rangle^2 = \langle r_4^2 \rangle - \rho_4^2\left[\Phi + n^2(1-\Phi)\right]^2 \qquad (8.46)$$

因子 $\left[\Phi + n^2(1-\Phi)\right]$ 是量化波形的方差，对应于非量化采样的方差 σ^2。遵循非量化采样的分析过程可得

$$\langle r_4^2 \rangle = N^{-2} \sum_{i=1}^{N} \langle \hat{x}_i^2 \hat{y}_i^2 \rangle + N^{-2} \sum_{i=1}^{N} \sum_{i \neq k} \langle \hat{x}_i \hat{y}_i \hat{x}_k \hat{y}_k \rangle \qquad (8.47)$$

计算上式中的第一个求和项时，要注意 $\langle \hat{x}_i^2 \hat{y}_i^2 \rangle$ 的取值为 1、n^2 或 n^4，这些值乘以其发生概率后累加等于 $\left[\Phi + n^2(1-\Phi)\right]^2$。第二项求和式的贡献为

$$\left(1 - N^{-1}\right)\rho_4^2\left[\Phi + n^2(1-\Phi)\right]^2 + 2N^{-1}\left[\Phi + n^2(1-\Phi)\right]^2 \sum_{q=1}^{\infty} R_4^2(q\tau_s) \quad (8.48)$$

其中第二项表征过采样的影响，与式（8.17）类似，R_4 是四阶量化的自相关函数。由式（8.46）可得

$$\sigma_4^2 = N^{-1}\left[\Phi + n^2(1-\Phi)\right]^2 \left[1 + 2\sum_{q=1}^{\infty} R_4^2(q\tau_s) - \rho_4^2\right] \qquad (8.49)$$

由于假设 $\rho \ll 1$，ρ_4^2 项可忽略，则四阶量化相关测量的信噪比为

$$\mathcal{R}_{sn4} = \frac{\langle r_4 \rangle}{\sigma_4} = \frac{2\rho[(n-1)E+1]^2 \sqrt{N}}{\pi\left[\Phi + n^2(1-\Phi)\right]\sqrt{1 + 2\sum_{q=1}^{\infty} R_4^2(q\tau_s)}} \qquad (8.50)$$

由式（8.14）可得 $N = \beta N_N$ 时，与非量化奈奎斯特采样的相对信噪比为

$$\eta_4 = \frac{\mathcal{R}_{sn4}}{\mathcal{R}_{sn\infty}} = \frac{2[(n-1)E+1]^2\sqrt{\beta}}{\pi\left[\Phi+n^2(1-\Phi)\right]\sqrt{1+2\sum\limits_{q=1}^{\infty}R_4^2(q\tau_s)}} \qquad (8.51)$$

对于奈奎斯特采样，有 $\beta=1$ 且

$$\eta_4 = \frac{\mathcal{R}_{sn4}}{\mathcal{R}_{sn\infty}} = \frac{2[(n-1)E+1]^2}{\pi\left[\Phi+n^2(1-\Phi)\right]} \qquad (8.52)$$

当 $n=3$ 且 $v_0=0.996\sigma$，或 $n=4$ 且 $v_0=0.942\sigma$ 时，η_4 的值非常接近最佳灵敏度，见附录 8.3 的表 A8.1。注意，选择整数 n 值可以简化相关器的设计。上述两组参量与非量化采样的相对信噪比 η_4 分别为 0.881 和 0.880。图 8.6 给出 $n=2$、3 和 4 的条件下，以 v_0/σ 为变量的相对灵敏度函数曲线。文献 Hagen 和 Farley（1973）及 Bowers 和 Klingler（1974）中也得出了类似的结论。

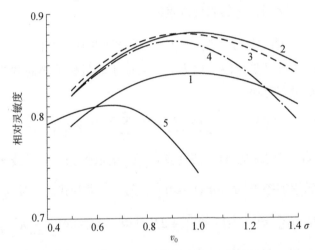

图 8.6　四阶系统和几种改进系统相对于非量化相关的相对信噪比。横坐标为量化门限 v_0，以量化器输入波形的均方根电平为单位。纵坐标是与非量化系统的相对灵敏度（信噪比）。图中曲线分别为：1. $n=2$ 的全四阶系统；2. $n=3$ 的全四阶系统；3. $n=4$ 的全四阶系统；4. $n=3$ 且忽略低电平乘积项的四阶系统；5.三阶系统。来自文献 Cooper（1970）

选定 n 和 v_0 值后，我们就可以回到式（8.42）与（8.43）来考察 ρ 与 ρ_4 的关系。图 8.7 中的曲线 1 给出 ρ 与 ρ_4 的关系。如果用斜率的线性外插来拟合低 ρ 值数据会产生误差，例如从 $\rho=0.5$ 外插的误差为 1%，从 $\rho=0.7$ 外插的误差为 2%，从 $\rho=0.8$ 外插的误差为 2.8%，其中误差是相对于 ρ 真值的百分比。所以，当 ρ 值小于 0.6 时，线性外插能满足大多数应用的要求。这种线性假设简化了四阶采样的最后一步分析，即计算过采样对灵敏度的改善。

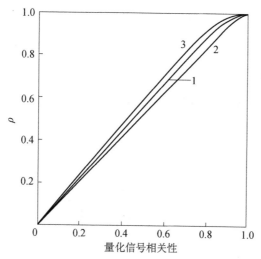

图 8.7   非量化信号与量化信号相关系数 ρ 的关系曲线。图中曲线分别为：1. $n=3$ 且 $v_0=\sigma$，或 $n=4$ 且 $v_0=0.95\sigma$ 的全四阶系统；2. $n=4$ 且 $v_0=0.95\sigma$，并忽略低电平乘积项的四阶系统；3. $v_0=0.6\sigma$ 的三阶系统。引自 Cooper（1970）

非量化噪声的自相关函数 R_∞ 与同一波形四阶量化后的自相关函数之间的关系，与式（8.45）所示的互相关函数之间的关系相同。因此假设 $R_\infty \leqslant 0.6$ 可得

$$R_4 = \frac{2[(n-1)E+1]^2 R_\infty}{\pi\left[\Phi+n^2(1-\Phi)\right]} \tag{8.53}$$

当过采样率 $\beta=2$ 且 $q=1$ 时，由式（8.15）计算的 R_∞ 满足这一限定条件。$n=3$ 并选择最优门限 v_0 值时，$E=0.6091$，$\Phi=0.6806$，且 $R_4=0.881R_\infty$。当 $\beta=2$，用式（8.15）、（8.53）和附录 8.1 中的式（A8.5）评估式（8.51）分母的求和式，可得 $\eta_4=0.935$，该值比 $\beta=1$ 时大 1.06 倍。Bowers 和 Klingler（1974）指出，量化电平 v_0 的最优值会随过采样因子而略微变化。但是最佳值的可选范围是很宽的（图 8.6），对灵敏度的影响很小。

Cooper（1970）在讨论两比特量化时，考虑了从乘积项中忽略某些乘积项的影响。例如，如果将两个低电平项的乘积均计为零，而不是 ± 1，信噪比损失约为 1%，如图 8.6 中的曲线 4 所示。改进的系统只累加全四阶系统中的 $\pm n$ 和 $\pm n^2$ 项，并可以将其赋值为 ± 1 和 $\pm n$，以简化积分器中的计数器电路。更进一步简化可以忽略中位电平的乘积项，并将高位电平的乘积项赋值为 ± 1。进一步简化系统的灵敏度是全四阶系统灵敏度的 92%。我们后续将不再分析只忽略低电平乘积项的情况，但应注意，推导相关系数（ρ 的函数）时，我们可以使用两种不同的量化特征，即文献（Hagen and Farley，1973）或式（8.36）并忽略适当的项来表征相关器的作用。如果低电平和中位电平乘积项都被忽略，则可以

用新的量化特征更简单地描述相关器的作用，即三阶量化，此时无须人为忽略乘积项。

8.3.3　三阶量化

三阶量化已被证实是一种重要的实用技术，其量化特性如图 8.8 所示。在此情况下 Price 定理仍然适用。

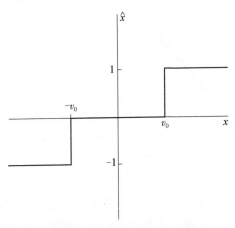

图 8.8　三阶量化特性曲线。横坐标为非量化电压 x，纵坐标为量化输出 $\hat{x}$，v_0 为量化门限电压。因为 $\hat{x}$ 的幅度只取一个非零值，令该值为 1 具有一般性

从 8.32 节的表达式中忽略低电平和中位电平的乘积项，并适当调整加权因子，就可以得到三阶相关器运算特性的表达式。因此，Price 定理所需的等效导数为

$$\frac{\partial \hat{x}}{\partial x} = \delta(x - v_0) + \delta(x + v_0) \tag{8.54}$$

且根据 Price 定理，相关器输出的期望值 $\langle r_3 \rangle$ 为

$$\langle r_3 \rangle = \frac{1}{\pi} \int_0^\rho \frac{1}{\sqrt{1 - \xi^2}} \left[\exp\left(\frac{-v_0^2}{\sigma^2 (1 + \xi)} \right) + \exp\left(\frac{-v_0^2}{\sigma^2 (1 - \xi)} \right) \right] d\xi \tag{8.55}$$

其中 ξ 为虚拟积分变量。归一化相关系数为

$$\rho_3 = \frac{\langle r_3 \rangle}{1 - \Phi} \tag{8.56}$$

其中 Φ 由式（8.44）定义。当 $\rho \ll 1$ 时，由式（8.55）和式（8.66）可得

$$(\rho_3)_{\rho \ll 1} = \rho \frac{2E^2}{\pi(1 - \Phi)} \tag{8.57}$$

其中 E 的定义见式（8.45）。r_3 的方差为

$$\sigma_3^2 = \langle r_3^2 \rangle - \langle r_3 \rangle^2 = N^{-1}(1-\Phi)^2 \left[1 + 2\sum_{q=1}^{\infty} R_3^2(q\tau_s) - \rho_3^2 \right] \qquad (8.58)$$

R_3 为三阶量化后的自相关系数。如果式（8.58）中的 ρ_3^2 可忽略，则三阶量化与非量化相关器的相对信噪比为

$$\eta_3 = \frac{\mathcal{R}_{sn3}}{\mathcal{R}_{sn\infty}} = \frac{\langle r_3 \rangle}{\sigma_3 \mathcal{R}_{sn\infty}} = \frac{2\sqrt{\beta}E^2}{\pi(1-\Phi)\sqrt{1 + 2\sum_{q=1}^{\infty} R_3^2(q\tau_s)}} \qquad (8.59)$$

对于奈奎斯特采样且 $v_0 = 0.6120\sigma$ 时，三阶量化与非量化情况的相对灵敏度最大，此时 η_3 等于 0.810（见图 8.6 中的曲线 5）。对于这个最佳门限值，有 $\Phi = 0.4595$，$E = 0.8292$，并假设 ρ 近似为 r_3 的线性函数，可得 $R_3(q\tau_s) = 0.810 R_\infty(q\tau_s)$。然后，由式（8.15）、（8.59）和（A8.5）可以发现，过采样因子 $\beta = 2$ 的矩形基带频谱的 η_3 等于 0.890，是 $\beta = 1$ 的 1.10 倍。

8.3.4 量化效率：四阶及以上电平的简化分析

二阶、三阶和四阶的量化效率 η_Q 分别为 0.636、0.810 和 0.881。随着量化电平的增加，量化导致的效率损失会进一步减小，效率损失的近似计算方法参见（Thompson，1998），下面对此进行分析。与 8.3.3 节给出的精确计算方法相比，这种方法更简单。这两种方法的基本原理是一样的，即计算量化导致信号方差增加的百分比。相关器输出的信噪比与信号方差成反比。

图 8.9 给出分段线性近似的高斯概率分布的天线信号。分段近似可以简化分析过程。近似函数与图中垂线的交点是高斯函数的准确值。图中垂线位置给出八阶采样的量化门限，横坐标值在 ±3.5 之间。相邻量化电平的水平间距为 ϵ，以（非量化）均方根电压 σ 为单位，即 $\epsilon\sigma$ 是相邻门限电平的电压差。我们首先考虑偶数个量化电平的情况，如图 8.9 所示。任意一个落入相邻门限 $m\epsilon\sigma$ 和 $(m+1)\epsilon\sigma$ 之间的样本都赋值为 $\left(m+\frac{1}{2}\right)\epsilon\sigma$。图 8.9 整体概率分布中这一分段的归一化梯形概率分布可以写为

$$p(v) = \frac{1}{\epsilon\sigma} + \left[v - \left(m+\frac{1}{2}\right)\epsilon\sigma \right]\varDelta_m, \quad m\epsilon\sigma < v < (m+1)\epsilon\sigma \qquad (8.60)$$

其中 $\varDelta_m$ 是在 $m\epsilon\sigma$ 和 $(m+1)\epsilon\sigma$ 之间电压的概率变化。对电压做量化引入的额外方差为

$$\left\langle \left[v - \left(m+\frac{1}{2}\right)\epsilon\sigma \right]^2 \right\rangle = \int_{m\epsilon\sigma}^{(m+1)\epsilon\sigma} \left[v - \left(m+\frac{1}{2}\right)\epsilon\sigma \right]^2 p(v)\mathrm{d}v \qquad (8.61)$$

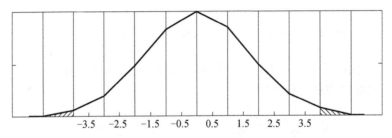

图 8.9　分段线性近似的接收机信号幅度高斯概率分布。曲线与垂线的交点代表高斯概率函数的准确值。横坐标是以 $\epsilon\sigma$ 为单位的信号幅度（电压），数值代表赋给各个量化电平的值。横坐标介于$-3.5\,\epsilon\sigma \sim 3.5\,\epsilon\sigma$ 的 7 条垂线代表八阶采样的量化门限。阴影区代表电平超出 $\pm4\epsilon\sigma$ 的信号，其赋值为 $\pm3.5\epsilon\sigma$

如果将 $x = v - \left(m + \dfrac{1}{2} \right)\epsilon\sigma$ 代入上式，方差的增量变成

$$\int_{-\epsilon\sigma/2}^{\epsilon\sigma/2} x^2 \left[\frac{1}{\epsilon\sigma} + x\varDelta_{\mathrm{m}} \right] \mathrm{d}x \tag{8.62}$$

或者

$$\frac{2}{\epsilon\sigma} \int_{0}^{\epsilon\sigma/2} x^2 \mathrm{d}x = \frac{1}{3} \left(\frac{\epsilon\sigma}{2} \right)^2 \tag{8.63}$$

注意上式中没有出现 $\varDelta_{\mathrm{m}}$ 因子。所以方差的增量与 $-4\epsilon\sigma$ 到 $4\epsilon\sigma$ 范围内所有电压区间的方差增量相同。在这两个电平之间的高斯概率曲线下的面积等于

$$\frac{1}{\sqrt{2\pi}\sigma} \int_{-4\epsilon\sigma}^{4\epsilon\sigma} \mathrm{e}^{-x^2/2\sigma^2} \mathrm{d}x = \mathrm{erf}\left(\frac{4\epsilon}{\sqrt{2}} \right) \tag{8.64}$$

因此，将信号样本在 $\pm4\epsilon\sigma$ 之间做量化所导致的方差为

$$\frac{1}{3} \left(\frac{\epsilon\sigma}{2} \right)^2 \mathrm{erf}\left(\frac{4\epsilon}{\sqrt{2}} \right) \tag{8.65}$$

我们可以假设量化误差与非量化信号本质上是不相关的。在二阶量化这种极端情况下，量化误差与非量化信号是高度相关的，此处的分析方法不再适用。然而，考虑到图 8.10 所示的多阶量化情况，如果信号电压连续增加，在每个量化门限处量化误差最大，当电压等于两个门限的中值时，量化误差减小到零。在每个门限电平处，量化误差会发生符号跳变，然后周期性重复。这种量化特征极大地降低了量化误差与信号波形的相关性。

　　分析时，还需要考虑把低于 $-4\epsilon\sigma$ 的所有信号赋值为 $-3.5\epsilon\sigma$ 且把所有高于 $4\epsilon\sigma$ 的电压信号赋值为 $3.5\epsilon\sigma$ 带来的影响。为近似估计这种影响，我们将超出 $\pm4\epsilon\sigma$ 区间的信号也以 $\epsilon\sigma$ 为间隔进行划分。例如考虑以 $6.5\epsilon\sigma$ 为中心的区间，信号落入这个区间的概率是概率密度曲线在这一区间下的面积，分段线性近似时

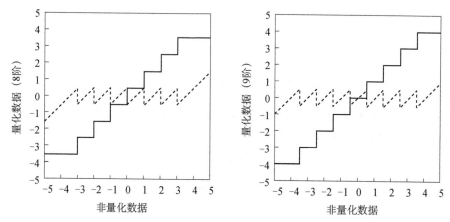

图 8.10 量化特性实例。左图为偶数个电平（8 个），右图为奇数个电平（9 个）。两图坐标单位都为 ϵ。横轴为模拟（非量化）电压，纵轴为量化输出。图中虚线给出模拟电平与量化电平之差。注意，偶数个量化电平时，门限电平是坐标轴上的整数值；奇数个量化电平时，门限电平是整数加 1/2

概率为

$$\frac{1}{2}\frac{\epsilon}{\sqrt{2\pi}}\Big[\mathrm{e}^{-(6\epsilon)^2/2}+\mathrm{e}^{-(7\epsilon)^2/2}\Big] \qquad (8.66)$$

对这一区间内的信号做量化，引入的方差近似为 $[(6.5-3.5)\epsilon\sigma]^2$，因此超出 $\pm4\epsilon\sigma$ 区间的信号总量化误差的方差为

$$\frac{\epsilon^3\sigma^2}{\sqrt{2\pi}}\sum_{m=4}^{\infty}(m-3)^2\Big[\mathrm{e}^{-m^2\epsilon^2/2}+\mathrm{e}^{-(m+1)^2\epsilon^2/2}\Big] \qquad (8.67)$$

实际上，式（8.65）会快速收敛，只需要累加几项即可（例如，只累加 $m\lesssim3$ 的项）。截断 $\pm4\epsilon\sigma$ 区间外的信号值显然与非量化信号电平具有一定的相关性。然而，八阶量化针对灵敏度优化 ϵ 后，只有不到 1.6% 的样本值在 $\pm4\epsilon\sigma$ 区间以外，因此信号截断带来的影响很小。随着量化阶数的增加，$\pm4\epsilon\sigma$ 区间以外信号的占比随之降低。因此，我们可以认为信号截断导致的量化误差与信号不相关，但要理解，这种近似会给计算结果带来一个小的误差。

量化信号的方差等于非量化信号方差与式（8.63）和式（8.65）量化误差之和，即

$$\sigma^2+\frac{1}{3}\left(\frac{\epsilon\sigma}{2}\right)^2\mathrm{erf}\left(\frac{4\epsilon}{\sqrt{2}}\right)+\frac{\epsilon^3\sigma^2}{\sqrt{2\pi}}\sum_{m=4}^{\infty}(m-3)^2\Big[\mathrm{e}^{-m^2\epsilon^2/2}+\mathrm{e}^{-(m+1)^2\epsilon^2/2}\Big] \qquad (8.68)$$

如果相关器输入端的两个信号的方差相同，且信号之间的相关性较小（即 $\rho\ll1$），则相关器输出的信噪比与信号方差成反比。因此量化效率等于

$$\eta_{(2\mathcal{N})} = \left\{ 1 + \frac{1}{3}\left(\frac{\epsilon}{2}\right)^2 \mathrm{erf}\left(\frac{\mathcal{N}\epsilon}{\sqrt{2}}\right) \right.$$

$$\left. + \frac{\epsilon^3}{\sqrt{2\pi}} \sum_{m=\mathcal{N}}^{\infty} (m-\mathcal{N}+1)^2 \left[\mathrm{e}^{-m^2\epsilon^2/2} + \mathrm{e}^{-(m+1)^2\epsilon^2/2} \right] \right\}^{-1} \quad （8.69）$$

上式为 $2\mathcal{N}$ 个电平的通用公式。如果电平数为奇数 $2\mathcal{N}+1$，则其中一个电平中心为零，量化效率的等效公式为

$$\eta_{(2\mathcal{N}+1)} = \left\{ 1 + \frac{1}{3}\left(\frac{\epsilon}{2}\right)^2 \mathrm{erf}\left(\frac{\left(\mathcal{N}+\frac{1}{2}\right)\epsilon}{\sqrt{2}}\right) \right.$$

$$\left. + \frac{\epsilon^3}{\sqrt{2\pi}} \sum_{m=\mathcal{N}+1}^{\infty} (m-\mathcal{N})^2 \left[\mathrm{e}^{-\left(m-\frac{1}{2}\right)^2\epsilon^2/2} + \mathrm{e}^{-\left(m+\frac{1}{2}\right)^2\epsilon^2/2} \right] \right\}^{-1} \quad （8.70）$$

用式（8.67）和式（8.68）计算的结果见表 8.1。选取 ϵ 值使 η_Q 值最大。表中第四列 P 是幅度大于 $\pm\mathcal{N}\epsilon\sigma$（偶数个电平）或 $\pm(\mathcal{N}+1/2)\epsilon\sigma$（奇数个电平）的样本占总样本数的比例。八阶量化时，P 是贡献了式（8.67）方差的样本比例。当 $Q=4$ 时，η_Q 的计算精度为 2%；当 $Q=8$ 或更大时，η_Q 的计算精度为 0.1%。

表 8.1　四阶及以上电平的量化效率和其他因子

电平数（Q）	$\mathcal{N}$	ϵ	P	η_Q
4	2	1.08	0.03	0.86
8	4	0.60	0.016	0.960
9	4	0.55	0.013	0.968
16	8	0.34	0.006	0.988
32	16	0.19	0.002	0.996
256	128	0.03	<0.001	1.00

8.3.5　量化效率：三阶及以上的完整分析

本节给出三阶及以上的量化系统的一般性分析［例如 Thompson 等（2007）］。令 x 是非量化样本的电压值，服从方差为 σ^2 的高斯概率分布。令 $\hat{x}$ 是 x 的量化值。差值 $x-\hat{x}$ 表示量化引入的差值。差值中包含一个与 x 相关的分量，还包含一个很像随机噪声的不相关分量。假设 $x'=x-\alpha\hat{x}$，其中 α 是尺度因子，则 x 与 x' 的相关系数为

$$\frac{\langle xx' \rangle}{x_\mathrm{rms} x'_\mathrm{rms}} = \frac{\langle x^2 \rangle - \alpha\langle x\hat{x} \rangle}{x_\mathrm{rms} x'_\mathrm{rms}} \quad （8.71）$$

其中尖括号 $\langle\rangle$ 表示均值。当 $\alpha = \langle x^2 \rangle / \langle x\hat{x} \rangle$ 时，相关系数为 0 且 x' 表征纯粹的随机

噪声。我们把这个随机分量称为量化噪声，等于 $x - \alpha_1 \hat{x}$，其中 $\alpha_1 = \langle x^2 \rangle / \langle x\hat{x} \rangle$。不失一般性，令 $\sigma^2 = \langle x^2 \rangle = 1$，因此 $\alpha_1 = 1/\langle x\hat{x} \rangle$。量化噪声的方差为

$$\langle q^2 \rangle = \left\langle \left(x - \alpha_1 \hat{x} \right)^2 \right\rangle = \langle x^2 \rangle - 2\alpha_1 \langle x\hat{x} \rangle + \alpha_1^2 \langle \hat{x}^2 \rangle = \alpha_1^2 \langle \hat{x}^2 \rangle - 1 \qquad (8.72)$$

数字信号的总方差为 $1 + \langle q^2 \rangle$，量化效率 η_Q 等于非量化信号的方差与总方差之比。因此

$$\eta_Q = \frac{1}{\left(1 + \langle q^2 \rangle \right)} = \frac{1}{\alpha_1^2 \langle \hat{x}^2 \rangle} = \frac{\langle x\hat{x} \rangle^2}{\langle \hat{x}^2 \rangle} \qquad (8.73)$$

考虑如图 8.10 所示的八阶量化，有偶数个量化电平且等间距分布。阶数为偶数时，可以方便地定义 $\mathcal{N}$ 等于阶数的一半。我们首先计算 $\langle x\hat{x} \rangle$。注意每个样本值的 x 和 $\hat{x}$ 符号相同，所以 $x\hat{x}$ 恒为正值。令 ϵ 代表相邻量化电平的间距。落在量化电平 $m\epsilon$ 和 $(m+1)\epsilon$ 之间的 x 值，将其赋值为 $\hat{x} = \left(m + \frac{1}{2} \right)\epsilon$，则量化误差对其期望值的贡献为

$$\frac{1}{\sqrt{2\pi}} \int_{m\epsilon}^{(m+1)\epsilon} \left(m + \frac{1}{2} \right) \epsilon x e^{-x^2/2} \mathrm{d}x \qquad (8.74)$$

x 值处于量化电平 $-m\epsilon$ 和 $-(m+1)\epsilon$ 之间的表达式与上式相同，因此计算 $\langle x\hat{x} \rangle$ 时我们可以只对正电平积分并增加因子 2：

$$\langle x\hat{x} \rangle = \sqrt{\frac{2}{\pi}} \left[\left(\sum_{m=0}^{\mathcal{N}-2} \int_{m\epsilon}^{(m+1)\epsilon} \left(m + \frac{1}{2} \right) \epsilon x e^{-x^2/2} \mathrm{d}x \right) \right.$$
$$\left. + \int_{(\mathcal{N}-1)\epsilon}^{\infty} \left(\mathcal{N} - \frac{1}{2} \right) \epsilon x e^{-x^2/2} \mathrm{d}x \right] \qquad (8.75)$$

求和项中包含除最高电平以外的所有正量化电平的积分。第二行的积分覆盖了 x 等于和大于最高电平的贡献，这两种情况均赋值为 $\hat{x} = \left(\mathcal{N} - \frac{1}{2} \right)\epsilon$。因此，通过积分运算，式（8.75）简化为

$$\langle x\hat{x} \rangle = \sqrt{\frac{2}{\pi}} \epsilon \left(\frac{1}{2} + \sum_{m=1}^{\mathcal{N}-1} e^{-m^2\epsilon^2/2} \right) \qquad (8.76)$$

评估 $\hat{x}$ 的方差时，同样要首先考虑 x 值处于量化电平 $-m\epsilon$ 和 $-(m+1)\epsilon$ 之间的贡献。将这个电平区间的量化信号 $\hat{x}$ 均赋值为 $\left(m + \frac{1}{2} \right)\epsilon$。对这个电平的所有 x 值，$\hat{x}$ 的方差为

$$\left(m + \frac{1}{2} \right)^2 \epsilon^2 \frac{1}{\sqrt{2\pi}} \int_{m\epsilon}^{(m+1)\epsilon} e^{-x^2/2} \mathrm{d}x \qquad (8.77)$$

对于 x 的负值区间，我们同样可以用乘以因子 2 来表征，对除了最高电平以外的所有正量化电平求和，并增加一项 x 等于和大于最高电平的贡献。因此，$\hat{x}$ 的总方差为

$$\langle \hat{x}^2 \rangle = \sqrt{\frac{2}{\pi}} \left[\left(\sum_{m=0}^{\mathcal{N}-2} \left(m + \frac{1}{2} \right)^2 \epsilon^2 \int_{m\epsilon}^{(m+1)\epsilon} e^{-x^2/2} \mathrm{d}x \right) \right.$$
$$\left. + \left(\mathcal{N} - \frac{1}{2} \right)^2 \epsilon^2 \int_{(\mathcal{N}-1)\epsilon}^{\infty} e^{-x^2/2} \mathrm{d}x \right] \tag{8.78}$$

式（8.78）中的积分式可以表示为误差函数。因此，利用式（8.73），（8.76），（8.78）可以得到

$$\eta_{(2\mathcal{N})} = \frac{\dfrac{2}{\pi} \left(\dfrac{1}{2} + \displaystyle\sum_{m=1}^{\mathcal{N}-1} e^{-m^2\epsilon^2/2} \right)^2}{\left(\mathcal{N} - \dfrac{1}{2} \right)^2 - 2\displaystyle\sum_{m=1}^{\mathcal{N}-1} m\, \mathrm{erf}\left(\dfrac{m\epsilon}{\sqrt{2}} \right)} \tag{8.79}$$

当量化电平数为奇数时，电平门限为一个整数加 1/2，如图 8.10 中的九阶量化所示。我们将奇数个电平表示为 $2\mathcal{N}+1$，考虑落在 $\left(m - \dfrac{1}{2} \right)\epsilon$ 到 $\left(m + \dfrac{1}{2} \right)\epsilon$ 之间的 x 值。这些 x 都被赋值为 $m\epsilon$，例如，以 $x = 0$ 为中心的 x 值都被赋值为零电平。这个量化区间对 $\langle x\hat{x} \rangle$ 的贡献为

$$\frac{1}{\sqrt{2\pi}} \int_{\left(m-\frac{1}{2}\right)\epsilon}^{\left(m+\frac{1}{2}\right)\epsilon} m\epsilon x e^{-x^2/2} \mathrm{d}x \tag{8.80}$$

如式（8.75）一样累加所有量化区间后，可得

$$\langle x\hat{x} \rangle = \sqrt{\frac{2}{\pi}} \left[\left(\sum_{m=1}^{\mathcal{N}-1} \int_{\left(m-\frac{1}{2}\right)\epsilon}^{\left(m+\frac{1}{2}\right)\epsilon} m\epsilon x e^{-x^2/2} \mathrm{d}x \right) + \int_{\left(\mathcal{N}-\frac{1}{2}\right)\epsilon}^{\infty} \mathcal{N}\epsilon x e^{-x^2/2} \mathrm{d}x \right] \tag{8.81}$$

然后，可如式（8.78）一样得到 $\langle x^2 \rangle$

$$\langle x^2 \rangle = \sqrt{\frac{2}{\pi}} \left[\sum_{m=1}^{(\mathcal{N}-1)} \left(\int_{\left(m-\frac{1}{2}\right)\epsilon}^{\left(m+\frac{1}{2}\right)\epsilon} (m\epsilon)^2 e^{-x^2/2} \mathrm{d}x \right) + \int_{\left(\mathcal{N}-\frac{1}{2}\right)\epsilon}^{\infty} (\mathcal{N}\epsilon)^2 e^{-x^2/2} \mathrm{d}x \right] \tag{8.82}$$

对式（8.81）和式（8.82）做积分，并由式（8.73）可得

$$\eta_{(2\mathcal{N}+1)} = \frac{\dfrac{2}{\pi} \left(\displaystyle\sum_{m=1}^{\mathcal{N}} e^{-\left(m-\frac{1}{2}\right)^2\epsilon^2/2} \right)^2}{\mathcal{N}^2 - 2\displaystyle\sum_{m=1}^{\mathcal{N}} \left(m - \dfrac{1}{2} \right) \mathrm{erf}\left(\dfrac{\left(m - \dfrac{1}{2} \right)\epsilon}{\sqrt{2}} \right)} \tag{8.83}$$

可以很方便地对式（8.79）和式（8.83）做数值计算，并获取任意数量均匀分布电平的量化效率。

上述分析过程中没有做过多的近似，因此同样的方法也适用于量化电平数量很少，因而量化噪声相对较大的分析。利用上述方法分析二阶、三阶和四阶量化对相关器输入数字信号的量化噪声，可以得到其量化效率 η_Q。但附录 8.3为了优化量化效率 η_Q，选取了不同的量化区间赋值，或者使用了非均匀量化门限电平，不能直接应用上述推导的公式进行计算。尽管如此，还是可以用同样的一般性方法分析不同电平间距的情况。对于三阶量化，满足量化效率最高的量化电平为 $\pm 0.612\sigma(\epsilon = 1.224)$。因此可得

$$\langle x\hat{x} \rangle = \sqrt{\frac{2}{\pi}}\epsilon \int_{\epsilon/2}^{\infty} x e^{-x^2/2}\mathrm{d}x \tag{8.84}$$

$$\langle \hat{x}^2 \rangle = \sqrt{\frac{2}{\pi}}\epsilon^2 \int_{\epsilon/2}^{\infty} e^{-x^2/2}\mathrm{d}x \tag{8.85}$$

因此量化效率为

$$\eta_3 = \frac{\langle x\hat{x} \rangle^2}{\langle \hat{x}^2 \rangle} = \frac{\sqrt{\frac{2}{\pi}}e^{-0.612^2/2}}{1 - \mathrm{erf}\left(\frac{0.612}{\sqrt{2}}\right)} \tag{8.86}$$

利用式（8.79），（8.83）和（8.86）计算得到的一些典型值如表 8.2 所示。每种情况都基于最大化 η_Q 的目标对 ϵ 值做了优化。为了更清楚地展示 η_Q 随量化电平的增多而趋近于 1 的过程，用 5 位数表示表中的 η_Q。但是，这些计算都假设了理想矩形通带，实际接收系统也可以很接近理想通带。图 8.11 展示了量化效率 η_Q 与门限间距 ϵ 的关系。

表 8.2　奈奎斯特采样的量化效率 η_Q 实例

电平数（Q）	$\mathcal{N}$	ϵ	η_Q
3	1	1.224	0.80983
4	2	0.995	0.88115
8	4	0.586	0.96256
9	4	0.534	0.96930
16	8	0.335	0.98846
32	16	0.118	0.99651
256	128	0.0312	0.99991

如果不需要保持输入和输出值的相邻门限电平间距恒定，有时也可以独立调整电平来实现几十个百分点的 η_Q 改善，电平数越多，改善效果越弱。表 8.2

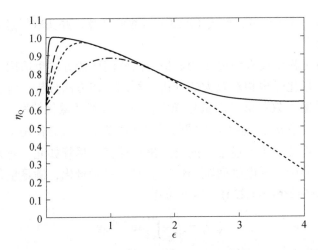

图 8.11　量化效率是门限电平间距 ϵ 的函数，门限电平以非量化信号均方根幅度 σ 归一化。图中的曲线包括：64 阶（实线），16 阶（长虚线），9 阶（短虚线），4 阶（长短虚线）。当 ϵ 很小时，量化器的输出主要取决于输入信号的符号，因此此曲线与纵轴交点的值等于二阶量化的效率 $\eta_Q = 2/\pi$。随着 ϵ 的增大，（正值和负值）高量化电平区间逐渐只包含高斯分布的拖尾部分，因此量化效率主要由量化电平数量决定，且几条曲线逐渐融合。偶数阶量化曲线逐渐逼近二阶量化曲线，而奇数阶量化曲线逐渐趋于零。每种情况的最优工作点应选择为每条曲线的峰值

中的 η_Q 值与 Jenet 和 Anderson（1998）推导的结果一致，他们对均匀和非均匀门限间距两种情况，详细计算了从 2bit 到 8bit 量化的性能。也可参见附录 8.3 四阶量化的优化分析。

　　近期的射电望远镜设计会频繁调整电平步长 ϵ，以保证量化器电平范围能够兼容远高于系统均方根噪声的信号电平。这种调整保证了对干扰信号至关重要的线性响应，使得后续处理能够消除或抑制干扰。例如，当使用 256 阶量化（代表 8bit）且 $\epsilon = 0.5$ 时，可以计算得到 $\eta_Q = 0.9796$。±128 个电平范围对应于 ±64σ，即高出系统噪声 ±36dB 仅仅损失了 2% 的信噪比。

8.3.6　强源的相关系数估值

　　前几节量化效率计算是基于量化前后信号积的均值，即 $\langle x_i y_i \rangle$ 或 $\langle \hat{x}_i \hat{y}_i \rangle$ 来估计相关系数，且限制相关系数很小，$|\rho| \ll 1$。Johnson 等（2013）证明当相关系数很小且信号的方差已知（设定量化器门限时假设方差已知）时，用乘积的平均值 $\langle \hat{x}_i \hat{y}_i \rangle$ 确实能实现相关系数的最优估计。也就是说，当相关系数很小时，并经过适当加权，没有量化信号的组合能对方差小于相关器输出方差的情况做无偏估计。这是由于在相关系数很小时，二维高斯分布函数可以写成式（8.2），只有 xy 项包含相关系数 ρ 因子。

　　然而相关系数较大时，其他相关系数估计方法的噪声更低。因此，当相关系数较大，为提高量化效率就必须修改表达式。例如，当不对信号做量化时，两个零均值信号相关系数的最优估计是 Pearson 相关系数［参见 Wall 和 Jenkins（2012）］：

$$r_p = \frac{\sum\limits_{i=1}^{N_N}(x_i - \bar{x})(y_i - \bar{y})}{\sqrt{\sum\limits_{i=1}^{N_N}(x_i - \bar{x})^2}\sqrt{\sum\limits_{i=1}^{N_N}(y_i - \bar{y})^2}} \tag{8.87}$$

其中 $\bar{x} = \dfrac{1}{N_N}\sum_{i=1}^{N_N} x_i$ 是样本均值，且分母中的求和项正比于样本方差。r_p 估值的标准差 σ_p 为

$$\sigma_p = N_N^{-1/2}\left(1 - \rho^2\right) \tag{8.88}$$

当 ρ 趋近于 1 时，σ_p 趋近于 0。这时式（8.1）所示的概率分布函数退化为沿直线 $x = y$ 的一维高斯分布函数。当 $\rho = 1$ 时，直线可以由 x_i 和 y_i 完全定义，也就是说 x_i 和 y_i 不会偏离这条直线，ρ 估值的不确定度为 0。或许令人惊讶的是，像式（8.8）一样，不需要样本均值和方差就可以估计相关系数，即

$$r_\infty = \frac{1}{N_N}\sum_{i=1}^{N_N} x_i y_i \tag{8.89}$$

用 σ^2 做归一化后，误差为

$$\sigma_\infty = N_N^{-1/2}\left(1 + \rho^2\right)^{1/2} \tag{8.90}$$

仅当 $\rho = 0$ 时上式等于 σ_p。对于二阶量化、矩形通带且 $\beta = 1$ 时，相关估计的误差为［参见式（8.30a）、式（8.35）］

$$\sigma_2 = N_N^{-1/2}\left(1 - \rho^2\right)^{1/2} \tag{8.91}$$

相关系数较大时，需要对范弗莱克关系式［式（8.25）］

$$\rho = \sin\frac{\pi}{2}\rho_2 \tag{8.92}$$

中 ρ_2 的误差 σ_{2V} 做非线性比例变换，误差 σ_{2V} 如下：

$$\sigma_{2V} = N_N^{-1/2}\left[\left(\frac{\pi}{2}\right)^2 - (\arcsin\rho)^2\right]\left(1 - \rho^2\right)^{1/2} \tag{8.93}$$

前面介绍的各种情况的相关误差［σ_p、σ_∞、σ_{2V} 以及根据 Gwinn（2004）公式推导的四阶采样的误差］，如图 8.12 所示。比较有趣的是，当 $\rho > 0.6$ 时，二阶量化比非量化相关器的性能更好，且 $\rho = 1$ 时可以逼近皮尔森估值器的性能。Cole（1968）注意到了二阶量化的特殊性，并将其归因为样本方差与二阶量化

的估值不相关。

　　Johnson（2013）等对于信号方差已知的连续时间信号做了最大似然估计（MLE），其标准差 σ_q 略小于 σ_p。作者还对不同量化电平数做了最大似然估计，证明当 Q 值很大时，方差 $\sigma_q(Q)$ 趋于 σ_q。

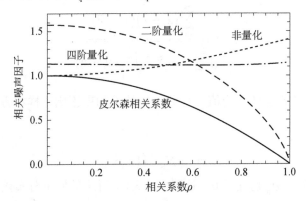

图 8.12　相关噪声因子，即 $N_N^{1/2}$ 乘以标准差，与相关系数 ρ 的关系。当 $\rho=0$ 时，相关因子都等于 n_Q^{-1}。标识为非量化和二阶量化的两条曲线的相关因子是通过标准的信号积估计的相关系数 ρ［非量化和二阶量化分别参见式（8.90）和式（8.93）］。由式（8.88）给出的皮尔森 r 因子是基于 r_p 估值器给出的，其中要用到采样均值和方差。引自 Johnson 等（2013）

8.4　量化的其他影响

　　射电天文的各种分析会涉及不同天线信号的互相关或者同一信号的自相关随时间的变化。利用量化信号计算的相关值与利用非量化信号计算的相关系数真值存在偏差，二阶量化时偏差最大，随着量化阶数的增加，偏差逐渐减小。为了修正相关系数偏差，需要确定量化数据的互相关与互相关真值 ρ 的关系。为分析量化的影响，我们考察两个一样的高斯波形，两个波形之间存在延迟 τ。二阶量化时，R 与 ρ 的关系由范弗莱克方程［式（8.25）］给出：

$$R_2(\tau) = \frac{2}{\pi}\arcsin \rho(\tau) \qquad (8.94)$$

量化电平超过二阶时，二者的关系更加复杂。虽然随着量化阶数的增加，量化信号相关系数的非线性会降低，但可能仍然需要进行修正。非常大型的阵列投入运行后，为了观测遥远宇宙的微弱辐射，就需要移除系统观测到的强源响应，此时相关系数的修正就变得尤为重要。

8.4.1　量化数据的相关系数

　　令 x 和 y 代表两个高斯分布数据流，仅有时间偏置 τ 不同。相关系数 $\rho(\tau)$

等于 $\langle xy\rangle/\langle x^2\rangle$，$x$ 和 y 的量化值分别定义为 $\hat{x}$ 和 $\hat{y}$。量化变量的相关系数为

$$R(\tau)=\langle \hat{x}\hat{y}\rangle/\langle \hat{x}^2\rangle \tag{8.95}$$

为了计算相关系数 ρ 的函数 $\rho(\tau)$，我们需要考虑每个量化区间内非量化变量 x 和 y 的发生概率。首先，考虑偶数个量化电平 $2\mathcal{N}$ 的情况，此时有 $\mathcal{N}$ 个正值量化区间和 $\mathcal{N}$ 个负值量化区间。计算一对量化电平 $\langle \hat{x}\hat{y}\rangle$ 乘积的均值时，需要考虑 $\hat{x}$ 和 $\hat{y}$ 值的每种组合，组合总数为 $2\mathcal{N}\times 2\mathcal{N}=4\mathcal{N}^2$。由于 x 和 y 可以互换且概率不变，因此只需要计算其中的一半组合。对式（8.1）的二维高斯概率分布函数在一对区间内做积分，可以给出非量化变量 x 和 y 落在任意两个量化区间的概率。式（8.1）中，x 和 y 具有相同的方差 σ，它们的互相关系数为 ρ。此处，我们关注的是以奈奎斯特间隔 τ_{s} 采样的 x 和 y 的样本，且 n 为采样对之间奈奎斯特间隔的数量。带宽为 $\Delta \nu$ 的矩形通带的相关系数如下：

$$\rho(n\tau_{\mathrm{s}})=\frac{\sin(\pi n\tau_{\mathrm{s}})}{\pi n\tau_{\mathrm{s}}} \tag{8.96}$$

在计算任意两个样本间隔组合的 $\langle \hat{x}\hat{y}\rangle$ 时，要将所需的两个非量化变量落在这两个间隔的联合概率乘以对应的量化赋值。再进一步对所有样本间隔对做累加。由于 $\hat{x}$ 和 $\hat{y}$ 的概率分布函数都相对于零对称，可以首先考虑这些变量均为正值，且处于 $0\sim\mathcal{N}$ 范围的情况。如前所述，我们假设量化台阶为 1。令 $L(i)$ 为 $\mathcal{N}+1$ 个值的级数，以此定义正值量化台阶，即 $0,1,2,\cdots,(\mathcal{N}-1),\cdots,\infty$。因此，当 $i=1$ 到 $\mathcal{N}$，$L(i)=i-1$，且 $L(\mathcal{N}+1)=\infty$。对于变量 y，可以定义一样的电平级数 $L(j)$。则 x 和 y 正值范围贡献的 $\langle \hat{x}\hat{y}\rangle$ 分量为

$$\sum_{i=1}^{\mathcal{N}}(i-1/2)\left[\sum_{j=1}^{\mathcal{N}}(j-1/2)\int_{L(j)}^{L(j+1)}\int_{L(i)}^{L(i+1)}p(x,y)\mathrm{d}x\mathrm{d}y\right] \tag{8.97}$$

其中 $(i-1/2)$ 和 $(j-1/2)$ 分别是相应量化区间的数字数据的赋值，$p(x,y)$ 是二维高斯概率分布，如式（8.1）。都处于负值区间的 x 和 y 贡献了相同的 $\langle \hat{x}\hat{y}\rangle$ 分量。因此，符号相同的 x 和 y 贡献的 $\langle \hat{x}\hat{y}\rangle$ 分量为

$$\langle \hat{x}\hat{y}\rangle=\frac{1}{\pi\sigma^2\sqrt{1-\rho^2}}\sum_{i=1}^{\mathcal{N}}(i-1/2)$$
$$\times\left\{\sum_{j=1}^{\mathcal{N}}(j-1/2)\int_{L(j)}^{L(j+1)}\int_{L(i)}^{L(i+1)}\left[\exp\left(\frac{-(x^2+y^2-2\rho xy)}{2\sigma^2(1-\rho^2)}\right)\right]\mathrm{d}x\mathrm{d}y\right\} \tag{8.98}$$

当 x 和 y 符号相反时，$(i-1/2)$ 和 $(j-1/2)$ 二者之一变为负值，且式（8.98）中指数函数的 x 和 y 二者之一变为负值。包含符号相反情况（由于 $\langle \hat{x}\hat{y}\rangle$ 为负，所以表达式为负号）的表达式可得

$$\langle \hat{x}\hat{y}\rangle = \frac{1}{\pi\sigma^2\sqrt{1-\rho^2}}\sum_{i=1}^{N}(i-1/2)$$

$$\times\left\{\sum_{j=1}^{N}(j-1/2)\int_{L(j)}^{L(j+1)}\int_{L(i)}^{L(i+1)}\left[\exp\left(\frac{-\left(x^2+y^2-2\rho xy\right)}{2\sigma^2\left(1-\rho^2\right)}\right)\right.\right.$$

$$\left.\left.-\exp\left(\frac{-\left(x^2+y^2+2\rho xy\right)}{2\sigma^2\left(1-\rho^2\right)}\right)\right]\mathrm{d}x\mathrm{d}y\right\} \tag{8.99}$$

式（8.99）展现了如何利用式（8.1）二维高斯分布的常规形式推导$\langle\hat{x}\hat{y}\rangle$。Abramowitz 和 Stegun（1968，式（26.2.1）和式（26.3.2））给出了 x 和 y 概率分布的等效形式，可以避免直接使用二重积分。然后式（8.99）可以写为如下形式：

$$\langle\hat{x}\hat{y}\rangle = \frac{1}{\sqrt{2\pi}\sigma}$$

$$\times\left\{\sum_{i=1}^{N}\left[(i-1/2)\sum_{j=1}^{N}\left[(j-1/2)\int_{L(i)}^{L(i+1)}\mathrm{erfc}\left(\frac{L(j)-\rho x}{\sigma\sqrt{2\left(1-\rho^2\right)}}\right)\exp\left(\frac{-x^2}{2\sigma^2}\right)\mathrm{d}x\right]\right]\right.$$

$$-\sum_{i=1}^{N}\left[(i-1/2)\sum_{j=1}^{N}\left[(j-1/2)\int_{L(i)}^{L(i+1)}\mathrm{erfc}\left(\frac{L(j+1)-\rho x}{\sigma\sqrt{2\left(1-\rho^2\right)}}\right)\exp\left(\frac{-x^2}{2\sigma^2}\right)\mathrm{d}x\right]\right]$$

$$-\sum_{i=1}^{N}\left[(i-1/2)\sum_{j=1}^{N}\left[(j-1/2)\int_{L(i)}^{L(i+1)}\mathrm{erfc}\left(\frac{L(j)+\rho x}{\sigma\sqrt{2\left(1-\rho^2\right)}}\right)\exp\left(\frac{-x^2}{2\sigma^2}\right)\mathrm{d}x\right]\right]$$

$$\left.+\sum_{i=1}^{N}\left[(i-1/2)\sum_{j=1}^{N}\left[(j-1/2)\int_{L(i)}^{L(i+1)}\mathrm{erfc}\left(\frac{L(j+1)+\rho x}{\sigma\sqrt{2\left(1-\rho^2\right)}}\right)\exp\left(\frac{-x^2}{2\sigma^2}\right)\mathrm{d}x\right]\right]\right\} \tag{8.100}$$

其中 erfc 是误差函数的补数 $(1-\mathrm{erf})$。

计算 $\hat{x}^2$ 时用到了单个变量的高斯概率函数，并将 x 正值范围的表达式加倍：

$$\hat{x}^2 = \frac{\sqrt{2}}{\sqrt{\pi}\sigma}\sum_{i=1}^{N}(i-1/2)^2\int_{L(i)}^{L(i+1)}\exp\left(\frac{-x^2}{2\sigma^2}\right)\mathrm{d}x$$

$$= \sum_{i=1}^{N}(i-1/2)^2\left[\mathrm{erfc}\left(\frac{L(i)}{\sqrt{2}\sigma}\right)-\mathrm{erfc}\left(\frac{L(i+1)}{\sqrt{2}\sigma}\right)\right] \tag{8.101}$$

至此，给定样本时间间隔时，可以利用式（8.95）、式（8.99）或式（8.100）、式

（8.101）计算量化数据的相关系数。注意，比值$\langle xy \rangle / \langle x^2 \rangle$决定于幅度的高斯分布，且与系统的频率响应无关。

图 8.13 和图 8.14 用实例说明量化信号相关系数与信号真相关系数的关系。两张图都基于同样的分析过程，但图 8.14 把量化数据的相关系数表示为与真相关系数的比值，强调了响应的非线性。图 8.14 中，线性响应表现为图中的水平线，随着量化电平数的增加，曲线逐渐接近线性响应水平线。除非观测强源，阵列中的天线接收信噪比都很低。因此，图 8.13 和图 8.14 曲线上的工作点通常接近左侧，此时互相关对输出信号的线性最佳。随着量化电平数的增加，相关系数测量精度随之增加。曲线表明了量化对高斯幅度分布信号的互相关测量的影响程度。Benkevitch 等（2016）对信号幅度量化的影响做了深入讨论。讨论包括幅度不同的信号互相关的影响，以及当模拟波形的互相关系数趋于 1 时量化的影响。

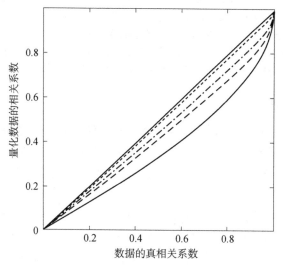

图 8.13　量化数据的相关系数与真相关系数（即非量化数据的相关系数）的关系曲线。最下面的实线为二阶量化，渐次向上分别为 3 阶量化（长虚线）、4 阶量化（长短虚线）、8 阶量化（短虚线）和 16 阶量化（实线）。图 8.7 也给出了三阶和四阶量化电平的类似曲线

为便于计算，可以将相关系数表征为相关器输出的比例函数或类似的近似，附录 8.3 给出四阶量化的结果。Kulkarni 和 Heiles（1980）及 D'Addario 等（1984）给出了三阶量化情况下，由相关器输出计算互相关系数 ρ 的流程。尽管如此，随着计算机能力的提升，现代设备通常选用高阶量化。

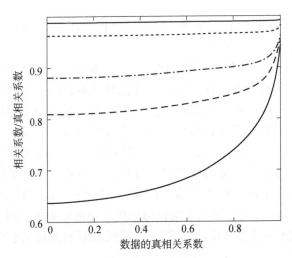

图 8.14　曲线为量化数据的相关系数与真相关系数的比值。图中的数据与图 8.13 相同，但展示为与真（非量化）相关系数之比，曲线偏离水平线表征其非线性效应。最下面的曲线为二阶量化，渐次向上分别为 3、4、8 和 16 阶量化的结果。曲线与左侧坐标轴的交点表明，低信噪比时量化导致的相关性变差，如表 8.2。随着信噪比增加，曲线从左向右延伸，且两个信号理想全相关时，量化和非量化数据的相关系数均为 1

8.4.2　过采样

以奈奎斯特频率对信号做采样不会损失信息，但对信号做量化会降低相关效率，因此降低了灵敏度。过采样可以在一定程度上弥补量化损失，即使用高于奈奎斯特率的采样率。对带宽为 $\Delta\nu$ 的理想矩形通带随机噪声做采样时，相邻奈奎斯特样本的时间间隔为 $1/(2\Delta\nu)$。在奈奎斯特采样时，每个样本的噪声与任一其他样本的噪声不相关，合成这样的数据时，噪声功率是加性合成的。假设按照 β 倍奈奎斯特率进行过采样，采样率超过奈奎斯特率时，样本之间不再是统计独立的。对于任意一个特定的样本，其他样本的噪声分量与该样本噪声是相关的。[但要注意，任一两个间距为 β 倍采样间距（即相距奈奎斯特间隔）的样本，或者间距为奈奎斯特间隔的整数倍时，两个样本的噪声是不相关的。[1]]不同样本的相关噪声分量是电压加性合成的，而不是非相关噪声情况下的功率加性合成。

为说明噪声分量如何合成，考虑一对天线，并假设相关器输出只有 4 个连续样本。令 a_1，a_2，a_3，a_4 是 4 个样本的电压，且正比于相关器输入电压之积。然后我们可以计算这些相关噪声电压和的平方，即总噪声功率：

---

[1]　由于独立天线接收的天空背景噪声是可分辨的，且天线间距通常较大，可以忽略设备噪声的互耦，这里可以假设任意两个天线信号的噪声分量是不相关的。

$$[a_1 + a_2 + a_3 + a_4]^2 = a_1^2 + a_2^2 + a_3^2 + a_4^2 + 2(a_1a_2 + a_1a_3 + a_1a_4 + a_2a_3 + a_2a_4 + a_3a_4)$$
（8.102）

相关器输入量化信号的自相关系数为 $R(n\tau_s)$，其中 n 为整数，τ_s 为相邻样本的时间间隔。相关器输出由两个输入样本之积合成，因此相关器输出样本的自相关系数为 $R^2(n\tau_s)$。平均噪声功率为式（8.102）右侧所有项的均值，其中每个 a_n^2 项都可以用噪声均方幅度 $\langle a^2 \rangle$ 代替，每个 $\langle a_m a_n \rangle$ 项可以用 $\langle a^2 \rangle R^2(|n-m|\tau_s)$ 代替。因此，4 个噪声电压的平均和为

$$4\langle a^2 \rangle + 2\langle a^2 \rangle \left[3R^2(\tau_s) + 2R^2(2\tau_s) + R^2(3\tau_s) \right]$$
（8.103）

如果 4 个噪声项是不相关的，即 R^2 项都等于 0，则噪声功率等于独立噪声功率之和 $4\langle a^2 \rangle$。噪声相关的影响是增加了平均噪声功率，增加因子为式（8.103）除以 $4\langle a^2 \rangle$：

$$1 + 2\left[(3/4)R^2(\tau_s) + (1/2)R^2(2\tau_s) + (1/4)R^2(3\tau_s) \right]$$
（8.104）

拓展到一般情况，相关器输出有 N 个样本进行平均，功率增加因子为

$$1 + 2\left[\left(\frac{N-1}{N}\right)R^2(\tau_s) + \left(\frac{N-2}{N}\right)R^2(2\tau_s) + \left(\frac{N-3}{N}\right)R^2(3\tau_s) + \cdots \right.$$
$$\left. + \left(\frac{1}{N}\right)R^2[(N-1)\tau_s] \right]$$
（8.105）

在射电天文实际应用中，采样数据率通常在 MHz～GHz，平均时间通常在 ms～s，因此 N 值通常在 $10^3 \sim 10^9$。随着样本时间间隔的增加，样本之间的相关系数逐渐降低，实际上，当 $n\tau_s \geq 200$ 倍奈奎斯特间隔时，$R^2(n\tau_s)$ 会变得非常小。因此，式（8.105）方括号中超过 $\sim 200\beta$ 的项都可以忽略。由于在大部分应用场合 $N \gg 200\beta$，噪声电压的平方和可以简化为

$$1 + 2\left[R^2(\tau_s) + R^2(2\tau_s) + R^2(3\tau_s) + \cdots \right] = 1 + 2\sum_{n=1}^{\infty} R^2(n\tau_s)$$
（8.106）

当数据过采样时，样本的噪声不再是相互无关的，因此式（8.106）体现了噪声电压的平方小幅增加的过程。过采样时由于样本数量的增加，其量化效率 η_Q 等于奈奎斯特采样的量化效率 η_{QN} 乘以 $\sqrt{\beta}$，但由于不同样本的噪声不再是统计独立的，还要进一步除以式（8.106）的均方根。因此，考虑到 $\tau_s = 1/(2\beta\Delta\nu)$，我们可以得到

$$\eta_Q = \frac{\eta_{QN}\sqrt{\beta}}{\sqrt{1 + 2\sum_{n=1}^{\infty} R^2\left(\frac{n}{2\beta\Delta\nu}\right)}}$$
（8.107）

为了直观展示过采样的量化效率，表 8.3 给出一些利用式（8.95）、（8.100）、（8.101）、（8.107）推导的量化效率 η_Q 的实例。表中包括了 2、3、4、8、16 阶量化和 β 等于 1、2、4、8、16 和 32 时的量化效率。每种计算中，都选择奈奎斯特采样时 η_Q 最大化的 ϵ 值，如 Thompson 等（2007）计算给出的值。请注意随着 β 的逐渐增加，其对量化效率的贡献会越来越小。这是由于 β 越大，相邻样本之间的相关系数越大，因此增加采样率所能提供的新信息逐渐减少。

表 8.3　过采样因子 β 对量化效率 η_Q 的影响

阶数	ϵ	$\beta=1$	$\beta=2$	$\beta=4$	$\beta=8$	$\beta=16$	$\beta=32$
2		0.6366	0.744	0.784	0.795	0.798	0.799
3	1.224	0.8098	0.882	0.912	0.920	0.922	0.923
4	0.995	0.8812	0.930	0.951	0.958	0.960	0.960
8	0.586	0.9626	0.980	0.987	0.991	0.991	0.992
16	0.335	0.9885	0.994	0.996	0.998	0.998	0.998

8.4.3　量化电平与数据处理

前述分析计算都假设 $\rho \ll 1$，得出各种定量数值，如表 8.2 和表 8.3 汇总。至此，需要对各种量化方案的特性进行深入分析。在判断各种量化方案的相对优势时，我们需要注意量化效率 η_Q 和接收带宽 $\Delta\nu$ 都可能受到相关器的体积和处理速度的限制。相关器整体灵敏度正比于 $\eta_Q\sqrt{\Delta\nu}$。具体可以分为两种情况，第一种情况，系统观测带宽受其他因素限制，并不是受数字系统的处理能力限制。谱线观测和射频干扰限制了观测带宽就属于第一种情况。此时相关器系统对灵敏度的限制只与表 8.2 中的效率因子 η_Q 有关，选取量化方案时需要综合考虑实现简单和高灵敏度。第二种情况是，系统观测带宽受限于数字系统可处理的最大比特率，例如，在较高频段进行连续谱观测的情况。对于固定比特率上限 ν_b，采样率为 ν_b/N_b，N_b 为每个样本的采样位数，最大信号带宽 $\Delta\nu$ 为 $\nu_b/(2\beta N_b)$，其中 β 为过采样因子。因此，灵敏度与 $\eta_Q/\sqrt{\beta N_b}$ 因子成正比。表 8.4 中列出了不同系统的 $\eta_Q/\sqrt{\beta N_b}$ 因子值，其中 $Q=2$ 时 $N_b=1$，$Q=3$ 或 4 时 $N_b=2$。注意在数字系统处理能力有限时，过采样总是会降低系统性能。当相关器处理能力受限于比特率时，二阶量化奈奎斯特采样的量化效率 $\eta_Q/\sqrt{\beta N_b}$ =0.64，整体性能最优，四阶量化与二阶量化性能相近。四阶或四阶以上的量化更适合应用于带宽有限的情况，如谱线观测。

表 8.4 不同系统的灵敏度因子 $\eta_{\mathrm{Q}} / \sqrt{\beta N_{\mathrm{b}}}$

量化电平数量（Q）	$\eta_{\mathrm{Q}} / \sqrt{\beta N_{\mathrm{b}}}$	
	$\beta = 1$	$\beta = 2$
2	0.64	0.53
3	0.57	0.44
4	0.62	0.47
8	0.56	0.40
16	0.49	0.35

为了利用二元干涉仪进行谱线测量，Bowers 等（1973）构造了一个三阶×五阶相关器，该系统的量化效率因子 η_{Q} 为 0.86。

需要进一步引起注意的是，理论上在使用模拟相关器时，两个天线输出的正弦和余弦分量之积，$\sin \times \sin$ 和 $\cos \times \cos$ 给出的信息是完全相同的。但是对于数字相关器情况，信号的正弦和余弦分量的量化噪声基本上是不相关的，因此可以通过计算正弦积和余弦积，并对二者进行平均来减小量化损失。

8.5 数字采样精度

实际应用的采样器与理想性能的偏差为采样误差，如果不对采样误差进行修正，就会影响由量化数据合成的图像的精度。一旦信号转为数字形式，则引入误差的概率非常小，通常可忽略不计。

二阶采样器只检测信号电压的符号，是最简单的采样器。二阶量化零电平误差会引入小的电压偏置，是可能产生的最严重的误差。采样器中参考电压偏置会在相关器的输出端产生一个小的正极性或负极性偏移量。利用相位切换技术基本可以消除这种电压偏置，如 7.5 节所述。此外，还可以利用计数器对正负值样本的数量进行计数和比较来测量电压偏置，测出偏置后，就可以对相关器的输出数据进行修正［见参考文献 Davis（1974）］。

三阶及以上量化电平数的采样器的性能取决于如何用信号均方根电平 σ 定义量化电平。因此，有时在采样器的输入端使用自动电平控制（ALC）电路。随着量化阶数增加，信号电平不准确导致的误差将变得不显著；当量化阶数较多时，可以简单地使信号幅度等于相关器输出的线性因子。在采用复相关器的系统中，通常每个天线需要使用两个采样器，分别采集信号的同相和正交分量。正交功分网络的精度和两路采样脉冲的时差都是需要重点考虑的因素。

8.5.1　数字采样电平的容差

本节举例说明采样的精度需求，具体分析基于 D'Addario 等（1984）对三阶采样门限误差的研究。首先分析图 8.15 给出的采样门限，一对信号按这种方法采样后再做相关。图中 $x(t)$ 信号波形的采样门限为 v_1 和 $-v_2$，$y(t)$ 信号波形的采样门限为 v_3 和 $-v_4$。式（8.1）给出了 x 和 y 的联合高斯概率分布，且相关器输出正比于 (x, y) 平面上的概率积分，并要使用图中的加权因子 ±1 和零。利用这种方法可以研究采样器门限偏离最优值 $v_0 = 0.612\sigma$ 的影响。三阶采样相关器的输出可写成如下形式：

$$\langle r_3(a, \rho)\rangle = \left[L(\alpha_1, \alpha_3, \rho) + L(\alpha_2, \alpha_4, \rho) - L(\alpha_1, \alpha_4, -\rho) - L(\alpha_2, \alpha_3, -\rho)\right] \qquad （8.108）$$

其中 $\alpha_i = v_i / \sigma$，且

$$L(\alpha_i, \alpha_k, \rho) = \int_{\alpha_i}^{\infty}\int_{\alpha_k}^{\infty} \frac{1}{2\pi\sqrt{1-\rho^2}}\exp\left[\frac{-\left(X^2 + Y^2 - 2\rho XY\right)}{2\left(1-\rho^2\right)}\right]\mathrm{d}X\mathrm{d}Y \qquad （8.109）$$

其中 $X = x/\sigma$，$Y = y/\sigma$，且式（8.109）中的积分等效于表达式（8.1），但需将变量单位改为 σ。

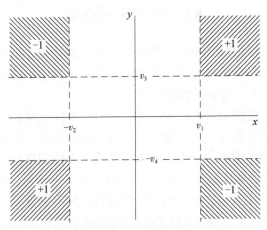

图 8.15　相关器门限图，相关器的输入为三阶量化信号。x 和 y 代表非量化信号，阴影部分给出使输出为非零值的输入电平组合

D'Addario 等（1984）指出，门限偏离最优门限 $\pm40\%$ 时，信噪比损失小于 5%，实际上，主要是修正算法本身对门限精度提出了要求。假设门限接近但不等于最优门限，图 8.9 中的 x 信号采样器与理想门限值 α_0 的偏差可以表示为一个偶数项

$$\Delta_{gx} = \frac{1}{2}(\alpha_1 + \alpha_2) - \alpha_0 \qquad （8.110）$$

和一个奇数项

$$\Delta_{ox} = \frac{1}{2}(\alpha_1 - \alpha_2) \tag{8.111}$$

对于 y 信号采样器，用类似方法定义 Δ_{gy} 和 Δ_{oy}。Δ_g 项会导致增益误差，等效于采样器中的信号电平误差，因此在互相关系数测量中引入乘性误差。Δ_o 项会导致相关器输出的偏置误差，并且由于偏置误差可能比弱源产生的低电平互相关输出还要大，因此偏置误差的危害性更大。但是，采用相位切换技术可以高精度地去除偏置误差。利用数字样本或相关器输出的符号反转来消除偏置误差的方法如 7.5 节所述。相位切换的相关器输出为

$$r_{3s}(\alpha, \rho) = \frac{1}{2}[r_3(\alpha, \rho) - r_3(\alpha, -\rho)] \tag{8.112}$$

如果所有 α 与 α_0 的偏差都在 10% 以内，增益误差相同时，采样器输出总是在相关器输出的 10^{-3}（相对误差）以内，但不存在偏置误差。因此，采用相位切换技术后，门限误差容限可达 10%。并且，当实际门限电平已知时，可以修正门限误差导致的增益误差。由于假定信号幅度的概率密度分布为高斯分布，因此对每个采样器输出的 +1、0 和 −1 值进行计数，就可以确定实际门限电平。当 ρ 很小时（约为几个百分点），可以利用一种简单的方法修正增益误差，即将相关器输出除以两个信号高电平（±1）样本数量的算术平均。因此，10% 的门限设置误差导致的 ρ 误差小于 1%。

采样器和量化器的另一个非理想特性是会受到信号电压变化的方向和速率、前一个采样值大小（滞后效应）以及采样电路噪声等因素影响，门限电平可能难以精确确定。为了建立这些效应的影响模型，可以增加一个采样器响应的不确定区间 $\alpha_k - \Delta$ 到 $\alpha_k + \Delta$。假设信号落入此区间时，受门限电平随机扰动的影响，出现两个等概率的采样值。带有不确定区间的三阶量化门限如图 8.16 所示。

不确定区间响应的权重取决于随机样本的概率分布。两个信号都落入不确定区间时，权重为 1/4；一个信号落入不确定区间，且另外一个信号是非零值时，权重为 1/2。与前述方法一样，可以在 (X, Y) 平面上对信号值的加权概率分布做积分来得到相关器输出。图 8.17 给出不同 ρ 值下，将相关器输出随 Δ 减小的过程表征为 Δ 的麦克劳林级数展开并进行计算的结果（D'Addario et al.，1984）。除了 ρ 接近于 1 的情况，其余 ρ 值，由于两路信号同时落在不确定区间的概率很小，相关器输出缓慢降低。对于 $\rho = 1$ 的特殊情况，两路信号完全相同，并同时落入不确定区间，因此相关器输出随 Δ 的增加而线性降低，如图 8.17 中的虚线所示，但这种情况没有太大的实际意义。当限制相关器输出最大误差为 1% 时，Δ 值不能超过 0.11σ，此时不确定区间范围可达到门限值的

±18%。当最大误差限制为 0.1%时，上面的 Δ 和不确定区间的限制要除以 $\sqrt{10}$。因此不确定区间的容限非常大，其影响通常可忽略。

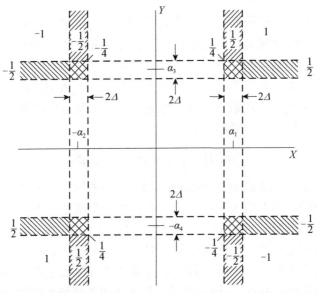

图 8.16　三阶量化相关器的不确定门限图，不确定门限的阴影区内的响应是非零值。数值±1、 $\pm\frac{1}{2}$ 和 $\pm\frac{1}{4}$ 代表相关器的输出响应。图形给出的（X，Y）平面上，信号相对于均方根值 σ 做归一化

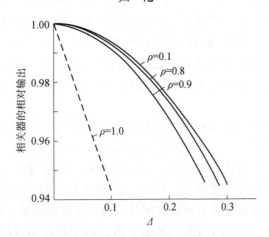

图 8.17　量化电平不确定区间对三阶量化相关器输出的影响。假设门限电平设置为最优值 0.612σ，不确定区间宽度为 $2\sigma\Delta$，输出表征为 $\Delta=0$ 时的相对值

8.6　数字延迟电路

用采样时钟同步的移位寄存器可以延迟数字比特流，延迟步长为采样间隔的整数倍。因此，可以用不同阶数的移位寄存器实现不同的固定延迟。Napier等（1983）介绍了一种可变延迟方法，利用两个移位寄存器实现时钟脉冲步长间隔可变。尽管如此，计算机应用的随机存取存储器（RAM）集成电路提供了经济的长延迟解决方案。

另外一种非常有用的技术是串并转换，即将频率为 ν 的比特流转换成频率为 ν/n 的 n 路并行比特流，其中 n 为 2 的整数次幂。基于串并转换技术，可以用低速和便宜的数字电路来实现延迟、相关和其他信号处理。

7.3.5 节讨论了延迟设置的精度需求，精度要求通常为模拟带宽倒数的相对值。利用采样时钟作为延迟时钟时，不论采用哪种延迟方案，最小延迟步长都是采样频率的倒数。将采样脉冲的时钟沿跳变时刻细分为多个步长，例如，将时钟沿跳变时刻细分为 16 个时刻，可以实现数字延迟精调。因此，例如需要额外延迟 5/16 个时钟间隔时，则需要在前一个时钟脉冲后的 11/16 个时钟间隔时刻将采样器激活，并且数据要多保持 5/16 个时钟间隔，以使数据与时钟脉冲时序同相。延迟步长等于采样间隔时，也可以在信号互相关后，修正互功率谱的相位，以实现延迟修正。

8.7　数字信号的正交相移

前文已经提到过，在模拟信号中引入正交相移，然后使用独立的采样器采集同相和正交信号，可以实现数字信号的复相关器，如图6.3。相移意味着希尔伯特变换，可以对数字信号做希尔伯特变换，这样可以去掉正交移相网络，并节省采集器和延迟线，但精度是有限的。数学上，希尔伯特变换等效于与函数 $(-\pi\tau)^{-1}$ 做卷积，$(-\pi\tau)^{-1}$ 在正负两个方向上都延伸至无穷大［见 Bracewell（2000）364 页］。截断的序列也具有同一形式，例如，$\frac{1}{3}$，0，1，0，-1，0，$-\frac{1}{3}$ 也可以作为数字信号的卷积函数来实现所需的相移。然而，截断导致信号谱与截断函数的傅里叶变换（辛克函数）做卷积。这会导致频谱出现波纹，并使信噪比恶化几个百分点。另外，数字卷积中的累加会使数据比特位宽增加，但可以通过丢弃低位数据来避免大幅度增加相关器的复杂度，丢弃低位也会带来量化损失。总地来说，数字移相使相关器输出的虚部频谱失真，相对于实部，虚部输出信噪比也有一定损失。在宽带系统中，数字移相的影响更加严重，这是由于数据率很高时，硬件只能做一些简单的处理。Lo 等（1984）描述了一种系统，其中实部是时间偏置的函数，与后续将介绍的谱线相关器相同，然后用希尔伯特计算虚部。

8.8　数字相关器

8.8.1　连续谱观测的相关器

在观测连续谱源时，测量的是信号通带内的平均相关系数，可能不需要更细的频谱数据。这种情况下，通常只测量零延迟的信号相关系数。数字相关器可以设计为以信号的采样频率运行，也可以采样频率的因数运行，后者将采样器的数据流分成几个并行的数据流。后一种情况下，需要按比例增加相关器单元的数量，各个相关器单元的输出直接相加，就可以得到宽带信号的相关输出。二阶和三阶相关器的信号乘积用数值-1，0，+1 表示，是最简单的相关器。相关器输入信号的一路为二阶或三阶量化，另一路为高阶量化时，也可以在一定程度上简化设计。此时本质上相关器是高阶量化值的累加寄存器。二阶或三阶量化值仅用于定义累加寄存器加、减或者忽略高阶量化值的操作。当相关器的两路输入都高于三阶量化时，乘法器输出的任何乘积值都是一定范围的数值之一。实现这种乘法器的方法之一是，将可能的乘积值存储在只读存储器中，用作查找表。相乘输出的比特位可以用于定义存储器中所需乘积值的地址。

乘法器的输出可能是正值，也可能是负值，理想情况下，需要用可逆计数器做积分。由于可逆计数器的工作速率低于简单的加法计数器，有时候会使用两个加法计数器分别累加正值和负值。另外一种计数方法是把量化值整体抬升为正数，例如，把-1，0，+1 转换成 0，1，2，然后在后续处理中减掉偏移量，此例中偏移量为累加样本数量。

多数大型通用阵列使用谱线（多通道）相关器，用谱线相关器观测连续谱有利于抑制窄带射频干扰信号，将通带细分为多个较窄的子带，还可以减小频谱细节的模糊效应。

8.8.2　数字谱线测量原理

谱线测量需要对信号通带内的不同频点进行测量。利用谱相关器，通过数字技术可以实现这种测量。谱相关器通常通过测量信号的延迟相关函数实现。延迟相关函数的傅里叶变换是信号的互功率谱，可以认为互功率谱是以频率为变量的复可见度函数。这种傅里叶变换关系是维纳-欣钦定理的一种表现形式，在 3.2 节有所讨论。对同一个天线的信号进行处理时，使用自相关器，此时两个输入信号波形相同，但相互之间有延迟。因此，自相关函数是对称的，功率谱为实偶函数。但是，来自两个不同天线的信号的互功率谱是复数，因此互相关函数既有偶函数分量，也有奇函数分量。

谱线相关器系统的输出可以提供通带内 N 个频率间隔的可见度值。这些频率间隔有时也称为频率通道，其间距称为通道带宽。为说明数字谱线相关器的工作原理，我们分析来自两个天线的信号的互功率谱 $S(\nu)$ ，其理想形式如图 8.18 所示。此处假设被测源具有平坦谱，没有谱线特征，并且采样器前面的末级中频放大器具有矩形通带响应。考虑傅里叶变换的需要，图 8.12 中包括了负频率分量。当 $-\Delta\nu \leqslant \nu \leqslant \Delta\nu$ 时， $S(\nu)$ 的实部和虚部的幅度分别为 a 和 b ，相应的可见度相位为 $\arctan(b/a)$ 。互相关函数 $\rho(\tau)$ 是 $S(\nu)$ 的傅里叶变换，其中 τ 为延迟：

$$\rho(\tau) = (a - jb)\int_{-\Delta\nu}^{0} \mathrm{e}^{j2\pi\nu\tau}\mathrm{d}\nu + (a + jb)\int_{0}^{\Delta\nu} \mathrm{e}^{j2\pi\nu\tau}\mathrm{d}\nu$$

$$= 2\Delta\nu\left[a\frac{\sin(2\pi\Delta\nu\tau)}{2\pi\Delta\nu\tau} - b\frac{1 - \cos(2\pi\Delta\nu\tau)}{2\pi\Delta\nu\tau} \right] \qquad (8.113)$$

因此， $\rho(\tau)$ 包含 $(\sin x)/x$ 形式的偶对称分量，对应于 $S(\nu)$ 的实部，也包含 $(1 - \cos x)/x$ 形式的奇对称分量，对应于 $S(\nu)$ 的虚部。谱线相关器测量整数倍采样间隔 τ_{s} 处的 $\rho(\tau)$ 。在奈奎斯特采样时， $\tau_{\mathrm{s}} = 1/(2\Delta\nu)$ 。数字互相关测量量化的波形，在 8.4.1 节已经分析了量化波形与非量化波形的互相关系数的关系。在两个信号的相关系数不是很大的情况下，两个互相关系数近似成正比，为了简便，假设式（8.113）表征互相关测量的特征。数字延迟相关一共测量了从 $-N\tau_{\mathrm{s}}$

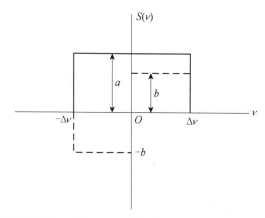

图 8.18　两个功率谱为矩形通带、频宽为 $\Delta\nu$ 的信号的互功率谱 $S(\nu)$ ，其中包含负频率分量。实线代表 $S(\nu)$ 的实部，虚线代表 $S(\nu)$ 的虚部。相应的相关函数由式（8.113）推导得出

到 $(N-1)\tau_{\mathrm{s}}$ 的 $2N$ 次时间偏置的信号互相关，且奈奎斯特采样时，这些离散值的

傅里叶变换给出频率间隔为 $(2N\tau_s)^{-1} = \Delta\nu/N$ 的互功率谱。正频谱的 N 个复数即为所需数据。其中，虚部源自相关器输出 $r(\tau)$ 的奇分量。因此，测量一个天线相对于另一个天线的一组正、负值 τ 以获取 $r(\tau)$ 时，用一组单乘法器测量 $r(\tau)$ 的 $2N$ 个实数即可。与这种只测量相关函数实部的方法不同，一种替代方案是用复相关器在时间偏置 $0 \sim (N-1)\tau_s$ 范围内测量实部和虚部。但是，复相关器需要使用宽带正交网络。

在有限延迟范围内测量互相关等效于将 $r(\tau)$ 乘以宽度为 $2N\tau_s$ 的矩形函数。因此，有限延迟测量的互功率谱等于真实互功率谱与矩形函数傅里叶变换的卷积，矩形函数的傅里叶变换即辛克函数，

$$\frac{\sin(\pi\nu N/\Delta\nu)}{\pi\nu} \tag{8.114}$$

上式相对于 ν 做了面积归一化。频谱内的任何谱线特征都会被辛克函数（8.114）展宽，并可能由于辛克函数的频率特性而出现边缘振荡。辛克函数的半高宽度为 $1.2\Delta\nu/N$，即 1.2 倍通道间隔，这个宽度定义了有效的频率分辨率。

辛克函数导致的振荡在频谱结构上引入类似天线方向图的旁瓣响应。这些响应源自与相关函数相乘的矩形函数陡峭边缘。这些旁瓣是不需要的，并可以通过选用与矩形截断不同的加权函数进行抑制，矩形函数迫使测量范围以外的值为零。期望的加权函数应该平滑锥化，在 $|\tau| = N\tau_s$ 处渐变到零，以此减小平滑（卷积）函数的无用纹波，但同时为了平滑函数尽可能窄，还要求锥化函数尽可能宽。这些要求一般是不兼容的，因此产生非常低副瓣平滑函数的加权函数都具有较差的频率分辨率。表 8.5 中给出一些广泛使用的加权函数。

与均匀加权相比，汉宁加权（也称之为滚降余弦加权）可以把第一旁瓣减小为原来的 $1/9$，但分辨率恶化 1.67 倍。汉宁加权函数的傅里叶变换是三个辛克函数之和，其相对幅度分别为 0.25、0.5 和 0.25。图 8.19（b）给出汉宁加权函数的频域平滑函数。一般情况下，频谱的离散点数等于相关函数的点数（即无补零的情况，见 8.8.4 节的 FX 相关器），权重为 0.25、0.5、0.25 的三点滑动平均可以实现平滑或卷积。因此，互功率谱第 n 个频率通道的平滑值为

$$S'\left(\frac{n\Delta\nu}{N}\right) = \frac{1}{4}S\left[\frac{(n-1)\Delta\nu}{N}\right] + \frac{1}{2}S\left(\frac{n\Delta\nu}{N}\right) + \frac{1}{4}S\left[\frac{(n+1)\Delta\nu}{N}\right] \tag{8.115}$$

汉明加权函数与汉宁函数非常相似，且可以得到更好的分辨率和更低的峰值旁瓣电平，所以汉明加权似乎性能更好。但是，汉明平滑函数的旁瓣幅度比汉宁平滑函数下降得慢。加权函数的详细讨论参见 Blackman 和 Tukey（1959），以及 Harris（1978）。

表 8.5 常用平滑函数

权重函数 $\alpha(\tau)$	$[w(\tau)=0, \lvert\tau\rvert > \tau_1 = N\tau_s]$	半幅宽度 （单位=$\Delta v / N$ ）	峰值旁瓣
均匀	$w(\tau) = 1$	1.21	0.22
巴特利特	$w(\tau) = 1 - (\lvert\tau\rvert / \tau_1)$	1.77	0.047
汉宁	$w(\tau) = 0.5 + 0.5\cos(\pi\tau / \tau_1)$	2.00	0.027
汉明	$w(\tau) = 0.54 + 0.46\cos(\pi\tau / \tau_1)$	1.82	0.0073
布莱克曼	$w(\tau) = 0.42 + 0.50\cos(\pi\tau / \tau_1)$ $\quad + 0.08\cos(2\pi\tau / \tau_1)$	2.30	0.0011
布莱克曼–哈里斯	$w(\tau) = 0.35875 + 0.48829\cos(\pi\tau / \tau_1)$ $\quad + 0.14128\cos(\pi\tau / \tau_1)$ $\quad + 0.0106411\cos(3\pi\tau / \tau_1)$	2.67	0.000025

a 汉宁加权以 19 世纪气象学家 Julius von Hann 命名，且有时通俗地称为 "Hanning weighting"。汉明加权以贝尔电话实验室的 R. W. Hamming 命名。

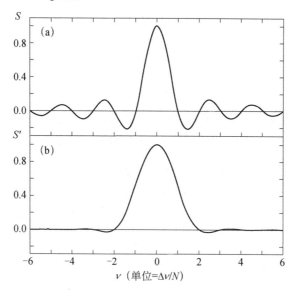

图 8.19 （a）纵坐标为辛克函数 $\sin(\pi v N / \Delta v) / (\pi v N / \Delta v)$ ，代表通道宽度为 $\Delta v / N$ 的谱相关器对 $v = 0$ 窄谱线的频率响应。横坐标为偏离信号接收通带中心的频率 v 。（b）应用式（8.115）汉宁平滑后的同一曲线

　　有限时间偏置范围还会进一步使得设备频率响应的定标更加复杂（Willis and Bregman，1981），如下所述。不同天线的放大器的频率响应可能不会完全一致，如 7.3 节所述。为了在所有频谱通道标定每对天线的响应，通常需要测量一个不可分辨源的互功率谱，源的辐射谱需已知且接收通带内频谱是平坦的。我们可以考虑图 8.18 理想功率谱的情形。如果不使用特殊的加权函数，则实部和虚部都与式（8.114）的辛克函数做卷积。具有陡峭边缘的函数与辛克函数卷

积时，会导致边缘出现振荡（吉伯斯现象），如图 8.20 所示。这里的要点是，图 8.18 中 $S(\nu)$ 的实分量是连续穿过零频的，但虚部表现出陡峭的符号反转。因此，在零频附近观测的 $S(\nu)$ 虚部会出现振荡，振荡幅度可能高达峰值幅度的 18%，而实部分量在该点的振荡相对较小（也可参见图 10.14（b）及其文字说明）。因此，测量的 $S(\nu)$ 的幅度和相位会出现振荡或纹波，纹波幅度取决于实部和虚部的相对幅度，即取决于未定标可见度的相位。测量任何源的未定标相位依赖于设备因子和源位置，设备因子如电缆长度等，这些因子可能是未知的。通常，被测源的相位和定标源的相位是不同的。因此，定标时必须要对零频附近加以关注。可能的解决方案包括：①分别标定实部和虚部，②用足够大的带宽进行观测，并舍弃纹波最强的边缘通道，或③在频率域做平滑减小纹波。

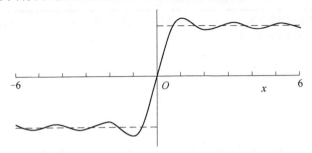

图 8.20　在原点跳变的阶跃函数与辛克函数 $(\sin \pi x)/\pi x$ 的卷积。其中 $x = \nu N/\Delta \nu$，且纹波的半周期近似等于谱线通道的宽度

在连续谱背景情况下观测谱线时，会碰到天线结构反射的问题。这些反射会使通带内出现正弦增益波动，波动周期等于反射信号延迟时间的倒数。在相关干涉仪中，波动幅度恒比于相关连续谱的流量密度，且将被测源的谱除以定标源的谱，可以去除这种波动。

8.8.3　延迟相关器

相关器系统可以分为两种类型。延迟（XF）相关器先进行互相关处理，再做傅里叶变换；频谱相关器先进行傅里叶变换，再做互相关处理。延迟相关器的简化框图如图 8.21 所示。实际应用系统通常会复杂得多，以便于充分发挥数字信号处理技术的优势。各种谱线研究要求的通道带宽差别很大，从几十赫兹到几十兆赫兹不等，这是由于谱线宽度受多普勒频移的影响，而多普勒频移正比于谱线的静止频率及发出谱线的原子或分子的运动速度。与 ALMA 系统一样，VLA 相关器（Perley et al.，2009）已经升级为数字滤波后做延迟相关的方案（Escoffier et al.，2000）。

循环相关器能够存储一定的数据块，并用相关器做多次处理。这种设计要求相关器处理能力大于输入数据流的速率。多次处理增加了相关处理的频率通道，例如，如果相关器对数据样本做两次处理，则延迟范围可以加倍，因此频谱分辨率能够提升一倍。

实现循环相关需要使用循环单元，循环单元本质上是一个存储器，能够存储输入样本数据块，并能够按相关器的输入速率再次读出。这些存储单元需成对配置，以保证按奈奎斯特率（适应所需信号带宽）填充其中一个存储器的同时，以最大数据率读出另一个存储器的数据。一个存储单元存满后，另外一个存储单元正好被多次读空，然后两个存储单元的功能互换。Ball（1973）和Okumura 等（2000）介绍了基于上述原理的循环延迟相关器。VLA 的 WIDAR相关器也采用了循环相关技术（Perley et al.，2009）。

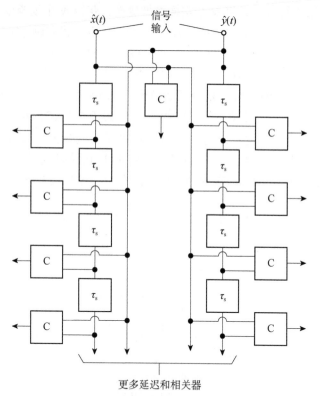

图 8.21　两个采样信号的延迟（XF）谱线相关器简化原理框图。时间延迟 τ_s 等于采样间隔，C 代表相关器。两个信号在零延迟、$\hat{x}$ 相对于 $\hat{y}$ 延迟（左侧相关器组），以及 $\hat{y}$ 相对于 $\hat{x}$ 延迟（右侧相关器组）三种情况都做了相关测量。延迟量是 τ_s 的整数倍

8.8.4　频谱相关器

频谱（FX）相关器用来表征另一种相关器，先做傅里叶变换转变到频域，再做不同天线的数据互乘。这种相关器通过实时 FFT 将每个天线的输入比特流

转换为频谱，再将每个天线对的对应频点的复幅度互乘，生成互功率谱。这种相关器的计算资源主要用于傅里叶变换，傅里叶变换的计算总量正比于天线的数量。相比之下，延迟相关器计算总量正比于天线对的数量。因此，当天线数量很多时（参见 8.8.5 节），FX 方案的硬件更加便宜。FX 相关器的原理基于FFT 算法，Yen（1974）对此进行了讨论，Chikada 等（1984，1987）首先在大型观测系统中使用 FX 相关器。Benson（1995）和 Romney（1999）介绍了VLBI 阵列的 FX 相关器设计。

　　FX 相关器有两种略有不同的实现方式。第一种同时采集信号的同相分量和正交分量，得到 N 个复样本序列，然后做傅里叶变换，得到沿正负频率分布的 N 个复幅度值。第二种方案只将 N 个实样本做变换，获得 N 个复幅度值。事实上，负频率值是冗余的，且只需要获取 $N/2$ 个频谱点。后续我们讨论第二种方案。

　　图 8.22 是 FX 相关器的基本工作原理框图。来自某一天线的长度为 N 的连续样本序列首先做 FFT 运算，为提高 FFT 算法效率，一般选择 N 为 2 的整数次幂。变换输出是频率的函数，是一组 N 个信号复幅度。变换后数据的频率间隔为 $1/(Nt_s)$，其中 t_s 是信号样本的时间间隔。在 FFT 之后进行互乘处理时，一对天线中一个信号的复幅度乘以另一个信号复幅度的共轭值。互乘运算由图 8.22 中的相关器单元执行。注意，任意一路输入序列的数据只能与另一个天线同时间的输入序列合成。这导致 FX 和 XF 设计的有效数据加权有些区别。

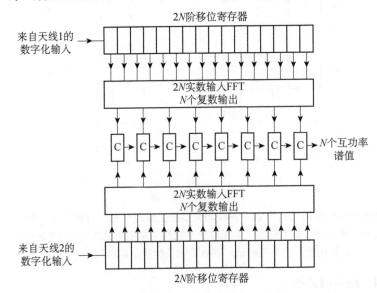

图 8.22　两天线 FX 相关器的简化原理框图。数字化信号首先被读入移位寄存器，且以 N 个样本周期做 FFT 运算。用 C 表示的相关器单元将一个信号与另一个信号的复共轭相乘。n_a 个天线构成的阵列中，将每个 FFT 的输出分成 (n_a-1) 路，并与所有其他天线的复幅度做合成

8.8.5 XF和FX相关器比较

谱线响应。FX设计中,为了控制谱分辨率,F算子(DFT处理器)只对短的分段数据块做运算。用数据块构造的等效相关函数有N路数据,或者说有N个零延迟分量乘法运算。由于数据块是有边界的,随着延迟量的增加,乘法运算的数量逐渐减少。在最大延迟量$\pm(N-1)t_s$时,做乘法运算的只有1路数据。因此,延迟范围Nt_s内,乘法运算的数量是延迟量的函数,具有三角形密度分布,如图8.23[也可参见Moran(1976)]。因此,谱线响应是三角函数的傅里叶变换$\mathrm{sinc}^2(Nt_s\nu)=\mathrm{sinc}^2(n)$,其中$\nu=n/Nt_s$,$n$是谱分辨通道数量。附录8.4.1给出另一种推导方法,证明正弦波的谱线响应为sinc函数。

XF设计中,谱分辨率取决于相关函数的长度,在8.8.2节进行计算。由于XF是用分段数据块计算相关函数的,数据块的长度比FX的数据块大很多,所以除了非常小的边界效应,延迟乘法运算的数量基本上是均匀分布的。因此XF的谱线响应为$\mathrm{sinc}(Nt_s\nu)$或者$\mathrm{sinc}(n)$。FX和XF相关器的谱线响应如图8.23所示。

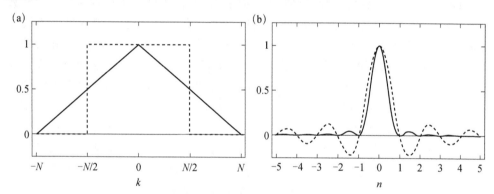

图8.23 (a)为延迟乘法运算密度,也即自然加权函数,其中实线表示FX相关器,虚线表示XF相关器,N为FX相关器数据块的大小。为便于比较,对XF相关器函数的宽度加以限制,使XF和FX相关器频率通道数相同。(b)为频率响应,实线为FX相关器响应sinc^2函数(进一步分析见附录8.4),虚线为XF相关器响应sinc函数,由式(8.114)定义。摘自Romney(1999)和Deller等(2016)

需要注意的是,这两种谱线响应的频域积分值都等于1。用这两种谱响应函数与源频谱做卷积,都可以得到源的流量密度(也就是谱线响应曲线下的面积)。源谱线宽度小于频率通道分辨率时,谱线响应的峰值幅度取决于谱线落在哪个频率通道。谱线落在两个频率通道中间时,FX相关器的峰值响应幅度降低到$\mathrm{sinc}^2(1/2)=0.41$,XF相关器的峰值响应幅度降低到$\mathrm{sinc}(1/2)=0.81$。这就是著名的扇形效应。利用补零技术对频谱做插值,可以抑制扇形效应(参见附录 8.4.2）。

　　一些情况下，例如做非线性量化修正时，需要直接用 F 算子的输出计算相关函数。一种广泛使用的方法是在信号频谱数据后面，补上 N 个零，以便得到正确结果 [Press et al.，1992，参见式（A8.40）后面的讨论]。O'Sullivan（1982）和 Granlund（1986）讨论了这种算法的工程实现。

　　信噪比。FX 和 XF 相关器的本质区别是延迟域的密度加权。两种方案的等效乘法运算数量相等，如图 8.23 所示。FX 方案的延迟单元数量是 XF 方案的两倍，但随着延迟量增加，FX 方案的乘法运算密度降低。实际上，当 $k = N/2$ 时，FX 延迟乘法运算密度降低一半。观测连续谱源时，FX 和 XF 系统的信噪比是相同的。这是因为在这种情况下，相关输出只由零延迟相乘决定，两种系统的零延迟相乘结果相同。类似地，对于谱宽小于相关器谱分辨率的非常窄带的源，由于两种方案的等效乘法运算数量也相同，二者的相关输出也相同。

　　当谱线宽度近似等于相关器谱分辨率时，两种方案的相关输出会略有区别。在这种情况下，谱线响应幅度会降低到 0.82（Okumura et al.，2001；Bunton，2005）。只有在观测近似能分辨的谱线时，才会发生这种情况。大多数情况下，为了正确分析谱线特征，谱仪设计时会用几个通道测量每个谱线分量。由于 FX 相关器延迟乘法运算分布是三角形，观测这种谱线时 FX 相关器存在缺点。FX 相关器的延迟范围更大，但当 $\mathrm{lag}(k) = N/2$ 时，乘法运算减少，如图 8.23。有几种方法可以用于恢复这种信息丢失。经典方法是在 F 算子中做块运算时，使用重叠数据段。50% 的数据重叠可以恢复大部分信噪比损失，但 F 算子的处理时间需要加倍。VLBA 的原型 FX 相关器兼容这种数据重叠运算，但几乎从没有真正使用过（Romney，1995）。另一种方法是简单地做频谱通道平均，但这种方法浪费了 F 算子的频谱分辨能力。需要注意的是，如果使用多相滤波器组，窄谱线的扇形效应和信噪比损失都会很小。

　　运算次数。通过比较 FX 和 XF 两种相关器所需的乘法运算次数，可以近似比较两种相关器的运算量。这种简易分析中，假设对带宽为 $\Delta\nu$ 的信号做奈奎斯特采样生成要处理的数据流，样本时间间隔为 $t_s = 1/(2\Delta\nu)$。进行比较时，我们假设 X 算子（延迟相关器）的延迟单元数量为 N，与 F 算子（频谱相关器）处理的数据段长度相等。在这些假设条件下，两种相关器的频谱分辨率近似相等（图 8.23 给出精确的频率响应）。

　　假设分析的数据长度是 1s 内采集的 $2\Delta\nu$ 个样本，XF 相关器需要对每条基线进行 $2N\Delta\nu$ 次乘法运算。由于 $Nt_s \ll 2\Delta\nu$，计算时可以忽略相关函数的边缘跳变效应（也即不同延迟量情况下，乘法运算次数近似相等为 N），完成积分周期后，对所有延迟量的积分输出统一执行一次傅里叶变换，与相关函数的计算量相比，傅里叶变换的计算量可以忽略。因此，计算量（每秒的乘法运算次

数）r_{XF} 为

$$r_{XF} = 2\Delta\nu N n_b \qquad (8.116)$$

其中 n_b 为基线的数量。对于 FX 相关器，每个天线都需要使用一个 DFT 算子。我们假设用 FFT 算法执行 N 点 DFT，FFT 需要的乘法运算次数为 $N\log_2 N$。（FFT 的具体参数和算法会导致计算量略有变化，例如 N 为 4 的整数次幂时，计算速度稍快。）计算互功率谱时，需要根据基线对所有天线 DFT 算子的输出数据配对，这里的乘法为复数乘法，每个复数乘法需要 4 次实数乘法运算。此外，FX 相关器只需要对 $N/2$ 个正频率点做复乘运算并保存用于后续处理。因此 FX 相关器的乘法运算次数为 $[n_a N\log_2 N + 4N n_b/2]M$，其中 M 为处理的数据段数量 $M = 2\Delta\nu/N$。由于 $MN = 2\Delta\nu$，1s 内的乘法次数合计为

$$r_{FX} = 2\Delta\nu[n_a\log_2 N + 2n_b] \qquad (8.117)$$

两种相关器的计算量之比 $\mathcal{R} = r_{XF}/r_{FX}$ 等于

$$\mathcal{R} = \frac{n_b N}{n_a\log_2 N + n_b} \qquad (8.118)$$

其中 $n_a\log_2 N$ 因子反映了计算量以对数 $\log_2 N$ 增加的优势，且 DFT 算子个数与天线数量相同。$n_b N$ 因子反映了每条基线都需要使用一个 X 算子。由于 $n_b = n_a(n_a-1)/2$，式（8.118）可以改写为

$$\mathcal{R} = \frac{N}{\dfrac{2\log_2 N}{n_a-1}+2} \qquad (8.119)$$

值得注意的是，这里没有考虑单天线信号的频谱计算量，这一比例关系仅在 $n_a \geq 2$ 时成立。[用类似的方法分析单天线谱仪，可以得到 $\mathcal{R} = N/(\log_2 N+1)$。]式（8.119）的极限值表达式为

$$\mathcal{R} = N/2, \quad n_a \gg 1+\log_2 N$$
$$\mathcal{R} = \frac{N(n_a-1)}{2\log_2 N}, \quad n_a \ll 1+\log_2 N \qquad (8.120)$$

一般而言，N 和 n_a 的值越大，FX 方案的优势越大。例如，当 $n_a = 10$，$N = 1024$ 时，$\mathcal{R}\sim 240$。也许式（8.119）最重要的局限性在于，在对模拟信号进行 1bit 或者低阶量化时，可以用简单的查找表来实现乘法运算；而 F 算子需要每个数据有更多的比特位，并且 F 算子的内部运算会附加额外的比特位。此外，处理芯片的内部结构细节也会对运算速度产生重大影响。因此，式（8.119）虽然可以用于分析 $\mathcal{R}$ 和 n_a、N 的影响关系，但并不能用于精确比较两种相关方案的优劣。当 n_a 或 N 很大时，FX 方案则会具有明显优势。

　　数字条纹旋转。早期干涉系统通常在模拟信号处理过程中做条纹旋转，但

一般而言，数字化后再做条纹旋转更有优势。例如，在 VLBI 观测中，数据是以数字样本的形式记录下来的，如果在观测前，天空中源的位置并不是精确已知，那么反复尝试不同的条纹频率进行处理是非常有用的分析手段。通常，在数字信号进入相关器之前的数字中频阶段做数字条纹旋转，将数字中频与数字条纹旋转波形相乘来实现。为保证所需的数据精度，希望条纹旋转后的数据具有比较多的比特位。因此，相关器输入数据的比特数有可能增加。对于延迟相关器来说，每个数据样本的比特位数的增加会呈比例地增加相关器复杂度。因此，可能有必要在数据进入相关器之前进行数据截断，显然，数据截断会再一次带来量化损失。相反，在 FX 相关器的设计中，FFT 处理过程本来就需要多比特位数据，因此更容易兼容条纹旋转增加的比特位数。

亚周期样本延迟修正。用数字技术实现延迟补偿时，一种方法是调整采样脉冲的时延，实现小于一个采样周期的延迟补偿调整，如 8.6 节所述。另外一种实现亚周期样本延迟的方法是在信号变换到频域后，按照与 IF 通带内的频率成正比的方式增加每个频率分量的相位值。FX 相关器每个 FFT 运算周期都会输出信号的幅度谱，比较容易实现相位调整。对天线对的频谱做相关处理之前，可以分别调整每个天线的频谱。对于 XF 相关器，调整相位会存在两个问题。首先，来自天线对的数据是先相关，再变换到频域，因此需要修正的数据量随天线对数量增加而增加。其次，长基线的条纹旋转更快，可能需要频繁修正，修正速度可能超过将互相关数据转换为互相关谱的速率。因此，XF 相关器需要进行统计修正，而不是精确实时修正。9.7.3 节对统计修正进行了介绍。

量化非线性修正。采用低阶量化测量的互相关函数的幅度非线性见式（8.25）中的范弗莱克关系。修正量化非线性效应时，延迟相关器的修正方法相对直接，这是因为 XF 相关器直接测量量化信号的相关系数。FX 相关器则需要通过傅里叶变换把相关器输出的互功率谱从频域变换到延迟域。完成非线性修正后，再将数据从延迟域变换回频域。只有当所有天线对的总波形（射电信号加上接收机噪声）很大时，才需要做非线性修正。这一前提意味着观测基本不可分辨的强点源时，需要非线性修正。这种情况下接收机收到的信号功率与接收机自身产生的噪声可比拟，或大于接收机自身噪声。谱线观测时，接收机通带内接收信号的平均功率决定了是否需要做非线性修正。

适应性。FX 相关器设计在某种程度上更容易扩展或兼顾特殊需求，这是由于大多数系统是针对天线单元，而不是像延迟相关系统一样针对基线做模块化设计的。基于上述的简约过程，额外增加一个天线时，FX 相关器比延迟相关器所需的改造量少。因此，如果计划未来增加天线，FX 设计更加方便，且对大型阵列的相关处理更加高效（Parsons et al.，2008）。

脉冲星观测。对于脉冲星观测，相关器输出端需要一个选通系统，用于分离出脉冲发射周期的信号，以保证无脉冲信号期间的噪声不会影响灵敏度。很多脉冲星的脉冲重复周期≥1s，选通系统的时间分辨率达到1ms即可满足要求[①]。使用FX相关器时，需要完整汇聚N个连续样本形成数据序列，因此选通切换时间必须兼容N个时间间隔为t_s的样本序列周期。例如，当$N=1024$，总带宽为10MHz时，$Nt_s \approx 500\mu s$。这就有可能影响快速脉冲星观测的灵活性。但是FX相关器具有一个突出的优点，即每个Nt_s时间间隔都可以获得一次完整的频谱。在后续时间平均时，有可能单独处理每个频率通道，且调整每个通道的脉冲选通时间，使其与星际介质散射导致的脉冲时序相匹配。

相关器的设计选型。上述讨论延迟和FX相关器方案时涉及了一些不同的特点，对于任何特定应用，选择最优架构都不是很容易的事情。需要对不同方法做深入的设计研究，并要考虑精度要求和超大规模集成（VLSI）电路的工程实现。D'Addario（1989）、Romney（1995，1999）和Bunton（2003）都讨论了XF相关器和FX相关器。FX方案更易于用多相滤波器组精确定义通道，并有利于射频干扰（RFI）抑制。

8.8.6 混合型相关器

在设计宽带相关器时，将每个天线总带宽为$\Delta \nu$的模拟信号划分成n_f个连续的窄子带，也许更具优势甚至是必须的。每个子带配置一个独立的数字采样器，且相关器要设计成n_f个并行运算区，以覆盖整个信号带宽。这种既包含模拟滤波器，也包含数字频谱分析的系统，被称为混合型相关器。如果数字部分选择延迟相关设计，则相对于处理全带宽（不分子带）的延迟相关，数字运算速率减小为原来的$1/n_f$倍。从式（8.116）也可以得出这一结论，这里的单子带带宽为$\Delta \nu_s = \Delta \nu / n_f$，每所需通道数量等于$N/n_f$，但要使用$n_f$个这样的数字处理单元。混合型相关器的成本函数可以写为（Weinreb，1984）

$$C = A_1 \frac{\Delta \nu n_a (n_a - 1) N}{n_f} + A_2 n_f n_a + A_3 \qquad (8.121)$$

其中A_1和A_2分别为数字硬件和模拟硬件的成本系数；A_3为其他常数。

利用这个公式，可以计算成本最小的n_f，得到

$$n_f = \left[\frac{A_1}{A_2} \Delta \nu (n_a - 1) N \right]^{1/2} \qquad (8.122)$$

只有当数字电路的运算速度足以处理带宽为$\Delta \nu / n_f$的信号时，上式才有意义。

---

① 许多阵列也可以用于相控阵模式（例如VLBI，见9.9节），这样每个极化有一路信号输出。然后这种特殊设计的脉冲星处理器能够以很高的时间分辨率进行测量，以研究脉冲廓线和时序。这种情况下，阵列只是用于提供大的接收面积以提高灵敏度。见9.9节。

过去几十年，数字电路的采样速度持续提高，成本持续降低。而模拟电路的成本基本保持相对平稳。混合型相关器设计的发展历程如表 8.6。泛泛而言，混合型相关器的缺点是需要对各个子带的频率响应进行精密定标，以避免各个子带边缘的增益不连续。一般来说，采用高速采样器和尽量少的子带数量，有利于减小这一影响。但是，在毫米波段观测需要很宽的接收机通带，数字采样速度有限，就需要分成几个子带通道进行采样处理。在使用 FX 方案进行数字信号处理时，也可以类似地写出代价函数，但由于在式（8.117）中对 N 求了对数，因此 FX 相关器能够降低的运算量相对较小。

表 8.6　混合通道

设备	服役时间	$\Delta\nu$ /GHz	$\Delta\nu_s$ /MHz	n_f	参考文献
SMA	2003	2.0[b]	104	24[a]	Ho 等(2004)
SMA	2015	8.0	2000	4	—
Plateau de Bure	1992	0.5	50	10	Guilloteau 等 (1992)
Plateau de Bure	2013	8.0	2000	4	Jan (2008)
ALMA	2013	4.0[b]	2000[c]	2	Escoffier 等 (2007)

a 由于子带重叠，n_f 只是近似等于 $\Delta\nu / \Delta\nu_s$；

b 双极化或双通道；

c 这些子带后续通过数字滤波分为 128 个 62.5MHz 的通道。可以单独定义每个 2000MHz 通带的中心频率。

8.8.7　宽带相关器多路复用

大型相关器系统使用的 VLSI 电路的比特率一般小于宽带相关器数字采样器的比特率。对采样器的输出数字信号做串并转换，即在时域上进行多路复用，可以兼容两种不同的比特率，使相关器工作在最佳比特率。假设一个相关器系统中，将每个采样器的输出复用为 n 个并行数据流。为简单起见，假设信号采样精度为 1bit，将任意 n 个连续样本分配给不同的数据流，并行复用结构就可以同时处理多个比特。使用延迟相关时，一对中频信号经数字采样和并行复用后，需要对所有采样数据做交叉相乘，因此需要将一个中频信号复用的每个数据流与另外一个中频信号复用的每个数据流做两两互相关。为简化系统，Escoffier（1997）开发了基于大容量随机存储器（RAM）的方案，每个中频信号的 n 路复用比特流都存入 RAM 中，并以写入的格式重新读出。因此每个复用比特流都包含一组约 10^5 个样本的非连续数据块。每个数据块包含时间连续的采样数据。只需要对应的数据块进行互相关运算。对于任意一对输入信号，每个延迟量都需要使用以复用速率运行的 n 个互相关器。另外，每路信号需要使用两个 RAM 单元，一个写入，另一个读出。在 Escoffier 设计的系统中，采样率为 $4\text{Gbit} \cdot \text{s}^{-1}$，$n = 32$，且复用数据块的长度约为 1ms。由于数据块之间的互相关运算不超出任一给定数据块的边界，因此会有非常小的效率损失，此例中约为0.2%。另外一种可能的方法是做频域复用，类似于混合型相关器方案。频域复用只需要天线之间对应的频率通道做相关，所以每对信号、每个延迟需要使用 n 个互相关器。Carlson 和 Dewdney（2000）介绍了一种用于混合型相关器的全数字频域复用原理，并用于扩展 VLA 系统（Perley et al.，2009）。这种系统叫做 WIDAR 相关器。直接对宽带信号做全带宽数字化，用数字滤波器组分成多个频率通道，并以适当的低速率做重采样，最后对所有天线对做互相关。（使用数字滤波器可以避免模拟滤波器响应的小差异，有些系统中用模拟滤波器初步划分频率通道。）最后，通过傅里叶变换将所有的互相关数据变换到频域。这种方法有时被称为 FXF 系统。Escoffier 的重排序方案和 WIDAR 系统的复用方案都为大型宽带相关器设计提供了方法。由于数字滤波器一定程度上约束了谱分辨率，因此 WIDAR 方案只需使用较少的延迟。

对采样信号做滤波时，可以使用有限脉冲响应（FIR）型滤波器，将输入数据流与一组数值做卷积，这些数值被称为抽头权重，抽头权重的傅里叶变换即为滤波器的响应（Escoffier et al.，2000）。抽头权重值可存储在 RAM 中，并可以方便地根据需要修改。数字滤波器的一个重要优点是响应特征不会单独变化。但是，为了与相关器能处理的比特位相匹配，也许必须对滤波输出数据样本做截断，因此可能会进一步导致量化损失。

8.8.8 带宽和量化位数实例

20 世纪 80 年代早期 27 个天线单元的 VLA 开始投入观测时，每个极化的带宽为 100MHz，使用三阶（2bit）采样。2010 年，VLA 扩展系统投入使用时，覆盖了 1～50GHz 频率范围，每个极化最大观测带宽为 8GHz，使用 3bit 采样，或者减小观测带宽后可以做 8bit 采样（Perley et al.，2009）。由于信号处理速度和光纤传输能力增强，数据处理能力大幅提升。阿塔卡马大型毫米波/亚毫米波阵列（ALMA）在 2012 年投入使用，每个极化的带宽为 8GHz，使用 3bit（八阶）量化（Wootten and Thompson，2009）。天线单元数量为 64 个，采用了数字预滤波的 XF 相关器，这种相关器有时被称为 FXF 系统。

在米波段，观测带宽通常小于较高频段，但观测频段通常被各种发射设备严重占用，因此米波设备需要重点考虑避免或者抑制射频干扰信号。使用高阶量化能够获得更大的系统响应动态范围，有助于降低干扰信号导致系统过载的可能性。长波阵列（LWA）观测频段为 20～80MHz，使用 8bit（256 阶）量化，还可以选用 12bit（4096 阶）采样精度，采样速率为每秒 196 兆样本（Ellingson et al.，2009）。LOFAR 系统观测频段为 15～80MHz 和 110～240MHz，使用 12bit 量化（de Vos et al.，2009）。

8.8.9　多相滤波器组

多相滤波是为分离多通道通信系统的信号并提供较高的通道间干扰抑制能力而发展起来的一种数字信号处理技术（Bellanger et al.，1976）。本章前几节和附录 8.4 介绍离散傅里叶变化时，都注意到了 DFT 处理无重叠数据段的问题，我们这里称之为单块傅里叶变换（Single-Block Fourier Transform，SBFT）方法。具体而言，SBFT 方法的谱响应是辛克平方函数，其旁瓣电平最大为 $-13.5\mathrm{dB}$，因此存在频谱泄漏问题。此外，单频信号或不可分辨宇宙谱线的幅度响应依赖于其与通道边缘的相对位置，在通道中心处幅度为 1，在通带边缘处的幅度为 $(2/\pi)^2 = 0.41$。这一现象被称为扇形效应（Scalloping）。当信号谱线宽度接近谱分辨率时，DFT 的有效延迟分布会导致灵敏度略有降低。

多相滤波和多相滤波器组（Polyphase Filtering and Polyphase Filter Banks，PFBs）以增加一定计算量的代价修正这些缺陷。PFBs 已经成为射电天文观测去除射频干扰的一种重要工具，有可能只消除存在射频干扰的一些特定通道。同时，PFBs 还有助于脉泽源等天文源观测，如果通带内存在很强的窄谱线，可能会由于频谱泄漏导致强谱线附近的其他谱线难以观测。Crochiere 和 Rabiner（1981），Vaidyanathan（1990）和 Harris 等（2003）讨论了 PFBs 的具体实现方法。Harris（1999）和 Chennamangalam（2014）还出版了有用的教材。PFBs 在射电干涉测量中的应用见 Bunton（2000，2003）。

在具体分析 PFB 之前，首先考虑，用常规模拟滤波器组将接收通带 $0 \sim \Delta\nu$ 划分为 M 个等间距的频率通道，并以此作为数字滤波设计的基本参考。假设输入电压 $x(t)$ 是带限高斯随机过程，频率范围为 $0 \sim \Delta\nu$。可以用奈奎斯特间隔 $1/2\Delta\nu$ 的数字序列 $x(n)$ 来代替 $x(t)$。在时域对数字序列中的 M 个样本做滑动平均，可以实现一个简单的低通滤波器。这种矩形窗加权平均处理的谱线响应为辛克函数，其第一零点出现在 $2\Delta\nu/M$。要想在频域得到一个截止频率为 $\nu_{\mathrm{c}} = \Delta\nu/M$ 的理想低通滤波响应，就需要与辛克函数 $[h(t) = \sin(\pi x)/(\pi x)]$ 做时域卷积。辛克函数为

$$h(t) = \mathrm{sinc}(2\nu_c t) = \mathrm{sinc}(n/M) \qquad (8.123)$$

注意当 $M=1$，$n=0$ 时 $h(t)=1$，$n \neq 0$ 时 $h(t)=0$，因此 $x(n)$ 保持不变。但是，当 $M>1$ 时，要想做理想的低通滤波，就需要在无限时间范围内做卷积。我们可以用 N 点平均来近似。滤波器通带形状

$$H(\nu) = \sum_{n=0}^{N-1} \mathrm{sinc}(n/M)\,\mathrm{e}^{\mathrm{j}(\pi\nu n/\Delta\nu)} \qquad (8.124)$$

有一个相当陡峭的截止频率 $\nu = \Delta \nu / M$ 。 $x(n)$ 的平滑版本 $y(n)$ 是 M 倍过采样序列。此后的标准流程是对 $y(n)$ 重新采样,即在每 M 个数据中抽取一个数据。这一过程被称为抽取,或者是降采样。将 $x(n)$ 乘以 $e^{j2\pi\nu t}$,其中 $\nu = m / \Delta \nu$ 且 m 的取值范围为 $1 \sim (M-1)$,用 $h(n)$ 对每个数据流做滤波并降采样,就可以得到滤波器组其他通道的输出。由于降采样丢弃了大量运算的输出,因此这种处理过程是低效的。PFB 方案能够以更高效的处理架构实现边缘陡峭的滤波器。

下面我们依据 Bunton(2000,2003)的分析介绍 PFB。考虑一个长度为 N 的样本序列 $x(n)$ 与窗函数 $h(n)$ 相乘。乘积的 DFT 为

$$X(k) = \sum_{n=0}^{N-1} h(n)x(n)e^{-j(2\pi/N)nk} \qquad (8.125)$$

其中 k 的范围为 $0 \sim (N-1)$ 。频率步长为 $2\Delta \nu / N$,即覆盖正频率和负频率。如果 $h(n)$ 的 DFT 变换 $H(k)$ 的宽度近似为 $2\Delta \nu / M$,则 $X(k)$ 是过采样的,且只需保留 $r = N / M$ 个样本。选择 N 和 M 使 r 为整数。如果希望 $H(k)$ 是离散化的理想低通滤波器,即

$$\begin{aligned} H(k) &= 1, & N-M < k \leqslant M \\ &= 0, & k \text{为其他值} \end{aligned} \qquad (8.126)$$

则

$$h(n) \approx \text{sinc}\left[\left(\frac{n-\dfrac{N}{2}}{N}\right)r\right] \qquad (8.127)$$

其离散谱,即对式(8.125)的 $X(k)$ 每隔 r 点抽取一个点,等于:

$$X(k') = \sum_{n=0}^{N-1} h(n)x(n)e^{-j(2\pi/N)nrk'} \qquad (8.128)$$

其中 k' 取值范围从 0 到 $M-1$ 。我们可以将式(8.128)改写为二重累加式,即分别对 r 个长度为 M 的数据段做累加:

$$X(k') = \sum_{m=0}^{r-1}\sum_{n=0}^{M-1} h(n+mM)x(n+mM)e^{-j(2\pi/N)(n+mM)rk'} \qquad (8.129)$$

注意到

$$e^{-j(2\pi/N)(n+mM)rk'} = e^{-j(2\pi nk'/M)}e^{-j2\pi mk'} \qquad (8.130)$$

最右的指数因子等于 1。因此

$$X(k') = \sum_{m=0}^{r-1}\sum_{n=0}^{M-1} h(n+mM)x(n+mM)e^{-j(2\pi/M)nk'} \qquad (8.131)$$

式(8.131)中有 r 个长度为 M 的 DFT,而式(8.128)中有一个长度为 $N = rM$ 的 DFT,因此以乘法运算量评估,运算量稍有降低。注意,这里用 FFT 算法执

行 DFT 运算，其运算量正比于 $M \log_2 M$ 。

式（8.131）中的指数核中并不包括变量 r ，因此求和顺序可以互换，并重写为

$$X(k') = \sum_{n=0}^{M-1} \left[\sum_{m=0}^{r-1} h(n+mM)x(n+mM) \right] e^{-j(2\pi/M)nk'} \qquad (8.132)$$

通过改写，计算量从 r 个长度为 M 的 DFT 减少为一个长度为 M 的 DFT。窗函数 $h(n)$ 的加权运算仍然正比于 N 。因此，式（8.128）的运算量为 $N + N \log_2 N$ ，而式（8.131）的运算量为 $N + M \log_2 M$ 。因此运算量减少为原来的 $\dfrac{1}{\mathcal{R}}$ 倍

$$\mathcal{R} = \frac{N + N \log_2 N}{N + M \log_2 M} = \frac{1 + \log_2 N}{1 + \dfrac{1}{r}\left(\log_2 N - \log_2 r \right)} \approx r \qquad (8.133)$$

当 $N \gg 1$ 时，上式近似成立。

完成式（8.132）计算后，将 N 点窗函数滑动 M 步，然后重复上述计算过程。所以，每个长度为 M 的数据段被处理 r 次。因此，在不丢弃负频率频谱的情况下，输入和输出数据率相等。

式（8.132）计算方法的框图表示如图 8.24。这个处理过程有些违反直觉，看起来换向器将时域样本以 M 为周期轮流分配给各个分支，或者说分区，因此输入数据流明显是被抽取了。也就是说，进入 M 个分区中每一个分区的数据样本为

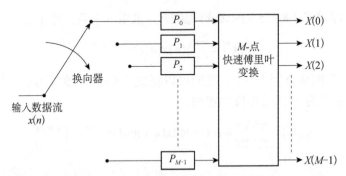

图 8.24 多相滤波器组框图，滤波器组将一组 N 个数据样本转换为 M 点频谱。换向器将输入数据流分配给 M 个滤波器分区，每个分区收到的数据流都被 M 倍降采样。在每个分区中，P_M 代表 $h(n)$ 的降采样版，如式（8.132）中方括号内的处理。用 FFT 生成无混叠的 M 点频谱。注意，如果数据样本是实数，则只需要保留输出频谱中的 $M/2$ 个正频率分量

$$x(0), \qquad x(M), \qquad x(2M), \qquad \cdots, \qquad x(rM-M)$$

$$x(1), \qquad x(M+1), \quad x(M+2), \quad \cdots, \quad x(rM-M+1)$$

$$x(2), \qquad x(M+2), \quad x(M+3), \quad \cdots, \quad x(rM-M+2) \qquad (8.134)$$

$$\vdots$$

$$x(M-1), \quad x(2M-1), \quad x(3M-1), \quad \cdots, \qquad x(rM-1)$$

每个抽取数据率都被 M 倍降采样，且对应频谱是严重混叠的。经过 PFB 处理后，才能去混叠。

考虑一个例子，当 $N=1024$，$M=256$ 和 $r=4$（4 抽头多相滤波器），如图 8.25 所示。第一个多相分区 P_0 只计算四项之和 $x(0)h(0)+x(256)h(256)+x(512)h(512)+x(768)h(768)$，且 P_1 计算的四项之和为 $x(1)h(1)+x(257)h(257)+x(513)h(513)+x(769)h(769)$。

现在，我们可以比较 SBFT 和 PFB 的性能和要求。每 M 个数据样本 SBFT 给出一个 M 点频谱。重复计算是在数据块之间连续滑动，因此数据率保持不变。PFB 算法读取 N 点数据样本并生成 M 点频谱，然后滑动 M 个样本做下一次频谱计算。因此 PFB 的数据率也保持不变。PFB 运算量较大主要是由于加窗运算。所以，PFB 和 SBFT 运算量之比 $\mathcal{R}$ 为

$$\mathcal{R} = \frac{N+M\log_2 M}{M\log_2 M} = 1 + \frac{r}{\log_2 M} \qquad (8.135)$$

当 $M=1024$ 且 $r=4$ 时，PFB 架构需要增加 40%的运算量。由于 PFB 架构用 N 点实现滤波处理，而不是 M 点滤波，因此可能实现低且平坦的泄漏响应。注意，PFB 硬件的缓存深度随 r 增大。

对 $h(n)$ 做进一步加权，例如汉宁、汉明或布莱克曼窗函数加权能够进一步减小频谱泄漏。只要在 M 个样本范围内的权值接近于 1，这种窗函数加权就不会显著恶化频谱分辨率。图 8.26 举例说明 PFB 和 SBFT 滤波器的形状。如果对 SBFT 滤波器中的 M 个样本做加权，也可以降低泄漏，但同时也会恶化频谱分辨率。

注意 PFB 架构可以进行级联扩展，将任意子集或者全部 PFB 通道的输出馈入另一个 PFB 中，可以获得更高的谱分辨率。默奇森宽场阵列就使用了这种方案。PFB 的另外一种用法是只初步划分通道，其输出再馈入 XF 或 FX 相关器。

8.8.10　软件相关器

实际上，两个做互相关的信号为数字形式，也可以用计算机系统来实现数字延迟、交叉相乘和平均运算。对于一些小型阵列系统来说，用软件相关可以避免开发特殊的硬件相关器。对于一些大型系统来说，建设天线阵列需要数年时间，软件相关器也更容易兼容不断变化的相关需求。Deller（2007）介绍了一种软件相关器和该设计的优势。大多数 VLBI 数据处理是利用软件相关器实现的。

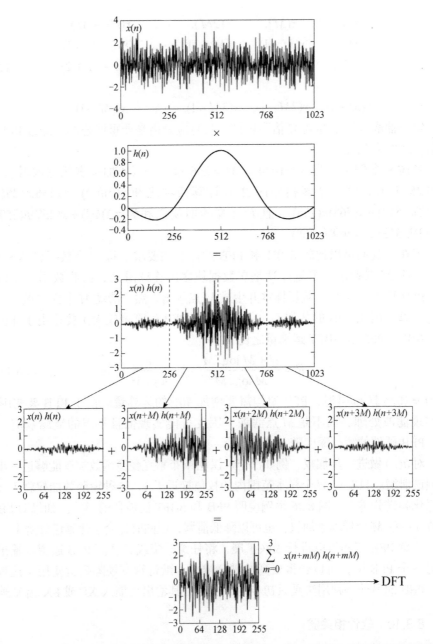

图 8.25　四个抽头（$r = 4$）的多相滤波器组的信号变换。用一组 N 个独立高斯分布随机噪声（即白噪声）表征随机噪声数据流，如上图所示。数据流与窗函数 $h(n)$ 相乘后波形的包络如第二图。这里的 $h(n)$ 选为 4 次穿越零点的 sinc 函数，与抽头数量相同。相乘后的数据分为 4 个数据段，将 4 个数据段叠加形成 M 项的时域级数，如最下图所示，然后再通过傅里叶变换变成 M 点频谱，频率范围 $-\Delta \nu \sim \Delta \nu$，如式（8.132）。完成上述计算后，将窗函数滑动 M 个样本，重复上述过程。摘自 Gary（2014）

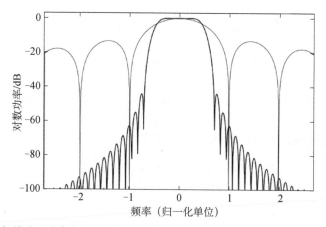

图 8.26 图中粗线为汉宁加权 $r=8$ 的 PFB 构架中一个滤波器单元的响应。细线为 SBFT 的 sinc^2 函数响应。两种滤波器在归一化频率 $2\Delta\nu/M=\pm0.5$ 时，幅度响应均为 $(2/\pi)^2$

附录 8.1 $\displaystyle\sum_{q=1}^{\infty} R_{\infty}^2\left(q\tau_{\text{s}}\right)$ 的估算

周期函数 $f(t)$ 可以用傅里叶级数表征如下：

$$f(t)=\frac{a_0}{2}+\sum_{q=1}^{\infty}\left[a_q\cos\left(\frac{2\pi qt}{\beta}\right)+b_q\sin\left(\frac{2\pi qt}{\beta}\right)\right] \quad (\text{A8.1})$$

其中 β 为函数周期，且

$$a_q=\frac{2}{\beta}\int_0^{\beta}f(t)\cos\left(\frac{2\pi qt}{\beta}\right)\mathrm{d}t \quad (\text{A8.2a})$$

$$b_q=\frac{2}{\beta}\int_0^{\beta}f(t)\sin\left(\frac{2\pi qt}{\beta}\right)\mathrm{d}t \quad (\text{A8.2b})$$

对式（A8.1）应用帕塞瓦尔定理，得到如下形式：

$$\frac{2}{\beta}\int_0^{\beta}f^2(t)\mathrm{d}t=\frac{a_0^2}{2}+\sum_{q=1}^{\infty}\left(a_q^2+b_q^2\right) \quad (\text{A8.3})$$

设 $f(t)$ 为一组单位高度和单位宽度的矩形函数，其中一个矩形函数以 $t=0$ 为中心，其他矩形函数以整数倍 $\pm\beta$ 为中心。可得

$$a_0=\frac{2}{\beta},\quad a_q=\frac{2}{\beta}\frac{\sin(\pi q/\beta)}{\pi q/\beta},\quad b_q=0,\quad \int_0^{\beta}f^2(t)\mathrm{d}t=1 \quad (\text{A8.4})$$

从式（A8.3）和式（A8.4）可得

$$\sum_{q=1}^{\infty}\left[\frac{\sin(\pi q/\beta)}{\pi q/\beta}\right]^2=\frac{\beta-1}{2} \quad (\text{A8.5})$$

由式（8.15），上式即为估算式（8.19）所需的累加和。

附录 8.2　二阶量化的概率积分

按照下面的步骤可以计算式（8.21）所需的概率积分。积分式为

$$P_{11} = \frac{1}{2\pi\sigma^2\sqrt{1-\rho^2}}\int_0^\infty\int_0^\infty \exp\left[\frac{-\left(x^2+y^2-2\rho xy\right)}{2\sigma^2\left(1-\rho^2\right)}\right]\mathrm{d}x\mathrm{d}y \qquad （A8.6）$$

做下面的变量代换，恢复积分式的圆对称性

$$z = \frac{y-\rho x}{\sqrt{1-\rho^2}}, \quad \mathrm{d}y = \sqrt{1-\rho^2}\,\mathrm{d}z \qquad （A8.7）$$

因此

$$P_{11} = \frac{1}{2\pi\sigma^2}\int_0^\infty\mathrm{d}x\int_{\frac{-\rho x}{\sqrt{1-\rho^2}}}^\infty \exp\left[\frac{-\left(x^2+z^2\right)}{2\sigma^2}\right]\mathrm{d}z \qquad （A8.8）$$

然后将 $x = r\cos\theta$ 和 $z = r\sin\theta$ 代入上式。式（A8.8）中 z 的积分下限是一条直线 $z = -\rho x/\sqrt{1-\rho^2}$，与 x 轴的夹角为 $\theta = -\arcsin\rho$。在 (x,z) 平面上，积分覆盖这条直线与 z 轴（$\theta = \pi/2$）之间的面积。因此

$$P_{11} = \frac{1}{2\pi\sigma^2}\int_0^\infty\mathrm{d}r\int_{-\arcsin\rho}^{\pi/2} r\exp\left(\frac{-r^2}{2\sigma^2}\right)\mathrm{d}\theta \qquad （A8.9）$$

最后，做变量代换 $u = r^2/2\sigma^2$ 可得

$$P_{11} = \frac{1}{2\pi}\int_0^\infty\mathrm{d}u\int_{-\arcsin\rho}^{\pi/2} \mathrm{e}^{-u}\mathrm{d}\theta \qquad （A8.10）$$

式（A8.10）可以直接积分，得

$$P_{11} = \frac{1}{4}+\frac{1}{2\pi}\arcsin\rho \qquad （A8.11）$$

附录 8.3　四阶量化的最优性能

Schwab（1986）研究了四阶量化相关器的各个方面的性能，包括最优门限的精确值和量化效率，以及从相关器输出到互相关系数的计算公式。最优门限值和量化效率如表 A8.1 所示。

表 A8.1　四阶量化的最优门限和量化效率

n	v_0/σ	η
3	0.99568668	0.8811539496
3.3358750	0.98159883	0.8825181522
4	0.94232840	0.8795104597

在 $n=3$ 和 4 时，量化效率值 η_4 与最大值相差在 0.3% 以内，这个结论是非常重要的，因为在延迟型相关器中，实现非整数值加权因子 n 是非常复杂的。互相关系数 $\tilde{\rho}$ 的合理近似值是其极小极大解，即满足最大相对误差最小化的解。变量 r_N 为相关器的归一化输出，即测量的输出除以 $\rho = 1$ 时的输出。在 $|r_N| \le 1$ 的所有条件下，下面的三个近似解都有效。

当 $n=3$ 且 v_0 / σ 为表 A8.1 中的对应值时，下面近似式的最大相对误差为 1.51×10^{-4} ：

$$\tilde{\rho}(r_N) = \frac{1.1347043 - 3.0971312 r_N^2 + 2.9163894 r_N^4 - 0.89047693 r_N^6}{1 - 2.6892104 r_N^2 + 2.4736683 r_N^4 - 0.72098190 r_N^6} r_N \quad (\text{A8.12})$$

当 $n \approx 3.3359$ 且 v_0 / σ 为表 A8.1 中的对应值时，下面近似式的最大相对误差为 1.46×10^{-4} ：

$$\tilde{\rho}(r_N) = \frac{1.1329552 - 3.1056902 r_N^2 + 2.9296994 r_N^4 - 0.90122460 r_N^6}{1 - 2.7056559 r_N^2 + 2.5012473 r_N^4 - 0.73985978 r_N^6} r_N \quad (\text{A8.13})$$

当 $n = 4$ 且 v_0 / σ 为表 A8.1 中的对应值时，下面近似式的最大相对误差为 1.50×10^{-4} ：

$$\tilde{\rho}(r_N) = \frac{1.1368256 - 3.0533973 r_N^2 + 2.8171512 r_N^4 - 0.85148929 r_N^6}{1 - 2.6529114 r_N^2 + 2.4027335 r_N^4 - 0.70073934 r_N^6} r_N \quad (\text{A8.14})$$

当 $n = 4$ 且 v_0 / σ 为表 A8.1 中的对应值时，也可以使用下面的近似值，但只在 $|r_N| \le 0.95$ 时有效。这种近似的最大相对误差为 2.77×10^{-5} ：

$$\tilde{\rho}(r_N) = \frac{1.1369813 - 1.2487891 r_N^2 + 4.5380174 \times 10^{-2} r_N^4 - 9.1448344 \times 10^{-3} r_N^6}{1 - 1.0617975 r_N^2} r_N$$

$$(\text{A8.15})$$

附录8.4 离散傅里叶变换简介

本附录简要介绍离散傅里叶变换（Discrete Fourier Transform，DFT），特别强调了与本书内容密切相关的应用。更全面的介绍参见 Bracewell（2000）或 Oppenheim 和 Schafer（2009）。

考虑对有限持续周期 T 的限带（ $0 \sim \Delta v$ ）信号 $x(t)$ 做傅里叶积分：

$$X(v) = \int_0^T x(t) e^{-j2\pi vt} dt \quad (\text{A8.16})$$

我们可以把积分近似写为

$$X(v) \approx \Delta \sum_{n=0}^{N-1} x(t_n) e^{-j2\pi vt_n} \quad (\text{A8.17})$$

其中 $x(t_n)$ 是以奈奎斯特间隔 $\Delta = 1/2\Delta\nu$ 采样的信号 $x(t)$ 的样本序列，因此 $t_n = n\Delta$。为简化起见，假设 $x(t)$ 是实函数。我们在一组 N 个频率 $\nu_k = 2k\Delta\nu/N$ 上计算 $X(\nu)$，其中 $k = 0 \sim N-1$：

$$X(\nu_k) \approx \Delta \sum_{n=0}^{N-1} x(t_n) \mathrm{e}^{-\mathrm{j}2\pi kn/N} \qquad (A8.18)$$

下一步非常重要，将式（A8.18）定义为 DFT 变换基

$$X_k \equiv \sum_{n=0}^{N-1} x_n \mathrm{e}^{-\mathrm{j}2\pi kn/N} \qquad (A8.19)$$

其中 x_n 为样本 $x(t_n)$，X_k 是对应的频谱分量 $X(\nu_k)$。当 $k = 0$ 时，

$$X_0 = \sum_{n=1}^{N-1} x_n \qquad (A8.20)$$

对应于 $\nu = 0$ 的 X 分量。当 $k = N/2$ 时，

$$X_{N/2} = \sum_{n=1}^{N-1} x_n \mathrm{e}^{-\mathrm{j}\pi n} = \sum_{n=1}^{N-1} x_n (-1)^n \qquad (A8.21)$$

对应于 $\nu = \Delta\nu$ 的 X 分量。$k = N/2$ 到 $k = N-1$ 代表 X 的负频率分量，且 $X_N = X_0$。DFT 逆变换为

$$x_n = \frac{1}{N} \sum_{k=0}^{N-1} X_k \mathrm{e}^{\mathrm{j}2\pi kn/N} \qquad (A8.22)$$

将式（A8.19）代入式（A8.22），可以发现式（A8.22）确实是式（A8.19）的逆离散变换，即

$$x_n = \frac{1}{N} \sum_{k=0}^{N-1} \left(\sum_{\ell=0}^{N-1} x_\ell \mathrm{e}^{-\mathrm{j}2\pi k\ell/N} \right) \mathrm{e}^{\mathrm{j}2\pi kn/N} \qquad (A8.23)$$

我们引入与 n 不同的时间指数 ℓ。交换累加次序可得

$$x_n = \frac{1}{N} \sum_{\ell=0}^{N-1} x_\ell \left(\sum_{k=0}^{N-1} \mathrm{e}^{\mathrm{j}2\pi k(n-\ell)/N} \right) \qquad (A8.24)$$

括号内的累加式中，矢量围绕复平面均匀步进，精确步进了 $n-\ell$ 次。因此

$$\frac{1}{N} \sum_{k=0}^{N-1} \mathrm{e}^{\mathrm{j}2\pi k(n-\ell)/N} = \delta_{n\ell} \qquad (A8.25)$$

其中 $\delta_{n\ell}$ 被称为克罗内克 δ 函数（Kronecker Delta Function），其性质为

$$\begin{aligned} \delta_{n\ell} &= 0, \quad n \neq \ell \\ &= 1, \quad n = \ell \end{aligned} \qquad (A8.26)$$

只有当 $n = \ell$ 时，克罗内克 δ 函数有非零值，因此由式（A8.24）可得 $x_n = x_n$，证明原始数据经过 DFT 变换，再经逆 DFT 变换，恢复为原始数据。注意，x_n 和 X_k 都是周期为 N 的函数，因此，

$$X_{k+mN} = X_k \qquad (A8.27)$$

且

$$x_{n+mN} = x_n \qquad (\text{A8.28})$$

其中 m 为周期数。例如，$X_N = X_0 = \sum_{n=0}^{N-1} x_n$。

将 x_n 和 X_k 看作沿圆周分布，而不是沿直线分布，是非常有用的办法。把数据理解为沿圆周分布时，大多数众所周知的傅里叶变换定理在 DFT 中都相应地存在。傅里叶变换移位定理表明 DFT 的圆周重复特性。在圆周上对 x_n 序列移位一个步长，即 $y_n = x_{n-1}$ 或

$$y = \{x_{N-1}, x_0, x_1, x_2, \cdots, x_{N-2}\} \qquad (\text{A8.29})$$

其 DFT 为

$$Y_k = \sum_{n=0}^{N-1} y_n e^{-j2\pi kn/N} \qquad (\text{A8.30})$$

$$= \sum_{n=1}^{N-1} x_{n-1} e^{-j2\pi kn/N} + x_{N-1} \qquad (\text{A8.31})$$

$$= \sum_{n=0}^{N-2} x_n e^{-j2\pi k(n+1)/N} + x_{N-1} \qquad (\text{A8.32})$$

$$= e^{-j2\pi k/N} \sum_{n=0}^{N-2} x_n e^{-j2\pi kn/N} + x_{N-1} \qquad (\text{A8.33})$$

$$= e^{-j2\pi k/N} \sum_{n=0}^{N-1} x_n e^{-j2\pi kn/N} \qquad (\text{A8.34})$$

最后一步推导将 x_{N-1} 项移入累加式，这是因为式（A8.34）累加式中的 x_{N-1} 项为

$$e^{-j2\pi k/N} x_{N-1} e^{-j2\pi k(N-1)/N} = x_{N-1} \qquad (\text{A8.35})$$

因此，

$$Y_k = e^{-j2\pi k/N} X_k \qquad (\text{A8.36})$$

更具一般性，移位 ℓ 步时，

$$y_n = x_{n-\ell} \qquad (\text{A8.37})$$

其 DFT 为

$$Y_k = e^{-j2\pi \ell k/N} X_k \qquad (\text{A8.38})$$

因此，显然基于 x_n 的圆周移位可以证明 DFT 移位定理。还可以简明地证明圆周卷积定理和相关定理：

$$x_n * y_n \overset{\text{DFT}}{\leftrightarrow} \frac{1}{N} X_k Y_k \qquad (\text{A8.39})$$

$$x_n \star y_n \overset{\text{DFT}}{\leftrightarrow} \frac{1}{N} X_k Y_k \qquad (\text{A8.40})$$

利用式（A8.39）和式（A8.40）计算卷积或者相关函数时，需要理解的是，必须在频域补 N 个零，以避免圆周相关过程产生无用乘积项（见附录 8.4.2）。

利用式（A8.19），可以容易地证明 DFT 的帕塞瓦尔定理，首先定义：

$$\sum_{k=0}^{N-1} X_k X_k^* = \sum_{k=0}^{N-1}\left[\sum_{n=0}^{N-1} x_n \mathrm{e}^{-\mathrm{j}2\pi kn/N}\right]\left[\sum_{\ell=0}^{N-1} x_\ell \mathrm{e}^{\mathrm{j}2\pi k\ell/N}\right] \tag{A8.41}$$

交换累加次序，可以得到

$$\sum_{k=0}^{N-1} X_k X_k^* = \sum_{n=0}^{N-1}\sum_{\ell=0}^{N-1} x_n x_\ell \sum_{k=0}^{N-1} \mathrm{e}^{-\mathrm{j}2\pi k(n-\ell)/N} \tag{A8.42}$$

最右侧累加项正比于克罗内克 δ 函数［式（A8.25）］，因此

$$\sum_{k=0}^{N-1} X_k X_k^* = N\sum_{n=0}^{N-1} x_n^2 \tag{A8.43}$$

如果 $x(n)$ 为复数，式（A8.43）的通用表达式变成

$$\sum_{n=0}^{N-1}\left|x_n\right|^2 = \frac{1}{N}\sum_{k=0}^{N-1}\left|X_k\right|^2 \tag{A8.44}$$

附录 8.4.1　复波形响应

本节我们计算复波形的 DFT 响应，复波形定义为

$$x_n = \mathrm{e}^{\mathrm{j}2\pi \nu t_n}, \quad t_n = \frac{n}{2\Delta\nu} \tag{A8.45}$$

令归一化频率为 $\nu' = \dfrac{\nu}{\Delta\nu}\dfrac{N}{2}$。对于正频率范围 $0\sim\Delta\nu$，ν' 的范围为 $0\sim N/2$。

注意这里的 ν' 并非必须是整数。x_n 的 DFT 为

$$X_k = \sum_{n=0}^{N-1} \mathrm{e}^{-\mathrm{j}2\pi n(k-\nu')/N} \tag{A8.46}$$

利用几何级数求和公式可得

$$\sum_{n=0}^{N-1} y^n = \frac{1-y^N}{1-y} \tag{A8.47}$$

其中 $y = \mathrm{e}^{-\mathrm{j}2\pi n(k-\nu')/N}$，式（A8.46）可以写成

$$X_k = \frac{1-\mathrm{e}^{\mathrm{j}2\pi(k-\nu')}}{1-\mathrm{e}^{\mathrm{j}2\pi(k-\nu')/N}} \tag{A8.48}$$

从分子中提取出 $\mathrm{e}^{\mathrm{j}2\pi(k-\nu')}$ 因子，从分母中提取出 $\mathrm{e}^{\mathrm{j}2\pi(k-\nu')/N}$ 因子后，式（A8.48）改写为

$$X_k = \left[\frac{\mathrm{e}^{\mathrm{j}\pi(k-\nu')}}{\mathrm{e}^{\mathrm{j}\pi(k-\nu')/N}}\right]\left[\frac{\sin\pi(k-\nu')}{\sin(\pi(k-\nu')/N)}\right] \tag{A8.49}$$

在此我们需要计算的是功率响应

$$S_k = |X_k|^2 = \left[\frac{\sin\pi(k-v')}{\sin(\pi(k-v')/N)} \right]^2 \quad\quad (\text{A8.50})$$

上式为辛克函数的圆周表达式，以 N 为周期循环，也即 $X_{k+N} = X_k$，或者 $S_{k+N} = S_k$。

把式（A8.50）中的分母近似为 $\pi(k-v')/N$，则

$$S_k = |X|^2 \approx N\operatorname{sinc}^2(k-v') \quad\quad (\text{A8.51})$$

如果 $v' = m$，m 为整数，则

$$\begin{aligned} S_k &= N, \quad k = m \\ &= 0, \quad k \neq m \end{aligned} \quad\quad (\text{A8.52})$$

在图 A8.1 中，我们给出了频率分别为 $v' = m$ 和 $v' = m+1/2$ 的两个复波形响应。由图中可见，除非 v' 严格对应于 DFT 频谱通道，S_k 会在每个频谱通道中出现非零值，这就证明了 DFT 频谱泄漏的问题。

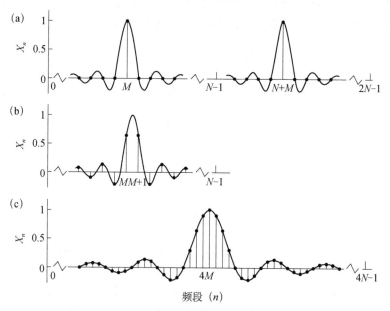

频段（n）

图 A8.1 （a）频率 $v' = m$ 的复波形的 N 点 DFT 响应。该图是式（A8.49）去掉相位因子后的函数曲线，图中的连续包络 [由式（A8.54）计算得出] 是样本坐标的函数。图中同时画出该周期函数的一个副本。（b）频率 $v' = m+1/2$（该频率落在两个 DFT 谱分量中间）的响应。（c）通过补零，将数据集从 N 点增大到 $4N$ 点，得到谱分辨率更高的结果

式（A8.50）给出了相应的相关函数响应为三角函数。这反映了以下事实：用一个数据段计算相关函数时，在零延迟有 N 路乘法，线性减少到 $N-1$ 延迟的 1 路乘法，如图 8.23 所示。如果需要用功率谱式（A8.39）来计算相关函数，则

需要注意谱数据必须补零到 $2N$ 点。

附录 8.4.2　补零

补零是 DFT 理论中的重要概念。补零意味着为数据序列增加一些零值数据，通常加在数据序列末端，以将数据序列长度从 N 增加到 N'。进行补零操作有三个主要目的：

（1）补零提供了一种对 X_k 插值，使其频谱分量间隔更小的方法；

（2）当 N 并不是 2 的整数次幂时，可以对 x_n 补零，使其长度达到值为 2 的整数次幂的 N'。这样可以使 DFT 运算的 FFT 算法计算效率更高。N' 点的频谱是符合奈奎斯特定律的合适的插值频谱。

（3）如果通过圆周卷积定理［式（8.39）］计算两个函数 $X_n Y_n$ 的线性相关函数，则必须对 X_n 和 Y_n 补零到 $2N$ 点，以避免进行不必要的乘法运算。

为便于理解如何实现插值，我们考虑一个长度为 N 的序列，并给其补上 M 个零，则序列长度为 $N' = N + M$。补零后新数据集的 DFT 为

$$X_k = \sum_{n=0}^{N-1} x_n \mathrm{e}^{-\mathrm{j}2\pi kn/N'} + \sum_{n=N}^{N'-1} 0 \cdot \mathrm{e}^{-\mathrm{j}2\pi kn/N'}$$
$$= \sum_{n=0}^{N-1} x_n \mathrm{e}^{\mathrm{j}2\pi kn/Nr}, \quad 0 \leqslant k \leqslant N'-1 \qquad （A8.53）$$

其中 $r = N'/N$，频率间隔变为 $2\Delta v/Nr$。所以，当 $r = 2$ 时，插值频谱在未插值的原始频谱 X_k 任意两个谱线中间插入一个新值。

补零能够人为加密 X_k 的频谱密度，但是这种办法通常对于连续谱的离散 x_n 序列有用，连续谱为

$$X(v) = \sum_{n=0}^{N-1} x_n \mathrm{e}^{-\mathrm{j}\pi n v'} \qquad （A8.54）$$

其中 $v' = v/\Delta v$。上式有时被称为离散时间傅里叶变换（Discrete Time Fourier Transform, DTFT），可以用于计算任意频率 v' 的响应。

FFT 算法通常采用离散时间傅里叶变换，以免变换中出现不希望的相位因子。例如，假设我们希望从自相关函数 $R(\tau) = R_n$ 计算频谱，其中 $n = 0$ 到 $N/2$，只包含正延迟量。将 R_n 加载到数据集 R'，使

$$\begin{aligned} R'_n &= R_n, \qquad n = 0, N/2 \\ R'_{N-1-n} &= R_n \end{aligned} \qquad （A8.55）$$

对 R' 进行 DFT 运算得到频谱 S_k，正频率分量的真值出现在 $k = 0$ 到 $k = N/2$ 之间，负频率分量出现在 $k = N$ 到 $k = N - N/2 - 1$ 之间，如图 A8.2 所示。

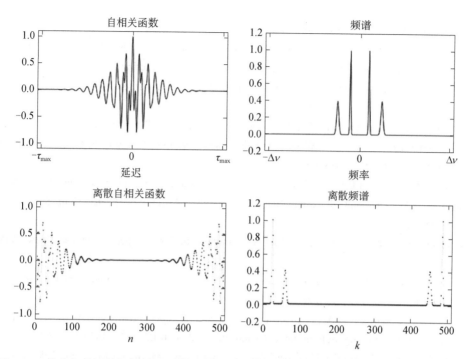

图 A8.2　将自相关函数加载到 DFT 算法的实例。左上图为连续自相关函数，右上图为其傅里叶变换得到的功率谱。左下图是将正延迟自相关函数值加载到 $0 \sim N/2$ 坐标，负延迟自相关函数值加载到 $N/2 \sim N-1$ 坐标，右下图是 DFT 计算的频谱。用这种方法加载数据可以得到真实的功率谱。补零时，应该在各个延迟量之间进行补零，使其频谱保持真实

扩 展 阅 读

Deller, A.T., Romney, J.D., Gunaratne, T., and Carlson, B., Digital Signal Processing and Cross Correlators, in Synthesis Imaging in Radio Astronomy Ⅲ, Mioduszewski, A., Ed., Publ. Astron. Soc. Pacific（2016）, in press

Harris, F.J., Multirate Signal Processing for Communication Systems, Prentice Hall Professional Technical Reference, Upper Saddle River, NJ（2008）

Lyons, R.G., Understanding Digital Signal Processing, Addison-Wesley Longman Inc., Reading, MA（1997）

Oppenheim, A.V., and Schafer, R.W., Discrete-Time Signal Processing, Pearson Prentice Hall, Upper Saddle River, NJ（2009）

参 考 文 献

Abramowitz, M., and Stegun, I.A., Handbook of Mathematical Functions, National Bureau of

Standards, Washington, DC（1968）

Ball, J.A., The Harvard Minicorrelator, IEEE Trans. Instrum. Meas., IM-22, 193（1973）

Bellanger, M.G., Bonnerot, G., and Coudreuse, M., Digital Filtering by Polyphase Network: Application to Sample-Rate Alteration and Filter Banks, IEEE Trans. Acoust., Speech, and Signal Proc., ASSP-24, 109-114（1976）

Benkevitch, L.V., Rogers, A.E.E., Lonsdale, C.J., Cappallo, R.J., Oberoi, D., Erickson, P.J., and Baker, K.D., Van Vleck Correction Generalization for Correlators with Multilevel Quantization, arXiv: 1608.04367v1

Benson, J.M., The VLBA Correlator, in Very Long Baseline Interferometry and the VLA, Zensus, J.A., Diamond, P.J., and Napier, P.J., Eds., Astron. Soc. Pacific Conf. Ser., 82, 117-131（1995）

Blackman, R.B., and Tukey, J.W., The Measurement of Power Spectra, Dover, New York（1959）

Bowers, F.K., and Klingler, R.J., Quantization Noise of Correlation Spectrometers, Astron. Astrophys. Suppl., 15, 373-380（1974）

Bowers, F.K., Whyte, D.A., Landecker, T.L., and Klingler, R.J., A Digital Correlation Spectrometer Employing Multiple-Level Quantization, Proc. IEEE, 61, 1339-1343（1973）

Bracewell, R.N., The Fourier Transform and Its Applications, McGraw-Hill, New York（2000）（earlier eds. 1965, 1978）

Bunton, J.D., An Improved FX Correlator, ALMA Memo 342（2000）

Bunton, J.D., Multi-Resolution FX Correlator, ALMA Memo 447（2003）

Bunton, J.D., New Generation Correlators, in Proceedings of the 28th URSI General Assembly in New Delhi（2005）. http://www.ursi.org/Proceedings/Proc\GA05/pdf/J06.6（0311）.pdf

Burns, W.R., and Yao, S.S., Clipping Noise Loss in the One-Bit Autocorrelation Spectral Line Receiver, Radio Sci., 4, 431-436（1969）

Carlson, B.R., and Dewdney, P.E., Efficient Wideband Digital Correlation, Electronics Lett., 36, 987-988（2000）

Chennamangalam, J., The Polyphase Filter Bank Technique, CASPER Memo 41（2014）. https:// casper.berkeley.edu/wiki/Memos（no. 42 in list but labeled no. 41 in the memo）

Chikada, Y., Ishiguro, M., Hirabayashi, H., Morimoto, M., Morita, K., Miyazawa, K., Nagane, K., Murata, K., Tojo, A., Inoue, S., Kanzawa, T., and Iwashita, H., A Digital FFT SpectroCorrelator for Radio Astronomy, in Indirect Imaging, Roberts, J.A., Ed., Cambridge Univ. Press, Cambridge, UK（1984）, pp. 387-404

Chikada, Y., Ishiguro, M., Hirabayashi, H., Morimoto, M., Morita, K.I., Kanzawa, T., Iwashita, H., Nakazimi, K., Ishiwaka, S.I., Takashi, T., and seven coauthors, A 6 320-MHz 1024-Channel FFT Cross Spectrum Analyzer for Radio Astronomy, Proc. IEEE, 75, 1203-1210（1987）

Cole, T., Finite Sample Correlations of Quantized Gaussians, Aust. J. Phys., 21, 273-282

（1968）

Cooley, J.W., and Tukey, J.W., An Algorithm for the Machine Calculation of Complex Fourier Series, Math. Comp., 19, 297-301（1965）

Cooper, B.F.C., Correlators with Two-Bit Quantization, Aust. J. Phys., 23, 521-527（1970）

Crochiere, R.E., and Rabiner, L.R., Interpolation and Decimation of Digital Signals—A Tutorial Review, Proc. IEEE, 69, 300-331（1981）

D'Addario, L.R., Cross Correlators, in Synthesis Imaging in Radio Astronomy, Perley, R.A., Schwab, F.R., and Bridle, A.H., Eds., Astron. Soc. Pacific Conf. Ser., 6, 59-82（1989）

D'Addario, L.R., Thompson, A.R., Schwab, F.R., and Granlund, J., Complex Cross Correlators with Three-Level Quantization: Design Tolerances, Radio Sci., 19, 931-945（1984）

Davis, W.F., Real-Time Compensation for Autocorrelation Clipper Bias, Astron. Astrophys. Suppl. 15, 381-382（1974）

Deller, A.T., Tingay, S.J., Bailes, M., and West, C., DiFX: A Software Correlator for Very Long Baseline Interferometry Using Multiprocessor Computing Environments, Publ. Astron. Soc. Pacific, 119, 318-336（2007）

Deller, A.T., Romney, J.D., Gunaratne, T., and Carlson, B., Digital Signal Processing and Cross Correlators, in Synthesis Imaging in Radio Astronomy III, Mioduszewski, A., Ed., Publ. Astron. Soc. Pacific（2016）, in press

de Vos, M., Gunst, A.W., and Nijboer, R., The LOFAR Telescope: System Architecture and Signal Processing, Proc. IEEE, 97, 1431-1437（2009）

Ellingson, S.W., Clarke, T.E., Cohen, A., Craig, J., Kassim, N.E., Pihlström, Y., Rickard, L.J., and Taylor, G.B., The Long Wavelength Array, Proc. IEEE, 97, 1421-1430（2009）

Escoffier, R.P., The MMA Correlator, MMA Memo 166, National Radio Astronomy Observatory（1997）

Escoffier, R.P., Webber, J.C., D'Addario, L.R., and Broadwell, C.M., A Wideband Digital Filter Using FPGAs, in Radio Telescopes, Proc. SPIE, 4015, 106-113（2000）

Escoffier, R.P., Comoretto, G., Webber, J.C., Baudry, A., Broadwell, C.M., Greenberg, J.H., Treacy, R.R., Cais, P., Quertier, B., Camino, P., Bos, A., and Gunst, A.W., The ALMA Correlator, Astron. Astrophys., 462, 801-810（2007）

Gary, D.E., Digital Cross-Correlators, Radio Astronomy Lecture 8, New Jersey's Science and Technology University, fall（2014）. http://web.njit.edu/~gary/728/Lecture8.html

Goldstein, R.M., A Technique for the Measurement of the Power Spectra of Very Weak Signals, IRE Trans. Space Electron. Telem., 8, 170-173（1962）

Granlund, J., O'Sullivan's Zero-Padding, VLBA Correlator Memo 66, National Radio Astronomy Observatory（1986）

Guilloteau, S., Delannoy, J., Downes, D., Greve, A., Guélin, M., Lucas, R., Morris,

D., Radford, S.J.E., Wink, J., Cernicharo, J., and seven coauthors, The IRAM Interferometer on Plateau de Bure, Astron. Astrophys., 262, 624-633（1992）

Gwinn, C.R., Correlation Statistics of Quantized Noiselike Signals, Publ. Astron. Soc. Pacific, 116, 84-96（2004）

Hagen, J.B., and Farley, D.T., Digital Correlation Techniques in Radio Science, Radio Sci., 8, 775-784（1973）

Harris, F., Tutorial on Polyphase Transforms（1999）. http://ubm.io/1XzFUbY

Harris, F., Dick, C., and Rice, M., Digital Receivers and Transmitters Using Polyphase Filter Banks for Wireless Communications, IEEE Trans. Microwave Theory Tech., 51, 1395-1412（2003）

Harris, F.J., The Use of Windows for Harmonic Analysis with the Discrete Fourier Transform, Proc. IEEE, 66, 51-83（1978）

Ho, P.T.P., Moran, J.M., and Lo, K.-Y., The Submillimeter Array, Astrophys. J. Lett., 616, L1-L6（2004）

Jan, M.T., Main Technical Features of the WideX Correlator, 2008. http://www.iram.fr/IRAMFR/TA/backend/WideX

Jenet, F.A., and Anderson, S.B., The Effects of Digitization on Nonstationary Stochastic Signals with Applications to Pulsar Signal Baseband Recording, Publ. Astron. Soc. Pacific, 110, 1467-1478（1998）

Johnson, M.D., Chou, H.H., and Gwinn, C.R., Optimal Correlation Estimators for Quantized Signals, Astrophys. J., 765: 135（7pp）（2013）

Kulkarni, S.R., and Heiles, C., How to Obtain the True Correlation from a Three-Level Digital Correlator, Astron. J., 85, 1413-1420（1980）

Lawson, J.L., and Uhlenbeck, G.E., Threshold Signals, McGraw-Hill, New York（1950）. Reprinted by Dover Publications（p. 58）, New York, 1965

Lo, W.F., Dewdney, P.E., Landecker, T.L., Routledge, D., and Vaneldik, J.F., A Cross-Correlation Receiver for Radio Astronomy Employing Quadrature Channel Generation by Computed Hilbert Transform, Radio Sci., 19, 1413-1421（1984）

Moran, J.M., Very Long Baseline Interferometer Systems, in Methods of Experimental Physics, Vol. 12, Part C（Astrophysics: Radio Observations）, Meeks, M.L., Ed., Academic Press, New York（1976）, pp. 174-197

Napier, P.J., Thompson, A.R., and Ekers, R.D., The Very Large Array; Design and Performance of a Modern Synthesis Radio Telescope, Proc. IEEE, 71, 1295-1320（1983）

Nyquist, H., Certain Topics in Telegraph Transmission Theory, Trans. Am. Inst. Elect. Eng., 47, 617-644（1928）

Okumura, S.K., Momose, M., Kawaguchi, N., Kanzawa, T., Tsutsumi, T., Tanaka, A., Ichikawa, T., Suzuki, T., Ozeki, K., Natori, K., and Hashimoto, T., 1-GHz Bandwidth Digital Spectro-Correlator System for the Nobeyama Millimeter Array, Publ. Astron. Soc.

Japan, 52, 393-400（2000）

Okumura, S.K., Chikada, Y., Momose, M., and Iguchi, S., Feasibility Study of the Enhanced Correlator for Three-Way ALMA, ALMA Memo 350（2001）

Oppenheim, A.V., and Schafer, R.W., Digital-Time Signal Processing, 3rd ed., Pearson, Prentice Hall, Upper Saddle River, NJ（2009）

O'Sullivan, J.D., Efficient Digital Spectrometers—A Survey of Possibilities, Note 375, Netherlands Foundation for Radio Astronomy, Dwingeloo（1982）

Parsons, A., Backer, D., Siemion, A., Chen, H., Werthimer, D., Droz, P., Filiba, T., Manley, J., McMahon, P., Paarsa, A., MacMahon, D., and Wright, M., A Stable Correlator Architecture Based on Modular FPGA Hardware, Reusable Gateware, and Data Packetization, Publ. Astron. Soc. Pacific, 120, 1207-1221（2008）

Percival, B.D., and Walden, A.T., Spectral Analysis for Physical Applications, Cambridge Univ. Press, Cambridge, UK（1993）, p. 289

Perley, R., Napier, P., Jackson, J., Butler, B., Carlson, B., Fort, D., Dewdney, P., Clark, B., Hayward, R., Durand, S., Revnell, M., and McKinnon, M., The Expanded Very Large Array, Proc. IEEE, 97, 1448-1462（2009）

Press, W.H., Teukolsky, S.A., Vetterling, W.T., and Flannery, B.P., Numerical Recipes, 2nd ed., Cambridge Univ. Press, Cambridge, UK（1992）

Price, R., A Useful Theorem for Nonlinear Devices Having Gaussian Inputs, IRE Trans. Inf. Theory, IT-4, 69-72（1958）

Romney, J.D., Theory of Correlation in VLBI, in Very Long Baseline Interferometry and the VLA, Zensus, J.A., Diamond, P.J., and Napier, P.J., Eds., Astron. Soc. Pacific Conf. Ser., 82, 17-37（1995）

Romney, J.D., Cross Correlators, in Synthesis Imaging in Radio Astronomy II, Taylor, G.B., Carilli, C.L., and Perley, R.A., Eds., Astron. Soc. Pacific Conf. Ser., 180, 57-78（1999）

Schwab, F.R., Two-Bit Correlators: Miscellaneous Results, VLBA Correlator Memo 75, National Radio Astronomy Observatory（1986）

Shannon, C.E., Communication in the Presence of Noise, Proc. IRE, 37, 10-21（1949）

Thompson, A.R., Quantization Efficiency for Eight or More Sampling Levels, MMA Memo 220, National Radio Astronomy Observatory（1998）

Thompson, A.R., Emerson, D.T., and Schwab, F.R., Convenient Formulas for Quantization Efficiency, Radio Sci., 42, RS3022（2007）

Vaidyanathan, P.P., Multirate Digital Filters, Filter Banks, Polyphase Networks, and Applications: A Tutorial, Proc. IEEE, 78, 56-93（1990）

Van Vleck, J.H., The Spectrum of Clipped Noise, Radio Research Lab., Harvard Univ., Report RRL-51（July 21, 1943）

Van Vleck, J.H., and Middleton, D., The Spectrum of Clipped Noise, Proc. IEEE, 54, 2-19（1966）

Wall, J.V., and Jenkins, C.R., Practical Statistics for Astronomers, 2nd ed., Cambridge Univ. Press, Cambridge, UK（2012）

Weinreb, S., A Digital Spectral Analysis Technique and Its Application to Radio Astronomy, Technical Report 412, Research Lab. for Electronics, MIT, Cambridge, MA（1963）

Weinreb, S., Analog-Filter Digital-Correlator Hybrid Spectrometer, IEEE Trans. Instrum. Meas., IM-34, 670-675（1984）

Welch, P.D., The Use of Fast Fourier Transform for the Estimation of Power Spectra: A Method Based on Time Averaging over Short, Modified Periodograms, IEEE Trans. Audio Electroacoust., AU-15, 70-73（1967）

Willis, A.G., and Bregman, J.D., Effects in Fourier Transformed Spectra, in User's Manual for Westerbork Synthesis Radio Telescope, Netherlands Foundation for Radio Astronomy, Westerbork, the Netherlands（1981）, ch. 2, app. 2

Wootten, A., and Thompson, A.R., The Atacama Large Millimeter/Submillimeter Array, Proc. IEEE, 97, 1463-1471（2009）

Yen, J.L., The Role of Fast Fourier Transform Computers in Astronomy, Astron. Astrophys. Suppl., 15, 483-484（1974）